Wirtschafts- mathematik

Aufgaben und Lösungen

Von
Dr. Stefan Clermont
GeneralCologne Re
Dr. Erhard Cramer
Universität Oldenburg
Dr. Birgit Jochems
Deutsche Bank London
Prof. Dr. Udo Kamps
Universität Oldenburg

3., völlig überarbeitete und stark erweiterte Auflage

R. Oldenbourg Verlag München Wien

Die Deutsche Bibliothek - CIP-Einheitsaufnahme

Wirtschaftsmathematik: Aufgaben und Lösungen / von Stefan Clermont ....
- 3., völlig überarb. und stark erw. Aufl.. – München; Wien: Oldenbourg, 2001
　Bis 2. Aufl. u.d.T.: Clermont, Stefan: Wirtschaftsmathematik
　ISBN 3-486-25822-2

© 2001 Oldenbourg Wissenschaftsverlag GmbH
Rosenheimer Straße 145, D-81671 München
Telefon: (089) 45051-0
www.oldenbourg-verlag.de

Das Werk einschließlich aller Abbildungen ist urheberrechtlich geschützt. Jede Verwertung außerhalb der Grenzen des Urheberrechtsgesetzes ist ohne Zustimmung des Verlages unzulässig und strafbar. Das gilt insbesondere für Vervielfältigungen, Übersetzungen, Mikroverfilmungen und die Einspeicherung und Bearbeitung in elektronischen Systemen.

Gedruckt auf säure- und chlorfreiem Papier
Druck: R. Oldenbourg Graphische Betriebe Druckerei GmbH

ISBN 3-486-25822-2

Vorwort

Die vorliegende Aufgabensammlung in der dritten, ergänzten und vollständig überarbeiteten Auflage ist aus Übungs- und Klausuraufgaben entstanden, die an der RWTH Aachen und der Carl von Ossietzky Universität Oldenburg zu den einführenden Mathematikvorlesungen für Studierende der Wirtschaftswissenschaften gestellt wurden.

Zur thematischen Gliederung sind die Aufgaben in achtzehn Kapitel eingeteilt, die aus Gründen der Übersichtlichkeit jeweils die zugehörigen Lösungen enthalten. Diese sind — im Vergleich zur bestehenden Literatur — durchgehend sehr ausführlich dargestellt mit den Zielen, Wünschen und Anregungen der Studierenden nachzukommen, auf bekannte Schwierigkeiten der Studienanfänger/innen einzugehen, den Vorlesungsstoff einzuüben und zu vertiefen sowie auch das isolierte Nachvollziehen von Lösungen zu ermöglichen. Dies wird in vielen Aufgaben durch die Vorstellung alternativer Lösungswege erleichtert.

Wir haben möglichst keine Aufgaben verwendet, die in derselben oder in ähnlicher Form in Lehrbüchern oder Aufgabensammlungen zur Wirtschaftsmathematik zu finden sind. Die Aufnahme einiger Standardaufgaben ist jedoch unerlässlich, und Einflüsse auf die Formulierung unserer Aufgaben sind nicht auszuschließen.

Die Lösungen sind meist selbsterklärend gestaltet, so dass zum Verständnis weder eine spezielle Vorlesung noch ein bestimmtes Lehrbuch zugrunde gelegt werden muss. Damit ist dieses Arbeitsbuch unter Zuhilfenahme eines gängigen Lehrbuchs zur Wirtschaftsmathematik zum Selbststudium und als Klausurtraining sehr geeignet. Ein umfangreiches Verzeichnis aktueller Lehrbücher ist am Ende dieses Buches zu finden. Als ein Angebot zum Nachschlagen der theoretischen Grundlagen wird zu Beginn eines Kapitels auf Abschnitte im folgenden Lehrbuch verwiesen:

> U. Kamps, E. Cramer, H. Oltmanns (2001) Wirtschaftsmathematik,
> Einführendes Lehr- und Arbeitsbuch. Oldenbourg, München.

Wir bedanken uns herzlich bei allen, die zum Gelingen dieser Aufgabensammlung sowie der früheren Auflagen beigetragen haben. Wir danken Herrn Dr. Wolfgang Herff für Hinweise auf einige Unstimmigkeiten in der zweiten Auflage, Frau Manuela Wüstefeld für die Erstellung von Teilen des LaTeX-Manuskripts und Herrn Martin Weigert für die gute Zusammenarbeit mit dem Oldenbourg Wissenschaftsverlag.

Liebe Leserin, lieber Leser, Ihre Kritik und Ihre Anregungen sind uns wichtig: Teilen Sie uns diese bitte mit (Fachbereich Mathematik, Universität Oldenburg, 26111 Oldenburg). Wir wünschen Ihnen ein angenehmes und nutzbringendes Lernen und Arbeiten.

Oldenburg   Stefan Clermont, Erhard Cramer,
                                                       Birgit Jochems, Udo Kamps

Inhaltsverzeichnis

1	Summen- und Produktsymbol	1
2	Vollständige Induktion	11
3	Mengen und deren graphische Darstellungen	21
4	Aussagenlogik	37
5	Gleichungen	53
6	Finanzmathematik	61
7	Folgen und Reihen	75
8	Funktionen	85
9	Differentiation Funktionen einer und zweier Variablen, Elastizitäten	101
10	Kurvendiskussion und Optimierung Funktionen einer und zweier Variablen	123
11	Integration	153
12	Matrizen	169
13	Inverse einer Matrix	187
14	Lineare Gleichungssysteme	223
15	Rang einer Matrix	247
16	Determinante einer Matrix	273
17	Lineare Optimierung	285
18	Analytische Geometrie	303
📖	Literatur zur Wirtschaftsmathematik	319

1 Summen- und Produktsymbol

Literaturhinweis: KCO, Kapitel 1, S. 41-45

Aufgaben

Aufgabe 1.1:

Für reelle Zahlen $a_1, \ldots, a_n$ werden das Symbol $\sum_{i=1}^{n} a_i$ als Abkürzung für die Summe $a_1 + \cdots + a_n$ und das Symbol $\prod_{i=1}^{n} a_i$ als Abkürzung für das Produkt $a_1 \cdot \ldots \cdot a_n$ verwendet.

a) Begründen Sie die Gültigkeit der folgenden Rechenregeln (für Zahlen $a_1, \ldots, a_n$, $b_1, \ldots, b_n, c \in \mathbb{R}$):

i) $\sum_{i=1}^{n}(a_i + b_i) = \sum_{i=1}^{n} a_i + \sum_{i=1}^{n} b_i, \quad \sum_{i=1}^{n}(a_i + c) = nc + \sum_{i=1}^{n} a_i, \quad \sum_{i=1}^{n} ca_i = c \sum_{i=1}^{n} a_i,$

ii) $\prod_{i=1}^{n}(a_i \cdot b_i) = \left(\prod_{i=1}^{n} a_i\right)\left(\prod_{i=1}^{n} b_i\right), \quad \prod_{i=1}^{n}(c \cdot a_i) = c^n \prod_{i=1}^{n} a_i.$

b) Die folgenden Aussagen gelten im Allgemeinen nicht. Geben Sie Gegenbeispiele an:

i) $\sum_{i=1}^{n}(a_i \cdot b_i) = \left(\sum_{i=1}^{n} a_i\right) \cdot \left(\sum_{i=1}^{n} b_i\right),$

ii) $\prod_{i=1}^{n}(a_i + b_i) = \left(\prod_{i=1}^{n} a_i\right) + \left(\prod_{i=1}^{n} b_i\right).$

Aufgabe 1.2:

Stellen Sie die folgenden Summen mit Hilfe des Summenzeichens dar:

a) $4 + 8 + 12 + 16 + 20$
b) $2 + 4 + 6 + 8 + 10 + 12$

c) $6 + 9 + 12 + 15 + 18 + 21$
d) $\frac{2}{3} + \frac{4}{5} + \frac{8}{7} + \frac{16}{9}$

e) $\frac{1}{2} + \frac{2}{3} + \frac{3}{4} + \frac{4}{5} + \frac{5}{6} + \frac{6}{7}$
f) $5 + 9 + 13 + 17 + 21 + 25 + 29$

g) $-8 + 10 - 12 + 14 - 16$
h) $1 + 2^2 + 3^3 + 4^4 + 5^5$

Aufgabe 1.3:

Schreiben Sie folgende Summen unter Verwendung des Summenzeichens:

a) $25 + 20c + 15c^2 + 10c^3 + 5c^4$, $c \in \mathbb{R}$

b) $16 + 8a + 4a^2 + 2a^3 + a^4$, $a \in \mathbb{R}$

c) $(n_1 + n_2)^k + (n_3 + n_4)^k + \ldots + (n_m + n_{m+1})^k$, $m \in \mathbb{N}$ ungerade, $n_i \in \mathbb{R}$ $(i = 1, \ldots, m+1)$

d) $a_{11}^1 + \ldots + a_{55}^5$, $a_{ii} \in \mathbb{R}$ $(i = 1, \ldots, 5)$

e) $-a_{52} + a_{62} - a_{72} + a_{82} - a_{92} \pm \ldots$, $a_{i2} \in \mathbb{R}$ $(i = 5, 6, \ldots)$

Aufgabe 1.4:

Berechnen Sie für die Zahlen $x_1, \ldots, x_6$ und $y_1, \ldots, y_6$ der Tabelle

i	1	2	3	4	5	6
x_i	1	0	6	2	2	3
y_i	2	5	1	7	2	9

die Ausdrücke

a) $\sum_{i=1}^{6} x_i$
b) $\sum_{i=1}^{6} (x_i + y_i)$
c) $\sum_{i=1}^{6} x_i y_i$

d) $\left(\sum_{i=1}^{6} x_i \right) \left(\sum_{i=1}^{6} y_i \right)$
e) $\sum_{i=1}^{6} x_i (y_i - 1)$
f) $\left(\sum_{i=1}^{6} (x_i + 1) \right) \left(\sum_{i=1}^{6} (y_i - 1) \right)$

Aufgabe 1.5:

Schreiben Sie die folgenden Produkte unter Verwendung des Produktzeichens:

a) $1 \cdot 3 \cdot 5 \cdot 7 \cdot 9 \cdot 11$
b) $5 \cdot 8 \cdot 11 \cdot 14 \cdot 17 \cdot 20$

c) $4 \cdot 7 \cdot 12 \cdot 19 \cdot 28$
d) $\frac{2}{4} \cdot \frac{2}{5} \cdot \frac{2}{6} \cdot \frac{2}{7} \cdot \frac{2}{8} \cdot \frac{2}{9}$

e) $\frac{3}{2} \cdot \frac{6}{5} \cdot \frac{9}{10} \cdot \frac{12}{17} \cdot \frac{15}{26}$

Aufgabe 1.6:

Berechnen Sie für die Zahlen $x_1, \ldots, x_6$ und $y_1, \ldots, y_6$ der Tabelle

i	1	2	3	4	5	6
x_i	2	0	7	3	3	4
y_i	1	4	1	6	1	8

die Produkte:

a) $\displaystyle\prod_{i=1}^{4} y_i$
b) $\displaystyle\prod_{i=1}^{6} x_i y_i$
c) $\displaystyle\prod_{j=0}^{4} \left(\prod_{i=1}^{3} (x_i y_i + 1) \right)$

Aufgabe 1.7:

Berechnen Sie:

a) $\displaystyle\prod_{i=1}^{5} (i+3)$
b) $\displaystyle\prod_{i=1}^{5} (i-3)$
c) $\left(\displaystyle\prod_{i=1}^{5} i\right)\left(\displaystyle\prod_{j=1}^{5} j\right)$
d) $\displaystyle\prod_{i=1}^{5} (i^2 - 9)$

Aufgabe 1.8:

Seien $n \in \mathbb{N}$ und $x_1, \ldots, x_n$ reelle Zahlen. Dann heißen

$$\overline{x} = \frac{1}{n} \sum_{i=1}^{n} x_i \qquad \text{das arithmetische Mittel und}$$

$$s_x^2 = \frac{1}{n} \sum_{i=1}^{n} (x_i - \overline{x})^2 \qquad \text{die empirische Varianz}$$

der Zahlen $x_1, \ldots, x_n$.

a) Zeigen Sie:

i) Für $a, b \in \mathbb{R}$ und $y_i = a + bx_i, 1 \leq i \leq n$, gelten

$$\overline{y} = \frac{1}{n}\sum_{i=1}^{n} y_i = a + b\overline{x} \quad \text{und} \quad s_y^2 = \frac{1}{n}\sum_{i=1}^{n}(y_i - \overline{y})^2 = b^2 s_x^2.$$

ii) $s_x^2 = \left(\dfrac{1}{n}\sum_{i=1}^{n} x_i^2\right) - \left(\dfrac{1}{n}\sum_{i=1}^{n} x_i\right)^2.$

b) Die Bearbeitungszeiten eines Zulieferers (jeweils Zeit zwischen Auftragseingang und Lieferung) werden bei den letzten 15 Bestellungen notiert (in Tagen):

$$5,\ 3{,}5,\ 7{,}5,\ 6,\ 5,\ 9,\ 8{,}5,\ 4{,}5,\ 4,\ 7{,}5,\ 7,\ 6,\ 4{,}5,\ 5,\ 7.$$

Bestimmen Sie das arithmetische Mittel und die empirische Varianz dieser Daten.

Bemerkung: Diese und die beiden nächsten Aufgaben behandeln (im Vorgriff) statistische Fragestellungen.

Aufgabe 1.9:

Die mit dem Verkauf von Werkzeugmaschinen verbundenen Nebenkosten sollen analysiert werden. Dazu werden für 10 Geschäftsabschlüsse dem jeweiligen Lieferumfang (in Mio. €) die zugehörigen Nebenkosten y_i (in Tsd. €) gegenübergestellt ($1 \leq i \leq 10$):

i	1	2	3	4	5	6	7	8	9	10
x_i	2,1	2,3	1,6	1,0	3,2	1,5	2,7	2,4	1,8	1,4
y_i	5,3	6,1	4,2	3,2	7,8	3,8	7,3	4,9	4,0	3,4

Bestimmen Sie

a) das arithmetische Mittel $\overline{x}$ und die empirische Varianz s_x^2 der Daten $x_1, \ldots, x_{10}$.

b) das arithmetische Mittel $\overline{y}$ und die empirische Varianz s_y^2 der Daten $y_1, \ldots, y_{10}$.

c) (als ein Maß für den linearen Zusammenhang der betrachteten Größen den sogenannten Korrelationskoeffizienten)

$$r_{xy} = \frac{\frac{1}{10}\sum_{i=1}^{10}(x_i - \overline{x})(y_i - \overline{y})}{\sqrt{s_x^2}\sqrt{s_y^2}}.$$

Aufgabe 1.10:

Die Warenhausketten A und B betreiben in 10 verschiedenen Städten je eine Filiale. Die Umsätze $x_1, \ldots, x_{10}$ der Filialen von A betrugen im Jahr 2000 (in Mio. €)

$$5, 8, 11, 7, 4, 2, 15, 6, 10, 2.$$

Als Umsätze $y_1, \ldots, y_{10}$ (in Mio. €) der Filialen von B wurden 2000 in denselben 10 Städten ausgewiesen:

$$2, 3, 7, 5, 3, 3, 10, 7, 9, 1.$$

a) Ermitteln Sie die Mittelwerte $\overline{x}$, $\overline{y}$ der Umsätze $x_1, \ldots, x_{10}$ bzw. $y_1, \ldots, y_{10}$ der Warenhausketten A und B in den 10 Städten sowie die zugehörigen empirischen Varianzen s_x^2 und s_y^2.

b) Bestimmen Sie (als Maß für den linearen Zusammenhang der entsprechenden Umsätze die sogenannte empirische Kovarianz)

$$s_{xy}^2 = \frac{1}{10} \sum_{i=1}^{10} (x_i - \overline{x})(y_i - \overline{y})$$

und (den Korrelationskoeffizienten)

$$r_{xy} = \frac{s_{xy}^2}{\sqrt{s_x^2}\sqrt{s_y^2}}$$

für die Jahresumsätze $x_1, \ldots, x_{10}$ und $y_1, \ldots, y_{10}$.

Lösungen

Lösung zu Aufgabe 1.1:

a) i) Aufgrund des Kommutativgesetzes und des Assoziativgesetzes der Addition gilt:

$$\sum_{i=1}^{n}(a_i + b_i) = (a_1 + b_1) + \ldots + (a_n + b_n)$$

$$= a_1 + b_1 + \ldots + a_n + b_n$$
$$= a_1 + \ldots + a_n + b_1 + \ldots + b_n$$
$$= (a_1 + \ldots + a_n) + (b_1 + \ldots + b_n)$$
$$= \sum_{i=1}^{n} a_i + \sum_{i=1}^{n} b_i.$$

Mit der Setzung $b_1 = \ldots = b_n = c$ ist

$$\sum_{i=1}^{n} b_i = \sum_{i=1}^{n} c = \underbrace{c + \ldots + c}_{n-\text{mal}} = n \cdot c.$$

Das Distributivgesetz der Addition liefert:

$$\sum_{i=1}^{n} ca_i = ca_1 + \ldots + ca_n = c(a_1 + \ldots + a_n) = c \sum_{i=1}^{n} a_i.$$

ii) Aufgrund des Kommutativgesetzes und des Assoziativgesetzes der Multiplikation gilt:

$$\prod_{i=1}^{n}(a_i \cdot b_i) = (a_1 \cdot b_1) \cdot \ldots \cdot (a_n \cdot b_n)$$

$$= a_1 \cdot b_1 \cdot \ldots \cdot a_n \cdot b_n$$
$$= a_1 \cdot \ldots \cdot a_n \cdot b_1 \cdot \ldots \cdot b_n$$
$$= (a_1 \cdot \ldots \cdot a_n) \cdot (b_1 \cdot \ldots \cdot b_n) = \left(\prod_{i=1}^{n} a_i\right)\left(\prod_{i=1}^{n} b_i\right).$$

Mit der Setzung $b_1 = \ldots = b_n = c$ ist

$$\prod_{i=1}^{n} b_i = \prod_{i=1}^{n} c = \underbrace{c \cdot \ldots \cdot c}_{n-\text{mal}} = c^n.$$

b) i) Gegenbeispiel: $n = 2$, $a_1 = 1$, $a_2 = 2$, $b_1 = 1$, $b_2 = 3$:
$$\sum_{i=1}^{2}(a_i \cdot b_i) = 1 \cdot 1 + 2 \cdot 3 = 7 \neq 12 = (1+2) \cdot (1+3) = \left(\sum_{i=1}^{2} a_i\right)\left(\sum_{i=1}^{2} b_i\right).$$

ii) Gegenbeispiel: $n = 2$, $a_1 = 1$, $a_2 = 2$, $b_1 = 1$, $b_2 = 2$:
$$\prod_{i=1}^{2}(a_i + b_i) = (1+1) \cdot (2+2) = 8 \neq 4 = (1 \cdot 2) + (1 \cdot 2) = \left(\prod_{i=1}^{2} a_i\right) + \left(\prod_{i=1}^{2} b_i\right).$$

Lösung zu Aufgabe 1.2:

a) $\sum_{i=1}^{5} 4i$ b) $\sum_{i=1}^{6} 2i$ c) $\sum_{i=2}^{7} 3i$ d) $\sum_{i=1}^{4} \frac{2^i}{2i+1}$

e) $\sum_{i=1}^{6} \frac{i}{i+1}$ f) $\sum_{i=1}^{7}(4i+1)$ g) $\sum_{i=4}^{8}(-1)^{i+1} 2i$ h) $\sum_{i=1}^{5} i^i$

Lösung zu Aufgabe 1.3:

a) $\sum_{i=0}^{4}(5-i) \cdot 5c^i$ b) $\sum_{i=0}^{4} 2^{4-i} a^i = 2^4 \cdot a^0 + 2^3 a^1 + 2^2 a^2 + 2^1 a^3 + 2^0 \cdot a^4$

c) $\sum_{i=1}^{(m+1)/2}(n_{2i-1} + n_{2i})^k$ d) $\sum_{i=1}^{5} a_{ii}^i$ e) $\sum_{i=5}^{\infty}(-1)^i a_{i2}$

Lösung zu Aufgabe 1.4:

a) 14   b) 40   c) 53   d) $14 \cdot 26 = 364$

e) $\sum_{i=1}^{6}(x_i y_i - x_i) = \sum_{i=1}^{6} x_i y_i - \sum_{i=1}^{6} x_i \stackrel{c),a)}{=} 53 - 14 = 39$

f) $\left(\sum_{i=1}^{6}(x_i + 1)\right)\left(\sum_{i=1}^{6}(y_i - 1)\right) = \left(\sum_{i=1}^{6} x_i + 6\right) \cdot \left(\sum_{i=1}^{6} y_i - 6\right)$
$$= (14 + 6)(26 - 6) = 20 \cdot 20 = 400$$

Lösung zu Aufgabe 1.5:

a) $\prod_{i=1}^{6}(2i-1)$ b) $\prod_{i=2}^{7}(3i-1)$ c) $\prod_{i=1}^{5}(i^2+3)$

d) $\prod_{i=4}^{9} \frac{2}{i}$ $\left(= \frac{2^6}{\prod_{i=4}^{9} i}\right)$ e) $\prod_{i=1}^{5} \frac{3i}{i^2+1}$

Lösung zu Aufgabe 1.6:

a) $1 \cdot 4 \cdot 1 \cdot 6 = 24$

b) $(2 \cdot 1) \cdot (0 \cdot 4) \cdot (7 \cdot 1) \cdot (3 \cdot 6) \cdot (3 \cdot 1) \cdot (4 \cdot 8) = 0$

c) $\prod_{j=0}^{4} [(2 \cdot 1 + 1) \cdot (0 \cdot 4 + 1) \cdot (7 \cdot 1 + 1)] = \prod_{j=0}^{4} 24 = 24^5 = 7\,962\,624$

Lösung zu Aufgabe 1.7:

a) $\prod_{i=1}^{5} (i+3) = 4 \cdot 5 \cdot 6 \cdot 7 \cdot 8 = 6\,720$

b) $\prod_{i=1}^{5} (i-3) = (-2) \cdot (-1) \cdot 0 \cdot 1 \cdot 2 = 0$

c) $\left(\prod_{i=1}^{5} i\right)\left(\prod_{j=1}^{5} j\right) = \left(\prod_{i=1}^{5} i\right)^2 = 120^2 = 14\,400$

d) $\prod_{i=1}^{5} (i^2 - 9) = \prod_{i=1}^{5} (i-3)(i+3) = \left(\prod_{i=1}^{5} (i-3)\right)\left(\prod_{j=1}^{5} (j+3)\right) \stackrel{b)}{=} 0$

Lösung zu Aufgabe 1.8:

a) i) $\bar{y} = \frac{1}{n}\sum_{i=1}^{n} y_i = \frac{1}{n}\sum_{i=1}^{n} (a + bx_i) = \frac{1}{n}\sum_{i=1}^{n} a + b\frac{1}{n}\sum_{i=1}^{n} x_i = a + b\bar{x},$

$s_y^2 = \frac{1}{n}\sum_{i=1}^{n} (y_i - \bar{y})^2 = \frac{1}{n}\sum_{i=1}^{n} (a + bx_i - a - b\bar{x})^2 = \frac{1}{n}\sum_{i=1}^{n} b^2(x_i - \bar{x})^2 = b^2 s_x^2.$

ii) $s_x^2 = \frac{1}{n}\sum_{i=1}^{n} (x_i - \bar{x})^2 = \frac{1}{n}\sum_{i=1}^{n} (x_i^2 - 2x_i\bar{x} + \bar{x}^2)$

$= \frac{1}{n}\sum_{i=1}^{n} x_i^2 - 2\bar{x}\frac{1}{n}\sum_{i=1}^{n} x_i + \bar{x}^2 = \frac{1}{n}\sum_{i=1}^{n} x_i^2 - 2\bar{x}^2 + \bar{x}^2 = \frac{1}{n}\sum_{i=1}^{n} x_i^2 - \bar{x}^2$

b) Mit $x_1 = 5$, $x_2 = 3{,}5, \ldots, x_{15} = 7$ erhält man:

$$\bar{x} = \frac{1}{15} \sum_{i=1}^{15} x_i = \frac{1}{15}(5 + 3{,}5 + \ldots + 7) = \frac{90}{15} = 6 \quad \text{sowie}$$

$$s_x^2 = \frac{1}{15} \sum_{i=1}^{15} (x_i - 6)^2 = \frac{1}{15}((-1)^2 + (-2{,}5)^2 + \ldots + 1^2) = \frac{39{,}5}{15} = 2{,}6\overline{3}$$

oder unter Verwendung von a) ii):

$$s_x^2 = \frac{1}{15} \sum_{i=1}^{15} x_i^2 - \bar{x}^2 = \frac{579{,}5}{15} - 36 = 2{,}6\overline{3}.$$

Lösung zu Aufgabe 1.9:

a) $\bar{x} = \dfrac{1}{10} \sum_{i=1}^{10} x_i = \dfrac{20}{10} = 2, \quad s_x^2 = \dfrac{1}{10} \sum_{i=1}^{10} x_i^2 - \bar{x}^2 = 4{,}4 - 4 = 0{,}4$

b) $\bar{y} = \dfrac{1}{10} \sum_{i=1}^{10} y_i = \dfrac{50}{10} = 5, \quad s_y^2 = \dfrac{1}{10} \sum_{i=1}^{10} y_i^2 - \bar{y}^2 = \dfrac{273{,}32}{10} - 25 = 2{,}332$

c) $\dfrac{1}{10} \sum_{i=1}^{10} (x_i - \bar{x})(y_i - \bar{y}) = \ldots = 0{,}917 \implies r_{xy} = \dfrac{0{,}917}{\sqrt{0{,}4} \cdot \sqrt{2{,}332}} \approx 0{,}949$

Lösung zu Aufgabe 1.10:

a) $\bar{x} = \dfrac{1}{10} \sum_{i=1}^{10} x_i = \dfrac{70}{10} = 7, \quad s_x^2 = \dfrac{1}{10} \sum_{i=1}^{10} (x_i - \bar{x})^2 = \dfrac{154}{10} = 15{,}4$

$\bar{y} = \dfrac{1}{10} \sum_{i=1}^{10} y_i = \dfrac{50}{10} = 5, \quad s_y^2 = \dfrac{1}{10} \sum_{i=1}^{10} (y_i - \bar{y})^2 = \dfrac{86}{10} = 8{,}6$

b) $s_{xy}^2 = \dfrac{1}{10} \sum_{i=1}^{10} (x_i - 7)(y_i - 5) = \dfrac{98}{10} = 9{,}8$

$r_{xy} = \dfrac{s_{xy}^2}{\sqrt{s_x^2} \sqrt{s_y^2}} = \dfrac{9{,}8}{\sqrt{15{,}4} \cdot \sqrt{8{,}6}} \approx 0{,}852$

2 Vollständige Induktion

Literaturhinweis: KCO, Kapitel 1, S. 45-49

Aufgaben

Aufgabe 2.1:

Zeigen Sie mittels vollständiger Induktion über $n \in \mathbb{N}$:

a) $\forall n \in \mathbb{N}: \sum_{i=1}^{n} i = \frac{n(n+1)}{2}$

b) $\forall n \in \mathbb{N}: \sum_{i=1}^{n} i^2 = \frac{n(n+1)(2n+1)}{6}$

c) $\forall n \in \mathbb{N}: \sum_{i=1}^{n} i^3 = \frac{n^2(n+1)^2}{4}$

d) $\forall n \in \mathbb{N}: \sum_{i=1}^{n} a^{i-1} = \frac{a^n - 1}{a - 1}$ für ein beliebiges $a \in \mathbb{R}, a \neq 1$ (geometrische Reihe)

Aufgabe 2.2:

Leiten Sie mit Hilfe von Aufgabe 2.1 geschlossene Ausdrücke für die folgenden Summen her, und beweisen Sie die so erhaltenen Formeln (zusätzlich) durch vollständige Induktion über $n \in \mathbb{N}$:

a) $\sum_{i=1}^{n} (2i - 1)$ b) $\sum_{i=1}^{n} (2i - 1)^2$

Aufgabe 2.3:

Zeigen Sie mittels vollständiger Induktion:

a) $\forall n \in \mathbb{N}: \sum_{i=1}^{n} \frac{1}{i(i+1)} = \frac{n}{n+1}$

b) $\forall n \in \mathbb{N}: \sum_{i=1}^{n} \frac{1}{(2i-1)(2i+1)} = \frac{n}{2n+1}$

c) $\forall n \in \mathbb{N}: \sum_{i=1}^{n} (-1)^{i-1} i^2 = (-1)^{n-1} \frac{n(n+1)}{2}$

d) $\forall n \in \mathbb{N}: \sum_{i=1}^{n} i \cdot i! = (n+1)! - 1$

Aufgabe 2.4:

Zeigen Sie die Gültigkeit von

a) $\binom{n}{k-1} + \binom{n}{k} = \binom{n-1}{k}$ für alle $k, n \in \mathbb{N}$ mit $1 \leq k \leq n$ durch direkte Rechnung, wobei $\binom{n}{k} = \frac{n!}{k!(n-k)!}$, $\binom{n}{0} = 1$, $k \in \{0, \ldots, n\}$, $n \in \mathbb{N}_0$.

b) $(x+y)^n = \sum_{k=0}^{n} \binom{n}{k} x^{n-k} y^k$ für alle $x, y \in \mathbb{R}$ und für alle $n \in \mathbb{N}$ mittels vollständiger Induktion (Binomische Formel).

c) $\forall n \in \mathbb{N}: \sum_{k=0}^{n} \binom{n}{k} = 2^n$.

Aufgabe 2.5:

Beweisen Sie durch vollständige Induktion:

a) Für alle $n \geq 4$ gilt: $2^{n-1} > n+1$.

b) Für alle $n \in \mathbb{N}$ und $x > -1$ gilt: $(1+x)^n \geq 1 + nx$ (Bernoullische Ungleichung).

Aufgabe 2.6:

Zeigen Sie durch vollständige Induktion über $n \in \mathbb{N}$:

a) $\forall n \in \mathbb{N} : (1 - x^2) \cdot \prod_{i=1}^{n}(1 + x^{2^i}) = 1 - x^{2^{n+1}}$ für $x \in \mathbb{R}$.

b) $\forall n \in \mathbb{N} : \prod_{i=1}^{n} i^i \leq n^{n(n+1)/2}$.

Aufgabe 2.7:

Seien $f(x) = \ln x$, $x > 0$, und $f^{(n)}$ die n-te Ableitung der Funktion f (s. Kapitel 9). Beweisen Sie durch vollständige Induktion:

$$\forall n \in \mathbb{N}: \quad f^{(n)}(x) = (-1)^{n-1}\frac{(n-1)!}{x^n}.$$

Aufgabe 2.8:

Zeigen Sie durch vollständige Induktion:

Die Potenzmenge einer Menge mit n Elementen besitzt 2^n Elemente, $n \in \mathbb{N}$.
(Die Potenzmenge einer Menge M ist die Menge aller Teilmengen von M.)

Lösungen

Lösung zu Aufgabe 2.1:

a) Induktionsanfang $n = 1$: $\sum_{i=1}^{1} i = 1 = \dfrac{1 \cdot 2}{2}$

Induktionsvoraussetzung: Es sei $\sum_{i=1}^{n} i = \dfrac{n(n+1)}{2}$ für ein $n \in \mathbb{N}$.

Induktionsschluss $n \to n+1$:

$$\sum_{i=1}^{n+1} i = \left(\sum_{i=1}^{n} i\right) + (n+1)$$
$$= \frac{n(n+1)}{2} + n + 1 = \frac{(n+1)(n+2)}{2}$$

b) Induktionsanfang $n = 1$: $\sum_{i=1}^{1} i^2 = 1 = \dfrac{1 \cdot 2 \cdot 3}{6}$

Induktionsvoraussetzung: Es sei $\sum_{i=1}^{n} i^2 = \dfrac{n(n+1)(2n+1)}{6}$ für ein $n \in \mathbb{N}$.

Induktionsschluss $n \to n+1$:

$$\sum_{i=1}^{n+1} i^2 = \left(\sum_{i=1}^{n} i^2\right) + (n+1)^2 = \frac{n(n+1)(2n+1)}{6} + (n+1)^2$$
$$= \frac{(n+1)(2n^2+n+6n+6)}{6} = \frac{(n+1)(n+2)(2n+3)}{6}$$

c) Induktionsanfang $n = 1$: $\sum_{i=1}^{1} i^3 = 1^3 = \dfrac{1^2 \cdot 2^2}{4}$

Induktionsvoraussetzung: Es sei $\sum_{i=1}^{n} i^3 = \dfrac{n^2(n+1)^2}{4}$ für ein $n \in \mathbb{N}$.

Induktionsschluss $n \to n+1$:

$$\sum_{i=1}^{n+1} i^3 = \left(\sum_{i=1}^{n} i^3\right) + (n+1)^3 = \frac{n^2(n+1)^2}{4} + (n+1)^3$$
$$= \frac{(n+1)^2}{4}(n^2 + 4(n+1)) = \frac{(n+1)^2(n+2)^2}{4}$$

Vollständige Induktion

d) Induktionsanfang $n=1$: $\sum_{i=1}^{1} a^{i-1} = a^0 = 1 = \dfrac{a^1-1}{a-1}$

Induktionsvoraussetzung: Es sei $\sum_{i=1}^{n} a^{i-1} = \dfrac{a^n-1}{a-1}$ für ein $n \in \mathbb{N}$.

Induktionsschluss $n \to n+1$:

$$\sum_{i=1}^{n+1} a^{i-1} = \left(\sum_{i=1}^{n} a^{i-1}\right) + a^n = \dfrac{a^n-1}{a-1} + a^n$$
$$= \dfrac{a^n-1+a^n(a-1)}{a-1} = \dfrac{a^{n+1}-1}{a-1}$$

Lösung zu Aufgabe 2.2:

a) $\sum_{i=1}^{n}(2i-1) = 2\left(\sum_{i=1}^{n} i\right) - n \stackrel{A2.1}{=} 2 \cdot \dfrac{n(n+1)}{2} - n = n^2$

Beweis durch vollständige Induktion:

Induktionsanfang $n=1$: $\sum_{i=1}^{1}(2i-1) = 2-1 = 1 = 1^2$

Induktionsvoraussetzung: Es sei $\sum_{i=1}^{n}(2i-1) = n^2$ für ein $n \in \mathbb{N}$.

Induktionsschluss $n \to n+1$:

$$\sum_{i=1}^{n+1}(2i-1) = \sum_{i=1}^{n}(2i-1) + 2(n+1) - 1 = n^2 + 2n + 1 = (n+1)^2$$

b) $\sum_{i=1}^{n}(2i-1)^2 = 4\sum_{i=1}^{n} i^2 - 4\sum_{i=1}^{n} i + \sum_{i=1}^{n} 1$

$$\stackrel{A2.1}{=} 4 \cdot \dfrac{n(n+1)(2n+1)}{6} - 4 \cdot \dfrac{n(n+1)}{2} + n$$
$$= \dfrac{2}{3} n(n+1)(2n+1-3) + n$$
$$= \dfrac{n}{3}(2(n+1)2(n-1) + 3) = \dfrac{n}{3}(4(n^2-1)+3)$$
$$= \dfrac{n(4n^2-1)}{3} \left(= \dfrac{n(2n-1)(2n+1)}{3}\right)$$

Beweis durch vollständige Induktion:

Induktionsanfang $n = 1$: $\sum_{i=1}^{1}(2i-1)^2 = 1^2 = \dfrac{1 \cdot 3}{3}$

Induktionsvoraussetzung: Es sei $\sum_{i=1}^{n}(2i-1)^2 = \dfrac{n(4n^2-1)}{3}$ für ein $n \in \mathbb{N}$.

Induktionsschluss $n \to n+1$:

$$\sum_{i=1}^{n+1}(2i-1)^2 = \sum_{i=1}^{n}(2i-1)^2 + (2(n+1)-1)^2$$

$$= \frac{n(2n-1)(2n+1)}{3} + (2(n+1)-1)^2$$

$$= \frac{n(2n-1)(2(n+1)-1)}{3} + (2(n+1)-1)^2$$

$$= \frac{2(n+1)-1}{3}(2n^2 - n + 6(n+1) - 3)$$

$$= \frac{2(n+1)-1}{3}(n+1)(2n+3)$$

$$= \frac{(n+1)(4(n+1)^2-1)}{3}$$

Lösung zu Aufgabe 2.3:

a) Induktionsanfang $n = 1$: $\sum_{i=1}^{1}\dfrac{1}{i(i+1)} = \dfrac{1}{1 \cdot 2} = \dfrac{1}{1+1}$

Induktionsvoraussetzung: Es sei $\sum_{i=1}^{n}\dfrac{1}{i(i+1)} = \dfrac{n}{n+1}$ für ein $n \in \mathbb{N}$.

Induktionsschluss $n \to n+1$:

$$\sum_{i=1}^{n+1}\frac{1}{i(i+1)} = \left(\sum_{i=1}^{n}\frac{1}{i(i+1)}\right) + \frac{1}{(n+1)(n+2)}$$

$$= \frac{n}{n+1} + \frac{1}{(n+1)(n+2)} = \frac{n(n+2)+1}{(n+1)(n+2)}$$

$$= \frac{(n+1)^2}{(n+1)(n+2)} = \frac{n+1}{n+2}\left(=\frac{n+1}{(n+1)+1}\right)$$

Alternative Lösung ohne vollständige Induktion:

$$\sum_{i=1}^{n} \frac{1}{i(i+1)} = \sum_{i=1}^{n} \left(\frac{1}{i} - \frac{1}{i+1} \right) = \sum_{i=1}^{n} \frac{1}{i} - \sum_{i=1}^{n} \frac{1}{i+1}$$

$$= \sum_{i=1}^{n} \frac{1}{i} - \sum_{i=2}^{n+1} \frac{1}{i} = \frac{1}{1} - \frac{1}{n+1} = \frac{n}{n+1}.$$

b) Induktionsanfang $n=1$: $\displaystyle\sum_{i=1}^{1} \frac{1}{(2i-1)(2i+1)} = \frac{1}{1 \cdot 3} = \frac{1}{2+1}$

Induktionsvoraussetzung:

Es sei $\displaystyle\sum_{i=1}^{n} \frac{1}{(2i-1)(2i+1)} = \frac{n}{2n+1}$ für ein $n \in \mathbb{N}$.

Induktionsschluss $n \to n+1$:

$$\sum_{i=1}^{n+1} \frac{1}{(2i-1)(2i+1)} = \left(\sum_{i=1}^{n} \frac{1}{(2i-1)(2i+1)} \right) + \frac{1}{(2n+1)(2n+3)}$$

$$= \frac{n}{2n+1} + \frac{1}{(2n+1)(2n+3)} = \frac{n(2n+3)+1}{(2n+1)(2n+3)}$$

$$= \frac{(n+1)(2n+1)}{(2n+1)(2n+3)} = \frac{n+1}{2n+3} = \frac{n+1}{2(n+1)+1}$$

c) Induktionsanfang $n=1$: $\displaystyle\sum_{i=1}^{1}(-1)^{i-1}i^2 = (-1)^0 1^2 = (-1)^0 \frac{1 \cdot 2}{2}$

Induktionsvoraussetzung:

Es sei $\displaystyle\sum_{i=1}^{n}(-1)^{i-1}i^2 = (-1)^{n-1}\frac{n(n+1)}{2}$ für ein $n \in \mathbb{N}$.

Induktionsschluss $n \to n+1$:

$$\sum_{i=1}^{n+1}(-1)^{i-1}i^2 = \left(\sum_{i=1}^{n}(-1)^{i-1}i^2\right) + (-1)^n(n+1)^2$$

$$= (-1)^{n-1}\frac{n(n+1)}{2} + (-1)^n(n+1)^2$$

$$= (-1)^n \frac{n+1}{2}(-n + 2(n+1)) = (-1)^n \frac{(n+1)(n+2)}{2}$$

d) Induktionsanfang $n=1$: $\displaystyle\sum_{i=1}^{1} i \cdot i! = 1 \cdot 1! = 2! - 1$

Induktionsvoraussetzung: Es sei $\displaystyle\sum_{i=1}^{n} i \cdot i! = (n+1)! - 1$ für ein $n \in \mathbb{N}$.

Induktionsschluss $n \to n+1$:

$$\sum_{i=1}^{n+1} i \cdot i! = \left(\sum_{i=1}^{n} i \cdot i!\right) + (n+1)(n+1)! = (n+1)! - 1 + (n+1)(n+1)!$$

$$= (n+1)!(1+n+1) - 1 = (n+2)! - 1 = ((n+1)+1)! - 1$$

Lösung zu Aufgabe 2.4:

a) $\binom{n}{k-1} + \binom{n}{k} = \dfrac{n!}{(k-1)!(n-k+1)!} + \dfrac{n!}{k!(n-k)!}$

$= \dfrac{(n+1)!}{k!(n+1-k)!}\left(\dfrac{k}{n+1} + \dfrac{n+1-k}{n+1}\right) = \binom{n+1}{k}$

b) Beweis durch vollständige Induktion:

Induktionsanfang $n=1$: $(x+y)^1 = \binom{1}{0}x^1 y^0 + \binom{1}{1}x^0 y^1$

Induktionsvoraussetzung: Es sei $(x+y)^n = \sum_{k=0}^{n}\binom{n}{k}x^{n-k}y^k$ für ein $n \in \mathbb{N}$.

Induktionsschluss $n \to n+1$:

$$(x+y)^{n+1} = (x+y)(x+y)^n = (x+y)\sum_{k=0}^{n}\binom{n}{k}x^{n-k}y^k$$

$$= \sum_{k=0}^{n}\binom{n}{k}x^{n+1-k}y^k + \sum_{k=0}^{n}\binom{n}{k}x^{n-k}y^{k+1}$$

$$= \sum_{k=0}^{n}\binom{n}{k}x^{n+1-k}y^k + \sum_{k=1}^{n+1}\binom{n}{k-1}x^{n+1-k}y^k$$

$$= \binom{n}{0}x^{n+1-0}y^0 + \sum_{k=1}^{n}\left(\binom{n}{k}+\binom{n}{k-1}\right)x^{n+1-k}y^k + \binom{n}{n}x^0 y^{n+1}$$

$$= \sum_{k=0}^{n+1}\binom{n+1}{k}x^{n+1-k}y^k$$

mit a) und $\binom{n}{0} = \binom{n+1}{0}$, $\binom{n}{n} = \binom{n+1}{n+1}$.

c) Die Gültigkeit der Gleichung kann mit vollständiger Induktion unter Verwendung von a) gezeigt werden oder direkt unter Verwendung von b) und der Setzung $x = y = 1$.

Lösung zu Aufgabe 2.5:

a) Induktionsanfang $n = 4$: $2^{4-1} = 8 > 5 = 4 + 1$

Induktionsvoraussetzung: Es sei $2^{n-1} > n + 1$ für ein $n \geq 4$.

Induktionsschluss $n \to n + 1$:
$$2^n = 2 \cdot 2^{n-1} > 2(n+1) = 2n + 2 > n + 2 \quad (= (n+1) + 1)$$

b) Induktionsanfang $n = 1$: $(1+x)^1 \geq 1 + 1 \cdot x$

Induktionsvoraussetzung: Es sei $(1+x)^n \geq 1 + nx$ für ein $n \in \mathbb{N}$.

Induktionsschluss $n \to n + 1$:
$$(1+x)^{n+1} = (1+x)^n(1+x) \geq (1+nx)(1+x)$$
$$= 1 + (n+1)x + nx^2 \geq 1 + (n+1)x$$

Lösung zu Aufgabe 2.6:

a) Induktionsanfang $n = 1$:
$$(1-x^2) \cdot \prod_{i=1}^{1}(1 + x^{2^i}) = (1-x^2)(1+x^2) = 1 - x^4 = 1 - x^{2^{1+1}}$$

Induktionsvoraussetzung:
$$\text{Es sei } (1-x^2)\prod_{i=1}^{n}(1 + x^{2^i}) = 1 - x^{2^{n+1}} \text{ für ein } n \in \mathbb{N}.$$

Induktionsschluss $n \to n + 1$:
$$(1-x^2)\prod_{i=1}^{n+1}(1 + x^{2^i}) = (1-x^2)(1 + x^{2^{n+1}})\prod_{i=1}^{n}(1 + x^{2^i})$$
$$= (1 + x^{2^{n+1}})(1 - x^{2^{n+1}}) = 1 - (x^{2^{n+1}})^2 = 1 - x^{2^{n+2}}$$

b) Induktionsanfang $n = 1$: $\prod_{i=1}^{1} i^i = 1 \leq 1^{1 \cdot 2/2}$

Induktionsvoraussetzung: Es sei $\prod_{i=1}^{n} i^i \leq n^{n(n+1)/2}$ für ein $n \in \mathbb{N}$.

Induktionsschluss $n \to n + 1$:
$$\prod_{i=1}^{n+1} i^i = \left(\prod_{i=1}^{n} i^i\right) \cdot (n+1)^{n+1} \leq n^{n(n+1)/2} \cdot (n+1)^{n+1}$$
$$\leq (n+1)^{n(n+1)/2}(n+1)$$
$$= (n+1)^{(n(n+1)/2)+(n+1)} = (n+1)^{(n+1)(n+2)/2}$$

Lösung zu Aufgabe 2.7:

Induktionsanfang $n = 1$:

$$f^{(1)}(x) \; (= f'(x)) = (-1)^{1-1}\frac{0!}{x^1} = 1 \cdot \frac{1}{x} = \frac{1}{x} = (\ln x)'$$

Induktionsvoraussetzung: Es sei $f^{(n)}(x) = (-1)^{n-1}\dfrac{(n-1)!}{x^n}$ für ein $n \in \mathbb{N}$.

Induktionsschluss $n \to n+1$:

$$f^{(n+1)}(x) = (f^{(n)}(x))' = \left[(-1)^{n-1}\frac{(n-1)!}{x^n}\right]' = (-1)^{n-1}(n-1)!(x^{-n})'$$

$$= (-1)^{n-1}(n-1)!(-n)x^{-n-1} = (-1)^n \frac{n!}{x^{n+1}}$$

Lösung zu Aufgabe 2.8:

Die Menge M_n habe n Elemente: Diese werden ohne Beschränkung der Allgemeinheit (o.B.d.A.) als die ersten n natürlichen Zahlen aufgefasst, d.h. $M_n = \{1, \ldots, n\}$.

Bezeichnung: $\mathfrak{P}(M_n)$ sei die Potenzmenge von M_n.

Induktionsanfang $n = 1$: $M_1 = \{1\}$, $\mathfrak{P}(M_1) = \{\emptyset, \{1\}\}$, d.h. $\mathfrak{P}(M_1)$ hat $2 = 2^1$ Elemente.

Induktionsvoraussetzung: $\mathfrak{P}(M_n)$ hat 2^n Elemente für ein $n \in \mathbb{N}$.

Induktionsschluss $n \to n+1$:

$$M_{n+1} = \{1, \ldots, n+1\} = M_n \cup \{n+1\}$$

$$\implies \mathfrak{P}(M_{n+1}) = \mathfrak{P}(M_n) \cup \{A \cup \{n+1\} \mid A \in \mathfrak{P}(M_n)\}$$

$$\implies \mathfrak{P}(M_{n+1}) \text{ hat doppelt so viele Elemente wie } \mathfrak{P}(M_n)$$

$$\implies \mathfrak{P}(M_{n+1}) \text{ hat } 2 \cdot 2^n = 2^{n+1} \text{Elemente}$$

3 Mengen und deren graphische Darstellungen

Literaturhinweis: KCO, Kapitel 1, S. 1-2, 12-23

Aufgaben

Aufgabe 3.1:
Gegeben sei die Menge $A = \{x \in \mathbb{R} \,|\, 1 < x < 10\}$, d.h. die Menge aller Zahlen x aus $\mathbb{R}$ mit der Eigenschaft, dass $1 < x < 10$ gilt. Prüfen Sie, welche der folgenden Mengen in der Menge A als Teilmenge enthalten sind:

$$B = \{x \in \mathbb{R} \,|\, 1 < x \leq 10\},$$
$$C = \{x \in \mathbb{R} \,|\, x^2 = 4\},$$
$$D = \{x \in \mathbb{R} \,|\, x^2 - 5x + 6 = 0\},$$
$$E = \{x \in \mathbb{N} \,|\, 1 < x < 11 \text{ und } x \text{ ist eine Primzahl}\},$$
$$F = \{x \in \mathbb{N} \,|\, x \text{ ist Teiler von } 18\}.$$

Bestimmen Sie weiterhin folgende Mengen:

$$E \cap F, \quad (E \cap F) \cup (C \cap D), \quad E \backslash (C \cap F), \quad (E \backslash D) \cap (F \cup C).$$

Aufgabe 3.2:
Gegeben seien die Mengen A, B, C. Stellen Sie folgende Mengen durch Venn-Diagramme graphisch dar:

$$A \cup B, \, A \cap B, \, B \backslash A, \, A \cap B \cap C, \, A \backslash (B \cap C), \, A \cap (B \cup C).$$

Aufgabe 3.3:

Zeigen Sie für beliebige Mengen A, B, C (mittels der Aussagenlogik):

a) $(A \cap B) \cup C = (A \cup C) \cap (B \cup C)$,

b) $A \cap (A \cup B) = A$,

c) $C \backslash (A \cup B) = (C \backslash A) \cap (C \backslash B)$,

und zeichnen Sie die zugehörigen Venn-Diagramme.

Aufgabe 3.4:

Gegeben sei die Menge $M = \{5, \{1,2\}, \emptyset\}$. Welche der folgenden Aussagen sind wahr und welche falsch?

a) $2 \in M$ b) $5 \in M$ c) $\{1,2\} \subset M$ d) $\{5\} \in M$ e) $\{5\} \subset M$

f) $\{2\} \subset M$ g) $\emptyset \subset M$ h) $\{\emptyset\} \subset M$ i) $\emptyset \in M$ j) $\{\emptyset\} \in M$

Aufgabe 3.5:

Gegeben sei die Menge $M = \{-1, \emptyset, \{2, \sqrt{2}\}\}$. Welche der folgenden Aussagen sind wahr und welche falsch?

a) $\sqrt{2} \in M$ b) $\{\sqrt{2}\} \in M$ c) $\{\sqrt{2}\} \in \mathbb{R}$ d) $\sqrt{2} \in \mathbb{Q}$

e) $-1 \in \mathbb{Q}$ f) $-1 \in M$ g) $\emptyset \subseteq M$ h) $\emptyset \notin M$

i) $\{\emptyset\} \notin M$ j) $\{2, \sqrt{2}\} \subseteq M$ k) $\{-1, \emptyset\} \subseteq M$ l) $M \subseteq \mathbb{R}$

Aufgabe 3.6:

Es sei α eine reelle Zahl. Unter $|\alpha|$ versteht man den Abstand des der Zahl α entsprechenden Punkts $(\alpha, 0)$ auf der Zahlengeraden vom Ursprung, also gilt:

$$|\alpha| = \begin{cases} \alpha, & \text{falls } \alpha \geq 0 \\ -\alpha, & \text{falls } \alpha < 0 \end{cases}.$$

Stellen Sie die folgenden Mengen auf der Zahlengeraden dar:

a) $A = \{x \in \mathbb{R} \mid |x| \geq 1\}$ b) $B = \{x \in \mathbb{R} \mid |x - 3| < 2\}$

c) $C = \{x \in \mathbb{R} \mid |2x + 7| \geq 4x - 2\}$ d) $A \cap B \cap C$

Aufgabe 3.7:

Schraffieren Sie die in der x,y-Ebene durch die Ungleichungen

a) $2x + y < 20$ b) $2x - y \geq 15$ c) $10x + 5y > 50$ d) $-x + 4y \leq 32$

gegebenen Gebiete.

Aufgabe 3.8:

Stellen Sie die durch die folgenden Gleichungen bzw. (Systeme von) Ungleichungen definierten Teilmengen des $\mathbb{R}^2$ graphisch dar:

a) $3x + y = 3$ b) $x = 5$

c) $\dfrac{1}{x} - \dfrac{2}{x} = c$ $(c \neq 0, x \neq 0)$ d) $\dfrac{2}{y-1} + \dfrac{3}{5y-5} = \dfrac{4}{y+0{,}1}$ $(y \neq 1, y \neq -0{,}1)$

e) $(x-2)^2 > x^2 + y$ f) $2y \leq 2x + 16$

g) $x \geq -1, y < 2$ h) $x + 2y \geq 10, x - y \geq 2$

Aufgabe 3.9:

Eine Wohnungsbaugesellschaft errichtet drei verschiedene Typen von Einfamilienhäusern (zusammengefasst zur Menge $E = \{E_1, E_2, E_3\}$), die sich noch im Rohbau befinden. Die Käufer können bei den Fensterrahmen zwischen zwei Typen von Holzrahmen (Menge $H = \{H_1, H_2\}$) und drei Typen von Kunststoffrahmen (Menge $K = \{K_1, K_2, K_3\}$) auswählen. Jeder Haustyp kann mit jeder Art von Fensterrahmen ausgestattet werden. Stellen Sie die möglichen Einfamilienhausmodelle der Wohnungsbaugesellschaft dar

a) im folgenden Diagramm:

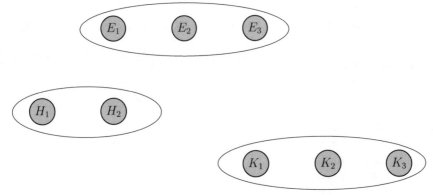

b) als geordnete Paare von Haustypen und Fensterrahmen,

c) als kartesisches Produkt zweier geeigneter Mengen.

Aufgabe 3.10:

Bestimmen Sie für die Mengen $A = \{a, b\}$, $B = \{1, 2, 3\}$, $C = \{1\}$, $D = \{a\}$ die folgenden Mengen („$\times$" bezeichnet ein kartesisches Produkt):

a) $A \times (B \cap C)$ b) $A \times (B \cup C)$ c) $(A \times B) \cap (A \times C)$

d) $(A \times B) \cup (A \times C)$ e) $A \times B \times C$ f) $(A \cap D) \times (B \cap C)$

Aufgabe 3.11:

In einem Produktionsbetrieb werden die Konsumgüter A und B hergestellt. In jedem Monat werden x Einheiten von A und y Einheiten von B produziert. Dabei entstehen variable Kosten von 10 € und 20 € pro Einheit von A bzw. B.

a) Welche gesamten variablen Kosten entstehen pro Monat?

b) Stellen Sie graphisch dar, auf welche Weise gesamte variable Kosten in der Höhe von $K = 100$, $K = 300$ und $K = 500$ entstehen können. (Zeichnen Sie die entsprechenden Kostengleichungen.)

Aufgabe 3.12:

Ein Fabrikant fertigt Scheren mit monatlichen Fixkosten von 15 000 € und anfallenden Produktionskosten von 6 € pro Stück. Der Verkaufspreis einer Schere beträgt 11 €.

a) Geben Sie die folgenden Größen als Funktion der Monatsproduktion, d. h. der Anzahl x der pro Monat produzierten Scheren an, und stellen Sie diese graphisch dar:

    i) die Gesamtkosten pro Monat,

    ii) den monatlichen Umsatz, der durch den Verkauf des Produkts entsteht.

b) Wieviele Scheren muss der Fabrikant monatlich mindestens verkaufen, um in die Gewinnzone zu kommen?

Aufgabe 3.13:

a) Stellen Sie die Menge

$$M = \left\{(x, y) \mid x \geq 0, y \geq 2, y \leq -\frac{2}{3}x + 6, \frac{x}{6} + \frac{y}{8} \leq 1\right\}$$

graphisch dar.

b) Bei einem Schmelzvorgang werden drei Zusatzstoffe Z_1, Z_2 und Z_3 in der jeweiligen Mindestmenge von 1,2 kg Z_1, 0,6 kg Z_2 und 1,6 kg Z_3 benötigt. Die Zusatzstoffe werden in gemischter Form als Rohstoff A bzw. Rohstoff B eingekauft. Jede Mengeneinheit von Rohstoff A enthält 0,1 kg Z_1, 0,3 kg Z_2 und 0,2 kg Z_3. In jeder Mengeneinheit von Rohstoff B sind 0,6 kg Z_1, 0,05 kg Z_2 und 0,4 kg Z_3 enthalten. Der Rest jeder Rohstoffsorte besteht aus Stoffen, die als Schlacke ausfallen.

Die beiden Rohstoffe A und B sollen für einen Schmelzvorgang so gemischt werden, dass die obigen Mindestmengen an Zusatzstoffen vorhanden sind. Beschreiben Sie die zulässigen Mengenkombinationen durch ein System von Ungleichungen, und stellen Sie die zugehörige Erfüllungsmenge graphisch dar.

Aufgabe 3.14:

Student S. möchte sich zur Bekämpfung seines Übergewichts an einem Wochenende maximal 8 Stunden Zeit nehmen, um Squash zu spielen und im Fitness-Studio zu trainieren. Er weiß, dass er pro Stunde Squash 15 € ausgeben muss und in dieser Zeit 1 300 kJ verbraucht, während der Eintritt ins Fitness-Studio pro Stunde nur 5 € kostet, aber auch nur 800 kJ verbraucht werden. Außerdem hat er zu berücksichtigen, dass seine finanzielle Situation nur eine Investition von höchstens 60 € erlaubt und dass sein Squash-Partner höchstens 3 Stunden zur Verfügung steht.

Bezeichnen x die Zeit [in Std.], in der er Squash spielen möchte, sowie y die Zeit [in Std.], in der er plant im Fitness-Studio zu trainieren, so ist er an dem Zahlenpaar $(x, y) \in \mathbb{R}^2$ interessiert, das zum höchstmöglichen kJ-Verbrauch führt. Dieses Zahlenpaar hat er allerdings aus der Menge aller den obigen Einschränkungen genügenden Paare auszuwählen.

Schraffieren Sie diese Menge in einem x, y−Koordinatensystem!

Aufgabe 3.15:

Ein Landwirt möchte seine Ackerfläche von 200 Morgen mit Roggen und Weizen bebauen. Für die Erzeugung eines Doppelzentners Roggen benötigt er 0,12 Morgen, für die eines Doppelzentners Weizen 0,08 Morgen.

Der Anbau eines Doppelzentners Roggen kostet 8 €, der Anbau eines Doppelzentners Weizen 10 €. Der Landwirt hat ein Kapital von 20 000 € zur Verfügung.

Stellen Sie die zur Erzeugung von x Doppelzentnern Roggen und y Doppelzentnern Weizen möglichen Kombinationen (x, y) graphisch dar, wenn:

a) ein Teil der Fläche brach liegen darf.

b) die gesamte Fläche genutzt werden soll.

Lösungen

Lösung zu Aufgabe 3.1:

$A = \{x \in \mathbb{R} | 1 < x < 10\}$:

$B = \{x \in \mathbb{R} | 1 < x \leq 10\}$, B ist keine Teilmenge von A, aber $A \subseteq B$;
$C = \{x \in \mathbb{R} | x^2 = 4\} = \{-2, 2\}$, C ist keine Teilmenge von A;
$D = \{x \in \mathbb{R} | x^2 - 5x + 6 = 0\} = \{2, 3\}$, $D \subseteq A$ ($x^2 - 5x + 6 = (x-2)(x-3) = 0$);
$E = \{x \in \mathbb{N} | 1 < x < 11 \wedge x \text{ ist eine Primzahl}\} = \{2, 3, 5, 7\}$, $E \subseteq A$;
$F = \{x \in \mathbb{N} | \text{ ist Teiler von } 18\} = \{1, 2, 3, 6, 9, 18\}$, F ist keine Teilmenge von A;

$E \cap F = \{2, 3, 5, 7\} \cap \{1, 2, 3, 6, 9, 18\} = \{2, 3\}$;
$(E \cap F) \cup (C \cap D) = \{2, 3\} \cup \{2\} = \{2, 3\}$; $\quad E \backslash (C \cap F) = E \backslash \{2\} = \{3, 5, 7\}$;
$(E \backslash D) \cap (F \cup C) = \{5, 7\} \cap \{-2, 1, 2, 3, 6, 9, 18\} = \emptyset = \{\}$.

Lösung zu Aufgabe 3.2:

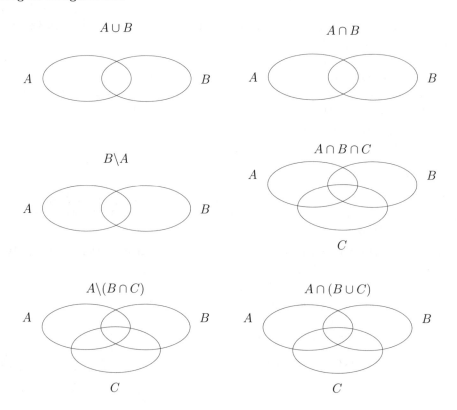

Mengen und deren graphische Darstellungen

Lösung zu Aufgabe 3.3:

a) Zu zeigen: $(A \cap B) \cup C = (A \cup C) \cap (B \cup C)$ (Distributivgesetz)

$$\begin{aligned} x \in (A \cap B) \cup C &\iff x \in A \cap B \vee x \in C \\ &\iff (x \in A \wedge x \in B) \vee x \in C \\ &\iff (x \in A \vee x \in C) \wedge (x \in B \vee x \in C) \\ &\iff x \in A \cup C \wedge x \in B \cup C \\ &\iff x \in (A \cup C) \cap (B \cup C) \end{aligned}$$

Da x beliebig gewählt ist, folgt die Behauptung.

b) Zu zeigen: $A \cap (A \cup B) = A$ (Absorptionsgesetz)

$$\begin{aligned} x \in A \cap (A \cup B) &\iff x \in A \cap A \vee x \in A \cap B \\ &\iff x \in A \vee x \in A \cap B \iff x \in A \end{aligned}$$

Direkt: $A \cap (A \cup B) = (A \cap A) \cup (A \cap B) = A \cup \underbrace{(A \cap B)}_{\subseteq A} = A$

c) Zu zeigen: $C \backslash (A \cup B) = (C \backslash A) \cap (C \backslash B)$ (Gesetz von De Morgan)

$$\begin{aligned} x \in C \backslash (A \cup B) &\iff x \in C \wedge x \notin A \cup B \iff x \in C \wedge x \notin A \wedge x \notin B \\ &\iff x \in C \wedge x \in C \wedge x \notin A \wedge x \notin B \\ &\iff (x \in C \wedge x \notin A) \wedge (x \in C \wedge x \notin B) \\ &\iff x \in C \backslash A \wedge x \in C \backslash B \\ &\iff x \in (C \backslash A) \cap (C \backslash B) \end{aligned}$$

Direkt: $C \backslash (A \cup B) = C \cap \overline{A \cup B} = C \cap (\overline{A} \cap \overline{B}) = C \cap \overline{A} \cap \overline{B}$
$= C \cap C \cap \overline{A} \cap \overline{B} = (C \cap \overline{A}) \cap (C \cap \overline{B})$
$= (C \backslash A) \cap (C \backslash B)$

Venn-Diagramme

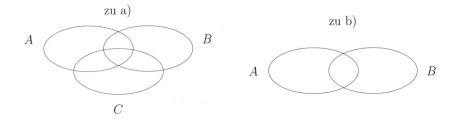

zu a) zu b)

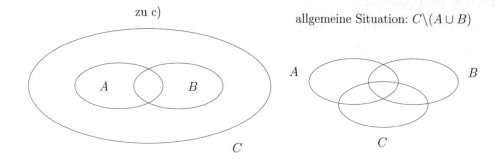

Lösung zu Aufgabe 3.4:

Elemente von M: $5, \{1,2\}, \emptyset$. Teilmengen von M: $\emptyset, \{5\}, \{\{1,2\}\}, \{\emptyset\}$ (einelementige), $\{5, \{1,2\}\}, \{5, \emptyset\}, \{\{1,2\}, \emptyset\}$ (zweielementige), $\{5, \{1,2\}, \emptyset\}$ (dreielementige).

Falsche Aussagen sind a), c), d), f), j) (Bemerkung: g) ist per Definition wahr).

Lösung zu Aufgabe 3.5:

Wahre Aussagen sind: e), f), g) (per Definition), i), k).

Lösung zu Aufgabe 3.6:

a) $A = \{x \in \mathbb{R} \mid |x| \geq 1\} = \{x \mid |x| \geq 1 \wedge (x \geq 0 \vee x < 0)\}$
$= \{x \mid (|x| \geq 1 \wedge x \geq 0) \vee (|x| \geq 1 \wedge x < 0)\}$
$= \{x \mid (x \geq 1 \wedge x \geq 0) \vee (-x \geq 1 \wedge x < 0)\}$
$= \{x \mid x \geq 1 \vee x \leq -1\} = (-\infty, -1] \cup [1, \infty)$

b) $B = \{x \mid |x - 3| < 2\}$
$= \{x \mid (x - 3 < 2 \wedge x - 3 \geq 0) \vee (-x + 3 < 2 \wedge x - 3 < 0)\}$
$= \{x \mid (x < 5 \wedge x \geq 3) \vee (x > 1 \wedge x < 3)\} = \{x \mid 3 \leq x < 5 \vee 1 < x < 3\}$
$= \{x \mid 1 < x < 5\} = (1, 5)$

Mengen und deren graphische Darstellungen

c) $C = \{x|\ |2x+7| \geq 4x - 2\}$

$= \{x|\ (2x+7 \geq 4x - 2 \wedge 2x + 7 \geq 0) \vee (-2x - 7 \geq 4x - 2 \wedge 2x + 7 < 0)\}$

$= \{x|\ (2x \leq 9 \wedge x \geq -\tfrac{7}{2}) \vee (6x \leq -5 \wedge x < -\tfrac{7}{2})\}$

$= \{x|\ (-\tfrac{7}{2} \leq x \leq \tfrac{9}{2}) \vee (x \leq -\tfrac{5}{6} \wedge x < -\tfrac{7}{2})\}$

$= \{x|\ -\tfrac{7}{2} \leq x \leq \tfrac{9}{2} \vee x < -\tfrac{7}{2}\}$

$= \{x|\ x \leq \tfrac{9}{2}\} = (-\infty, \tfrac{9}{2}]$

d) $A \cap B \cap C = \{x|\ x \in A \wedge x \in B \wedge x \in C\}$

$= \{x|\ (x \geq 1 \vee x \leq -1) \wedge (1 < x < 5) \wedge (x \leq \tfrac{9}{2})\}$

$= \{x|\ 1 < x \leq \tfrac{9}{2}\} = (1, \tfrac{9}{2}]$

Lösung zu Aufgabe 3.7:

a) $2x + y < 20$ b) $2x - y \geq 15$

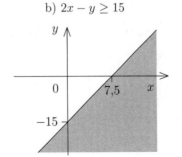

c) $10x + 5y > 50$ d) $-x + 4y \leq 32$

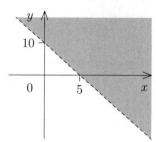
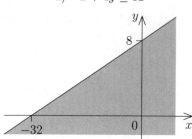

Lösung zu Aufgabe 3.8:

a) $x = 0 \Longrightarrow y = 3$, $y = 0 \Longrightarrow x = 1$; also liegen die Schnittpunkte mit den Achsen des Koordinatensystems bei $x = 1$ bzw. bei $y = 3$:

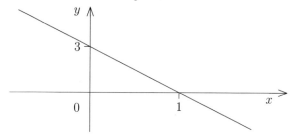

b) $x = 5$. Zu zeichnen ist also die Menge: $\{(5, y)|\ y \in \mathbb{R}\}$.

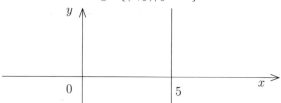

c) $\dfrac{1}{x} - \dfrac{2}{x} = c \iff -\dfrac{1}{x} = c \iff x = -\dfrac{1}{c}$.

Zu zeichnen ist (analog zu b)) die Menge $\{(-\dfrac{1}{c}, y)|\ y \in \mathbb{R}\}$.

Für $c > 0$:

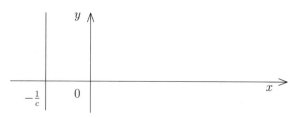

d) $\dfrac{2}{y-1} + \dfrac{3}{5(y-1)} = \dfrac{4}{y+0{,}1} \iff 13(y+0{,}1) = 4 \cdot 5(y-1)$

$\iff 13 \cdot 0{,}1 + 20 = y(20-13) \iff y = \dfrac{21{,}3}{7} \quad (\approx 3{,}04)$

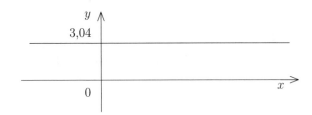

e) $(x-2)^2 > x^2 + y \iff 4x + y < 4$.

Zu schraffieren ist also die Halbebene „links der Geraden $4x+y=4$" (ohne die Gerade selbst!):

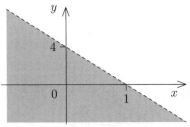

f) $2y \leq 2x + 16 \iff y \leq x + 8$

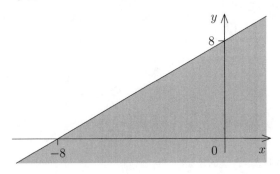

 g)

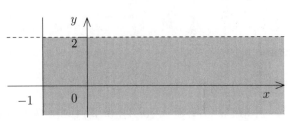

h) Zu schraffieren ist die Schnittmenge

$$\{(x,y) \in \mathbb{R}^2 | x + 2y \geq 10\} \cap \{(x,y) \in \mathbb{R}^2 | x - y \geq 2\}:$$

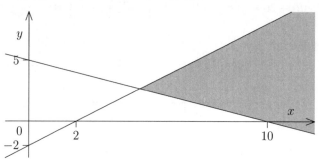

Lösung zu Aufgabe 3.9:

$E = \{E_1, E_2, E_3\}$, $H = \{H_1, H_2\}$, $K = \{K_1, K_2, K_3\}$

a)

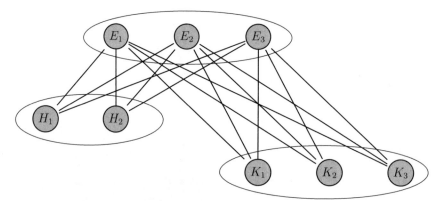

b) $\{(E_1, H_1), (E_1, H_2), (E_1, K_1), (E_1, K_2), (E_1, K_3), (E_2, H_1), (E_2, H_2), (E_2, K_1),$
$(E_2, K_2), (E_2, K_3), (E_3, H_1), (E_3, H_2), (E_3, K_1), (E_3, K_2), (E_3, K_3)\}$

c) $E \times (H \cup K)$

Lösung zu Aufgabe 3.10:

a) $A \times (B \cap C) = \{a, b\} \times \{1\} = \{(a, 1), (b, 1)\}$

b) $A \times (B \cup C) = \{a, b\} \times \{1, 2, 3\} = \{(a, 1), (a, 2), (a, 3), (b, 1), (b, 2), (b, 3)\}$

c) $(A \times B) \cap (A \times C) = (\{a,b\} \times \{1,2,3\}) \cap (\{a,b\} \times \{1\})$
$= \{(a,1), (a,2), (a,3), (b,1), (b,2), (b,3)\} \cap \{(a,1), (b,1)\} = \{(a,1), (b,1)\}$

d) $(A \times B) \cup (A \times C) = \ldots = A \times (B \cup C)$, (siehe b))

e) $A \times B \times C = \{a,b\} \times \{1,2,3\} \times \{1\}$
$= \{(a,1,1), (a,2,1), (a,3,1), (b,1,1), (b,2,1), (b,3,1)\}$

f) $(A \cap D) \times (B \cap C) = \{a\} \times \{1\} = \{(a,1)\}$

Lösung zu Aufgabe 3.11:

Seien x die produzierte Menge von Gut A pro Monat und y die produzierte Menge von Gut B pro Monat. Die gesamten variablen Kosten sind dann: $K = 10x + 20y$.

Kostengleichungen: (1) $10x + 20y = 100$ $(K = 100)$

(2) $10x + 20y = 300$ $(K = 300)$

(3) $10x + 20y = 500$ $(K = 500)$

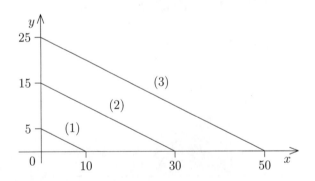

Lösung zu Aufgabe 3.12:

Fixkosten 15 000 €, Produktionskosten 6 € pro Schere, Verkaufspreis 11 € pro Schere.

a) i) Gesamtkosten: $K(x) = 15\,000 + 6x, \; x > 0$

$$y = 15\,000 + 6x \iff \frac{y}{15\,000} - \frac{6x}{15\,000} = 1 \iff \frac{y}{15\,000} - \frac{x}{2\,500} = 1$$

ii) monatlicher Umsatz: $\quad U(x) = 11x, \; x > 0$

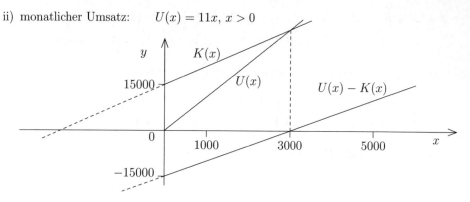

b) Gewinnfunktion:

$$G(x) = U(x) - K(x) = 11x - 15\,000 - 6x = 5x - 15\,000$$
$$G(x) \geq 0 \iff 5x - 15\,000 \geq 0 \iff x \geq 3\,000 \quad \text{(Gewinnzone)}$$

Lösung zu Aufgabe 3.13:

a) $M = \left\{ (x,y) \mid x \geq 0,\; y \geq 2,\; y \leq -\dfrac{2}{3}x + 6,\; \dfrac{x}{6} + \dfrac{y}{8} \leq 1 \right\}$

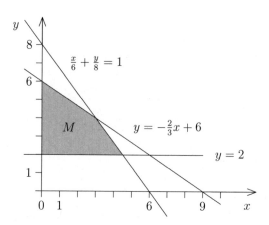

b)

	Z_1	Z_2	Z_3	
Rohstoff A	0,1	0,3	0,2	Menge x
Rohstoff B	0,6	0,05	0,4	Menge y
Mischung C	1,2	0,6	1,6	

Mengen und deren graphische Darstellungen

$0{,}1x + 0{,}6y \geq 1{,}2$ (I) (Z_1)

$0{,}3x + 0{,}05y \geq 0{,}6$ (II) (Z_2)

$0{,}2x + 0{,}4y \geq 1{,}6$ (III) (Z_3)

$x \geq 0, y \geq 0$

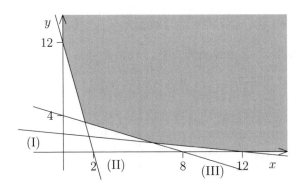

Lösung zu Aufgabe 3.14:

$x \mathrel{\widehat{=}}$ Squash-Zeit, $y \mathrel{\widehat{=}}$ Fitness-Zeit.

Bedingungen: (1) $x + y \leq 8$ (2) $15x + 5y \leq 60$ (3) $x \leq 3$

                 (4) $x \geq 0$ (5) $y \geq 0$

Die gesuchte Menge ist also die Schnittmenge von

$$\{(x,y) \in \mathbb{R}^2 \mid x + y \leq 8\}, \quad \{(x,y) \in \mathbb{R}^2 \mid 15x + 5y \leq 60\}, \quad \{(x,y) \mid x \leq 3\}$$

und dem ersten Quadranten:

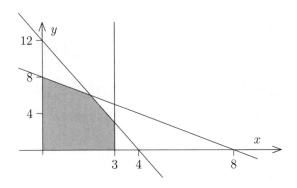

Lösung zu Aufgabe 3.15:

$x \,\widehat{=}\,$ Doppelzentner Roggen, $y \,\widehat{=}\,$ Doppelzentner Weizen

a) $\begin{cases} 0{,}12x + 0{,}08y \leq 200 \\ 8x + 10y \leq 20\,000 \\ x, y \geq 0 \end{cases} \iff \begin{cases} 12x + 8y \leq 20\,000 \\ 8x + 10y \leq 20\,000 \\ x, y \geq 0 \end{cases}$

$\iff \begin{cases} \dfrac{x}{1\,666{,}\overline{6}} + \dfrac{y}{2\,500} \leq 1 \\ \dfrac{x}{2\,500} + \dfrac{y}{2\,000} \leq 1 \\ x, y \geq 0 \end{cases}$

b) $\begin{cases} 0{,}12x + 0{,}08y = 200 \\ 8x + 10y \leq 20\,000 \\ x, y \geq 0 \end{cases} \iff \begin{cases} \dfrac{x}{1\,666{,}\overline{6}} + \dfrac{y}{2\,500} = 1 \\ \dfrac{x}{2\,500} + \dfrac{y}{2\,000} \leq 1 \\ x, y \geq 0 \end{cases}$

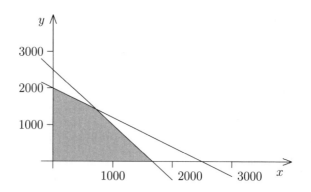

$\mathcal{L}_a = \left\{ (x, y) \,\Big|\, \dfrac{x}{1\,666{,}\overline{6}} + \dfrac{y}{2\,500} \leq 1,\ \dfrac{x}{2\,500} + \dfrac{y}{2\,000} \leq 1,\ x, y \geq 0 \right\}$

$\mathcal{L}_b = \left\{ (x, y) \,\Big|\, \dfrac{x}{1\,666{,}\overline{6}} + \dfrac{y}{2\,500} = 1,\ \dfrac{x}{2\,500} + \dfrac{y}{2\,000} \leq 1,\ x, y \geq 0 \right\}$

4 Aussagenlogik

Literaturhinweis: KCO, Kapitel 1, S. 5-10

In diesem Abschnitt werden zunächst die Notationen vorgestellt, die zur Verknüpfung von Aussagen mit den möglichen Bewertungen (Wahrheitswerten) **wahr (w)** oder **falsch (f)** verwendet werden. Zur Abkürzung der Notation werden Aussagen mit kalligraphischen Buchstaben $\mathcal{A}, \mathcal{B}, \mathcal{C}, \mathcal{A}_1, \mathcal{A}_2, \ldots$ bezeichnet.

Es werden die folgenden grundlegenden Verknüpfungen betrachtet (Definition jeweils in Form einer Wahrheitstafel):

- Die **Negation** der Aussage $\mathcal{A}$, d. h. *nicht* $\mathcal{A}$, wird mit $\neg \mathcal{A}$ oder $\mathcal{A}^c$ oder $\overline{\mathcal{A}}$ bezeichnet.

    Wahrheitstafel:

$\mathcal{A}$	$\neg \mathcal{A}$
w	f
f	w

- Die **Konjunktion** der Aussagen $\mathcal{A}$ und $\mathcal{B}$, in Zeichen $\mathcal{A} \wedge \mathcal{B}$ (logisches UND), beschreibt die gleichzeitige Gültigkeit beider Aussagen.

    Wahrheitstafel:

$\mathcal{A}$	$\mathcal{B}$	$\mathcal{A} \wedge \mathcal{B}$
w	w	w
w	f	f
f	w	f
f	f	f

- Die **Disjunktion** der Aussagen $\mathcal{A}$ und $\mathcal{B}$, in Zeichen $\mathcal{A} \vee \mathcal{B}$ (logisches ODER), beschreibt das nicht ausschließende „oder" in der sprachlichen Verknüpfung zweier Aussagen (in Abgrenzung vom „entweder/oder").

  Wahrheitstafel:

$\mathcal{A}$	$\mathcal{B}$	$\mathcal{A} \vee \mathcal{B}$
w	w	w
w	f	w
f	w	w
f	f	f

- Die **Implikation** der Aussagen $\mathcal{A}$ und $\mathcal{B}$, in Zeichen $\mathcal{A} \Longrightarrow \mathcal{B}$, beschreibt eine Folgerung aus der Aussage $\mathcal{A}$ auf die Aussage $\mathcal{B}$. Die Notation wird daher gelesen als „aus $\mathcal{A}$ folgt $\mathcal{B}$" oder „$\mathcal{A}$ impliziert $\mathcal{B}$".

  Wahrheitstafel:

$\mathcal{A}$	$\mathcal{B}$	$\mathcal{A} \Longrightarrow \mathcal{B}$
w	w	w
w	f	f
f	w	w
f	f	w

- Die **Äquivalenz** der Aussagen $\mathcal{A}$ und $\mathcal{B}$, in Zeichen $\mathcal{A} \Longleftrightarrow \mathcal{B}$, beschreibt die Gleichwertigkeit der Aussagen $\mathcal{A}$ und $\mathcal{B}$ bzgl. ihrer Wahrheitswerte in dem Sinne „$\mathcal{A}$ hat denselben Wahrheitsgehalt wie $\mathcal{B}$".

  Wahrheitstafel:

$\mathcal{A}$	$\mathcal{B}$	$\mathcal{A} \Longleftrightarrow \mathcal{B}$
w	w	w
w	f	f
f	w	f
f	f	w

- Mit $\mathcal{W}$ werde eine **wahre Aussage**, mit $\mathcal{F}$ eine **falsche Aussage** bezeichnet.

Quantoren:

$\forall$: für alle, für jedes (Allquantor)

$\exists$: es existiert ein ..., es gibt ein ... (Existenzquantor)

Aufgaben

Aufgabe 4.1:

Eine Gruppe von Personen wird anhand der Aussagen

$\mathcal{A}$: „Die ausgewählte Person ist weiblich."

$\mathcal{B}$: „Die ausgewählte Person raucht."

$\mathcal{C}$: „Die ausgewählte Person ist minderjährig."

in Teilgruppen eingeteilt.

a) Stellen Sie die folgenden Aussagen mit den Verknüpfungen der Aussagenlogik dar:
   i) „Die ausgewählte Person ist weiblich und minderjährig."
   ii) „Die ausgewählte Person ist männlich und raucht nicht."
   iii) „Die ausgewählte Person ist minderjährig oder raucht."
   iv) „Die ausgewählte Person ist entweder minderjährig oder raucht."
   v) „Die ausgewählte Person ist männlich, nicht minderjährig und raucht."
   vi) „Wenn die ausgewählte Person raucht, ist sie nicht minderjährig."

b) Verbalisieren Sie die folgenden Aussagenverknüpfungen:
$$\mathcal{A} \wedge \mathcal{B}, \quad \overline{\mathcal{A}} \vee \mathcal{A}, \quad \overline{\mathcal{A} \wedge \overline{\mathcal{B}}}, \quad (\mathcal{C} \vee \mathcal{B}) \wedge \mathcal{B}, \quad \overline{\mathcal{B}} \Longrightarrow \mathcal{A}.$$

c) Es sei bekannt, dass alle Personen der Gruppe minderjährig sind. Welche Vereinfachungen ergeben sich daraus für die Aussagen aus a) und b)?

Aufgabe 4.2:

Es seien folgende Aussagen gegeben (Ein Werktag ist ein Wochentag von Montag bis Samstag.):

$\mathcal{A}$: „Gestern war Montag."

$\mathcal{B}$: „Heute ist Mittwoch."

$\mathcal{C}$: „Morgen ist nicht Sonntag."

$\mathcal{D}$: „Heute ist ein Werktag."

$\mathcal{E}$: „Morgen ist Mittwoch."

Untersuchen Sie die folgenden Aussagen auf ihre Wahrheitswerte:

$$\mathcal{A} \Longrightarrow \mathcal{C}, \quad \mathcal{C} \Longrightarrow \mathcal{A}, \quad \mathcal{D} \Longrightarrow \mathcal{B}, \quad \mathcal{E} \Longleftrightarrow \mathcal{A}, \quad \mathcal{C} \Longleftrightarrow \mathcal{E}, \quad \overline{\mathcal{D}} \Longrightarrow \mathcal{C}.$$

Aufgabe 4.3:

Seien $\mathcal{A}$, $\mathcal{B}$ und $\mathcal{C}$ Aussagen. Weisen Sie die folgenden Eigenschaften unter Verwendung von Wahrheitstafeln nach:

a) $\mathcal{A} \wedge \mathcal{B} \Longleftrightarrow \mathcal{B} \wedge \mathcal{A}$, $\mathcal{A} \vee \mathcal{B} \Longleftrightarrow \mathcal{B} \vee \mathcal{A}$ (Kommutativgesetze)

b) $\mathcal{A} \wedge (\mathcal{B} \wedge \mathcal{C}) \Longleftrightarrow (\mathcal{A} \wedge \mathcal{B}) \wedge \mathcal{C}$, $\mathcal{A} \vee (\mathcal{B} \vee \mathcal{C}) \Longleftrightarrow (\mathcal{A} \vee \mathcal{B}) \vee \mathcal{C}$ (Assoziativgesetze)

c) $(\mathcal{A} \wedge \mathcal{B}) \vee \mathcal{C} \Longleftrightarrow (\mathcal{A} \vee \mathcal{C}) \wedge (\mathcal{B} \vee \mathcal{C})$, $(\mathcal{A} \vee \mathcal{B}) \wedge \mathcal{C} \Longleftrightarrow (\mathcal{A} \wedge \mathcal{C}) \vee (\mathcal{B} \wedge \mathcal{C})$ (Distributivgesetze)

d) $\overline{\mathcal{A} \vee \mathcal{B}} \Longleftrightarrow \overline{\mathcal{A}} \wedge \overline{\mathcal{B}}$, $\overline{\mathcal{A} \wedge \mathcal{B}} \Longleftrightarrow \overline{\mathcal{A}} \vee \overline{\mathcal{B}}$ (Regeln von de Morgan)

e) $((\mathcal{A} \Longrightarrow \mathcal{B}) \wedge (\mathcal{B} \Longrightarrow \mathcal{A})) \Longleftrightarrow (\mathcal{A} \Longleftrightarrow \mathcal{B})$

f) $(\mathcal{A} \Longrightarrow \mathcal{B}) \Longleftrightarrow (\overline{\mathcal{B}} \Longrightarrow \overline{\mathcal{A}})$ (Kontraposition)

g) $(\mathcal{A} \Longleftrightarrow \mathcal{B}) \Longleftrightarrow (\overline{\mathcal{A}} \Longleftrightarrow \overline{\mathcal{B}})$

Aufgabe 4.4:

$\mathcal{A}, \mathcal{B}, \mathcal{C}$ seien Aussagen. Untersuchen Sie, ob die angegebenen Ausdrücke äquivalent sind:

a) $(\mathcal{A} \vee \mathcal{B}) \wedge (\mathcal{A} \vee \overline{\mathcal{B}})$, $\mathcal{A}$

b) $\mathcal{A} \wedge (\mathcal{B} \vee \mathcal{C})$, $\mathcal{A} \vee (\mathcal{B} \wedge \mathcal{C})$

c) $\overline{(\mathcal{A} \vee \mathcal{C})} \wedge \mathcal{A}$, $\mathcal{F}$

d) $\overline{(\mathcal{A} \vee \mathcal{B}) \wedge \overline{\mathcal{C}}} \vee (\mathcal{A} \wedge \mathcal{C})$, $(\overline{\mathcal{A}} \wedge \mathcal{B}) \vee \mathcal{C}$

e) $\overline{\mathcal{A}} \wedge (\mathcal{A} \vee \mathcal{C}) \wedge (\mathcal{A} \vee \overline{\mathcal{C}})$, $\mathcal{W}$

f) $\overline{\overline{\mathcal{A}} \vee \mathcal{B}}$, $(\overline{\mathcal{A}} \wedge \mathcal{B} \wedge \overline{\mathcal{C}}) \vee (\overline{\mathcal{A}} \wedge \mathcal{B} \wedge \mathcal{C})$

Aufgabe 4.5:

Seien $\mathcal{A}_1, \mathcal{A}_2, \ldots$ Aussagen.

a) Weisen Sie durch vollständige Induktion die folgende Regel von de Morgan für $n\ (\in \mathbb{N})$ Aussagen nach:
$$\overline{\bigvee_{k=1}^{n} \mathcal{A}_k} \iff \bigwedge_{k=1}^{n} \overline{\mathcal{A}_k}.$$

Zeigen Sie unter deren Verwendung die Gültigkeit der folgenden (zweiten) Regel von de Morgan:
$$\overline{\bigwedge_{k=1}^{n} \mathcal{A}_k} \iff \bigvee_{k=1}^{n} \overline{\mathcal{A}_k}.$$

b) Geben Sie einen Beweis der Regel von de Morgan ohne Verwendung der vollständigen Induktion an.

Aufgabe 4.6:

$\mathcal{A}, \mathcal{B}, \mathcal{C}$ seien Aussagen. Zeigen oder widerlegen Sie:

a) $(\mathcal{A} \wedge \mathcal{B} \wedge \mathcal{C}) \vee (\overline{\mathcal{A}} \wedge \mathcal{B} \wedge \mathcal{C}) \vee (\overline{\mathcal{A}} \wedge \overline{\mathcal{B}} \wedge \mathcal{C}) \vee (\mathcal{A} \wedge \overline{\mathcal{B}} \wedge \mathcal{C})$ ist äquivalent zu $\mathcal{C}$

b) Gilt $\mathcal{A} \implies \mathcal{B}$, so folgt: $\overline{\mathcal{B}} \vee \overline{\mathcal{A}} \iff \mathcal{W}$

c) $(\overline{\mathcal{A} \wedge \mathcal{B}} \vee \overline{\mathcal{C}}) \wedge (\overline{\mathcal{A}} \vee \mathcal{B} \vee \overline{\mathcal{C}})$ ist äquivalent zu $\overline{\mathcal{A}} \vee \overline{\mathcal{C}}$

d) $(\mathcal{A} \implies \mathcal{B}) \wedge (\mathcal{B} \implies \mathcal{C})$ ist äquivalent zu $\mathcal{A} \implies \mathcal{C}$

e) $(\mathcal{A} \implies \mathcal{B}) \wedge (\mathcal{B} \implies \mathcal{C}) \wedge (\mathcal{C} \implies \mathcal{A})$ ist äquivalent zu $(\mathcal{A} \iff \mathcal{B} \iff \mathcal{C})$
($\mathcal{A} \iff \mathcal{B} \iff \mathcal{C}$ ist gleichbedeutend mit $(\mathcal{A} \iff \mathcal{B}) \wedge (\mathcal{B} \iff \mathcal{C})$.)

Aufgabe 4.7:

Zeigen Sie für Aussagen $\mathcal{A}, \mathcal{B}, \mathcal{C}$ die folgende Äquivalenz
$$(\overline{\mathcal{A}} \wedge \mathcal{B} \wedge \overline{\mathcal{C}}) \vee (\mathcal{B} \wedge \mathcal{C}) \iff (\overline{\mathcal{A}} \vee \mathcal{C}) \wedge \mathcal{B}$$

a) unter Verwendung einer Wahrheitstafel,

b) ohne Verwendung einer Wahrheitstafel.

Aufgabe 4.8:

Schreiben Sie folgende Aussagen in Quantorenschreibweise, und entscheiden Sie, ob Sie wahr oder falsch sind.

a) „Das Quadrat jeder reellen Zahl im Intervall $[-2, 2]$ ist kleiner als 4."

b) „Für jede rationale Zahl z gibt es eine natürliche Zahl k, so dass $z \cdot k$ eine ganze Zahl ist."

c) „Es gibt keine rationale Zahl x mit $x^2 = 3$."

d) „Die Folge $(a_n)_{n \in \mathbb{N}}$ definiert durch $a_n = (-1)^n$, $n \in \mathbb{N}$, konvergiert nicht gegen die Zahl -1."

Aufgabe 4.9:

Negieren Sie die folgenden Aussagen:

a) $\forall \varepsilon > 0 \; \exists n_0 \in \mathbb{N} \; \forall n \geq n_0 : \; |a_n - a_0| < \varepsilon$

b) $\forall \varepsilon > 0 \; \forall x \in \mathbb{R} \; \exists q \in \mathbb{Q} : \; |x - q| < \varepsilon$

c) $\forall \lambda \in [0, 1] \; \forall x_1, x_2 \in [a, b] : \; f(\lambda x_1 + (1 - \lambda) x_2) \leq \lambda f(x_1) + (1 - \lambda) f(x_2)$

d) $\forall \alpha > 0 \; \forall x \in [0, \infty) \; \exists z \in [0, \infty) : \; z^\alpha = x$

Aufgabe 4.10:

Seien $\mathcal{A}_1, \mathcal{A}_2, \mathcal{A}_3$ Aussagen. Jeder Aussage $\mathcal{A}_i$ wird eine Variable x_i in der folgenden Weise zugeordnet:

$$x_i = 1 \iff \mathcal{A}_i \text{ ist wahr}, \quad x_i = 0 \iff \mathcal{A}_i \text{ ist falsch}, \quad i = 1, 2, 3.$$

Zeigen Sie:

a) $\mathcal{A}_1 \vee \mathcal{A}_2$ ist wahr $\iff (1 - x_1)(1 - x_2) = 0$

b) $\overline{\mathcal{A}_1} \wedge \mathcal{A}_2$ ist wahr $\iff x_2 = 1 + x_1 x_2$

c) $\mathcal{A}_1 \wedge \mathcal{A}_2 \wedge \mathcal{A}_3$ ist wahr $\iff x_1 x_2 x_3 = 1$

d) $\mathcal{A}_1 \vee \mathcal{A}_2 \vee \mathcal{A}_3$ ist wahr $\iff (1 - x_1)(1 - x_2)(1 - x_3) = 0$

e) $(\mathcal{A}_1 \iff \mathcal{A}_2) \iff x_1 = x_2$

f) $(\mathcal{A}_2 \implies \mathcal{A}_3) \iff x_2 \leq x_3$

Lösungen

Lösung zu Aufgabe 4.1:

a) i) $\mathcal{A} \wedge \mathcal{C}$ ii) $\overline{\mathcal{A}} \wedge \overline{\mathcal{B}}$ iii) $\mathcal{C} \vee \mathcal{B}$
    iv) $(\mathcal{C} \wedge \overline{\mathcal{B}}) \vee (\mathcal{B} \wedge \overline{\mathcal{C}})$ v) $\overline{\mathcal{A}} \wedge \overline{\mathcal{C}} \wedge \mathcal{B}$ vi) $\mathcal{B} \Longrightarrow \overline{\mathcal{C}}$

b) $\mathcal{A} \wedge \mathcal{B}$: „Die ausgewählte Person ist weiblich und raucht."

$\overline{\mathcal{A}} \vee \mathcal{A} \iff \mathcal{W}$: „Die ausgewählte Person ist männlich oder weiblich." Da $\overline{\mathcal{A}} \vee \mathcal{A}$ stets wahr ist, kann alternativ eine beliebige wahre Aussage formuliert werden.

$\overline{\mathcal{A} \wedge \overline{\mathcal{B}}}$: „Es stimmt nicht, dass die ausgewählte Person weiblich ist und nicht raucht." Dies ist gleichbedeutend mit „Die ausgewählte Person ist männlich oder raucht."

$(\mathcal{C} \vee \mathcal{B}) \wedge \mathcal{B}$: „Die ausgewählte Person raucht." (Es gilt: $(\mathcal{C} \vee \mathcal{B}) \wedge \mathcal{B} \iff \mathcal{B}$, was mit einer Wahrheitstafel nachgewiesen werden kann.)

$\overline{\mathcal{B}} \Longrightarrow \mathcal{A}$: „Wenn die ausgewählte Person nicht raucht, so ist sie weiblich."

c) Im folgenden werden nur die Aussagen angegeben, deren Darstellung sich verändert.

zu a) i) $\mathcal{A}$; iii) $\mathcal{W}$; iv) $\overline{\mathcal{B}}$; v) $\mathcal{F}$; vi) $\mathcal{B} \Longrightarrow \mathcal{F}$, d.h. $\mathcal{B} \iff \mathcal{F}$;

zu b) Hier entstehen keine Vereinfachungen.

Lösung zu Aufgabe 4.2:

$\mathcal{A} \Longrightarrow \mathcal{C}$:

Ist $\mathcal{A}$ wahr, d.h. gestern war Montag, so ist heute Dienstag und damit insbesondere morgen nicht Sonntag, d.h. $\mathcal{C}$ ist wahr. Die Implikation hat somit den Wahrheitswert „wahr". Ist $\mathcal{A}$ falsch, so hat die Implikation immer den Wahrheitswert „wahr", so dass die Aussage $\mathcal{A} \Longrightarrow \mathcal{C}$ stets wahr ist.

$\mathcal{C} \Longrightarrow \mathcal{A}$:

Ist $\mathcal{C}$ wahr, d.h. morgen ist nicht Sonntag, so kann keine Entscheidung getroffen werden, ob $\mathcal{A}$ wahr ist oder nicht. Ist $\mathcal{C}$ falsch, d.h. morgen ist Sonntag, so war gestern Freitag, und daher ist $\mathcal{A}$ falsch. In diesem Fall hat die Implikation den Wahrheitswert „wahr".

$\mathcal{D} \Longrightarrow \mathcal{B}$:

Ist $\mathcal{D}$ wahr, so kann über den Wahrheitswert von $\mathcal{B}$ keine Aussage getroffen werden, da außer Mittwoch auch andere Werktage vorliegen können. Andernfalls hat die Implikation immer den Wahrheitswert „wahr".

$\mathcal{E} \iff \mathcal{A}$:

Die Äquivalenz hat den Wahrheitswert „wahr", denn wenn gestern Montag war, muss morgen Mittwoch sein und umgekehrt.

$\mathcal{C} \iff \mathcal{E}$:

Die Implikation $\mathcal{E} \implies \mathcal{C}$ hat den Wahrheitswert „wahr", da aus $\mathcal{E}$ ist wahr auch $\mathcal{C}$ ist wahr folgt. Ist $\mathcal{E}$ falsch, so ist die Implikation stets wahr. Für die Implikation $\mathcal{C} \implies \mathcal{E}$ kann dies nicht eindeutig beantwortet werden. Ist $\mathcal{C}$ falsch, so ist morgen Sonntag (und damit insbesondere nicht Mittwoch), so dass $\mathcal{E}$ falsch ist. Ist $\mathcal{C}$ wahr, so kann morgen Mittwoch sein oder nicht. Dies hängt davon ab, welcher Wochentag heute ist. Ist heute Dienstag, so ist die Äquivalenz wahr, liegt ein anderer Tag (als Dienstag und Samstag) vor, so hat die Äquivalenz den Wahrheitswert „falsch".

$\overline{\mathcal{D}} \implies \mathcal{C}$:

Die Aussage $\overline{\mathcal{D}}$ bedeutet, dass heute Sonntag ist. Damit ist $\overline{\mathcal{D}} \implies \mathcal{C}$ stets wahr.

Lösung zu Aufgabe 4.3:

a)

$\mathcal{A}$	$\mathcal{B}$	$\mathcal{A} \wedge \mathcal{B}$	$\mathcal{B} \wedge \mathcal{A}$	$\mathcal{A} \vee \mathcal{B}$	$\mathcal{B} \vee \mathcal{A}$
w	w	w	w	w	w
w	f	f	f	w	w
f	w	f	f	w	w
f	f	f	f	f	f

b)

$\mathcal{A}$	$\mathcal{B}$	$\mathcal{C}$	$\mathcal{B} \wedge \mathcal{C}$	$\mathcal{A} \wedge (\mathcal{B} \wedge \mathcal{C})$	$\mathcal{A} \wedge \mathcal{B}$	$(\mathcal{A} \wedge \mathcal{B}) \wedge \mathcal{C}$
w	w	w	w	w	w	w
w	w	f	f	f	w	f
w	f	w	f	f	f	f
w	f	f	f	f	f	f
f	w	w	w	f	f	f
f	w	f	f	f	f	f
f	f	w	f	f	f	f
f	f	f	f	f	f	f

Aussagenlogik

$\mathcal{A}$	$\mathcal{B}$	$\mathcal{C}$	$\mathcal{B}\vee\mathcal{C}$	$\mathcal{A}\vee(\mathcal{B}\vee\mathcal{C})$	$\mathcal{A}\vee\mathcal{B}$	$(\mathcal{A}\vee\mathcal{B})\vee\mathcal{C}$
w	w	w	w	w	w	w
w	w	f	w	w	w	w
w	f	w	w	w	w	w
w	f	f	f	w	w	w
f	w	w	w	w	w	w
f	w	f	w	w	w	w
f	f	w	w	w	f	w
f	f	f	f	f	f	f

c)

$\mathcal{A}$	$\mathcal{B}$	$\mathcal{C}$	$\mathcal{A}\wedge\mathcal{B}$	$(\mathcal{A}\wedge\mathcal{B})\vee\mathcal{C}$	$\mathcal{A}\vee\mathcal{C}$	$\mathcal{B}\vee\mathcal{C}$	$(\mathcal{A}\vee\mathcal{C})\wedge(\mathcal{B}\vee\mathcal{C})$
w	w	w	w	w	w	w	w
w	w	f	w	w	w	w	w
w	f	w	f	w	w	w	w
w	f	f	f	f	w	f	f
f	w	w	f	w	w	w	w
f	w	f	f	f	f	w	f
f	f	w	f	w	w	w	w
f	f	f	f	f	f	f	f

$\mathcal{A}$	$\mathcal{B}$	$\mathcal{C}$	$\mathcal{A}\vee\mathcal{B}$	$(\mathcal{A}\vee\mathcal{B})\wedge\mathcal{C}$	$\mathcal{A}\wedge\mathcal{C}$	$\mathcal{B}\wedge\mathcal{C}$	$(\mathcal{A}\wedge\mathcal{C})\vee(\mathcal{B}\wedge\mathcal{C})$
w	w	w	w	w	w	w	w
w	w	f	w	f	f	f	f
w	f	w	w	w	w	f	w
w	f	f	w	f	f	f	f
f	w	w	w	w	f	w	w
f	w	f	w	f	f	f	f
f	f	w	f	f	f	f	f
f	f	f	f	f	f	f	f

d)

$\mathcal{A}$	$\mathcal{B}$	$\mathcal{A}\vee\mathcal{B}$	$\overline{\mathcal{A}\vee\mathcal{B}}$	$\overline{\mathcal{A}}$	$\overline{\mathcal{B}}$	$\overline{\mathcal{A}}\wedge\overline{\mathcal{B}}$
w	w	w	f	f	f	f
w	f	w	f	f	w	f
f	w	w	f	w	f	f
f	f	f	w	w	w	w

$\mathcal{A}$	$\mathcal{B}$	$\mathcal{A}\wedge\mathcal{B}$	$\overline{\mathcal{A}\wedge\mathcal{B}}$	$\overline{\mathcal{A}}$	$\overline{\mathcal{B}}$	$\overline{\mathcal{A}}\vee\overline{\mathcal{B}}$
w	w	w	f	f	f	f
w	f	f	w	f	w	w
f	w	f	w	w	f	w
f	f	f	w	w	w	w

e)

$\mathcal{A}$	$\mathcal{B}$	$\mathcal{A} \Longrightarrow \mathcal{B}$	$\mathcal{B} \Longrightarrow \mathcal{A}$	$(\mathcal{A} \Longrightarrow \mathcal{B}) \wedge (\mathcal{B} \Longrightarrow \mathcal{A})$	$\mathcal{A} \Longleftrightarrow \mathcal{B}$
w	w	w	w	w	w
w	f	f	w	f	f
f	w	w	f	f	f
f	f	w	w	w	w

f)

$\mathcal{A}$	$\mathcal{B}$	$\mathcal{A} \Longrightarrow \mathcal{B}$	$\overline{\mathcal{A}}$	$\overline{\mathcal{B}}$	$\overline{\mathcal{B}} \Longrightarrow \overline{\mathcal{A}}$
w	w	w	f	f	w
w	f	f	f	w	f
f	w	w	w	f	w
f	f	w	w	w	w

g)

$\mathcal{A}$	$\mathcal{B}$	$\mathcal{A} \Longleftrightarrow \mathcal{B}$	$\overline{\mathcal{A}}$	$\overline{\mathcal{B}}$	$\overline{\mathcal{A}} \Longleftrightarrow \overline{\mathcal{B}}$
w	w	w	f	f	w
w	f	f	f	w	f
f	w	f	w	f	f
f	f	w	w	w	w

Lösung zu Aufgabe 4.4:

a) $(\mathcal{A} \vee \mathcal{B}) \wedge (\mathcal{A} \vee \overline{\mathcal{B}}) \iff \mathcal{A} \vee (\mathcal{B} \wedge \overline{\mathcal{B}}) \iff \mathcal{A} \vee \mathcal{F} \iff \mathcal{A}$

b) $\mathcal{A} \wedge (\mathcal{B} \vee \mathcal{C})$ ist nicht äquivalent zu $\mathcal{A} \vee (\mathcal{B} \wedge \mathcal{C})$: Gilt etwa $\mathcal{A} \iff \mathcal{W}$ und $\mathcal{B} \iff \mathcal{C} \iff \mathcal{F}$, so würde aus der Gültigkeit der Äquivalenz die Aussage $\mathcal{F} \iff \mathcal{W}$ folgen, was offensichtlich falsch ist.

c) $\overline{(\mathcal{A} \vee \mathcal{C})} \wedge \mathcal{A} \iff \overline{\mathcal{A}} \wedge \overline{\mathcal{C}} \wedge \mathcal{A} \iff \mathcal{F}$

d) $\overline{(\mathcal{A} \vee \mathcal{B}) \wedge \overline{\mathcal{C}}} \vee (\mathcal{A} \wedge \mathcal{C}) \iff \overline{\mathcal{A} \vee \mathcal{B}} \vee \mathcal{C} \vee (\mathcal{A} \wedge \mathcal{C}) \iff \overline{\mathcal{A} \vee \mathcal{B}} \vee (\mathcal{C} \vee (\mathcal{A} \wedge \mathcal{C}))$
$\iff \overline{\mathcal{A} \vee \mathcal{B}} \vee \mathcal{C} \iff (\overline{\mathcal{A}} \wedge \overline{\mathcal{B}}) \vee \mathcal{C}$

e) Wegen $\overline{\mathcal{A}} \wedge (\mathcal{A} \vee \mathcal{C}) \wedge (\mathcal{A} \vee \overline{\mathcal{C}}) \stackrel{\text{s. a)}}{\iff} \overline{\mathcal{A}} \wedge \mathcal{A} \iff \mathcal{F}$ sind die angegebenen Aussagen nicht äquivalent.

f) Zunächst gilt: $\overline{\overline{\mathcal{A}} \vee \overline{\mathcal{B}}} \iff \mathcal{A} \wedge \mathcal{B}$. Weiterhin gilt: $(\overline{\mathcal{A}} \wedge \mathcal{B} \wedge \overline{\mathcal{C}}) \vee (\overline{\mathcal{A}} \wedge \mathcal{B} \wedge \mathcal{C}) \iff \overline{\mathcal{A}} \wedge \mathcal{B}$. Ist $\mathcal{B} \iff \mathcal{W}$, so lautet die Behauptung: $\overline{\mathcal{A}} \iff \mathcal{A}$, was offensichtlich falsch ist.

AUSSAGENLOGIK

Lösung zu Aufgabe 4.5:

a) Induktionsanfang $n = 2$: Die Behauptung ist in Aufgabe 4.3 d) mittels einer Wahrheitstafel bereits bewiesen worden.

Induktionsschritt: Gelte die Behauptung für Aussagen $\mathcal{A}_1, \ldots, \mathcal{A}_n$ mit $n \in \mathbb{N}$, $n \geq 2$.

Induktionsschluss $n \to n+1$:

$$\overline{\bigvee_{k=1}^{n+1} \mathcal{A}_k} \iff \overline{\left(\bigvee_{k=1}^{n} \mathcal{A}_k\right) \vee \mathcal{A}_{n+1}} \overset{\text{Induktionsanfang}}{\iff} \overline{\left(\bigvee_{k=1}^{n} \mathcal{A}_k\right)} \wedge \overline{\mathcal{A}_{n+1}}$$

$$\overset{\text{I.V.}}{\iff} \left(\bigwedge_{k=1}^{n} \overline{\mathcal{A}_k}\right) \wedge \overline{\mathcal{A}_{n+1}} \iff \bigwedge_{k=1}^{n+1} \overline{\mathcal{A}_k}.$$

Damit folgt die Behauptung mit dem Induktionsprinzip.

Zum Nachweis der zweiten Regel von de Morgan werden anstelle von $\mathcal{A}_k$ die Negationen $\overline{\mathcal{A}_k}$ in die schon bewiesene Äquivalenz eingesetzt. Diese Formel lautet dann:

$$\overline{\bigvee_{k=1}^{n} \overline{\mathcal{A}_k}} \iff \bigwedge_{k=1}^{n} \overline{\overline{\mathcal{A}_k}}.$$

Unter Verwendung von $\overline{\overline{\mathcal{A}_k}} \iff \mathcal{A}_k$ folgt daraus:

$$\overline{\bigvee_{k=1}^{n} \overline{\mathcal{A}_k}} \iff \bigwedge_{k=1}^{n} \mathcal{A}_k.$$

Mit Aufgabe 4.3 g) folgt daraus die Behauptung.

b) Die Aussage $\overline{\bigvee_{k=1}^{n} \mathcal{A}_k}$ hat den Wahrheitswert „wahr" genau dann, wenn $\bigvee_{k=1}^{n} \mathcal{A}_k$ den Wahrheitswert „falsch" hat. Dies ist wiederum genau dann der Fall, wenn jedes $\mathcal{A}_k$ den Wahrheitswert „falsch" hat bzw. jede Negation $\overline{\mathcal{A}_k}$ den Wahrheitswert „wahr" hat, $k = 1, \ldots, n$. Dies ist jedoch äquivalent dazu, dass $\bigwedge_{k=1}^{n} \overline{\mathcal{A}_k}$ den Wahrheitswert „wahr" hat. Damit folgt die Behauptung.

Lösung zu Aufgabe 4.6:

a) $\underbrace{(\mathcal{A}\wedge\mathcal{B}\wedge\mathcal{C})\vee(\overline{\mathcal{A}}\wedge\mathcal{B}\wedge\mathcal{C})}_{\iff \mathcal{B}\wedge\mathcal{C}}\vee\underbrace{(\overline{\mathcal{A}}\wedge\overline{\mathcal{B}}\wedge\mathcal{C})\vee(\mathcal{A}\wedge\overline{\mathcal{B}}\wedge\mathcal{C})}_{\iff \overline{\mathcal{B}}\wedge\mathcal{C}} \iff (\mathcal{B}\wedge\mathcal{C})\vee(\overline{\mathcal{B}}\wedge\mathcal{C}) \iff \mathcal{C}$

b) Die Wahrheitswerte der zu untersuchenden Aussagen sind in der nachstehenden Wahrheitstafel enthalten:

$\mathcal{A}$	$\mathcal{B}$	$\mathcal{A}\Longrightarrow\mathcal{B}$	$\overline{\mathcal{A}}$	$\overline{\mathcal{B}}$	$\overline{\mathcal{B}}\vee\overline{\mathcal{A}}$	$(\overline{\mathcal{B}}\vee\overline{\mathcal{A}})\iff\mathcal{W}$	$(\mathcal{A}\Longrightarrow\mathcal{B})\Longrightarrow((\overline{\mathcal{B}}\vee\overline{\mathcal{A}})\iff\mathcal{W})$
w	w	w	f	f	f	f	f
w	f	f	f	w	w	w	w
f	w	w	w	f	w	w	w
f	f	w	w	w	w	w	w

Da die letzte Spalte der Wahrheitstafel den Wahrheitswert „falsch" enthält, ist die Implikation i.a. falsch.

c) Wegen $\overline{\mathcal{A}\wedge\mathcal{B}}\vee\overline{\mathcal{C}} \iff \overline{\mathcal{A}}\vee\overline{\mathcal{B}}\vee\overline{\mathcal{C}}$ gilt nach dem Distributivgesetz

$$(\overline{\mathcal{A}\wedge\mathcal{B}}\vee\overline{\mathcal{C}})\wedge(\overline{\mathcal{A}}\vee\mathcal{B}\vee\overline{\mathcal{C}}) \iff \overline{\mathcal{A}}\vee\overline{\mathcal{C}}.$$

d) Die Fragestellung wird mit einer Wahrheitstafel untersucht:

$\mathcal{A}$	$\mathcal{B}$	$\mathcal{C}$	$\mathcal{A}\Longrightarrow\mathcal{B}$	$\mathcal{B}\Longrightarrow\mathcal{C}$	$(\mathcal{A}\Longrightarrow\mathcal{B})\wedge(\mathcal{B}\Longrightarrow\mathcal{C})$	$\mathcal{A}\Longrightarrow\mathcal{C}$
w	w	w	w	w	w	w
w	w	f	w	f	f	f
w	f	w	f	w	f	w
w	f	f	f	w	f	f
f	w	w	w	w	w	w
f	w	f	w	f	f	w
f	f	w	w	w	w	w
f	f	f	w	w	w	w

Da die letzten beiden Spalten nicht übereinstimmen, sind die Aussagen nicht äquivalent. Es gilt jedoch die sogenannte **Transitivität**

$$[(\mathcal{A}\Longrightarrow\mathcal{B})\wedge(\mathcal{B}\Longrightarrow\mathcal{C})] \implies [\mathcal{A}\Longrightarrow\mathcal{C}],$$

d.h. hat die Aussage $(\mathcal{A}\Longrightarrow\mathcal{B})\wedge(\mathcal{B}\Longrightarrow\mathcal{C})$ den Wahrheitswert wahr, so ist auch $\mathcal{A}\Longrightarrow\mathcal{C}$ wahr.

AUSSAGENLOGIK

e) Mit der Wahrheitstafel aus d) folgt:

$\mathcal{A}$	$\mathcal{B}$	$\mathcal{C}$	$\mathcal{C} \Longrightarrow \mathcal{A}$	$(\mathcal{A} \Longrightarrow \mathcal{B}) \wedge (\mathcal{B} \Longrightarrow \mathcal{C}) \wedge (\mathcal{C} \Longrightarrow \mathcal{A})$	$\mathcal{A} \Longleftrightarrow \mathcal{B} \Longleftrightarrow \mathcal{C}$
w	w	w	w	w	w
w	w	f	w	f	f
w	f	w	w	f	f
w	f	f	w	f	f
f	w	w	f	f	f
f	w	f	w	f	f
f	f	w	f	f	f
f	f	f	w	w	w

Da die letzten beiden Spalten übereinstimmen, ist die Äquivalenz bewiesen. Die genannte Eigenschaft wird auch als **Ringschluss** bezeichnet.

Lösung zu Aufgabe 4.7:

a) Bezeichne $\mathcal{E}$ die Aussage $(\overline{\mathcal{A}} \wedge \mathcal{B} \wedge \overline{\mathcal{C}}) \vee (\mathcal{B} \wedge \mathcal{C})$.

$\mathcal{A}$	$\mathcal{B}$	$\mathcal{C}$	$\overline{\mathcal{A}}$	$\overline{\mathcal{C}}$	$\overline{\mathcal{A}} \wedge \mathcal{B} \wedge \overline{\mathcal{C}}$	$\mathcal{B} \wedge \mathcal{C}$	$\mathcal{E}$	$\overline{\mathcal{A}} \vee \mathcal{C}$	$(\overline{\mathcal{A}} \vee \mathcal{C}) \wedge \mathcal{B}$
w	w	w	f	f	f	w	w	w	w
w	w	f	f	w	f	f	f	f	f
w	f	w	f	f	f	f	f	w	f
w	f	f	f	w	f	f	f	f	f
f	w	w	w	f	f	w	w	w	w
f	w	f	w	w	w	f	w	w	w
f	f	w	w	f	f	f	f	w	f
f	f	f	w	w	f	f	f	w	f

Da die grau markierten Spalten übereinstimmen, sind die Aussagen äquivalent.

b) $(\overline{\mathcal{A}} \wedge \mathcal{B} \wedge \overline{\mathcal{C}}) \vee (\mathcal{B} \wedge \mathcal{C}) \iff [\overline{\mathcal{A}} \vee (\mathcal{B} \wedge \mathcal{C})] \wedge [(\mathcal{B} \wedge \overline{\mathcal{C}}) \vee (\mathcal{B} \wedge \mathcal{C})]$
$\iff [\overline{\mathcal{A}} \vee (\mathcal{B} \wedge \mathcal{C})] \wedge \mathcal{B} \iff (\overline{\mathcal{A}} \wedge \mathcal{B}) \vee (\mathcal{B} \wedge \mathcal{C} \wedge \mathcal{B})$
$\iff (\overline{\mathcal{A}} \wedge \mathcal{B}) \vee (\mathcal{B} \wedge \mathcal{C}) \iff (\overline{\mathcal{A}} \vee \mathcal{C}) \wedge \mathcal{B}$

oder alternativ:

$$(\overline{\mathcal{A}} \wedge \mathcal{B} \wedge \overline{\mathcal{C}}) \vee (\mathcal{B} \wedge \mathcal{C}) \iff [(\overline{\mathcal{A}} \wedge \overline{\mathcal{C}}) \wedge \mathcal{B}] \vee (\mathcal{C} \wedge \mathcal{B}) \iff [(\overline{\mathcal{A}} \wedge \overline{\mathcal{C}}) \vee \mathcal{C}] \wedge \mathcal{B}$$
$$\iff [(\overline{\mathcal{A}} \vee \mathcal{C}) \wedge \underbrace{(\overline{\mathcal{C}} \vee \mathcal{C})}_{\iff w}] \wedge \mathcal{B} \iff (\overline{\mathcal{A}} \vee \mathcal{C}) \wedge \mathcal{B}$$

Lösung zu Aufgabe 4.8:

a) $\forall x \in [-2, 2] : x^2 < 4$.

Diese Aussage ist falsch, da $2^2 = (-2)^2 = 4$.

b) $\forall z \in \mathbb{Q} \, \exists k \in \mathbb{N} : z \cdot k \in \mathbb{Z}$.

Für jedes $z \in \mathbb{Q}$ gilt: $\exists \, m \in \mathbb{Z}, \, k \in \mathbb{N}: z = \frac{m}{k}$ (Definition der rationalen Zahlen). Daraus folgt durch Multiplikation mit k die Behauptung, d. h. die Aussage ist wahr.

c) $\nexists x \in \mathbb{Q} : x^2 = 3$.

Angenommen, es gäbe eine solche Zahl. Dann gibt es (vgl. b)) $n \in \mathbb{Z}, \, m \in \mathbb{N}$ mit $x = \frac{n}{m}$. Diese seien teilerfremd, d. h. sie besitzen **keinen** gemeinsamen Teiler (größer als Eins). Dann folgt aus der Annahme:

$$\left(\frac{n}{m}\right)^2 = 3 \iff n^2 = 3m^2.$$

Damit teilt die Zahl Drei offensichtlich n^2 und damit auch n. Es gibt also ein $p \in \mathbb{N}$ mit $n = 3 \cdot p$, so dass folgt:

$$3m^2 = n^2 = (3p)^2 = 9p^2 \iff m^2 = 3p^2.$$

Daher ist Drei auch ein Teiler von m. Dies impliziert nun, dass Drei sowohl Teiler von n als auch von m ist. Da dies aber ausgeschlossen worden war, kann es eine solche Zahl $x \in \mathbb{Q}$ nicht geben. Die Aussage ist somit wahr.

d) $\exists \varepsilon > 0 \, \forall n_0 \in \mathbb{N} \, \exists n \geq n_0 : |a_n + 1| \geq \varepsilon$.

Diese Aussage ist wahr. Es gilt: $a_{2n} = 1, \, n \in \mathbb{N}$, und $a_{2n+1} = -1, \, n \in \mathbb{N}$. Wählt man nun etwa $\varepsilon = 1$ und für $n_0 \in \mathbb{N}$ $n = 2n_0$, so gilt: $|a_n + 1| = |a_{2n_0} + 1| = 2 \geq 1 = \varepsilon$.

Lösung zu Aufgabe 4.9:

a) $\exists \varepsilon > 0 \, \forall n_0 \in \mathbb{N} \, \exists n \geq n_0 : |a_n - a_0| \geq \varepsilon$

b) $\exists \varepsilon > 0 \, \exists x \in \mathbb{R} \, \forall q \in \mathbb{Q} : |x - q| \geq \varepsilon$

c) $\exists \lambda \in [0, 1] \, \exists x_1, x_2 \in [a, b] : f(\lambda x_1 + (1 - \lambda) x_2) > \lambda f(x_1) + (1 - \lambda) f(x_2)$

d) $\exists \alpha > 0 \, \exists x \in [0, \infty) \, \forall z \in [0, \infty) : z^\alpha \neq x$

AUSSAGENLOGIK

Lösung zu Aufgabe 4.10:

a) $\mathcal{A}_1 \vee \mathcal{A}_2$ ist falsch genau dann, wenn $\mathcal{A}_1$ und $\mathcal{A}_2$ den Wahrheitswert „falsch" haben. Damit gilt $x_1 = 0 \wedge x_2 = 0$. Da x_1 und x_2 nur die Werte 0 oder 1 annehmen können, ist dies auch gleichbedeutend mit $(1-x_1)(1-x_2) = 1$. Da andererseits $(1-x_1)(1-x_2) = 0$ gilt, falls $x_1 = 1 \vee x_2 = 1$ folgt die Behauptung.

b) $\overline{\mathcal{A}_1} \wedge \mathcal{A}_2$ ist wahr genau dann, wenn $x_1 = 0 \wedge x_2 = 1$ gilt. Für $x_i \in \{0,1\}$ ist dies äquivalent zu $x_2 = 1 + x_1 x_2$ ($\iff (1-x_1)x_2 = 1$).

c) $\mathcal{A}_1 \wedge \mathcal{A}_2 \wedge \mathcal{A}_3$ ist wahr genau dann, wenn $x_i = 1$ für $i \in \{1,2,3\}$. Da $x_i \in \{0,1\}$ ist dies äquivalent zu $x_1 x_2 x_3 = 1$.

d) Die Behauptung folgt durch zweimalige Anwendung der Argumente aus a).

e) $(\mathcal{A}_1 \iff \mathcal{A}_2)$ ist äquivalent dazu, dass die Wahrheitswerte beider Aussagen übereinstimmen. Dies ist (nach Definition der Variablen x_i) gleichbedeutend mit $x_1 = x_2$.

f) $(\mathcal{A}_2 \implies \mathcal{A}_3)$ hat genau dann den Wahrheitswert „falsch", wenn $\mathcal{A}_2$ wahr und $\mathcal{A}_3$ falsch ist, d. h. falls $x_2 = 1 > 0 = x_3$ erfüllt ist. In allen anderen Fällen, d. h. $(x_2, x_3) \in \{(0,0), (0,1), (1,1)\}$, gilt $x_2 \leq x_3$. Somit folgt die Behauptung.

5 Gleichungen

Literaturhinweis: KCO, Kapitel 1, S. 30-40

Aufgaben

Aufgabe 5.1:

Einem Konzertveranstalter ist bekannt, dass bei einem einheitlichen Eintrittspreis von p € (erfahrungsgemäß) $x = \dfrac{5a}{p} - \dfrac{b}{2}$ Besucher kommen. Hierbei sind a und b Konstanten. Die Konzerthalle fasst 3 000 Besucher. Er weiß zusätzlich, dass die Konzerthalle zu einem Drittel besetzt ist, wenn 50 € als Eintrittspreis verlangt werden, dass aber bei 30 € nur $\dfrac{1}{6}$ der Plätze leer bleibt.

a) Bestimmen Sie die Konstanten a und b.

b) Ermitteln Sie den maximalen Eintrittspreis, bei dem die Konzerthalle (noch) voll besetzt ist.

c) Bestimmen Sie graphisch, bei welchem Eintrittspreis die Einnahmen maximal sind.

Aufgabe 5.2:

Lösen Sie folgende Gleichungen nach x auf ($\ln x = \log_e x$):

a) $a\left(2^x - b\right) = \sqrt{4^x}$, $x \in \mathbb{R}$ $a > 1, b > 0$,

b) $\ln(x + a) = \ln x + \ln 2$, $x > 0, a > 0$,

c) $y\left(10^x - a\right) = b$, $y > 0, a, b > 0$,

d) $\ln(x + 3) = \dfrac{1}{2}\ln\left(4x^2\right) + 2\ln 2$, $x > -3$, $x \neq 0$,

e) $2^{3x} = 2 \cdot e^{x \cdot \ln 2}$, $x \in \mathbb{R}$.

Aufgabe 5.3:

Lösen Sie die folgenden Gleichungen nach y auf ($\log x = \log_{10} x$):

a) $\sqrt{e^{\ln y}} + \sqrt{xy} - \ln 2^x = 0$, $x \geq 0, y > 0$,

b) $\dfrac{1}{2}\log(y+4) + \log \dfrac{e^3}{4} = e^{\log 3} + \dfrac{1}{2}\log(y+1)$, $y > -1$,

c) $x = \dfrac{10^y - 10^{-y}}{10^y + 10^{-y}}$, $-1 < x < 1$.

Aufgabe 5.4:

Für welche $x \in \mathbb{R}$ gelten die folgenden Gleichungen?

a) $27^{3x} = 3^{9x}$,

b) $\log_a(bx) = 3\log_a 2$, $x > 0$, $a > 1$, $b > 0$,

c) $\log_a \dfrac{1}{11} = -\log_a(x^2 - 70)$, $|x| > \sqrt{70}$, $a > 1$,

d) $x^{\log_a b} = b^{\log_a x}$, $x > 0$, $a > 1$, $b > 0$.

Aufgabe 5.5:

Lösen Sie die folgenden Gleichungen nach x auf:

a) $\log_a(x+4) + 2\log_a\left(\dfrac{a^2}{4}\right) = 2a^{\log_a 2} + \log_a(x+1)$, $x > -1, a > 1$,

b) $\log_a x - \log_a(b^2 - 1) + \log_a\left(\dfrac{b-1}{x^2}\right) = 0$, $x > 0, a > 1, b > 1$,

c) $\log_a 6 = \dfrac{1}{2}\log_a 9 - \log_a(x-1)$, $x > 1, a > 1$.

Aufgabe 5.6:

Zeigen Sie die Gültigkeit von

a) $\ln(\sqrt{e+25} + 5) = 1 + \ln\dfrac{1}{\sqrt{e+25} - 5}$,

GLEICHUNGEN

b) $\log_9(9a^2) - \log_3 a = 1$, $a > 0$,

c) $\prod_{i=1}^{10} \log_{a_{i-1}} a_i = -\log_{a_0}\left(\dfrac{1}{a_{10}}\right)$, $a_i > 1$, $0 \le i \le 10$.

Aufgabe 5.7:

Es sei $y = \sqrt[m]{\prod_{i=1}^{n} x^{m_i}}$ mit $m = \sum_{i=1}^{n} m_i$, $m_i \in \mathbb{N}$, $i \in \mathbb{N}$ und $x > 0$.
Bestimmen Sie $\log y$.

Lösungen

Lösung zu Aufgabe 5.1:

a) Lösung des Gleichungssystems:

$$\begin{cases} 1\,000 = \dfrac{5a}{50} - \dfrac{b}{2} \\ 3\,000 - \dfrac{1}{6} \cdot 3\,000 = \dfrac{5a}{30} - \dfrac{b}{2} \end{cases} \iff \begin{cases} 1\,000 = \dfrac{a}{10} - \dfrac{b}{2} \\ 2\,500 = \dfrac{a}{6} - \dfrac{b}{2} \end{cases}$$

$$\iff \begin{cases} b = \dfrac{a}{5} - 2\,000 \\ a = 22\,500 \end{cases} \iff \begin{cases} b = 2\,500 \\ a = 22\,500 \end{cases}$$

b) Mit a und b aus a) folgt $3\,000 = \dfrac{112\,500}{p} - 1\,250 \iff 4\,250 = \dfrac{112\,500}{p}$, also $p \approx 26{,}47$.

Bei einem Eintrittspreis von (höchstens) 26,47 € ist die Konzerthalle voll besetzt.

c) x bezeichne die Zahl der Besucher und p den Eintrittspreis.

Gesucht: $g = x \cdot p$ maximal unter der Nebenbedingung $0 \leq x \leq 3\,000$.

$$g = x \cdot p = \left(\dfrac{5a}{p} - \dfrac{b}{2}\right) \cdot p = 112\,500 - 1\,250p \iff \dfrac{g}{112\,500} + \dfrac{p}{90} = 1$$

Nebenbedingung:

$$(x =)\dfrac{112\,500}{p} - 1\,250 \leq 3\,000 \iff \dfrac{112\,500}{p} \leq 4\,250 \iff p \geq \dfrac{450}{17}(\approx 26{,}47)$$

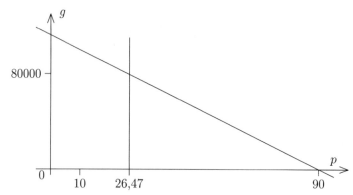

Bei einem Preis von 26,47 € wird die höchste Einnahme erzielt.

Lösung zu Aufgabe 5.2:

a) $a(2^x - b) = \sqrt{4^x}$, $\sqrt{4^x} = \sqrt{(2^2)^x} = (2^{2x})^{1/2} = 2^x$, d.h.
$a(2^x - b) = 2^x \iff 2^x(a-1) = ab \iff 2^x = \dfrac{ab}{a-1} \iff x = \log_2 \dfrac{ab}{a-1}$

b) $\ln(x+a) = \ln x + \ln 2 \iff \ln(x+a) = \ln(2x) \iff x+a = 2x \iff x = a$

c) $y(10^x - a) = b \iff 10^x = \dfrac{b}{y} + a \iff x = \log_{10}\left(\dfrac{b}{y} + a\right)$

d) $\ln(x+3) = \dfrac{1}{2} \cdot \ln((2x)^2) + 2\ln 2 \iff \ln(x+3) = \ln((2x)^2)^{1/2} + \ln 4$
$\iff \ln(x+3) = \ln(2|x|) + \ln 4 \iff \ln(x+3) = \ln(2|x| \cdot 4)$
$\iff x + 3 = 8|x|$
$\iff (x+3 = 8x \wedge x \geq 0) \vee (x+3 = -8x \wedge x < 0)$
$\iff (x = \tfrac{3}{7} \wedge x \geq 0) \vee (x = -\tfrac{1}{3} \wedge x < 0)$
$\iff x = \tfrac{3}{7} \vee x = -\tfrac{1}{3}$

e) $2^{3x} = 2 \cdot e^{x \cdot \ln 2} \iff 2^{3x} = 2 \cdot 2^x \iff 2^{3x} = 2^{x+1} \iff 3x = x+1 \iff x = \tfrac{1}{2}$

Lösung zu Aufgabe 5.3:

a) $\sqrt{e^{\ln y}} + \sqrt{xy} - \ln 2^x = 0 \iff \sqrt{y} + \sqrt{x}\sqrt{y} - x\ln 2 = 0$
$\iff \sqrt{y}(1 + \sqrt{x}) = x\ln 2 \iff \sqrt{y} = \dfrac{x\ln 2}{1 + \sqrt{x}} \iff y = \left(\dfrac{\ln 2^x}{1 + \sqrt{x}}\right)^2$

b) $\dfrac{1}{2}\log(y+4) + \log\dfrac{e^3}{4} = e^{\log 3} + \dfrac{1}{2}\log(y+1)$

$\iff \dfrac{1}{2}\log(y+4) - \dfrac{1}{2}\log(y+1) = e^{\log 3} - (3\log e - \log 4)$

$\iff \log\dfrac{y+4}{y+1} = 2e^{\log 3} - 6\log e + 2\log 4$

$\iff \dfrac{y+4}{y+1} = 10^{(2e^{\log 3} - 6\log e + 2\log 4)}$

$\iff \dfrac{y+4}{y+1} = 10^{2e^{\log 3}} \cdot 10^{-6\log e} \cdot 10^{2\log 4}$

$\iff \dfrac{y+4}{y+1} = 100^{e^{\log 3}} \cdot e^{-6} \cdot 16 \;\left(= \dfrac{16}{e^6} \cdot 100^{e^{\log 3}}\right) =: a$

$$\Longleftrightarrow y + 4 = a(y+1) \Longleftrightarrow y(1-a) = a - 4$$
$$\Longleftrightarrow y = \frac{a-4}{1-a} \quad (\approx -0{,}954)$$

c) $x = \dfrac{10^y - 10^{-y}}{10^y + 10^{-y}} \Longleftrightarrow (10^y + 10^{-y})x = 10^y - 10^{-y}$

$$\Longleftrightarrow 10^y(x-1) = -10^{-y}(x+1)$$
$$\Longleftrightarrow 10^{2y}(x-1) = -(x+1) \Longleftrightarrow 10^{2y} = -\frac{x+1}{x-1}$$
$$\Longleftrightarrow \log 10^{2y} = \log\left(-\frac{x+1}{x-1}\right) \Longleftrightarrow 2y = \log\left(-\frac{x+1}{x-1}\right)$$
$$\Longleftrightarrow y = \frac{1}{2}\log\left(-\frac{x+1}{x-1}\right)$$

(Es ist $-\dfrac{x+1}{x-1} > 0$, denn $-\dfrac{x+1}{x-1} > 0 \Longleftrightarrow x + 1 > 0$ aufgrund der Voraussetzung $x \in (-1, 1)$.)

Lösung zu Aufgabe 5.4:

a) $3^{9x} = 3^{3 \cdot 3x} = (3^3)^{3x} = 27^{3x}$ für alle $x \in \mathbb{R}$

b) $\log_a(bx) = 3\log_a 2 \; (= \log_a 2^3 = \log_a 8) \Longleftrightarrow bx = 8 \Longleftrightarrow x = \dfrac{8}{b}$

c) $\log_a\left(\dfrac{1}{11}\right) + \log_a(x^2 - 70) = 0 \Longleftrightarrow \log_a\left(\dfrac{1}{11}(x^2 - 70)\right) = 0 \Longleftrightarrow \dfrac{1}{11}(x^2 - 70) = 1$

$\Longleftrightarrow x^2 = 81 \Longleftrightarrow x = -9 \vee x = 9$

d) $x^{\log_a b} = b^{\log_a x} \Longleftrightarrow \log_a\left(x^{\log_a b}\right) = \log_a\left(b^{\log_a x}\right)$

$\Longleftrightarrow \log_a b \cdot \log_a x = \log_a x \cdot \log_a b$, gültig für alle $x > 0$

Lösung zu Aufgabe 5.5:

a) $\log_a(x+4) + 2\log_a(a^2/4) = 2a^{\log_a 2} + \log_a(x+1)$

$$\Longleftrightarrow \log_a(x+4) + 2\log_a a^2 - 2\log_a 4 = 2 \cdot 2 + \log_a(x+1)$$
$$\Longleftrightarrow \log_a(x+4) - 2\log_a 4 = \log_a(x+1)$$
$$\Longleftrightarrow \log_a \frac{x+4}{x+1} = \log_a 16 \Longleftrightarrow \frac{x+4}{x+1} = 16$$
$$\Longleftrightarrow x + 4 = 16(x+1) \Longleftrightarrow x = -\frac{4}{5}$$

GLEICHUNGEN

b) $\log_a x - \log_a(b^2 - 1) + \log_a(b - 1) - 2\log_a x = 0$

$$\iff \log_a \frac{b-1}{b^2-1} = \log_a x$$

$$\iff \frac{b-1}{(b-1)(b+1)} = x \iff x = \frac{1}{b+1}$$

c) $\log_a 6 = \frac{1}{2}\log_a 9 - \log_a(x-1) \iff \log_a 6 = \log_a 3 - \log_a(x-1)$

$\iff \log_a(x-1) = \log_a \frac{3}{6} \iff x - 1 = \frac{1}{2} \iff x = \frac{3}{2}$

Lösung zu Aufgabe 5.6:

a) $\ln(\sqrt{e+25}+5) = 1 + \ln \frac{1}{\sqrt{e+25}-5}$

$\iff \ln(\sqrt{e+25}+5) + \ln(\sqrt{e+25}-5) = 1$

$\iff \ln(e+25-25) = 1 \iff 1 = 1$ (wahre Aussage)

b) $\log_9(9a^2) - \log_3 a = 1 \iff \log_9 9 + \log_9 a^2 - \log_3 a = 1 \iff 2\log_9 a - \log_3 a = 0$

$\iff 2\frac{\log_3 a}{\log_3 9} = \log_3 a \iff 2 = \log_3 9 \iff 3^2 = 9$ (wahre Aussage)

c) $\prod_{i=1}^{10} \log_{a_{i-1}} a_i = (\log_{a_0} a_1) \cdot \ldots \cdot (\log_{a_8} a_9) \cdot (\log_{a_9} a_{10})$

$= (\log_{a_0} a_1) \cdot \ldots \cdot (\log_{a_8} a_{10}) = \ldots = (\log_{a_0} a_1) \cdot (\log_{a_1} a_{10}) = \log_{a_0} a_{10} = -\log_{a_0} \frac{1}{a_{10}}$

Alternative Lösung:

$$\prod_{i=1}^{10} \log_{a_{i-1}} a_i = \prod_{i=1}^{10} \frac{\log_{a_0} a_i}{\log_{a_0} a_{i-1}} = \frac{\prod_{i=1}^{10} \log_{a_0} a_i}{\prod_{i=0}^{9} \log_{a_0} a_i} = \frac{\log_{a_0} a_{10}}{\log_{a_0} a_0} = \log_{a_0} a_{10} = -\log_{a_0}\left(\frac{1}{a_{10}}\right)$$

Lösung zu Aufgabe 5.7:

$$y = \sqrt[m]{\prod_{i=1}^{n} x^{m_i}},\ m = \sum_{i=1}^{n} m_i,\ x > 0.$$

$$\log y = \log\left(\sqrt[m]{\prod_{i=1}^{n} x^{m_i}}\right) = \log\left(\prod_{i=1}^{n} x^{m_i}\right)^{1/m} = \frac{1}{m}\log\left(\prod_{i=1}^{n} x^{m_i}\right)$$

$$= \frac{1}{m}\sum_{i=1}^{n}\log x^{m_i} = \frac{1}{m}\sum_{i=1}^{n} m_i \cdot \log x = \frac{1}{m}\log x \underbrace{\sum_{i=1}^{n} m_i}_{=m} = \log x;\ \text{d.h.}\ y = x.$$

6 Finanzmathematik

Literaturhinweis: KCO, Kapitel 2, S. 72-78

Aufgaben

Aufgabe 6.1:

a) Ein Kapital K_0 wird am Beginn eines Jahres zum Zinssatz i (p Prozent Zinsen, $i = \frac{p}{100}$) angelegt, wobei die Zinsen am Ende eines jeden Jahres gutgeschrieben werden. Geben Sie eine Formel für das nach dem Ende des n-ten Jahres vorhandenen Kapital K_n an (Beweis?).

b) Die Bestimmung von K_0 bei gegebenen K_n, i und n bezeichnet man auch als Bestimmung des Barwerts einer zukünftigen Zahlung.

   i) Geben Sie die Formel für den Barwert an.
   ii) Eine in zwei Jahren fällige Schuld von 10 000 € soll bereits heute zurückgezahlt werden. Welche Summe ist unter Berücksichtigung von 4% Zinsen zu zahlen?
   iii) Herr Müller will sich in drei Jahren ein Auto für 15 000 € kaufen. Wieviel Geld muss er heute zur Bank bringen, um nach Ablauf von drei Jahren das Auto bezahlen zu können, wenn die Bank das Kapital mit 5% jährlich verzinst?

Aufgabe 6.2:
Sie legen ein Kapital von 40 000 € zu einem Zinssatz von 8% pro Jahr an.

a) Sie lassen sich die Zinsen jährlich auszahlen. Wieviel Zinsen erhalten Sie innerhalb von vier Jahren?

b) Die Zinsen werden vom Zeitpunkt der Fälligkeit an mitverzinst. Wieviel Geld können Sie nach (Ablauf von) vier Jahren abheben?

c) Auf welche Höhe ist Ihr Kapital bei einem monatlichen Zinssatz von $\frac{8}{12}$% bei Mitverzinsung der monatlich anfallenden Zinsen nach vier Jahren angewachsen?

d) Ihr Kapital wird zum Zinssatz 0,02 pro Vierteljahr angelegt. Wie lautet der Jahreszinssatz, der diesem vierteljährlichen Zinssatz entspricht?

Aufgabe 6.3:

a) Sie legen ein Kapital zu einem Zinssatz von 7,8% pro Jahr an. Berechnen Sie den

  i) vierteljährlichen ii) monatlichen iii) täglichen

Zinssatz, der dem obigen jährlichen entspricht.

b) Ihr Kapital wird zu einem monatlichen Zinssatz von 0,5% angelegt. Welcher jährliche Zinssatz entspricht dieser Verzinsung?

Aufgabe 6.4:

a) Bei welchem Zinssatz pro Jahr verdreifacht sich das Startkapital K_0 (> 0) nach 11 Jahren bei einer jährlichen Verzinsung?

b) Wieviele volle Jahre muss man mindestens warten, bis bei einer monatlichen Verzinsung von $\frac{9}{12}\%$ das Startkapital von 5 000 € auf mindestens 15 000 € angewachsen ist?

c) Ein Kapital wurde zu einem monatlichen Zinssatz von $\frac{9}{12}\%$ angelegt; wie lautet der Jahreszinssatz, der dieser monatlichen Verzinsung entspricht?

Aufgabe 6.5:

a) Sie zahlen 100 000 € auf ein für die Dauer von fünf Jahren gesperrtes Konto ein. Der Zinssatz pro Jahr beträgt 8% in den ersten beiden Jahren und 8,7% in den restlichen Jahren. Wie lautet Ihr Kontostand nach Ablauf der Sperrfrist?

b) Welchem Zinssatz (pro Jahr) entspricht die Verzinsung unter a), wenn in jedem der fünf Jahre mit demselben Zinssatz verzinst wird?

c) Wieviel Geld müssen Sie mindestens anlegen, um nach fünf Jahren bei einem Zinssatz von jährlich 8,35% einen Betrag von 150 000 € zu erzielen?

d) Welchen Betrag müssen Sie mindestens anlegen, um bei jährlicher Auszahlung der Zinsen (d. h. die Zinsen werden nicht mitverzinst) und den Zinssätzen aus a) nach fünf Jahren über mindestens dasselbe Endkapital wie in a) zu verfügen?

FINANZMATHEMATIK

Aufgabe 6.6:

Frau Müller möchte 150 000 € möglichst gewinnbringend anlegen. Hierzu prüft sie verschiedene Angebote ihrer Bank.

a) Die Bank rät ihr, ihre 150 000 € auf ein Sperrkonto einzuzahlen, das für die Dauer von fünf Jahren gesperrt wird. Die jährliche Verzinsung beträgt in den ersten beiden Jahren jeweils 6%, in den drei folgenden Jahren jeweils 8,5%.
Wie würde der Kontostand nach Ablauf der Sperrfrist lauten?

b) Ein alternatives Angebot der Bank ist eine konstante jährliche Verzinsung von 7%. Wieviele volle Jahre müsste Frau Müller bei dieser Verzinsung warten, bis ein Kapital von 150 000 € auf mindestens 215 000 € angewachsen ist?

c) Wieviel Geld müsste Frau Müller anlegen, um bei einer konstanten jährlichen Verzinsung von 6,5% nach fünf Jahren 215 000 € abheben zu können?

Aufgabe 6.7:

Sie zahlen ein Kapital auf ein für die Dauer von sieben Jahren gesperrtes Konto ein. Der Zinssatz (pro Jahr) für das n-te Jahr beträgt:

$$0{,}06 + \frac{2(n-1)}{1\,000}, \quad n = 1, \ldots, 7.$$

a) Wie groß ist dieses Kapital, wenn der Kontostand nach Ablauf der Sperrfrist 50 000 € betragen wird?

b) Berechnen Sie eine Zahl q so, dass sich aus dem unter a) berechneten Kapital bei jährlicher Verzinsung um $q\%$ am Ende von sieben Jahren ebenfalls 50 000 € ergeben.

c) Welcher halbjährliche Zinssatz entspricht dem jährlichen Zinssatz aus b)?

d) Nach wievielen (vollen) Monaten ist ein Kapital von K_0 (> 0) € bei einer Verzinsung von 1% pro Monat auf $10 K_0$ € angewachsen?

Aufgabe 6.8:

Herr Müller-L. möchte eine Eigentumswohnung von 100 qm Wohnfläche erwerben. Ein Quadratmeter Wohnfläche eines Objekts nach seinen Vorstellungen kostet zur Zeit 3 300 €. Er beginnt nun zu sparen und legt zu Beginn eines jeden Jahres 60 000 € auf ein Sparkonto. Die Bank verzinst das Kapital mit 7% pro Jahr. Das angesparte Kapital kann nur am Ende eines Jahres abgehoben werden.

Nach wievielen Jahren kann Herr Müller-L. bei gleichbleibendem Zinssatz eine Eigentumswohnung mit dem angesparten Kapital aus obigem Sparvertrag bar bezahlen, wenn

a) der Quadratmeterpreis konstant bleibt?

b) der Quadratmeterpreis um 7% pro Jahr steigt?

(Erstellen Sie zunächst allgemeine Lösungsformeln für a) und b), und setzen Sie danach die speziellen Werte der Aufgabe ein!)

Aufgabe 6.9:

In den Zuständigkeitsbereich einer Forstverwaltung fällt eine Waldfläche mit momentan $20\,000\,\text{m}^3$ Holz.

- a)
  - i) Der Holzzuwachs beträgt 1% pro Vierteljahr. Wieviel Holz enthielt diese Waldfläche vor 10 Jahren?
  - ii) Wieviele volle Jahre dauert es mindestens, bis die Holzmenge von $20\,000\,\text{m}^3$ auf mehr als $30\,000\,\text{m}^3$ angewachsen ist, wenn der Zuwachs alle 13 Monate 4% beträgt?

- b) Durch Rodungen verringert sich der Holzbestand jährlich, und zwar (jeweils bezogen auf den Vorjahresbestand) im 1. Jahr um 10%, im 2. Jahr um 5%, im 3. Jahr um 2,5%, im n-ten Jahr $(n \in \mathbb{N})$ um $\dfrac{10}{2^{n-1}}\%$.

  - i) Wieviel Holz enthält der Wald nach vier Jahren?
  - ii) Berechnen Sie eine Zahl $V \in (0, 100)$ derart, dass der Wald bei jährlicher Verringerung des Holzbestands um konstant $V\%$ nach vier Jahren den unter b) i) berechneten Holzbestand hat.
  - iii) Nach wievielen (vollen) Jahren ist der Holzbestand (von $20\,000\,\text{m}^3$) erstmals um mehr als ein Viertel geschrumpft, wenn die Verringerung konstant 3% pro Jahr beträgt?

Aufgabe 6.10:

Herr Schmitz zahlt zu Beginn eines bestimmten Jahres den Betrag $K = 20\,000$ € auf ein Sparkonto ein. Jeweils am 1.1. der folgenden Jahre hebt er einen konstanten Betrag c € ab. Die Bank verzinst das Guthaben am Ende eines jeden Jahres mit 5%. Am 1.1. des achten Jahres kann er dann zum siebten und letzten Mal den Betrag c € abheben; danach ist das Guthaben verbraucht.

Welchen Wert hat c? (Leiten Sie die von Ihnen benutzte Formel her!)

Aufgabe 6.11:

Betrachten Sie das folgende Sparschema. Auf ein Konto werden zum 1.1.2001 1 000 € eingezahlt, zum 1.1.2002 weitere 2 000 €, zum 1.1.2003 weitere 3 000 € usw. bis zur letzten Einzahlung von 8 000 € am 1.1.2008. Für die Laufzeit dieses Sparvertrags garantiert die Bank einen jährlichen Zinssatz von 6%.

Zeigen Sie, dass das am 31.12.2008 zur Verfügung stehende Endkapital K_n gegeben ist durch

$$K_n = K_0 \sum_{k=1}^{n} k(1+i)^{n+1-k} = K_0(1+i)^{n+1} \sum_{k=1}^{n} k \left(\frac{1}{1+i}\right)^k,$$

wobei $K_0 = 1\,000$ € das Anfangskapital, $i = 0{,}06$ den Zinssatz und $n = 8$ die Laufzeit in (vollen) Jahren bezeichnen. Berechnen Sie K_n für diese Werte.

Aufgabe 6.12:

Der Kurs einer bestimmten Bankaktie wird am 1. April eines Jahres mit 804 € notiert. Am 1. Mai wird eine Dividende von 16,50 € gezahlt. Sie vermuten, dass der Kurs dieser Bankaktie in Zukunft steigen wird und vereinbaren mit einem Vertragspartner, der gegenteiliger Ansicht ist (also mit einem fallenden Kurs rechnet), den folgenden *forward contract*:

Sie verpflichten sich, am 31. Juli 100 Stück dieser Bankaktie zum Preis von 818 € zu kaufen.

Ihr Vertragspartner verpflichtet sich, Ihnen diese Bankaktien zum Preis von 818 € am obigen Fälligkeitstag zu verkaufen.

Der Kontrakt wird am 1. April geschlossen. Der aktuelle Marktzins beträgt bei stetiger Verzinsung 5% im Jahr (bei 360 Zinstagen).

a) Am 31. Juli, dem Fälligkeitstermin des *forward contract*, wird die Bankaktie an der Börse mit 830 € notiert. Berechnen Sie den Gewinn bzw. den Verlust von Käufer bzw. Verkäufer des *forward contract* am Fälligkeitstag.

b) Der Kurs der Bankaktie wird am 1. Juni mit 820 € notiert. Berechnen Sie den Wert des *forward contract* für den Käufer an diesem Tag.

(Der aktuelle Wert am 1. Juni pro Aktie berechnet sich, da die Dividendenzahlung bereits stattgefunden hat, als Differenz des aktuellen Aktienkurses und des abgezinsten Werts (stetige Verzinsung!) des vereinbarten Kaufpreises.)

c) Der Kurs der Aktie wird am 15. April mit 810 € notiert. Berechnen Sie den Wert des *forward contract* für den Käufer an diesem Tag.

(Da die Dividendenzahlung noch in der Restlaufzeit stattfinden wird, berechnet sich der aktuelle Wert einer Aktie gemäß der folgenden Formel:

Subtrahiere vom aktuellen Kurswert der Aktie die auf den aktuellen Zeitpunkt abgezinste Dividendenzahlung und den auf den aktuellen Zeitpunkt abgezinsten Wert des vereinbarten Kaufpreises.)

Lösungen

Lösung zu Aufgabe 6.1:

a) Kapital nach dem 1. Jahr: $K_0 + iK_0 = K_0(1+i)$

Kapital nach dem 2. Jahr: $K_0(1+i) + iK_0(1+i) = K_0(1+i)^2$

Kapital nach dem 3. Jahr: $[K_0(1+i)^2](1+i) = K_0(1+i)^3$

Als Formel für das nach Ablauf des n-ten Jahres vorhandene Kapital K_n ergibt sich (offensichtlich): $K_n = K_0(1+i)^n$

Beweis (mit vollständiger Induktion):

Induktionsanfang $n=1$: $K_1 = K_0(1+i)^1$

Induktionsvoraussetzung: Kapital nach dem n-ten Jahr: $K_0(1+i)^n$, $n \in \mathbb{N}$.

Induktionsschluss $n \to n+1$: Kapital nach dem $(n+1)$-ten Jahr:

$$[K_0(1+i)^n](1+i) = K_0(1+i)^{n+1},$$

oder ausführlicher: $K_0(1+i)^n + i(K_0(1+i)^n) = K_0(1+i)^n(1+i) = K_0(1+i)^{n+1}$

b) Nach a) gilt: $K_n = K_0(1+i)^n$

i) $K_0 = \dfrac{K_n}{(1+i)^n}$ ii) $K_0 = \dfrac{10\,000}{1{,}04^2} \approx 9\,245{,}56$

iii) $K_0 = \dfrac{15\,000}{1{,}05^3} \approx 12\,957{,}56$

Lösung zu Aufgabe 6.2:

a) Zinsen nach einem Jahr: $Z_1 = \dfrac{40\,000 \cdot 8}{100} = 3\,200$

Zinsen nach vier Jahren: $Z_4 = 4 \cdot 3\,200 = 12\,800$

b) $K_4 = 40\,000 \left(1 + \dfrac{8}{100}\right)^4 = 40\,000 \cdot 1{,}08^4 \approx 54\,419{,}56$

c) 4 Jahre $\widehat{=}$ 48 Monate: $K_{48} = 40\,000 \left(1 + \dfrac{8}{12 \cdot 100}\right)^{48} \approx 55\,026{,}64$

d) Zinssatz pro Vierteljahr: 0,02=2%;

Kapital nach viermaliger vierteljährlicher Verzinsung:

FINANZMATHEMATIK

$$K_v = 40\,000 \cdot \left(1 + \frac{2}{100}\right)^4 \quad (\approx 43\,297{,}29)$$

Kapital nach einmaliger jährlicher Verzinsung:

$K_j = 40\,000(1+i) \stackrel{!}{=} K_v \iff 1+i = 1{,}02^4 \iff i = 1{,}02^4 - 1$, also $i \approx 0{,}0824$; d. h. der vierteljährlichen Verzinsung mit 2% entspricht eine jährliche Verzinsung mit 8,24%.

Lösung zu Aufgabe 6.3:

a) i) Gegeben: $i = 0{,}078$, $n = 1$;
gesucht: Zinssatz j mit: $(1+j)^4 K_0 = (1+i)K_0$ ($K_0 > 0$ beliebig).
Also ist $j = \sqrt[4]{1+i} - 1 \approx 0{,}019 = 1{,}9\%$

ii) Analog zu i): gesucht ist der Zinssatz j, für den gilt:
$(1+j)^{12} = 1+i \iff j = \sqrt[12]{1+i} - 1 \approx 0{,}0063 = 0{,}63\%$

iii) Analog zu i), ii) (mit 1 Jahr $\hat{=}$ 360 Tage): $j = \sqrt[360]{1+i} - 1 \approx 0{,}00021 = 0{,}021\%$

b) Gegeben: $i = 0{,}5\%$ (pro Monat). Gesucht: j mit $1+j = (1+i)^{12}$; die Lösung ist $j \approx 6{,}2\%$.

Lösung zu Aufgabe 6.4:

a) $K_0(1+i)^{11} = 3K_0 \iff (1+i)^{11} = 3 \iff i = \sqrt[11]{3} - 1 \approx 10{,}503\%$

b) $15\,000 = 5\,000\left(1 + \frac{9}{12 \cdot 100}\right)^m \iff 3 = \left(1 + \frac{9}{1\,200}\right)^m$

$$\iff \ln 3 = \ln\left(1 + \frac{9}{1\,200}\right)^m$$

$$\iff \ln 3 = m \cdot \ln\left(1 + \frac{9}{1\,200}\right)$$

$$\iff m = \frac{\ln 3}{\ln\left(1 + \frac{9}{1\,200}\right)}$$

Damit ist $m \approx 147$ (Monate). Wegen $\frac{m}{12} \approx 12{,}25$ muss man also mindestens 13 Jahre warten.

c) $1 + j = \left(1 + \frac{9}{1\,200}\right)^{12} \iff j = \left(1 + \frac{9}{1\,200}\right)^{12} - 1 \approx 0{,}0938$, d. h. der Jahreszinssatz beträgt ca. 9,38%.

Lösung zu Aufgabe 6.5:

Zunächst allgemein:

K_0:   Anfangskapital

K_n: Kapital nach n-maligem Verzinsen (also nach n Zeiteinheiten (ZE), falls die Zinsen der vorherigen ZE mitverzinst werden)

$\widetilde{K}_n$:   Kapital nach n-maligem Verzinsen, falls die Zinsen jeweils <u>nicht</u> mitverzinst werden („einfache Verzinsung")

i_k: Zinssatz pro ZE für den k-ten ($k \in \mathbb{N}$) Verzinsungszeitraum

Formeln: einfache Verzinsung: $\widetilde{K}_n = K_0(1 + i_1 + \ldots + i_n)$

             Zinseszinsformel: $K_n = K_0(1 + i_1) \cdot \ldots \cdot (1 + i_n)$

Lösung der Aufgabe:

a) Gegeben: $K_0 = 100\,000$, $i_1 = i_2 = 0{,}08$, $i_3 = i_4 = i_5 = 0{,}087$, $n = 5$.

Gesucht: $K_5 = 100\,000(1 + 0{,}08)^2(1 + 0{,}087)^3 \approx 149\,808{,}39$.

b) Gegeben: $K_5 = 149\,808{,}39$, $K_0 = 100\,000$, $n = 5$.

Gesucht: $i(= i_1 = i_2 = i_3 = i_4 = i_5)$;

$$K_5 = K_0 \underbrace{(1+i) \cdots (1+i)}_{\text{5-mal}} = K_0(1+i)^5 \iff i = \sqrt[5]{\frac{K_5}{K_0}} - 1 \approx 0{,}0842 = 8{,}42\%$$

c) Gegeben: $K_5 = 150\,000$, $i := i_1 = \ldots = i_5 = 8{,}35\%$, $n = 5$.

Gesucht: K_0; $K_5 = K_0(1+i)^5 \iff K_0 = \dfrac{K_5}{(1+i)^5} \approx 100\,449{,}246$; d.h. es müssen mindestens $100\,449{,}25$ € angelegt werden.

d) Gegeben: $\widetilde{K}_5 = 149\,808{,}39$, $i_1 = i_2 = 0{,}08$, $i_3 = i_4 = i_5 = 0{,}087$, $n = 5$.

Gesucht: K_0; $\widetilde{K}_5 = K_0(1 + i_1 + \ldots + i_5) \iff K_0 = \frac{149\,808{,}39}{1+0{,}16+0{,}261} \approx 105\,424{,}624$; d.h. es müssen mindestens $105\,424{,}63$ € angelegt werden.

Lösung zu Aufgabe 6.6:

a) Analog zur Lösung von Aufgabe 6.5 mit den Angaben: $i_1 = i_2 = 0{,}06$, $i_3 = i_4 = i_5 = 0{,}085$, $K_0 = 150\,000$ erhält man:

$$K_5 = 150\,000 \cdot \left(1 + \frac{6}{100}\right)^2 \left(1 + \frac{8{,}5}{100}\right)^3 = 150\,000 \cdot 1{,}06^2 \cdot 1{,}085^3 \approx 215\,274{,}31.$$

FINANZMATHEMATIK

b) Gegeben: $p = 7$, $K_0 = 150\,000$, $K_{n_0} = 215\,000$.

Gesucht: $n_0 = \dfrac{\ln\left(\frac{215\,000}{150\,000}\right)}{\ln 1{,}07} \approx 5{,}32$

(analog zur Lösung von Aufgabe 6.4); Frau Müller müsste also sechs volle Jahre warten, bis sie mindestens 215 000 € angespart hat.

c) Gegeben: $p = 6{,}5$, $K_5 = 215\,000$, $n = 5$.

Gesucht: Barwert K_0; $K_0 = \dfrac{K_5}{1{,}065^5} = \dfrac{215\,000}{1{,}065^5} \approx 156\,924{,}38$

Lösung zu Aufgabe 6.7:

Zinssätze: 1. Jahr 0,06; 2. Jahr: 0,062; 3. Jahr: 0,064; ...; 7. Jahr 0,072.

a) Gesucht ist K_0 mit

$$K_0 \cdot 1{,}06 \cdot 1{,}062 \cdot \ldots \cdot 1{,}072 = 50\,000 \iff K_0 = \dfrac{50\,000}{1{,}06 \cdot \ldots \cdot 1{,}072} \approx 31\,966{,}20$$

b) Gesucht ist q mit

$$\dfrac{50\,000}{1{,}06 \cdot \ldots \cdot 1{,}072}\left(1 + \dfrac{q}{100}\right)^7 = 50\,000 \iff q = 100\left(\sqrt[7]{1{,}06 \cdot \ldots \cdot 1{,}072} - 1\right) \approx 6{,}6$$

c) Gesucht ist j mit $(1+j)^2 = 1{,}066 \iff j = \sqrt{1{,}066} - 1 \approx 0{,}0325$; d. h. der halbjährliche Zinssatz beträgt 3,25%.

d) Gesucht ist $m \in \mathbb{N}$ mit $K_0(1+0{,}01)^m = 10 K_0$. Dies gilt genau dann, wenn $m = \frac{\ln 10}{\ln 1{,}01} \approx 231{,}408$ (analog zur Lösung von Aufgabe 6.4). Damit dauert es also 232 (volle) Monate ($\hat{=}$ 19 Jahre und 4 Monate) bis sich das Kapital verzehnfacht hat.

Lösung zu Aufgabe 6.8:

K_n bezeichne das Kapital nach n Jahren; $R (= K_0) = 60\,000$, $i = 0{,}07$;

$K_1 = R(1+i)$;

$K_2 = [R(1+i) + R](i+1) = R(1+i)^2 + R(1+i)$

$\vdots$

$$K_n = R\sum_{k=1}^{n}(1+i)^k = R(1+i)\sum_{k=0}^{n-1}(1+i)^k = R(1+i)\dfrac{(1+i)^n - 1}{(1+i) - 1}$$

(Zum Beweis dieser Formel kann die vollständige Induktion verwendet werden.)

a) Preis der Eigentumswohnung: $100 \cdot 3\,300 = 330\,000$; Ansatz: $K_n \geq 330\,000$. Damit erhält man:

$$R(1+i)\frac{(1+i)^n - 1}{i} \geq 330\,000 \iff (1+i)^n \geq \frac{330\,000 \cdot i}{R(1+i)} + 1$$

$$\iff n \geq \frac{\ln\left(\frac{330\,000 \cdot i}{R(1+i)} + 1\right)}{\ln(1+i)} = \frac{\ln\left(\frac{33 \cdot 0{,}07}{6 \cdot 1{,}07} + 1\right)}{\ln 1{,}07} \approx 4{,}54;$$

d. h. Herr Müller-L. kann die Wohnung nach 5 Jahren kaufen.

b) Aus einem Kaufpreis von $330\,000(1+i)^n$ nach n Jahren ergibt sich der Ansatz:

$$R(1+i)\frac{(1+i)^n - 1}{i} \geq 330\,000(1+i)^n$$

$$\iff (1+i)^n \left[\frac{R(1+i)}{i} - 330\,000\right] \geq \frac{R(i+1)}{i}$$

$$\iff n \geq \frac{\ln\left(\frac{R(1+i)}{R(1+i) - 330\,000 \cdot i}\right)}{\ln(1+i)} = \frac{\ln \frac{6 \cdot 1{,}07}{6 \cdot 1{,}07 - 33 \cdot 0{,}07}}{\ln 1{,}07} \approx 6{,}59;$$

d. h. der Kauf der Wohnung kann nach 7 Jahren erfolgen.

Lösung zu Aufgabe 6.9:

a) Formel: $K_n = (1+i)^n \cdot K_0$ (Zinseszinsformel)

  i) Gegeben: $n = 4 \cdot 10 = 40$ (Vierteljahre), $i = 0{,}01$ (pro Vierteljahr), $K_n = K_{40} = 20\,000$.
  Gesucht: K_0; $K_0 = \frac{20\,000}{1{,}01^{40}} \approx 13\,433{,}06$

  ii) Gegeben: $K_0 = 20\,000$, $i = 0{,}04$ (pro 13 Monate).
  Gesucht ist das kleinste $n \in \mathbb{N}$ mit $K_0(1+i)^n > 30\,000$

  $$\iff n \cdot \ln 1{,}04 + \ln 2 > \ln 3 \iff n > \frac{\ln 3 - \ln 2}{\ln 1{,}04} \approx 10{,}34$$

  Also ist nach etwa $10{,}34 \cdot 13 = 134{,}4$ Monaten bzw. nach etwa 11,2 Jahren (und somit nach 12 vollen Jahren) der Bestand auf mehr als $30\,000$ m³ angewachsen.

FINANZMATHEMATIK

b) i) Seien A_n der Bestand nach n Jahren und i_j die „Verringerungsquote" im j-ten Jahr

$$\Longrightarrow A_4 = 20\,000(1-i_1)(1-i_2)(1-i_3)(1-i_4)$$
$$= 20\,000 \cdot 0{,}9 \cdot 0{,}95 \cdot 0{,}975 \cdot 0{,}9875 \approx 16\,464{,}09$$

ii) $A_4 = 20\,000\left(1 - \dfrac{V}{100}\right)^4 \Longleftrightarrow 1 - \dfrac{V}{100} = \sqrt[4]{\dfrac{A_4}{20\,000}}$

$$\Longleftrightarrow V = 100\left(1 - \sqrt[4]{\dfrac{A_4}{20\,000}}\right) \approx 4{,}75$$

iii) Gesucht: $n \in \mathbb{N}$ mit

$$20\,000(1-0{,}03)^n < 15\,000 \Longleftrightarrow n\ln 0{,}97 < \ln \tfrac{3}{4}$$
$$\Longleftrightarrow n > \dfrac{\ln 3 - \ln 4}{\ln 0{,}97} \approx 9{,}445$$

Der Wald ist nach 10 vollen Jahren erstmals um ein Viertel geschrumpft.

Lösung zu Aufgabe 6.10:

(vgl. auch Lösung 6.8)

$K = 20\,000$, $i = 0{,}05$

Guthaben am Ende des 1. Jahres: $K(1+i)$

Guthaben am Ende des 2. Jahres: $[K(1+i) - c](1+i) = K(1+i)^2 - c(1+i)$

Guthaben am Ende des 3. Jahres: $K(1+i)^3 - c(1+i)^2 - c(1+i)$

$\vdots$

Guthaben am Ende des k-ten Jahres:

$K(1+i)^k - c(1+i)^{k-1} - \ldots - c(1+i)$

$$= K(1+i)^k - c\sum_{j=1}^{k-1}(1+i)^j = K(1+i)^k - c(1+i)\dfrac{(1+i)^{k-1} - 1}{i}$$

(geometrische Reihe; ein Beweis der Formel kann mit vollständiger Induktion geführt werden.)

Speziell für $k = 7$ erhält man den Ansatz:

$$K(1+i)^7 - c\sum_{j=1}^{6}(1+i)^j = c$$

$$\iff K(1+i)^7 - c(1+i)\frac{(1+i)^6-1}{(1+i)-1} = c$$
$$\iff K(1+i)^7 - c\left((1+i)\frac{(1+i)^6-1}{i} + 1\right) = 0$$
$$\iff K(1+i)^7 - \frac{c}{i}((1+i)^7 - 1) = 0$$
$$\iff c = \frac{K(1+i)^7 \cdot i}{(1+i)^7 - 1}$$

Hier folgt somit: $c = \frac{20\,000 \cdot 1{,}05^7 \cdot 0{,}05}{1{,}05^7 - 1} \approx 3\,456{,}40$.

Lösung zu Aufgabe 6.11:

Seien $K_0 > 0$ (hier $K_0 = 1\,000$) ein fester Betrag und K_i das Kapital gemäß des in der Aufgabe beschriebenen Sparprozesses nach Ablauf von i Jahren; $i = 1, 2, \ldots$

$$K_1 = K_0(1+i)$$
$$K_2 = K_0(1+i)^2 + 2K_0(1+i)$$
$$K_3 = K_0(1+i)^3 + 2K_0(1+i)^2 + 3K_0(1+i)$$

Also folgt für das Kapital nach n Jahren:

$$K_n = K_0(1+i)^n + 2K_0(1+i)^{n-1} + 3K_0(1+i)^{n-2} + \ldots + nK_0(1+i)$$
$$= K_0[(1+i)^n + 2(1+i)^{n-1} + \ldots + n(1+i)] = K_n \sum_{k=1}^{n} k(1+i)^{n+1-k}$$
$$= K_0(1+i)^{n+1} \sum_{k=1}^{n} k\left(\frac{1}{1+i}\right)^k.$$

Nach acht Jahren erhält man somit:

$$K_8 = 1\,000 \cdot 1{,}06^{8+1} \sum_{k=1}^{8} k\left(\frac{1}{1{,}06}\right)^k \approx 44\,013{,}25.$$

Lösung zu Aufgabe 6.12:

a) Kurs am 31. Juli: 830 €
   vereinbarter Kaufpreis: 818 €

   Käufer: Gewinn des Käufers pro Aktie: 830 € − 818 € = 12 €; mit einem Vertragsvolumen von 100 Aktien ist der Gesamtgewinn des Käufers: 100 · 12 € = 120 €.

   Verkäufer: Durch den Verlust des Verkäufers pro Aktie von 12 € entsteht der Gesamtverlust: 100 · 12 € = 120 €.

b) 1. Juni – 31. Juli $\widehat{=}$ 60 Zinstage; aktueller Kurswert am 1. Juni: 820 €,
abgezinster Kaufpreis auf den 1. Juni: $818 \cdot e^{-\frac{0{,}05 \cdot 60}{360}}$ € $= 811{,}21$ €
und damit Wert$_{\text{1. Juni}}$ $=(820\ € - 811{,}21\ €) \cdot 100 = 879$ €.

c) 15. April – 31. Juli $\widehat{=}$ 106 Zinstage, 15. April – 1. Mai $\widehat{=}$ 16 Zinstage,
aktueller Kurs 15. April: 810 €;
auf den 15. April abgezinste Dividendenzahlung: $16{,}50 \cdot e^{-\frac{0{,}05 \cdot 16}{360}} = 16{,}46$ €,
auf den 15. April abgezinster Kaufpreis: $818 \cdot e^{-\frac{0{,}05 \cdot 106}{360}} = 806{,}05$ €
und damit Wert$_{\text{15. April}} = (810\ € - 16{,}46\ € - 806{,}05\ €) \cdot 100 = -1\,251$ €.

7 Folgen und Reihen

Literaturhinweis: KCO, Kapitel 2, S. 55-72

Aufgaben

Aufgabe 7.1:

Ergänzen Sie die angegebenen Folgen um zwei weitere (passende) Folgenglieder, und ermitteln Sie eine Bildungsvorschrift.

a) $3, 6, 9, 12, \ldots$ b) $3, 9, 27, 81, \ldots$ c) $2, -4, 8, -16, 32, \ldots$

d) $2, 3, 5, 8, 13, 21, \ldots$ e) $2, 5, 10, 17, 26, \ldots$ f) $1, 0, 1, 0, 1, 0, \ldots$

g) $1, \frac{1}{2}, \frac{1}{4}, \frac{1}{8}, \frac{1}{16}, \ldots$ h) $3, 7, 11, 15, 19, \ldots$ i) $1, \frac{3}{2}, \frac{7}{4}, \frac{15}{8}, \frac{31}{16}, \ldots$

j) $1, -1, 2, -2, 3, -3, \ldots$

Aufgabe 7.2:

Welche der folgenden Zahlenfolgen $(a_n)_{n \in \mathbb{N}}$ sind konvergent? Bestimmen Sie im Fall der Konvergenz den Grenzwert $\lim\limits_{n \to \infty} a_n$.

a) $a_n = \dfrac{3n^2 + 4n - 55}{9n^2 - 8n - \sqrt{2}}$

b) $a_n = \dfrac{6n^3 - 15n}{3n^4 - 10}$

c) $a_n = \dfrac{6n^4 - 15n}{3n^3 - 10}$

d) $a_n = \dfrac{n^3}{n^4 + n^3 + n}$

e) $a_n = \dfrac{2(1 + (-1)^n)}{7}$

f) $a_n = \dfrac{n^2 - 9}{(n+3)^2}$

g) $a_n = 2n \left(\dfrac{3}{n} - \dfrac{3}{n+1} \right)$

h) $a_n = \sqrt{n+5} - \sqrt{n}$

i) $a_n = ((-1)^n + 1)(1 - (-1)^n)$

j) $a_n = \dfrac{2n-1}{2n} \sqrt[n]{2}$

k) $a_n = \dfrac{5 - \sqrt{27n}}{\sqrt{3n+2}}$ \qquad l) $a_n = \dfrac{(-1)^n \cdot 2n}{2n^3 - n^2}$

m) $a_n = \dfrac{2n(n-1)(n+2)^2}{(n-1)^3(5n+2)}$ \qquad n) $a_n = \dfrac{2n^2(n-3+4n^2)}{5(n-1)^3(3n+4)}$

Aufgabe 7.3:

a) Eine reelle Zahlenfolge $(a_n)_{n \in \mathbb{N}}$ sei auf rekursive Weise definiert durch die Beziehung:
$$a_{n+1} = 1 + \frac{1}{a_n}, \quad n \in \mathbb{N}, \quad a_1 = 1.$$
Bestimmen Sie den Grenzwert $g = \lim\limits_{n \to \infty} a_n$ (unter der Voraussetzung der endlichen Existenz).

b) Gibt es ein $b_1 \in \mathbb{R}$, so dass die Zahlenfolge $(b_n)_{n \in \mathbb{N}}$ mit der Eigenschaft $b_{n+1} = 1 - \dfrac{1}{b_n}$ endlich konvergiert?

Aufgabe 7.4:

a) Zeigen Sie für alle $n \in \mathbb{N}$ (ohne vollständige Induktion; vgl. Aufgabe 2.1 a))

i) $\displaystyle\sum_{i=1}^{n} i = \frac{n(n+1)}{2}$ \qquad ii) $\displaystyle\sum_{i=1}^{n} i^2 = \frac{n(n+1)(2n+1)}{6}$

b) Berechnen Sie die Fläche zwischen der durch die Gleichung $y = x^2$ bestimmten Parabel und der x–Achse im Bereich von $x = 0$ bis $x = a$, $a > 0$, mit der Ausschöpfungsmethode, d.h.: Unterteilen Sie das Intervall $[0, a]$ in n gleich lange Teilintervalle $[0, x_1]$, $[x_1, x_2], \ldots, [x_{n-1}, a]$, $0 < x_1 < \cdots < x_{n-1} < a$, und berechnen Sie die Summe S_n der Rechteckflächen (siehe Zeichnung). Bilden Sie dann den Grenzwert $\lim\limits_{n \to \infty} S_n$.

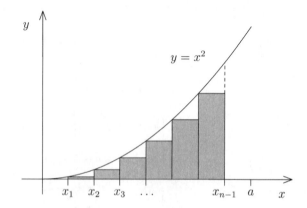

Aufgabe 7.5:

In Aufgabe 2.1 d) wird für jede beliebige, reelle Zahl $a \neq 1$ gezeigt: $\sum_{i=1}^{n} a^{i-1} = \dfrac{a^n - 1}{a - 1}$, $n \in \mathbb{N}$.

a) Bestimmen Sie für $|a| < 1$ den Grenzwert der geometrischen Reihe: $\lim_{n \to \infty} \sum_{i=1}^{n} a^{i-1}$.

b) Anwendungen der geometrischen Reihe:

   i) Die Wartungs- und Reparaturkosten für eine technische Großanlage betragen im ersten Jahr nach der Installation 10 000 € und steigen pro Jahr um 10% gegenüber dem Vorjahressatz. Wie hoch ist die Wartungs- und Reparaturkostensumme in den ersten 5 Jahren?

   ii) Ein Vater legt bei der Geburt seiner Tochter 8 000 € auf die Bank, die das Kapital mit 6% verzinst (Zuschlag der Zinsen am Ende eines jeden Jahres). Am Anfang des 20. Lebensjahres nimmt die Tochter ihr Studium auf. Welchen Betrag kann sie sechs Jahre lang zu Beginn des Jahres abheben, wenn sie die zur Verfügung stehende Summe in dieser Zeit verbrauchen will?

   iii) In ein gleichseitiges Dreieck von 10 cm Seitenlänge ist ein Kreis einbeschrieben; in den Kreis ein gleichseitiges Dreieck; in dieses wieder ein Kreis usw.
   Berechnen Sie die Summe der Umfänge aller gleichseitigen Dreiecke.

Aufgabe 7.6:

a) Verwandeln Sie folgende periodische Dezimalzahlen in Brüche: $0{,}4\overline{2}$, $0{,}\overline{53}$, $0{,}\overline{653}$
   (Hinweis: geometrische Reihe).

b) Ist die Darstellung rationaler Zahlen durch Dezimalzahlen eindeutig?
   (Betrachten Sie die Dezimalzahl $0{,}\overline{9}$.)

Lösungen

Lösung zu Aufgabe 7.1:

a) Vielfache von 3 (Bildungsvorschrift $a_k = 3k$, $k \in \mathbb{N}$), also: $a_5 = 15$, $a_6 = 18$.

b) Potenzen von 3, d. h. jede Zahl ist das dreifache der vorhergehenden (Bildungsvorschrift: $a_k = 3^k$, $k \in \mathbb{N}$), also: $a_5 = 243$, $a_6 = 729$.

c) Potenzen von 2 mit wechselnden Vorzeichen (Bildungsvorschrift: $a_k = (-1)^{k+1} \cdot 2^k$, $k \in \mathbb{N}$), also: $a_6 = -64$, $a_7 = 128$.

d) „Fibonacci-Zahlen"; ein Folgenglied ist die Summe der beiden vorhergehenden (rekursive Formel: $a_k = a_{k-1} + a_{k-2}$, $k \geq 3$ mit $a_1 = 2$, $a_2 = 3$), also: $a_7 = 34$, $a_8 = 55$.

e) Die Folge der Differenzen zweier aufeinander folgender Folgenglieder ist die Folge der ungeraden Zahlen, angefangen bei 3, bzw. die Folgenglieder sind die um Eins erhöhten Quadratzahlen (Bildungsvorschrift: $a_k = 1 + \sum_{i=1}^{k}(2i-1) = k^2 + 1$, $k \in \mathbb{N}$), also: $a_6 = 37$, $a_7 = 50$.

f) Die Bildungsvorschrift ist $a_n = \begin{cases} 1, & n \text{ ungerade} \\ 0, & n \text{ gerade} \end{cases} = \frac{1-(-1)^n}{2}$, $n \in \mathbb{N}$; also: $a_7 = 1$, $a_8 = 0$.

g) Die Bildungsvorschrift ist $a_n = \frac{1}{2^{n-1}}$, $n \in \mathbb{N}$, also: $a_6 = \frac{1}{32}$, $a_7 = \frac{1}{64}$. Der Quotient zweier aufeinander folgender Glieder ist stets Zwei; es handelt sich also um eine geometrische Folge.

h) Die Differenz zwischen aufeinander folgenden Folgengliedern ist immer gleich 4 (Bildungsvorschrift: $a_k = 4k - 1$, $k \in \mathbb{N}$), also: $a_6 = 23$, $a_7 = 27$.

i) In den Nennern finden sich Potenzen von 2, der jeweilige Zähler ergibt sich aus dem doppelten Wert des Nenners vermindert um Eins. Bildungsvorschrift: $a_k = \frac{2^k - 1}{2^{k-1}} = 2 - \frac{1}{2^{k-1}}$, $k \in \mathbb{N}$; also: $a_6 = \frac{63}{32}$, $a_7 = \frac{127}{64}$.

j) Bildungsvorschrift: $a_k = (-1)^{k+1} \left\lfloor \frac{k+1}{2} \right\rfloor$, $k \in \mathbb{N}$, wobei $\lfloor x \rfloor$ das größte $n \in \mathbb{N}$ mit $n \leq x$ ist; also: $a_7 = 4$, $a_8 = -4$.

Lösung zu Aufgabe 7.2:

a) $\lim\limits_{n\to\infty} a_n = \lim\limits_{n\to\infty} \dfrac{1/n^2[3n^2 + 4n - 55]}{1/n^2[9n^2 - 8n - \sqrt{2}]} = \lim\limits_{n\to\infty} \dfrac{3 + 4/n - 55/n^2}{9 - 8/n - \sqrt{2}/n^2} = \dfrac{1}{3}$

b) $\lim\limits_{n\to\infty} a_n = \lim\limits_{n\to\infty} \dfrac{6/n - 15/n^3}{3 - 10/n^4} = \dfrac{0}{3} = 0$ („Nullfolge")

c) $\lim\limits_{n\to\infty} a_n = \lim\limits_{n\to\infty} \dfrac{1/n^3[6n^4 - 15n]}{1/n^3[3n^3 - 10]} = \lim\limits_{n\to\infty} \dfrac{6n - 15/n^2}{3 - 10/n^3} = +\infty$

(Die Folge ist konvergent gegen ∞ bzw. bestimmt divergent gegen ∞.)

d) $\lim\limits_{n\to\infty} a_n = \lim\limits_{n\to\infty} \dfrac{1/n}{1 + 1/n + 1/n^3} = \dfrac{0}{1+0} = 0$

e) $a_n = \begin{cases} \frac{4}{7}, & \text{falls } n \text{ gerade} \\ 0, & \text{sonst} \end{cases}$, d.h. die Folge ist nicht konvergent.

f) $\dfrac{n^2 - 9}{(n+3)^2} = \dfrac{n^2 - 9}{n^2 + 6n + 9} = \dfrac{1 - 9/n^2}{1 + 6/n + 9/n^2} \xrightarrow{n\to\infty} 1$ oder alternativ

$\dfrac{n^2 - 9}{(n+3)^2} = \dfrac{(n-3)(n+3)}{(n+3)^2} = \dfrac{n-3}{n+3} \xrightarrow{n\to\infty} 1$, d.h. $\lim\limits_{n\to\infty} a_n = 1$

g) $a_n = 2n \dfrac{3}{n(n+1)} = \dfrac{6}{n+1} \implies \lim\limits_{n\to\infty} a_n = 0$

h) $\sqrt{n+5} - \sqrt{n} = \dfrac{(\sqrt{n+5} - \sqrt{n})(\sqrt{n+5} + \sqrt{n})}{\sqrt{n+5} + \sqrt{n}} = \dfrac{n+5-n}{\sqrt{n+5} + \sqrt{n}} = \dfrac{5}{\sqrt{n+5} + \sqrt{n}}$

$\implies \lim\limits_{n\to\infty} a_n = 0$

i) $a_n = \begin{cases} 2 \cdot 0 = 0, & \text{falls } n \text{ gerade} \\ 0 \cdot 2 = 0, & \text{falls } n \text{ ungerade} \end{cases} \implies \lim\limits_{n\to\infty} a_n = 0$

j) $a_n = \dfrac{2n-1}{2n} \sqrt[n]{2} = \dfrac{2 - 1/n}{2} \cdot 2^{1/n} \xrightarrow{n\to\infty} 2^0 = 1$, d.h. $\lim\limits_{n\to\infty} a_n = 1$

k) $a_n = \dfrac{5 - \sqrt{27n}}{\sqrt{3n} + 2} = \dfrac{-\sqrt{27} + 5/\sqrt{n}}{\sqrt{3} + 2/\sqrt{n}} \xrightarrow{n\to\infty} \dfrac{-\sqrt{27}}{\sqrt{3}} = -\sqrt{9} = -3$, d.h. $\lim\limits_{n\to\infty} a_n = -3$

l) $a_n = \dfrac{(-1)^n \cdot 2/n^2}{2 - 1/n} \xrightarrow{n\to\infty} \dfrac{0}{2} = 0$, d.h. $\lim\limits_{n\to\infty} a_n = 0$

m) Für $n > 1$ ist

$$a_n = \frac{2n(n+2)^2}{(n-1)^2(5n+2)} = \frac{2n^3 + 8n^2 + 8n}{5n^3 - 8n^2 + n + 2} = \frac{2 + \frac{8}{n} + \frac{8}{n^2}}{5 - \frac{8}{n} + \frac{1}{n^2} + \frac{2}{n^3}} \xrightarrow{n \to \infty} \frac{2}{5},$$

d. h. $\lim\limits_{n \to \infty} a_n = \dfrac{2}{5}$

n) $a_n = \dfrac{2n^3 - 6n^2 + 8n^4}{15n^4 - 25n^3 - 15n^2 + 45n - 20} \xrightarrow{n \to \infty} \dfrac{8}{15}$, d. h. $\lim\limits_{n \to \infty} a_n = \dfrac{8}{15}$

Lösung zu Aufgabe 7.3:

a) Seien $(a_n)_n$ eine reelle Zahlenfolge, $a_1 = 1$ und $a_{n+1} = 1 + \dfrac{1}{a_n}$ für alle $n \in \mathbb{N}$. Es existiere ein endlicher Grenzwert $g \neq 0$ der Folge, also $g = \lim\limits_{n \to \infty} a_n$. Dann muss gelten:

$$\lim_{n \to \infty} a_{n+1} = 1 + \lim_{n \to \infty} \frac{1}{a_n} \iff g = 1 + \frac{1}{g} \iff g^2 - g - 1 = 0$$

$$\iff g_1 = \frac{1}{2} + \sqrt{\frac{1}{4} + 1} \vee g_2 = \frac{1}{2} - \sqrt{\frac{1}{4} + 1}$$

$$\iff g_1 = \frac{1 + \sqrt{5}}{2} \vee g_2 = \frac{1 - \sqrt{5}}{2} \quad \text{mit } g_1 > 0,\ g_2 < 0.$$

Da $a_n > 0$ für alle $n \in \mathbb{N}$ gilt, muss auch der Grenzwert $g > 0$ sein, d. h. als Grenzwert von $(a_n)_n$ kommt nur g_1 in Frage. Folglich ist $\lim\limits_{n \to \infty} a_n = \frac{1+\sqrt{5}}{2}$.

b) Die Folge $(b_n)_n$ sei durch die Vorschrift $b_{n+1} = 1 - \dfrac{1}{b_n}$, $n \in \mathbb{N}$, gegeben.

Angenommen, es existiert ein $b_1 \in \mathbb{R}$ mit $\lim\limits_{n \to \infty} b_n = g$, $g \in \mathbb{R}$. Dann muss gelten:

$$\lim_{n \to \infty} b_{n+1} = 1 - \lim_{n \to \infty} \frac{1}{b_n} \implies g = 1 - \frac{1}{g} \iff g^2 - g + 1 = 0$$

$$\iff g_1 = \frac{1}{2} + \sqrt{\left(\frac{1}{2}\right)^2 - 1} \vee g_2 = \frac{1}{2} - \sqrt{\left(\frac{1}{2}\right)^2 - 1}$$

$$\iff g_1 = \frac{1}{2} + \sqrt{-\frac{3}{4}} \vee g_2 = \frac{1}{2} - \sqrt{-\frac{3}{4}}, \quad \text{wobei } g_1, g_2 \notin \mathbb{R}.$$

Die quadratische Gleichung hat keine reellen Lösungen, d. h. es gibt kein reelles g mit $g = 1 - \dfrac{1}{g}$. Also gibt es kein $b_1 \in \mathbb{R}$, so dass $(b_n)_n$ endlich konvergiert.

Lösung zu Aufgabe 7.4:

a) i)
$$\begin{array}{r|rcccccc}
& \sum_{i=1}^{n} i = & 1 & + & 2 & + \ldots + & (n-1) & + & n \\
& \sum_{i=1}^{n} i = & n & + & (n-1) & + \ldots + & 2 & + & 1 \\
\hline
+ & 2\sum_{i=1}^{n} i = & (n+1) & + & (n+1) & + \ldots + & (n+1) & + & (n+1)
\end{array}$$

$$\Longleftrightarrow 2\sum_{i=1}^{n} i = n(n+1) \Longleftrightarrow \sum_{i=1}^{n} i = \frac{n(n+1)}{2}$$

ii) $\sum_{i=1}^{n} i^2 = 1 + 4 + 9 + \ldots + n^2$

$$\begin{array}{rlllll}
= & 1 & & & & \\
+ & 1 + & 3 & & & \\
+ & 1 + & 3 + & 5 & & \\
+ & \vdots & \vdots & \vdots & \ddots & \\
+ & 1 + & 3 + & 5 + \ldots + & (2n-1) & \\
= & n \cdot 1 + & (n-1) \cdot 3 + & (n-2) \cdot 5 + \ldots + & 1 \cdot (2n-1) &
\end{array}$$

$$= \sum_{i=0}^{n-1}(n-i)(2i+1) = (2n-1)\left(\sum_{i=0}^{n-1} i\right) + n^2 - 2\sum_{i=0}^{n-1} i^2$$

$$\stackrel{(i)}{=} (2n-1)\frac{n(n-1)}{2} + n^2 - 2\left(\sum_{i=1}^{n} i^2 - n^2\right)$$

Damit ist $3\sum_{i=1}^{n} i^2 = (2n-1)\frac{(n-1)n}{2} + 3n^2 \left(= \frac{n(2n^2 + 3n + 1)}{2}\right)$

$$\Longleftrightarrow \sum_{i=1}^{n} i^2 = \frac{n(n+1)(2n+1)}{6}.$$

b) Setze $x_0 = 0$, $x_n = a$. Alle n Teilintervalle haben die Länge $x_{i+1} - x_i = \frac{a}{n}$, $0 \leq i \leq n-1$, d. h. $x_0 = 0$, $x_1 = \frac{a}{n}$, $x_2 = 2 \cdot \frac{a}{n}, \ldots, x_i = i \cdot \frac{a}{n}, \ldots, x_n = n \cdot \frac{a}{n} = a$.

Also hat das Rechteck über dem Intervall $[x_i, x_{i+1}]$ die Fläche: $\frac{a}{n} \cdot x_i^2$, $0 \leq i \leq n-1$.

Unter Benutzung von Teil a) ist die Summe aller n Flächen:

$$S_n = \sum_{i=0}^{n-1} \left(\frac{a}{n} \cdot x_i^2\right) = \left(\frac{a}{n}\right)^3 \sum_{i=0}^{n-1} i^2 = \left(\frac{a}{n}\right)^3 \frac{(n-1)n(2n-1)}{6}$$

$$= \left(\frac{a}{n}\right)^3 \left(\frac{n^3}{3} - \frac{n^2}{2} + \frac{n}{6}\right) = \frac{a^3}{3} - \frac{a^3}{2n} + \frac{a^3}{6n^2} \xrightarrow{n \to \infty} \frac{a^3}{3}.$$

Lösung zu Aufgabe 7.5:

a) $\lim\limits_{n \to \infty} \sum\limits_{i=1}^{n} a^{i-1} = \lim\limits_{n \to \infty} \dfrac{a^n - 1}{a - 1} = \dfrac{-1}{a-1} = \dfrac{1}{1-a}$, falls $|a| < 1$.

b)   i) $K = \sum\limits_{i=0}^{4} 10\,000 \cdot 1{,}1^i = 10\,000 \cdot \sum\limits_{i=0}^{4} 1{,}1^i = 10\,000 \cdot \dfrac{1{,}1^5 - 1}{1{,}1 - 1} = 61\,051$

$(= 10\,000 + 11\,000 + 12\,100 + 13\,310 + 14\,641)$

ii) $K_0 = 8\,000$ wird 19 Jahre lang verzinst, d.h. $K_{19} = 8\,000 \cdot 1{,}06^{19} =: K$

Restkapital 1 Jahr nach Studienbeginn:
$(K - x)(1+i) = K(1+i) - x(1+i)$

Restkapital 2 Jahre nach Studienbeginn:
$[K(1+i) - x(1+i) - x](1+i) = K(1+i)^2 - x(1+i)^2 - x(1+i)$ usw.

Restkapital 5 Jahre nach Studienbeginn:
$$K(1+i)^5 - x(1+i)^5 - x(1+i)^4 - \ldots - x(1+i) = K(1+i)^5 - x \sum_{k=1}^{5}(1+i)^k$$

Zu Beginn des 6. Jahres wird noch einmal der Betrag x abgehoben, d.h.

$$K(1+i)^5 - x\sum_{k=1}^{5}(1+i)^k - x = 0 \iff K(1+i)^5 - x\sum_{k=0}^{5}(1+i)^k = 0$$

$$\iff x = \frac{K(1+i)^5}{\sum\limits_{k=0}^{5}(1+i)^k} = \frac{K(1+i)^5}{\frac{(1+i)^6 - 1}{1+i-1}} = \frac{K(1+i)^5 \cdot i}{(1+i)^6 - 1};$$

hier: $x = \dfrac{8\,000 \cdot 1{,}06^{19} \cdot 1{,}06^5 \cdot 0{,}06}{1{,}06^6 - 1} \approx 4\,643{,}73$

iii)

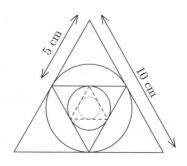

FOLGEN UND REIHEN

$S \stackrel{\wedge}{=}$ Summe der Umfänge aller gleichseitigen Dreiecke

$$\implies S = 3 \cdot 10 + 3 \cdot 5 + 3 \cdot 2{,}5 + \ldots$$
$$= 3 \cdot 10 + 3 \cdot \frac{10}{2} + 3 \cdot \frac{10}{4} + \ldots$$
$$= 3 \cdot 10 \cdot \sum_{i=0}^{\infty} \frac{1}{2^i} = 30 \cdot \sum_{i=0}^{\infty} \left(\frac{1}{2}\right)^i = 30 \sum_{i=1}^{\infty} \left(\frac{1}{2}\right)^{i-1} = 30 \cdot \frac{1}{1-\frac{1}{2}} = 60 \quad \text{(s. a))}$$

Lösung zu Aufgabe 7.6:

a) Anwendung der geometrischen Reihe:

Für $-1 < a < 1$ gilt: $\sum_{k=0}^{\infty} a^k = \frac{1}{1-a}$ (s. Lösung zu Aufgabe 7.5 a)). Damit folgt:

$$0{,}4\overline{2} = \frac{4}{10} + \sum_{k=2}^{\infty} 2 \cdot \left(\frac{1}{10}\right)^k = \frac{4}{10} + 2\left(\frac{1}{10}\right)^2 \sum_{k=2}^{\infty} \left(\frac{1}{10}\right)^{k-2} = \frac{4}{10} + \frac{2}{100} \cdot \sum_{k=0}^{\infty} \left(\frac{1}{10}\right)^k$$
$$= \frac{4}{10} + \frac{2}{100} \cdot \frac{1}{1-\frac{1}{10}} = \frac{4}{10} + \frac{2}{90} = \frac{19}{45}.$$

$$0{,}\overline{53} = \sum_{k=1}^{\infty} 53 \left(\frac{1}{100}\right)^k = \frac{53}{100} \cdot \sum_{k=1}^{\infty} \left(\frac{1}{100}\right)^{k-1} = \frac{53}{100} \cdot \sum_{k=0}^{\infty} \left(\frac{1}{100}\right)^k$$
$$= \frac{53}{100} \cdot \frac{1}{1-\frac{1}{100}} = \frac{53}{99}.$$

$$0{,}\overline{653} = \frac{653}{1\,000} \sum_{k=1}^{\infty} \left(\frac{1}{1\,000}\right)^{k-1} = \frac{653}{1\,000} \cdot \frac{1}{1-\frac{1}{1\,000}} = \frac{653}{999}.$$

b) $0{,}\overline{9} = \sum_{i=1}^{\infty} 9 \cdot \left(\frac{1}{10}\right)^i = 9 \cdot \frac{1}{10} \sum_{i=0}^{\infty} \left(\frac{1}{10}\right)^i = \frac{9}{10} \cdot \frac{1}{1-\frac{1}{10}} = 1$, d. h. $1 = 0{,}\overline{9}$.

8 Funktionen

Literaturhinweis: KCO, Kapitel 3, Kapitel 6, S. 181-185

Aufgaben

Aufgabe 8.1:

Es sei a eine feste positive, reelle Zahl. Stellen Sie die durch $y = |x| - |x-a|$, $x \in \mathbb{R}$, gegebene Funktion graphisch dar.

Aufgabe 8.2:

Gegeben ist die Funktion $f(x,y) = 3 - 0{,}5x - 1{,}5y$, $x \in \mathbb{R}^2$.

a) Bestimmen Sie jeweils die Schnittkurven der Funktionsfläche $z = f(x,y)$ mit den Koordinatenebenen und der Ebene $z = 1$.

b) Bestimmen Sie die Achsenabschnittsgleichungen der Schnittgeraden aus a).

c) Skizzieren Sie das im ersten Oktanten liegende Stück der Funktionsfläche.

Aufgabe 8.3:

a) Bestimmen und zeichnen Sie (in einem x, y, z-Koordinatensystem) die Schnittgeraden der durch die Gleichung $z = 5 - 0{,}5x - 0{,}1y$ gegebenen Ebene mit den Koordinatenebenen.

b) Schraffieren Sie den in den ersten Oktanten fallenden Teil des Graphen der durch die Gleichung $\alpha(x + 2(y + 2z)) = 1$, $\alpha > 0$, gegebenen Funktion.

c) Bestimmen Sie die Schnittgerade zwischen der Funktion aus b) und der Ebene $z = 3$.

d) Für welche Werte $\beta \in \mathbb{R}$ verläuft die Schnittgerade zwischen der Funktion aus b) und der Ebene $z = \beta$ durch den ersten Oktanten?

Aufgabe 8.4:

Durch $z = x^2 + 2y^2$, $(x,y) \in \mathbb{R}^2$, sei eine Funktion gegeben.

a) Bestimmen und zeichnen Sie die Schnittkurven mit den Koordinatenebenen sowie die Schnittkurven zwischen der Funktionsfläche und den Flächen $z = 2$ und $z = 10$.

b) Erstellen Sie eine Skizze der Funktionsfläche.

Aufgabe 8.5:

Betrachten Sie die Funktion z gegeben durch $z = x^2 + \dfrac{1}{2}y$.

a) Bestimmen und zeichnen Sie die Schnittkurven der Funktion mit den Koordinatenebenen sowie die Schnittkurven („Niveaulinien" oder „Höhenlinien") zwischen der Funktionsfläche und den Flächen $z = 1$, $z = 2$ und $z = 4$.

b) Skizzieren Sie die Funktionsfläche.

Aufgabe 8.6:

a) Zeigen Sie: Die Funktion $y = \frac{1}{2}(e^x - e^{-x})$ besitzt die Umkehrfunktion $\ln\left(x + \sqrt{x^2 + 1}\right)$.

b) Bestimmen Sie die Umkehrfunktion zu $y = \sqrt{x^3 + 1}$, $x \geq -1$.

Aufgabe 8.7:

Weisen Sie nach, dass die Funktionen f_i und g_i, $i \in \{1, 2, 3\}$, Umkehrfunktionen zueinander sind:

$$f_1(x) = (x^3 + 1)^{\frac{1}{4}}, \qquad g_1(x) = \sqrt[3]{x^4 - 1}, \quad x > 0,$$

$$f_2(x) = (5^x - \log_2 a)^2, \quad g_2(x) = \log_5\left(\sqrt{x} + \log_2 a\right), \quad x \geq 0, a \geq 1, 5^x > \log_2 a,$$

$$f_3(x) = \frac{a^x - a^{-x}}{a^x + a^{-x}}, \qquad g_3(x) = \frac{1}{2}\log_a \frac{1+x}{1-x}, \quad -1 < x < 1, a > 1.$$

Funktionen

Aufgabe 8.8:

Ermitteln Sie folgende Grenzwerte:

a) $\lim\limits_{x \to 6} \left(\dfrac{1}{x^2} - \dfrac{4x+4}{2x^2} \right)$
b) $\lim\limits_{x \to \infty} \left(\dfrac{(x-1)^3}{x^2} - x \right)$

c) $\lim\limits_{x \to -5} \dfrac{x^2 - 25}{2(x+5)}$
d) $\lim\limits_{x \to 1} \dfrac{\frac{3}{\sqrt{x}} - 3}{\sqrt{x} - 1}$

e) $\lim\limits_{x \to \infty} \dfrac{x^4 - 16x^2 + 12}{1 - 2x^4}$
f) $\lim\limits_{x \to \infty} \dfrac{(x+1)^2 - (x-1)^2}{3x+5}$

g) $\lim\limits_{x \to 0} (x^3 + 2x^2 - 3(x+1)^3)$
h) $\lim\limits_{x \to 0} \dfrac{e^{-2x} + 3x - 1}{(1-x)^2}$

Aufgabe 8.9:

Ermitteln Sie folgende Grenzwerte:

a) $\lim\limits_{x \to 5} \left(5x^2 + \dfrac{1}{3x} \right)$
b) $\lim\limits_{x \to \infty} \left(\dfrac{(x+1)^2}{x} - x \right)$
c) $\lim\limits_{x \to 1} \dfrac{x^2 - 1}{x - 1}$

d) $\lim\limits_{x \to 1} \dfrac{\frac{1}{x} - 1}{x - 1}$
e) $\lim\limits_{x \to 1} \dfrac{\frac{1}{x^2} - \frac{1}{x}}{x - 1}$
f) $\lim\limits_{x \to 2} \dfrac{\frac{2}{x} - 1}{x^2 - 4}$

g) $\lim\limits_{x \to \infty} 2x \left(\dfrac{3}{x} - \dfrac{3}{x+1} \right)$
h) $\lim\limits_{x \to \infty} \dfrac{\sqrt{x-1} - \sqrt{x+1}}{x+2}$

Aufgabe 8.10:

Herr C., der kein eigenes Fahrzeug besitzt, möchte sich zum Zurücklegen einer bestimmten Wegstrecke (innerhalb eines Tages) für eine der folgenden beiden Alternativen entscheiden:

(I) Mieten eines Leihwagens zur Grundgebühr von 80 €/Tag und zusätzlichen Kosten von 15 Cent pro zurückgelegtem Kilometer (einschl. Benzinkosten).

(II) Fahrt mit einem Taxi zur Grundgebühr von 3,50 € und Kosten von 1 € für jeden zurückgelegten Kilometer.

a) Skizzieren Sie die Kosten y_I und y_{II} für beide Alternativen in Abhängigkeit von den zurückgelegten Kilometern x in einem gemeinsamen Koordinatensystem.

b) Ab wievielen zurückgelegten Kilometern ist die Alternative (I) kostengünstiger als die Alternative (II)?

Aufgabe 8.11:

Einer Unternehmerin, die in die Schokoladen-Produktion einsteigen möchte, werden zwei verschiedenartige Produktionsmaschinen A und B angeboten. Die jeweils bei A und B anfallenden Fixkosten pro Monat betragen $1\,000$ € bzw. $6\,000$ €; zusätzlich fallen zur Produktion von x kg Schokolade variable Kosten von $600\ln(x+1)$ € (bei Maschine A) bzw. $55\ln(x+1)$ € (bei Maschine B) an.

a) Skizzieren Sie für jede der beiden Produktionsanlagen die Gesamtkosten als Funktion der Ausbringungsmenge x.

b) Bestimmen Sie für beliebige monatliche Ausbringungsmengen die jeweils zur kostengünstigsten Produktion führende Maschine.

Aufgabe 8.12:

Ein Fabrikant von Messern hat sich zwischen drei verschiedenartigen ihm angebotenen Produktionsmaschinen zu entscheiden. Die jeweils anfallenden Fixkosten pro Monat sowie die Produktionskosten pro Messer betragen:

bei Maschine	Fixkosten (€)	Produktionskosten (€)
1	30 000	3
2	80 000	2
3	150 000	1

a) Geben Sie für jede dieser Maschinen die Kostenfunktion an.

b) Für welche Maschine sollte sich der Fabrikant bei einem (monatlichen) Absatz von 60 000 (bzw. 40 000) Messern entscheiden?

c) Bestimmen Sie für beliebige (monatliche) Absatzzahlen jeweils die zur kostengünstigsten Produktion führende Maschine.

d) Wieviel € dürfen die bei einer Maschine mit Fixkosten von 30 000 € anfallenden Produktionskosten pro Messer höchstens betragen, damit diese Maschine bei Produktionszahlen von monatlich bis zu 70 000 Messern kostengünstiger als die Maschinen 2 und 3 produziert?

Aufgabe 8.13:

Gegeben sei die auf $\mathbb{R}^2$ definierte Funktion f mit $f(x,y) = |x|$. Zeigen Sie:

$M = \{(0,y)|y \in \mathbb{R}\}$ ist die Menge aller Punkte $(x,y) \in \mathbb{R}^2$, an denen die Funktion f ein absolutes Minimum besitzt, d. h. (hier): $f(x,y) \geq f(x_0,y_0) \; \forall \, (x_0,y_0) \in M, \; \forall \, (x,y) \in \mathbb{R}^2$.

Aufgabe 8.14:

Eine Funktion $z = f(x,y)$ heißt linear homogen, falls $f(\lambda x, \lambda y) = \lambda f(x,y)$ gilt für alle Paare $(x,y) \in D(f)$ und für alle $\lambda > 0$ mit $(\lambda x, \lambda y) \in D(f)$ ($D(f)$ ist der Definitionsbereich von f).

a) Zeigen Sie, dass folgende Funktionen linear homogen in den Variablen x und y sind:

   i) $z = ax + by$ ii) $z = \sqrt{ax^2 + 2bxy + cy^2}$

   iii) $z = \dfrac{ax^2 + 2bxy + cy^2}{dx + ey}$ iv) $z = \sqrt[3]{x^2 y}$

   ($a, b, c, d, e \in \mathbb{R}$ sind konstante Koeffizienten.)

b) Zeigen Sie, dass die Cobb-Douglas-Produktionsfunktion $X = AL^\alpha K^\beta$, $\alpha + \beta = 1$, (X ist der Output, A eine Konstante, L der Arbeitsinput, K der Kapitalinput) eine linear homogene Produktionsfunktion in den Variablen L und K ist.

Lösungen

Lösung zu Aufgabe 8.1:

Funktion: $y = |x| - |x - a|$, $x \in \mathbb{R}$.

$x \leq 0$: $\quad y = -x - (-(x-a)) = -a$

$0 \leq x \leq a$: $\quad y = x - (-(x-a)) = 2x - a$

$x \geq a$: $\quad y = x - (x-a) = a$

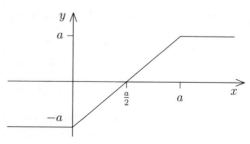

Lösung zu Aufgabe 8.2:

Funktion $z = f(x,y) = 3 - 0{,}5x - 1{,}5y$, $(x,y) \in \mathbb{R}^2$.

a) i) Schnitt mit der x,y–Ebene:

$$\text{Setze } z = 0:\ 3 = 0{,}5x + 1{,}5y \iff y = 2 - \frac{1}{3}x \left(\iff 1 = \frac{x}{6} + \frac{y}{2}\right)$$

ii) Schnitt mit der x,z–Ebene:

$$\text{Setze } y = 0:\ z = 3 - 0{,}5x \left(\iff \frac{z}{3} + \frac{x}{6} = 1\right)$$

iii) Schnitt mit der y,z–Ebene:

$$\text{Setze } x = 0:\ z = 3 - 1{,}5y \left(\iff \frac{z}{3} + \frac{y}{2} = 1\right)$$

iv) Schnitt mit der Ebene $z = 1$:

$$1 = 3 - 0{,}5x - 1{,}5y \iff y = -\frac{1}{3}x + \frac{4}{3} \left(\iff 1 = \frac{x}{4} + \frac{y}{4/3}\right)$$

b) i) $\dfrac{x}{6} + \dfrac{y}{2} = 1$ ii) $\dfrac{z}{3} + \dfrac{x}{6} = 1$ iii) $\dfrac{z}{3} + \dfrac{y}{2} = 1$ iv) $\dfrac{x}{4} + \dfrac{y}{4/3} = 1$

c)

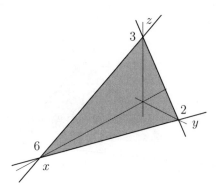

Lösung zu Aufgabe 8.3:

a) $z = 5 - 0{,}5x - 0{,}1y \iff z + 0{,}5x + 0{,}1y = 5 \iff \dfrac{x}{10} + \dfrac{y}{50} + \dfrac{z}{5} = 1$ (Achsenabschnitts-gleichung)

Gleichungen der Schnittgeraden:

- mit x, y–Ebene ($z = 0$ setzen!): $\dfrac{x}{10} + \dfrac{y}{50} = 1$
- mit x, z–Ebene ($y = 0$ setzen!): $\dfrac{x}{10} + \dfrac{z}{5} = 1$
- mit y, z–Ebene ($x = 0$ setzen!): $\dfrac{y}{50} + \dfrac{z}{5} = 1$

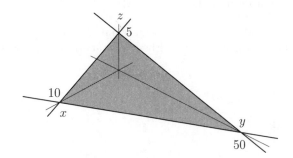

b) $\alpha x + 2\alpha y + 4\alpha z = 1$ $(*)$ $\iff \dfrac{x}{1/\alpha} + \dfrac{y}{1/(2\alpha)} + \dfrac{z}{1/(4\alpha)} = 1$

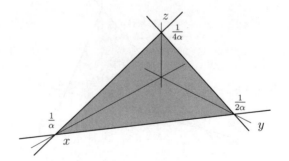

c) $z = 3$ eingesetzt in $(*)$ liefert: $\alpha x + 2\alpha y + 4\alpha \cdot 3 = 1 \iff y = \dfrac{1}{2\alpha} - 6 - \dfrac{x}{2}$
$\iff y = -\dfrac{1}{2}x + \left(\dfrac{1}{2\alpha} - 6\right)$; dies ist die Normalform einer Geradengleichung.

d) Lösung ablesbar aus der Zeichnung unter b): $\beta \in \left[0, \dfrac{1}{4\alpha}\right]$.

Lösung zu Aufgabe 8.4:

Funktion $z = x^2 + 2y^2$, $(x, y) \in \mathbb{R}^2$.

a) Schnittkurve mit der x, y–Ebene: $x^2 + 2y^2 = 0 \implies x = 0 \land y = 0$

Schnittkurve mit der x, z–Ebene: $z = x^2$

Schnittkurve mit der y, z–Ebene: $z = 2y^2$

Schnitt mit x,y-Ebene (Punkt)	Schnitt mit x,z-Ebene (Parabel)	Schnitt mit y,z-Ebene (Parabel)
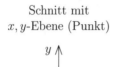	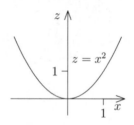	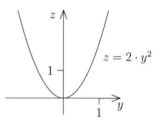

$z = 2$: $\quad x^2 + 2y^2 = 2 \iff \dfrac{x^2}{2} + y^2 = 1$ (Ellipse)

$z = 10$: $x^2 + 2y^2 = 10 \iff \dfrac{x^2}{10} + \dfrac{y^2}{5} = 1$ (Ellipse)

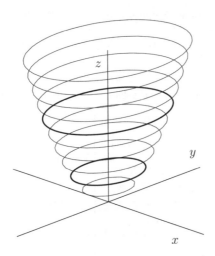

b) Graph der Funktion $z = x^2 + 2y^2$

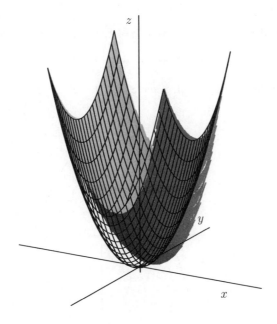

Lösung zu Aufgabe 8.5:

Funktion: $z = x^2 + \frac{1}{2}y$

a) Schnitt mit der x, y–Ebene: Setze $z = 0$: $0 = x^2 + \frac{1}{2}y \iff y = -2x^2$ (Parabel)

Schnitt mit der x, z–Ebene: Setze $y = 0$: $z = x^2$ (Parabel)

Schnitt mit der y, z–Ebene: Setze $x = 0$: $z = \frac{1}{2}y$ (Gerade)

Schnitt mit x, y-Ebene (Parabel)	Schnitt mit x, z-Ebene (Parabel)	Schnitt mit y, z-Ebene (Gerade)

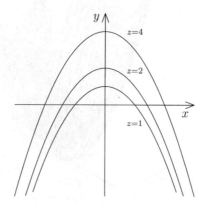

Schnitt mit der Fläche $z = 1$: Setze $z = 1$: $1 = x^2 + \frac{1}{2}y \iff y = 2 - 2x^2$

Schnitt mit der Fläche $z = 2$: Setze $z = 2$: $2 = x^2 + \frac{1}{2}y \iff y = 4 - 2x^2$

Schnitt mit der Fläche $z = 4$: Setze $z = 4$: $4 = x^2 + \frac{1}{2}y \iff y = 8 - 2x^2$

b) Graph der Funktion $z = x^2 + \frac{1}{2}y$

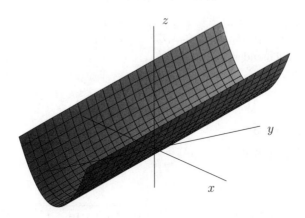

Lösung zu Aufgabe 8.6:

a) Zwei Funktionen f und g heißen Umkehrfunktionen zueinander mit Definitionsbereich $\mathbb{R} \iff f(g(x)) = x$ und $g(f(x)) = x$ für alle $x \in \mathbb{R}$.

$f(x) = \frac{1}{2}(e^x - e^{-x})$ (sog. Sinus hyperbolicus), $g(x) = \ln\left(x + \sqrt{x^2 + 1}\right)$, $x \in \mathbb{R}$.

(Das Argument des natürlichen Logarithmus ist positiv, denn
$$x + \sqrt{x^2 + 1} > x + \sqrt{x^2} = x + |x| \geq 0.)$$

Damit gilt:
$$f(g(x)) = \frac{1}{2}\left[e^{\ln(x+\sqrt{x^2+1})} - e^{-\ln(x+\sqrt{x^2+1})}\right] = \frac{1}{2}\left[x + \sqrt{x^2+1} - \frac{1}{x + \sqrt{x^2+1}}\right]$$

$$= \frac{1}{2}\left[\frac{(x + \sqrt{x^2+1})^2 - 1}{x + \sqrt{x^2+1}}\right] = \frac{x^2 + x\sqrt{x^2+1}}{x + \sqrt{x^2+1}} = x$$

und andererseits:

$$g(f(x)) = \ln\left(f(x) + \sqrt{f^2(x) + 1}\right) = \ln\left(\frac{1}{2}(e^x - e^{-x}) + \sqrt{\left(\frac{1}{2}(e^x - e^{-x})\right)^2 + 1}\right)$$

$$= \ln\left(\frac{1}{2}(e^x - e^{-x}) + \sqrt{\frac{1}{4}(e^{2x} + e^{-2x} + 2)}\right) = \ln\left(\frac{1}{2}(e^x - e^{-x}) + \sqrt{\frac{1}{4}(e^x + e^{-x})^2}\right)$$

$$= \ln\left(\frac{1}{2}(e^x - e^{-x}) + \frac{1}{2}(e^x + e^{-x})\right) = \ln e^x = x.$$

Also sind f und g Umkehrfunktionen zueinander.

b) $y = \sqrt{x^3 + 1} \iff y^2 = x^3 + 1 \iff y^2 - 1 = x^3 \iff \sqrt[3]{y^2 - 1} = x$, $x > 0$, d. h. die Funktionen f und g mit $f(x) = \sqrt{x^3 + 1}$ und $g(x) = \sqrt[3]{x^2 - 1}$, $x > 0$, sind Umkehrfunktionen zueinander.

Lösung zu Aufgabe 8.7:

Zu zeigen: $g_i(f_i(x)) = x$, und $f_i(g_i(x)) = x$, $i = 1, 2, 3$.

$i = 1$:

$$g_1(f_1(x)) = \sqrt[3]{(f_1(x))^4 - 1} = \sqrt[3]{[(x^3 + 1)^{1/4}]^4 - 1} = \sqrt[3]{x^3 + 1 - 1} = x;$$

$$f_1(g_1(x)) = \left(\left(\sqrt[3]{x^4 - 1}\right)^3 + 1\right)^{1/4} = (x^4 - 1 + 1)^{1/4} = x.$$

$i = 2$:

$$g_2(f_2(x)) = \log_5\left(\sqrt{f_2(x)} + \log_2 a\right) = \log_5[(5^x - \log_2 a) + \log_2 a] = \log_5(5^x) = x;$$

$$f_2(g_2(x)) = (5^{g_2(x)} - \log_2 a)^2 = \left(\sqrt{x} + \log_2 a - \log_2 a\right)^2 = x.$$

$i = 3$:

$$g_3(f_3(x)) = \frac{1}{2} \log_a \frac{1 + f_3(x)}{1 - f_3(x)} = \frac{1}{2} \log_a \frac{1 + \dfrac{a^x - a^{-x}}{a^x + a^{-x}}}{1 - \dfrac{a^x - a^{-x}}{a^x + a^{-x}}} = \frac{1}{2} \log_a \frac{2a^x}{2a^{-x}}$$

$$= \frac{1}{2} \log_a a^{2x} = \log_a a^x = x;$$

mit der Darstellung $f_3(x) = \dfrac{a^{2x} - 1}{a^{2x} + 1}$ folgt

$$f_3(g_3(x)) = \frac{a^{2g_3(x)} - 1}{a^{2g_3(x)} + 1} = \frac{\dfrac{1+x}{1-x} - 1}{\dfrac{1+x}{1-x} + 1} = \frac{1 + x - 1 + x}{1 + x + 1 - x} = \frac{2x}{2} = x.$$

FUNKTIONEN

Lösung zu Aufgabe 8.8:

a) $\lim\limits_{x\to 6}\left(\dfrac{1}{x^2}-\dfrac{4x+4}{2x^2}\right)=\dfrac{1}{6^2}-\dfrac{4\cdot 6+4}{2\cdot 6^2}=-\dfrac{13}{36}$

b) $\lim\limits_{x\to\infty}\left(\dfrac{(x-1)^3}{x^2}-x\right)=\lim\limits_{x\to\infty}\dfrac{-3x^2+3x-1}{x^2}=\lim\limits_{x\to\infty}\left(-3+\dfrac{3}{x}-\dfrac{1}{x^2}\right)=-3$

c) $\lim\limits_{x\to -5}\dfrac{x^2-25}{2(x+5)}=\lim\limits_{x\to -5}\dfrac{(x+5)(x-5)}{2(x+5)}=\dfrac{-5-5}{2}=-5$

d) $\lim\limits_{x\to 1}\dfrac{3/\sqrt{x}-3}{\sqrt{x}-1}=\lim\limits_{x\to 1}\dfrac{3(1-\sqrt{x})}{\sqrt{x}(\sqrt{x}-1)}=\lim\limits_{x\to 1}-\dfrac{3}{\sqrt{x}}=-3$

e) $\lim\limits_{x\to\infty}\dfrac{x^4-16x^2+12}{1-2x^4}=\lim\limits_{x\to\infty}\dfrac{1-16/x^2+12/x^4}{1/x^4-2}=-\dfrac{1}{2}$

f) $\dfrac{(x+1)^2-(x-1)^2}{3x+5}=\dfrac{x^2+2x+1-(x^2-2x+1)}{3x+5}=\dfrac{4x}{3x+5}$

$\Longrightarrow \lim\limits_{x\to\infty}\dfrac{(x+1)^2-(x-1)^2}{3x+5}=\lim\limits_{x\to\infty}\dfrac{4x}{3x+5}=\dfrac{4}{3}$

g) $\lim\limits_{x\to 0}(x^3+2x^2-3(x+1)^3)=-3$

h) $\lim\limits_{x\to 0}\dfrac{e^{-2x}+3x-1}{(1-x)^2}=\dfrac{e^0+0-1}{(1-0)^2}=0$

Lösung zu Aufgabe 8.9:

a) $\lim\limits_{x\to 5}\left(5x^2+\dfrac{1}{3x}\right)=5\cdot 5^2+\dfrac{1}{3\cdot 5}=\dfrac{1\,876}{15}$

b) $\dfrac{(x+1)^2}{x}-x=\dfrac{2x+1}{x}=2+\dfrac{1}{x}\xrightarrow{x\to\infty} 2$

c) $\dfrac{x^2-1}{x-1}=\dfrac{(x+1)(x-1)}{x-1}=x+1\xrightarrow{x\to 1} 2$

d) $\dfrac{1/x-1}{x-1}=\dfrac{(1-x)/x}{x-1}=\dfrac{1-x}{x(x-1)}=\dfrac{-(x-1)}{x(x-1)}=-\dfrac{1}{x}\xrightarrow{x\to 1}-1$

e) $\dfrac{1/x^2-1/x}{x-1}=\dfrac{(1-x)/x^2}{x-1}=-\dfrac{1}{x^2}\xrightarrow{x\to 1}-1$

f) $\dfrac{2/x-1}{x^2-4}=\dfrac{2-x}{x(x^2-4)}=-\dfrac{x-2}{x(x-2)(x+2)}=-\dfrac{1}{x(x+2)}\xrightarrow{x\to 2}-\dfrac{1}{8}$

g) $\lim\limits_{x\to\infty} 2x\left(\dfrac{3}{x} - \dfrac{3}{x+1}\right) = \lim\limits_{n\to\infty} 2n\left(\dfrac{3}{n} - \dfrac{3}{n+1}\right) \stackrel{\text{A 7.2 g)}}{=} 0$

h) $\dfrac{\sqrt{x-1}-\sqrt{x+1}}{x+2} = \dfrac{\left(\sqrt{x-1}-\sqrt{x+1}\right)\left(\sqrt{x-1}+\sqrt{x+1}\right)}{(x+2)\left(\sqrt{x-1}+\sqrt{x+1}\right)}$
$= \dfrac{(x-1)-(x+1)}{(x+2)\left(\sqrt{x-1}+\sqrt{x+1}\right)} = \dfrac{-2}{(x+2)\left(\sqrt{x-1}+\sqrt{x+1}\right)} \stackrel{x\to\infty}{\longrightarrow} 0$

Lösung zu Aufgabe 8.10:

a) Skizze der Kostenfunktionen $f_\text{I}(x) = 80 + 0{,}15x$, $x \geq 0$, und $f_\text{II}(x) = 3{,}50 + x$, $x \geq 0$:

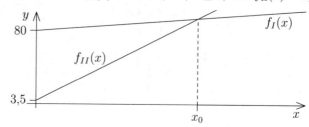

b) Gesucht: Schnittstelle x_0: $f_\text{I}(x) = f_\text{II}(x) \iff x = 90 =: x_0$, also ist Alternative (I) ab 90 km (ausschließlich) kostengünstiger als (II).

Lösung zu Aufgabe 8.11:

a) (Gesamt-) Kostenfunktionen sind:

$$K_A(x) = 1\,000 + 600\ln(x+1) \quad \text{und} \quad K_B(x) = 6\,000 + 55\ln(x+1).$$

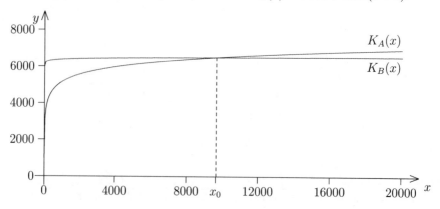

FUNKTIONEN

b) Schnittpunktbestimmung: $K_A(x) = K_B(x) \iff x = e^{5\,000/545} - 1 =: x_0 \approx 9\,645{,}13$.

Also ist für Ausbringungsmengen $x \begin{cases} < x_0 \text{ kg} & \text{Maschine A} \\ > x_0 \text{ kg} & \text{Maschine B} \end{cases}$ kostengünstiger.

Lösung zu Aufgabe 8.12:

a) Kostenfunktionen (pro Monat anfallende Gesamtkosten):
$y = 3x + 30\,000$ (Gerade g_1), $y = 2x + 80\,000$ (Gerade g_2), $y = x + 150\,000$ (Gerade g_3).

b) Fall I: 60 000 Messer pro Monat. Einsetzen in die Kostenfunktionen liefert:
$3 \cdot 60\,000 + 30\,000 = 210\,000$, $2 \cdot 60\,000 + 80\,000 = 200\,000$, $1 \cdot 60\,000 + 150\,000 = 210\,000$;
also produziert Maschine 2 kostengünstiger als die Maschinen 1 und 3.

Fall II: 40 000 Messer pro Monat.
Wie a); hier erhält man 150 000, 160 000 und 190 000, so dass die Produktion mit Maschine 1 die kostengünstigste ist.

c) Zur Veranschaulichung werden Geraden g_1, g_2 und g_3 in ein gemeinsames Koordinatensystem eingezeichnet; dazu werden die Achsenabschnittsformen betrachtet:

$$g_1: \frac{y}{30\,000} + \frac{x}{-10\,000} = 1, \quad g_2: \frac{y}{80\,000} + \frac{x}{-40\,000} = 1, \quad g_3: \frac{y}{150\,000} + \frac{x}{-150\,000} = 1.$$

Bestimmung der Schnittpunkte der Geraden

g_1 und g_2: $3x + 30\,000 = 2x + 80\,000 \iff x = 50\,000$,
$\implies$ Schnittpunkt: $(x_1, y_1) = (50\,000, 180\,000)$,

g_1 und g_3: $3x + 30\,000 = x + 150\,000 \iff x = 60\,000$,
$\implies$ Schnittpunkt: $(x_2, y_2) = (60\,000, 210\,000)$,

g_2 und g_3: $x = 70\,000$,
$\implies$ Schnittpunkt: $(x_3, y_3) = (70\,000, 220\,000)$

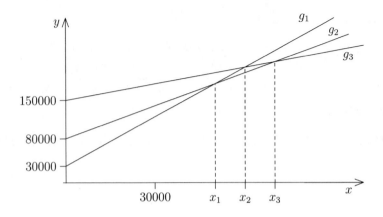

Insgesamt gilt daher: Bei Monatsproduktionen

$$\left.\begin{array}{ll}\text{bis} & 50\,000 \\ \text{von} & 50\,000 \text{ bis } 70\,000 \\ \text{über} & 70\,000\end{array}\right\} \text{produziert} \left\{\begin{array}{l}\text{Maschine 1} \\ \text{Maschine 2} \\ \text{Maschine 3}\end{array}\right\} \text{am kostengünstigsten.}$$

d) Die Kostenfunktion einer solchen Maschine ist $y = mx + 30\,000$. Diese Maschine produziert bei (monatlich) bis zu 70 000 Stück kostengünstiger als die Maschinen 2 und 3, falls gilt:

(I) $m \cdot 70\,000 + 30\,000 < 2 \cdot 70\,000 + 80\,000 \iff m < \frac{19}{7} \approx 2{,}714$

(II) $m \cdot 70\,000 + 30\,000 < 1 \cdot 70\,000 + 150\,000 \iff m < \frac{19}{7} \approx 2{,}714$,

d. h. die Produktionskosten pro Messer müssen kleiner als 2,714 € sein.

Lösung zu Aufgabe 8.13:

Für beliebiges $y \in \mathbb{R}$ gilt: $f(x, y) = |x| \geq 0 = f(0, y)$ für alle $x \in \mathbb{R}$.

Dies ist die Behauptung.

Lösung zu Aufgabe 8.14:

a) i) $z = ax + by$; $f(\lambda x, \lambda y) = a\lambda x + b\lambda y = \lambda(ax + by) = \lambda f(x, y)$ für alle $(x, y) \in \mathbb{R}^2$ und $\lambda > 0$.

ii) $z = \sqrt{ax^2 + 2bxy + cy^2}$;
$$f(\lambda x, \lambda y) = \sqrt{a\lambda^2 x^2 + 2b\lambda x\lambda y + c\lambda^2 y^2} = \sqrt{\lambda^2(ax^2 + 2bxy + cy^2)}$$
$$= \lambda\sqrt{ax^2 + 2bxy + cy^2} = \lambda f(x, y)$$

iii) $z = \dfrac{ax^2 + 2bxy + cy^2}{dx + ey}$;
$$f(\lambda x, \lambda y) = \frac{a\lambda^2 x^2 + 2b\lambda x\lambda y + c\lambda^2 y^2}{d\lambda x + e\lambda y} = \lambda\frac{ax^2 + 2bxy + cy^2}{dx + ey} = \lambda f(x, y)$$

iv) $z = \sqrt[3]{x^2 y}$; $f(\lambda x, \lambda y) = \sqrt[3]{\lambda^2 x^2 \lambda y} = \sqrt[3]{\lambda^3 x^2 y} = \lambda\sqrt[3]{x^2 y} = \lambda f(x, y)$

b) $X = f(L, K) = AL^\alpha K^\beta$, $\alpha + \beta = 1$

$$f(\lambda L, \lambda K) = A(\lambda L)^\alpha (\lambda K)^\beta = A\lambda^\alpha \lambda^\beta L^\alpha K^\beta = A\lambda^{\alpha+\beta} L^\alpha K^\beta = \lambda \cdot AL^\alpha K^\beta = \lambda f(L, K)$$

9 Differentiation

Funktionen einer und zweier Variablen, Elastizitäten

Literaturhinweis: KCO, Kapitel 4, S. 111-130, Kapitel 6, S. 185-188

Aufgaben

Aufgabe 9.1:

Bestimmen Sie jeweils den Differentialquotienten $\lim_{h \to 0} \dfrac{f(x+h) - f(x)}{h}$ für

a) $f(x) = x + \dfrac{1}{x}$, $x \neq 0$ b) $f(x) = 2 - \sqrt{x}$, $x > 0$

c) $f(x) = \sqrt{x-1}$, $x > 1$ d) $f(x) = \dfrac{x-3}{2x+6}$, $x \neq -3$

e) $f(x) = \dfrac{1}{x^2}$, $x \neq 0$ f) $f(x) = \dfrac{x^2}{x^2+1}$

g) $f(x) = \dfrac{1}{3}x^3 - 2x$

Aufgabe 9.2:

Ein Gegenstand falle in t Sekunden at^2 Meter ($a > 0$).

a) Berechnen Sie den Grenzwert der Durchschnittsgeschwindigkeit dieses Gegenstands für $t \to \infty$.

b) Berechnen Sie den Grenzwert der Durchschnittsgeschwindigkeit im Zeitintervall $[t_0, t_1]$ für $t_1 \to t_0$.

c) Wie lautet die Gleichung der Tangente an die Kurve $y = at^2$ im Punkt $t_0 = a^{-1/2}$?

Aufgabe 9.3:

Bilden Sie jeweils die erste Ableitung der folgenden Funktionen:

a) $f(x) = 4x^3 + 3x^2 + 6x + 5$

b) $f(x) = \dfrac{1}{2x} + \left(\dfrac{x}{2}\right)^2$, $x \neq 0$

c) $f(x) = \dfrac{x^3}{1+x^2}$

d) $f(x) = x^2\sqrt{x^2 - 1}$, $|x| > 1$

e) $f(x) = \dfrac{x-2}{\sqrt{x+2}}$, $x > -2$

f) $f(x) = a^{x^2} + e^{-x}$, $a > 0$

g) $f(x) = 2^{\ln x + 2}$, $x > 0$

h) $f(x) = x \ln x + \ln x^2 + \ln^2 x$, $x > 0$

i) $f(x) = \dfrac{x^2 e^{-2\ln x}}{(x-1)^2 - x(x-2)}$, $x > 0$

j) $f(x) = (\ln x^3) \ln x$, $x > 0$

k) $f(x) = \sqrt{x}\sqrt{1 + \sqrt{x}}$, $x > 0$

Aufgabe 9.4:

Ermitteln Sie jeweils die erste Ableitung der durch $f(x)$ gegebenen Funktionen:

a) $f(x) = (x^2 - 1)(1 - x^2)$

b) $f(x) = x^3 \cdot \sqrt[3]{x^4 + 5x^2}$

c) $f(x) = \ln(x^2 + e^{3x})$

d) $f(x) = \sqrt{\dfrac{x+1}{3x^2 + 4}}$, $x > -1$

e) $f(x) = e^{[(2x^2 - 1)^{2/3}]}$

f) $f(x) = (\ln(x^4 - 1))^2$, $|x| > 1$

g) $f(x) = \dfrac{x^2 + e^x - 3x}{x^2 + 1}$

h) $f(x) = e^{\sqrt{(x^3+4)/(x^2+5)}}$

i) $f(x) = \dfrac{e^x \cdot x^2}{3x^2 + 4}$

j) $f(x) = \dfrac{\sqrt{x}}{2x^4 + 3x^2}$, $x > 0$

Aufgabe 9.5:

Bestimmen Sie jeweils die erste Ableitung der durch $f(x)$ gegebenen Funktionen:

a) $f(x) = e^x + 47x^{11}$

b) $f(x) = \dfrac{5x^3 + \ln x}{2x}$, $x \neq 0$

c) $f(x) = \sqrt[3]{e^{-x} + 47x^{12}}$

d) $f(x) = \dfrac{1}{x^2 + 5}$

e) $f(x) = (\ln x)^x$, $x > 1$

f) $f(x) = \ln\left[\sqrt[3]{e^{-x} + 47x^{12}}\right]$

g) $f(x) = 3^{(\ln x)^2}$, $x > 0$

h) $f(x) = \left(3^{\ln x}\right)^2$, $x > 0$

i) $f(x) = \sqrt[3]{x - \sqrt{x}}$, $x > 1$

j) $f(x) = \sqrt[3]{(x^2 + 1)^4}$

k) $f(x) = x^x$, $x > 0$

DIFFERENTIATION

Aufgabe 9.6:
Berechnen Sie die zweiten Ableitungen der Funktionen f aus Aufgabe 9.5 a), d), h) und k).

Aufgabe 9.7:
Bestimmen Sie

a) die erste Ableitung der durch $f(x) = e^x \cdot x \cdot 5^x$, $x \in \mathbb{R}$, gegebenen Funktion.

b) die partiellen Ableitungen (nach den Variablen x und y) der folgenden Funktionen:

i) $f(x,y) = y(x^x)^x$, $x > 0$, $y \in \mathbb{R}$

ii) $f(x,y) = \sqrt{\ln \sqrt[3]{\sqrt{x}}}$, $x > 0$, $y \in \mathbb{R}$

iii) $f(x,y) = (4^5)^{xy}$, $x, y \in \mathbb{R}$

Aufgabe 9.8:
Es seien f und g auf $\mathbb{R}$ definierte, differenzierbare Funktionen und $g(x) > 0$ $\forall x \in \mathbb{R}$.
Berechnen Sie

a) die erste Ableitung der Funktion h_1 mit $h_1(x) = f(x^2 + \ln g(x))$.

b) die partiellen Ableitungen der Funktion h_2 mit $h_2(x,y) = x^{f(3^y)}$.

Aufgabe 9.9:
Bestimmen Sie die partiellen Ableitungen f_x und f_y der folgenden durch $f(x,y)$ gegebenen Funktionen:

a) $f(x,y) = \sqrt[7]{47^y + 11}$, $x \in \mathbb{R}$

b) $f(x,y) = \sqrt[3]{e^{-x} + 47 y^{12}}$

c) $f(x,y) = \dfrac{1}{x^2 + y^4 + 5}$

d) $f(x,y) = e^{(e^x)} - \dfrac{1}{y}$, $y \neq 0$

e) $f(x,y) = x^y$, $x > 0$

f) $f(x,y) = \ln e$, $(x,y) \in \mathbb{R}^2$

Aufgabe 9.10:

Für eine differenzierbare Funktion f mit $f(x) \neq 0$ heißt die durch $\epsilon_f(x) = x \cdot \dfrac{f'(x)}{f(x)}$ definierte Funktion ϵ_f die Elastizitätsfunktion.

a) Bestimmen Sie jeweils die zugehörige Elastizitätsfunktion (mit Konstanten a, b und c):

  i) $f(x) = a + bx + cx^2$ ii) $f(x) = ax^b, x > 0, a \neq 0, b \neq 0$

  iii) $f(x) = a \ln x^b, x > 0, b \neq 0$ iv) $f(x) = a^x, a > 0$

b) Gegeben seien die Funktionen f und g. Zeigen Sie:

  Die Elastizität des Produkts der Funktionen f and g stimmt an jeder Stelle x mit der Summe der Elastizitäten von f bzw. g an der Stelle x überein.

Aufgabe 9.11:

Ist in Aufgabe 9.10 die Variable x der Preis für ein (produziertes) Gut sowie $f(x)$ die zugehörige Nachfrage, dann heißt $\epsilon_f(x)$ „Preiselastizität der Nachfrage".

Bestimmen Sie die Preiselastizität der Nachfrage für die folgenden sogenannten „Preis-Nachfrage-Gesetze":

a) $f(x) = \left(\dfrac{a - x^d}{b}\right)^{\frac{1}{c}}$, $0 \leq x \leq a^{1/d}$, $a, b, c > 0, d \geq 1$,

b) $f(x) = x^a \cdot e^{-b(x+c)}$, $x \geq 0$, $a, b, c > 0$,

c) $f(x) = 5 \cdot e^{-2x^2}$, $x \geq 0$.

Für welche Preise reagiert die Nachfrage elastisch?

Aufgabe 9.12:

a) Gegeben sind die folgenden Preis-Nachfrage-Gesetze. Für welche Preise $p\ (>0)$ reagiert die Nachfrage $f(p)$ jeweils elastisch?

  i) $f(p) = \dfrac{1}{1 + p^4}$ ii) $f(p) = a\sqrt{e^{-p}}$, $a \in (0, \infty)$

b) Zeigen Sie, dass die durch $f(p) = 10^{10 - p^{10}}$, $p > 0$, gegebene Nachfrage genau dann elastisch reagiert, wenn $p > (\ln 10^{10})^{-1/10}$ gilt.

Aufgabe 9.13:

Zwischen dem Preis p (> 0) eines Gutes und der Nachfrage $f(p)$ nach diesem Gut bestehe der Zusammenhang $g(p) = \ln\left(\dfrac{1}{\ln f(p)}\right)$, wobei g eine auf $(0, \infty)$ differenzierbare Funktion bezeichnet.

a) Stellen Sie das zugehörige Preis-Nachfrage-Gesetz auf.

b) Berechnen Sie die zugehörige Preiselastizität der Nachfrage.

c) Es sei $g(p) = \ln(p+1)$. Für welche Preise p reagiert die Nachfrage unelastisch?

Aufgabe 9.14:

Ein Schüler erhält ein monatliches Taschengeld von t €. Davon kauft er pro Monat $f_1(t) = \sqrt{t^{11/10}}$ Tüten Gummibärchen und $f_2(t) = \ln \sqrt[10]{(1+t)^9}$ Tafeln Schokolade (jedenfalls näherungsweise ...).

a) Berechnen Sie die zugehörigen Einkommenselastizitäten ϵ_1 und ϵ_2 der Nachfrage.

b) Zeigen Sie: $\epsilon_1(t) > \epsilon_2(t) \; \forall \, t \geq 4$.

Aufgabe 9.15:

Bestimmen Sie Näherungswerte für die Zahlen $\sqrt[3]{8{,}1}$ und $2{,}95^6$, indem Sie im

1. Schritt die Gleichungen der an die Kurven $y = \sqrt[3]{x}$ bzw. $y = x^6$ in den Punkten $x_0 = 8$ bzw. $x_0 = 3$ gelegten Tangenten bestimmen und im

2. Schritt die Funktionswerte an den Stellen $x = 8{,}1$ bzw. $x = 2{,}95$ nicht auf der Kurve, sondern auf der Tangente wählen.

Dieses Verfahren heißt Linearisierung.

Geben Sie die bei diesen Näherungen jeweils gemachten absoluten bzw. prozentualen Fehler an.

Aufgabe 9.16:

Bestimmen Sie durch Linearisierung (siehe Aufgabe 9.15) Näherungswerte für

a) $\sqrt{9{,}11}$ b) $3^{2{,}22}$ c) $\ln 2{,}8$.

Aufgabe 9.17:

Bestimmen Sie die Gleichung $y = g(x)$ der Tangente an die Kurve $y = f(x) = x^2 - 4x + 3$ in den Punkten

a) $x_0 = 0$ und b) $x_0 = 2$.

Bestimmen Sie ferner in beiden Fällen eine Zahl $\varepsilon > 0$ derart, dass der bei der Linearisierung entstehende relative Fehler, d. h. die Größe $\left|\dfrac{f(x) - g(x)}{f(x_0)}\right|$, im Intervall $(x_0 - \varepsilon, x_0 + \varepsilon)$ kleiner als 0,1 ist.

Aufgabe 9.18:

Bestimmen Sie

a) eine Gleichung der Tangente an die durch $y = \dfrac{2}{x} + \ln x$, $x > 0$, gegebene Kurve im Punkte $x = 1$.

b) für die Tangente aus a) den Achsenabschnitt auf der x-Achse.

c) für die Tangentialebene an die durch $f(x, y) = (xy)^2 e^{x^2 + y^2} + x$, $(x, y) \in \mathbb{R}^2$, gegebene Funktion im Punkt $(a, a, f(a, a))$, $a \in \mathbb{R}$, den Achsenabschnitt auf der z-Achse.

Aufgabe 9.19:

Stellen Sie jeweils eine Gleichung der Tangentialebene an die Funktion f im Punkt $(x_0, y_0, f(x_0, y_0))$ auf:

a) $f(x, y) = 3x^3 + y^4$, $(x_0, y_0) = (1, 2)$,

b) $f(x, y) = e^{2xy}(x^2 - 2y)$, $(x_0, y_0) = (-1, 0)$,

c) $f(x, y) = a^2(\ln x + y^2)$, $x > 0$, $a \in \mathbb{R}\setminus\{0\}$, $(x_0, y_0) = (e, e^2)$.

Berechnen Sie jeweils die Gleichung der Tangente (in Normalform) an die Niveaulinie $\{(x, y, z) \in \mathbb{R}^3 \mid f(x, y) = z = f(x_0, y_0)\}$ im Punkt (x_0, y_0).

(**Hinweis:** Diese Tangente ist die Schnittgerade der Ebene $z = f(x_0, y_0)$ mit der oben aufzustellenden Tangentialebene.)

Aufgabe 9.20:

a) Bestimmen Sie die Gleichung der Tangente an die durch $y = \dfrac{1}{x^2} + x$ $(x > 0)$ gegebene Kurve im Punkt mit Abszisse 1.

b) Stellen Sie eine Gleichung der Tangentialebene an die durch $f(x,y) = x^x \cdot \ln(y^2) + x$, $x \geq 0$, $y \in \mathbb{R}$, gegebene Funktion im Punkt $(2,1)$ auf.

c) Formen Sie die Gleichung aus b) in die Achsenabschnittsform um, und schraffieren Sie (in einem Schrägbild) den in den Oktanten $\{(x,y,z) \mid x \geq 0, y \geq 0, z \leq 0\}$ fallenden Teil der Tangentialebene aus b).

d) Berechnen Sie (für f aus b)) eine Gleichung der Tangente an die Kurve $\{(x,y,z) \mid f(x,y) = z = f(2,1), x \geq 0, y \in \mathbb{R}\}$ im Punkt $(2,1)$.

Lösungen

Lösung zu Aufgabe 9.1:

$f'(x) = \lim\limits_{h \to 0} \dfrac{f(x+h) - f(x)}{h}$, falls dieser Grenzwert endlich existiert.

a) $f(x) = x + \dfrac{1}{x}$, $x \neq 0$

$$f'(x) = \lim_{h \to 0} \frac{(x+h) + \frac{1}{x+h} - \left(x + \frac{1}{x}\right)}{h} = \lim_{h \to 0} \frac{1}{h}\left[h + \frac{1}{x+h} - \frac{1}{x}\right]$$

$$= \lim_{h \to 0} \frac{1}{h}\left[h + \frac{x - x - h}{(x+h)x}\right] = \lim_{h \to 0}\left(1 - \frac{1}{(x+h)x}\right) = 1 - \frac{1}{x^2}$$

b) $f(x) = 2 - \sqrt{x}$, $x > 0$

$$f'(x) = \lim_{h \to 0} \frac{1}{h}\left[2 - \sqrt{x+h} - 2 + \sqrt{x}\right] = \lim_{h \to 0} \frac{1}{h}\left[\frac{(\sqrt{x} - \sqrt{x+h})(\sqrt{x} + \sqrt{x+h})}{\sqrt{x} + \sqrt{x+h}}\right]$$

$$= \lim_{x \to 0} \frac{1}{h}\left[\frac{x - x - h}{\sqrt{x} + \sqrt{x+h}}\right] = \lim_{h \to 0} \frac{-1}{\sqrt{x} + \sqrt{x+h}} = -\frac{1}{2\sqrt{x}}$$

c) $f(x) = \sqrt{x-1}$, $x > 1$

$$f'(x) = \lim_{h \to 0} \frac{1}{h}\left[\sqrt{x+h-1} - \sqrt{x-1}\right]$$

$$= \lim_{h \to 0} \frac{1}{h}\left[\frac{(\sqrt{x+h-1} - \sqrt{x-1})(\sqrt{x+h-1} + \sqrt{x-1})}{\sqrt{x+h-1} + \sqrt{x-1}}\right]$$

$$= \lim_{h \to 0} \frac{1}{h}\left[\frac{x+h-1-x+1}{\sqrt{x+h-1} + \sqrt{x-1}}\right] = \frac{1}{2\sqrt{x-1}}$$

d) $f(x) = \dfrac{x-3}{2x+6} = \dfrac{1}{2} \cdot \dfrac{x-3}{x+3}$, $x \neq -3$

$$f'(x) = \lim_{h \to 0} \frac{1}{2h}\left(\frac{x+h-3}{x+h+3} - \frac{x-3}{x+3}\right)$$

$$= \lim_{h \to 0} \frac{1}{2h} \frac{(x+h-3)(x+3) - (x+h+3)(x-3)}{(x+h+3)(x+3)}$$

$$= \lim_{h \to 0} \frac{1}{2h} \frac{6h}{(x+h+3)(x+3)} = \frac{3}{(x+3)^2}$$

e) $f(x) = \dfrac{1}{x^2}$, $x \neq 0$

$$f'(x) = \lim_{h \to 0} \frac{1}{h} \left[\frac{1}{(x+h)^2} - \frac{1}{x^2} \right] = \lim_{h \to 0} \frac{1}{h} \left[\frac{x^2 - (x+h)^2}{(x+h)^2 x^2} \right]$$

$$= \lim_{h \to 0} \frac{1}{h} \left[\frac{-2xh - h^2}{(x+h^2)x^2} \right] = \lim_{h \to 0} \frac{-2x - h}{(x+h)^2 x^2} = -\frac{2}{x^3}$$

f) $f(x) = \dfrac{x^2}{x^2 + 1}$

$$f'(x) = \lim_{h \to 0} \frac{1}{h} \left[\frac{(x+h)^2}{(x+h)^2 + 1} - \frac{x^2}{x^2 + 1} \right] = \lim_{h \to 0} \frac{1}{h} \frac{(x+h)^2(x^2+1) - ((x+h)^2 + 1)x^2}{((x+h)^2 + 1)(x^2 + 1)}$$

$$= \lim_{h \to 0} \frac{1}{h} \frac{2xh + h^2}{((x+h)^2 + 1)(x^2 + 1)} = \frac{2x}{(x^2 + 1)^2}$$

g) $f(x) = \dfrac{1}{3}x^3 - 2x$

$$f'(x) = \lim_{h \to 0} \frac{\frac{1}{3}(x+h)^3 - 2(x+h) - (\frac{1}{3}x^3 - 2x)}{h} = \lim_{h \to 0} \frac{hx^2 + h^2 x + \frac{1}{3}h^3 - 2h}{h}$$

$$= \lim_{h \to 0} \left(x^2 + hx + \frac{1}{3}h^2 - 2 \right) = x^2 - 2$$

Lösung zu Aufgabe 9.2:

a) Durchschnittsgeschwindigkeit in $[0, t]$: $\dfrac{f(t) - f(0)}{t - 0} = \dfrac{f(t)}{t}$ [m/sec] mit $f(t) = at^2$; $\dfrac{f(t)}{t} = at \xrightarrow{t \to \infty} \infty$.

b) $\dfrac{f(t_1) - f(t_0)}{t_1 - t_0} = \dfrac{a(t_1^2 - t_0^2)}{t_1 - t_0} = a(t_1 + t_0) \xrightarrow{t_1 \to t_0} 2at_0$.

c) Die Tangentengleichung ist allgemein gegeben durch $y = f(t_0) + f'(t_0)(t - t_0)$, also gilt hier:

$$y = 1 + 2a \cdot \frac{1}{\sqrt{a}} \left[t - \frac{1}{\sqrt{a}} \right] = 2\sqrt{a}t - 1.$$

Lösung zu Aufgabe 9.3:

a) $f(x) = 4x^3 + 3x^2 + 6x + 5$

$f'(x) = 12x^2 + 6x + 6$

b) $f(x) = \dfrac{1}{2x} + \left(\dfrac{x}{2}\right)^2$, $x \neq 0$

$f'(x) = \dfrac{1}{2}\left(-\dfrac{1}{x^2}\right) + \dfrac{2x}{4} = -\dfrac{1}{2x^2} + \dfrac{x}{2}$

c) $f(x) = \dfrac{x^3}{1+x^2}$

$f'(x) = \dfrac{3x^2(1+x^2) - x^3 \cdot 2x}{(1+x^2)^2} = \dfrac{x^4 + 3x^2}{(1+x^2)^2}$

d) $f(x) = x^2\sqrt{x^2-1}$, $|x| > 1$

$f'(x) = 2x\sqrt{x^2-1} + x^2 \dfrac{1}{2\sqrt{x^2-1}} \cdot 2x = 2x\sqrt{x^2-1} + \dfrac{x^3}{\sqrt{x^2-1}}$

$= \dfrac{2x(x^2-1) + x^3}{\sqrt{x^2-1}} = \dfrac{3x^3 - 2x}{\sqrt{x^2-1}}$

e) $f(x) = \dfrac{x-2}{\sqrt{x+2}}$, $x > -2$

$f'(x) = \dfrac{1 \cdot \sqrt{x+2} - (x-2)\frac{1}{2\sqrt{x+2}}}{x+2} = \dfrac{2(x+2) - (x-2)}{2(x+2)^{3/2}} = \dfrac{x+6}{2 \cdot \sqrt{(x+2)^3}}$

f) $f(x) = a^{x^2} + e^{-x}$, $a > 0$, $a^{x^2} = e^{\ln a^{x^2}} = e^{x^2 \ln a}$

$f'(x) = a^{x^2} \ln a \cdot 2x + e^{-x}(-1) = 2xa^{x^2} \ln a - e^{-x}$

g) $f(x) = 2^{\ln x + 2} = 4e^{\ln 2^{\ln x}} = 4e^{(\ln x)\ln 2}$, $x > 0$

$f'(x) = 4 \cdot 2^{\ln x} \cdot \dfrac{1}{x} \cdot \ln 2$

h) $f(x) = x\ln x + \ln x^2 + \ln^2 x$, $x > 0$

$f'(x) = \left(1 \cdot \ln x + x \cdot \dfrac{1}{x}\right) + \left(\dfrac{1}{x^2} \cdot 2x\right) + \left(2\ln x \cdot \dfrac{1}{x}\right)$

$= \ln x + 1 + \dfrac{2}{x} + \dfrac{2}{x}\ln x = (1 + \ln x)\left(1 + \dfrac{2}{x}\right)$

Differentiation

i) $f(x) = \dfrac{x^2 \mathrm{e}^{-2\ln x}}{(x-1)^2 - x(x-2)} = \dfrac{x^2 \mathrm{e}^{\ln x^{-2}}}{x^2 - 2x + 1 - x^2 + 2x} = \dfrac{x^2 x^{-2}}{1} = 1, \; x > 0$

$f'(x) = 0$ (Funktionsterm zunächst vereinfachen!)

j) $f(x) = (\ln x^3) \cdot \ln x, \; x > 0$

$f'(x) = \dfrac{1}{x^3} 3x^2 \cdot \ln x + (\ln x^3) \cdot \dfrac{1}{x} = \dfrac{3}{x} \ln x + \dfrac{1}{x} \ln x^3 = \dfrac{3}{x} \ln x + \dfrac{3}{x} \ln x = \dfrac{6}{x} \ln x$

oder

$f(x) = 3\ln x \cdot \ln x = 3(\ln x)^2$ und damit $f'(x) = 6 \ln x \cdot \dfrac{1}{x}$.

k) $f(x) = \sqrt{x}\sqrt{1 + \sqrt{x}}, \; x > 0$

$f'(x) = \dfrac{1}{2\sqrt{x}} \sqrt{1 + \sqrt{x}} + \sqrt{x}\left[\dfrac{1}{2\sqrt{1+\sqrt{x}}} \cdot \dfrac{1}{2\sqrt{x}}\right]$

$= \dfrac{\sqrt{1+\sqrt{x}}}{2\sqrt{x}} + \dfrac{1}{4}\dfrac{1}{\sqrt{1+\sqrt{x}}} = \dfrac{2(1+\sqrt{x}) + \sqrt{x}}{4\sqrt{x}\sqrt{1+\sqrt{x}}} = \dfrac{2 + 3\sqrt{x}}{4\sqrt{x}\sqrt{1+\sqrt{x}}}$

Lösung zu Aufgabe 9.4:

a) $f(x) = (x^2 - 1)(1 - x^2) = -(x^2 - 1)^2$

$f'(x) = -2(x^2 - 1) \cdot 2x = -4x(x^2 - 1)$

b) $f(x) = x^3 \cdot \sqrt[3]{x^4 + 5x^2}$

$f'(x) = 3x^2 \sqrt[3]{x^4 + 5x^2} + x^3 \dfrac{1}{3}(x^4 + 5x^2)^{-2/3}(4x^3 + 10x)$

c) $f(x) = \ln(x^2 + \mathrm{e}^{3x})$,

$f'(x) = \dfrac{1}{x^2 + \mathrm{e}^{3x}} (2x + 3\mathrm{e}^{3x})$

d) $f(x) = \sqrt{(x+1)/(3x^2 + 4)}$

$f'(x) = \dfrac{1}{2\sqrt{(x+1)/(3x^2+4)}} \dfrac{3x^2 + 4 - 6x(x+1)}{(3x^2+4)^2} = \dfrac{-3x^2 - 6x + 4}{2(x+1)^{1/2}(3x^2+4)^{3/2}}$

e) $f(x) = \mathrm{e}^{[(2x^2-1)^{2/3}]}$

$f'(x) = \mathrm{e}^{[(2x^2-1)^{2/3}]} \cdot \dfrac{2}{3}(2x^2 - 1)^{-1/3} \cdot 4x = \mathrm{e}^{[(2x^2-1)^{2/3}]} \dfrac{8}{3} x(2x^2 - 1)^{-1/3}$

f) $f(x) = (\ln(x^4 - 1))^2$

$$f'(x) = 2\ln(x^4 - 1)\,\frac{1}{x^4 - 1}\,4x^3 = 8\frac{\ln(x^4 - 1)\cdot x^3}{x^4 - 1}$$

g) $f(x) = \dfrac{x^2 + e^x - 3x}{x^2 + 1}$

$$f'(x) = \frac{(2x + e^x - 3)(x^2 + 1) - (x^2 + e^x - 3x)2x}{(x^2 + 1)^2} = \frac{x^2(e^x + 3) + 2x(1 - e^x) + e^x - 3}{(x^2 + 1)^2}$$

h) $f(x) = e^{\sqrt{(x^3+4)/(x^2+5)}}$

$$f'(x) = e^{\sqrt{(x^3+4)/(x^2+5)}} \cdot \frac{1}{2\sqrt{(x^3 + 4)/(x^2 + 5)}} \cdot \frac{3x^2 \cdot (x^2 + 5) - 2x(x^3 + 4)}{(x^2 + 5)^2}$$

$$= e^{\sqrt{(x^3+4)/(x^2+5)}}\,\frac{x^4 + 15x^2 - 8x}{2(x^3 + 4)^{1/2}(x^2 + 5)^{3/2}}$$

i) $f(x) = \dfrac{e^x \cdot x^2}{3x^2 + 4}$

$$f'(x) = \frac{(e^x \cdot x^2 + 2xe^x)(3x^2 + 4) - 6x \cdot e^x \cdot x^2}{(3x^2 + 4)^2} = \frac{e^x x(3x^3 + 4x + 8)}{(3x^2 + 4)^2}$$

j) $f(x) = \dfrac{\sqrt{x}}{2x^4 + 3x^2}$

$$f'(x) = \frac{(2\sqrt{x})^{-1}(2x^4 + 3x^2) - \sqrt{x}(8x^3 + 6x)}{(2x^4 + 3x^2)^2} = \frac{-14x^4 - 9x^2}{2\sqrt{x}(2x^4 + 3x^2)^2} = -\frac{14x^2 + 9}{2x^{5/2}(2x^2 + 3)^2}$$

Alternative:

$$f(x) = \frac{1}{2x^{7/2} + 3x^{3/2}}$$

$$f'(x) = -\frac{7x^{5/2} + \frac{9}{2}x^{1/2}}{(2x^{7/2} + 3x^{3/2})^2} = -\frac{14x^2 + 9}{2x^{5/2}(2x^2 + 3)^2}$$

Lösung zu Aufgabe 9.5:

a) $f(x) = e^x + 47x^{11}$

$$f'(x) = e^x + 11 \cdot 47 \cdot x^{10} = e^x + 517x^{10}$$

b) $f(x) = \dfrac{5x^3 + \ln x}{2x}$

$$f'(x) = \frac{2x(5x^3 + \ln x)' - (5x^3 + \ln x) \cdot 2}{4x^2} = \frac{10x^3 - \ln x + 1}{2x^2}$$

Differentiation

c) $f(x) = \sqrt[3]{e^{-x} + 47x^{12}}$

$f'(x) = \frac{1}{3}(e^{-x} + 47x^{12})^{-2/3} \cdot (-e^{-x} + 564x^{11})$

d) $f(x) = \frac{1}{x^2 + 5}$

$f'(x) = -\frac{2x}{(x^2 + 5)^2}$

e) $f(x) = e^{\ln((\ln x)^x)} = e^{x \ln \ln x}$

$f'(x) = e^{x \ln \ln x}(x(\ln \ln x)' + \ln \ln x) = (\ln x)^x \left(x \frac{1}{x \ln x} + \ln \ln x \right)$

$= (\ln x)^x \left(\frac{1}{\ln x} + \ln \ln x \right)$

f) $f(x) = \ln \left(\sqrt[3]{e^{-x} + 47x^{12}} \right)$

$f'(x) \stackrel{c)}{=} \frac{1}{\sqrt[3]{e^{-x} + 47x^{12}}} \cdot \frac{1}{3}(e^{-x} + 47x^{12})^{-2/3}(-e^{-x} + 564x^{11})$

g) $f(x) = e^{\ln 3 \cdot (\ln x)^2}$

$f'(x) = 3^{(\ln x)^2}(\ln 3)(2 \ln x)\frac{1}{x} = 3^{(\ln x)^2}(2 \ln 3) \cdot \frac{\ln x}{x}$

h) $f(x) = (3^{\ln x})^2$

$f'(x) = 2(3^{\ln x}) \cdot (3^{\ln x})' = (3^{\ln x})^2 \frac{2 \ln 3}{x}$

i) $f(x) = \sqrt[3]{x - \sqrt{x}}$

$f'(x) = \frac{1}{3}(x - \sqrt{x})^{-2/3} \cdot \left(1 - \frac{1}{2\sqrt{x}} \right)$

j) $f(x) = \sqrt[3]{(x^2 + 1)^4} = (x^2 + 1)^{4/3}$

$f'(x) = \frac{4}{3}(x^2 + 1)^{1/3} 2x = \frac{8}{3} x \sqrt[3]{x^2 + 1}$

k) $f(x) = x^x = e^{\ln(x^x)} = e^{x \ln x}$

$f'(x) = e^{x \ln x}(x \ln x)' = e^{x \ln x} \left(x \frac{1}{x} + \ln x \right) = x^x(1 + \ln x)$

Lösung zu Aufgabe 9.6:

a) $f''(x) = e^x + 5\,170 x^9$

d) $f''(x) = -\dfrac{2(x^2+5)^2 - 2x \cdot 2(x^2+5) 2x}{(x^2+5)^4} = -\dfrac{2(x^2+5) - 8x^2}{(x^2+5)^3} = \dfrac{10 - 6x^2}{(x^2+5)^3}$

h) $f''(x) = (3^{\ln x})^2 \left(-\dfrac{2\ln 3}{x^2}\right) + \dfrac{2\ln 3}{x} \cdot 2 \cdot 3^{\ln x} \cdot \dfrac{\ln 3}{x} \cdot 3^{\ln x} = 2\ln 3 \cdot 3^{2\ln x} \dfrac{2\ln 3 - 1}{x^2}$

k) $f''(x) = (x^x)'(1 + \ln x) + x^x(1 + \ln x)' = x^x(1+\ln x)^2 + x^x \dfrac{1}{x} = x^x \left[\dfrac{1}{x} + (1+\ln x)^2\right]$

Lösung zu Aufgabe 9.7:

a) $f(x) = x(5e)^x \implies f'(x) = x(5e)^x \ln(5e) + (5e)^x = (5e^x)(x(\ln 5 + 1) + 1)$ (mit $\ln e = 1$)

b) i) $f(x,y) = yx^{(x^2)} = ye^{x^2 \ln x} \implies f_x(x,y) = yx^{1+x^2}(1 + 2\ln x)$, $f_y(x,y) = (x^x)^x$

ii) $f(x,y) = \sqrt{\ln x^{1/6}} = \dfrac{1}{\sqrt{6}}\sqrt{\ln x} \quad \forall y \in \mathbb{R}$
$\implies f_x(x,y) = \left(2\sqrt{6}x\sqrt{\ln x}\right)^{-1}$, $f_y(x,y) = 0 \quad \forall x > 0$

iii) $f(x,y) = (4^{5x})^y = (4^{5y})^x \implies f_x(x,y) = 4^{5xy}\ln(4^{5y})$, $f_y(x,y) = 4^{5xy}\ln(4^{5x})$

Lösung zu Aufgabe 9.8:

a) $h_1'(x) = f'(x^2 + \ln g(x)) \cdot (x^2 + \ln g(x))' = f'(x^2 + \ln g(x))\left(2x + \dfrac{g'(x)}{g(x)}\right)$

b) $(h_2)_x(x,y) = x^{f(3^y)-1} f(3^y)$, $(h_2)_y(x,y) = (\ln x) x^{f(3^y)} f'(3^y) 3^y \ln 3$

Lösung zu Aufgabe 9.9:

a) $f(x,y) = \sqrt[\pi]{47^y + 11}$, $f_x(x,y) = 0 \; \forall y \in \mathbb{R}$, $f_y(x,y) = \dfrac{1}{\pi}(47^y + 11)^{1/\pi - 1} 47^y \cdot \ln 47$

b) $f(x,y) = \sqrt[3]{e^{-x} + 47y^{12}}$, $f_x(x,y) = \dfrac{1}{3}(e^{-x} + 47y^{12})^{-2/3}(-e^{-x})$,

$f_y(x,y) = \dfrac{1}{3}(e^{-x} + 47y^{12})^{-2/3} \cdot 564 y^{11}$

DIFFERENTIATION

c) $f(x,y) = \dfrac{1}{x^2+y^4+5}$, $f_x(x,y) = -\dfrac{2x}{(x^2+y^4+5)^2}$, $f_y(x,y) = -\dfrac{4y^3}{(x^2+y^4+5)^2}$

d) $f(x,y) = \mathrm{e}^{(\mathrm{e}^x)} - \dfrac{1}{y}$, $f_x(x,y) = \mathrm{e}^{(\mathrm{e}^x)} \cdot \mathrm{e}^x = \mathrm{e}^{x+\mathrm{e}^x}$, $f_y(x,y) = \dfrac{1}{y^2}$

e) $f(x,y) = x^y$, $f_x(x,y) = yx^{y-1}$, $f_y(x,y) = (\ln x)x^y$, $x > 0$

f) $f(x,y) = \ln \mathrm{e} = 1$, $f_x(x,y) = f_y(x,y) = 0 \;\forall\, (x,y) \in \mathbb{R}^2$

Lösung zu Aufgabe 9.10:

Elastizitätsfunktion: $\epsilon_f(x) = x\dfrac{f'(x)}{f(x)}$

a) i) $f(x) = a + bx + cx^2$, $f'(x) = b + 2cx \;\Longrightarrow\; \epsilon_f(x) = x\,\dfrac{b+2cx}{a+bx+cx^2}$

ii) $f(x) = ax^b$, $f'(x) = abx^{b-1} \;\Longrightarrow\; \epsilon_f(x) = x\,\dfrac{abx^{b-1}}{ax^b} = b$

iii) $f(x) = a\ln x^b = ab\ln x$, $f'(x) = \dfrac{ab}{x} \;\Longrightarrow\; \epsilon_f(x) = x\,\dfrac{ab}{x\,ab\ln x} = \dfrac{1}{\ln x}$

iv) $f(x) = a^x = \mathrm{e}^{x\ln a}$, $f'(x) = a^x \cdot \ln a \;\Longrightarrow\; \epsilon_f(x) = x\,\dfrac{a^x \ln a}{a^x} = x \cdot \ln a$

b) $\epsilon_{f\cdot g}(x) = x \cdot \dfrac{(f(x)\cdot g(x))'}{f(x)g(x)} = x \cdot \dfrac{f'(x)g(x) + f(x)g'(x)}{f(x)g(x)}$

$= x \cdot \dfrac{f'(x)}{f(x)} + x \cdot \dfrac{g'(x)}{g(x)} = \epsilon_f(x) + \epsilon_g(x)$

Lösung zu Aufgabe 9.11:

a) $f(x) = \left(\dfrac{a-x^d}{b}\right)^{1/c}$;

Elastizität: $\epsilon_f(x) = x \cdot \dfrac{f'(x)}{f(x)} = x\,\dfrac{\frac{1}{c}\left(\frac{a-x^d}{b}\right)^{1/c-1}\left(-\frac{d}{b}x^{d-1}\right)}{\left(\frac{a-x^d}{b}\right)^{1/c}}$

$= -\dfrac{\frac{d}{bc}x^d}{\frac{a-x^d}{b}} = -\dfrac{dx^d}{c(a-x^d)} \quad (\le 0 \text{ nach Voraussetzung})$

Die Nachfrage heißt elastisch, falls $\epsilon_f(x) < -1$, d.h.

$$-\frac{dx^d}{c(a-x^d)} < -1 \iff c(a-x^d) < dx^d \iff x^d > \frac{ca}{c+d} \iff x > \left(\frac{ca}{c+d}\right)^{1/d}.$$

b) $f(x) = x^a e^{-b(x+c)}$, $f'(x) = ax^{x-1}e^{-b(x+c)} - x^a e^{-b(x+c)} \cdot b = x^{a-1}e^{-b(x+c)}(a-bx)$

$$\implies \epsilon_f(x) = x\frac{f'(x)}{f(x)} = a - bx.$$

Wegen $\epsilon_f(x) < -1 \iff x > \frac{a+1}{b}$ reagiert die Nachfrage elastisch für alle $x > \frac{a+1}{b}$, und wegen $\epsilon_f(x) > 1 \iff x < \frac{a-1}{b}$ reagiert die Nachfrage elastisch für alle $x < \frac{a-1}{b}$.

c) $f(x) = 5e^{-2x^2}$, $f'(x) = -20xe^{-2x^2} \implies \epsilon_f(x) = x\frac{f'(x)}{f(x)} = -4x^2$

Nun ist (wegen $x \geq 0$): $-4x^2 < -1 \iff x > \frac{1}{2}$, d.h. für $x > \frac{1}{2}$ reagiert die Nachfrage elastisch.

Lösung zu Aufgabe 9.12:

a) i) $f(p) = \dfrac{1}{1+p^4} \implies f'(p) = -\dfrac{4p^3}{(1+p^4)^2} \implies \epsilon_f(p) = -\dfrac{4p^4}{1+p^4}$

$\epsilon_f(p) < -1 \iff p > \dfrac{1}{\sqrt[4]{3}}$ ($\approx 0{,}7598$)

ii) $f(p) = ae^{-p/2} \implies f'(p) = -\dfrac{a}{2}e^{-p/2} \implies \epsilon_f(p) = -\dfrac{p}{2}$

$\epsilon_f(p) < -1 \iff p > 2$

iii) $f(p) = 10^{10-p^{10}} \implies f'(p) = -(10\ln 10)p^9 \cdot 10^{10-p^{10}} \implies \epsilon_f(p) = -p^{10}\ln 10^{10}$

$\epsilon_f(p) < -1 \iff p > \dfrac{1}{\sqrt[10]{\ln 10^{10}}} \iff p > (\ln 10^{10})^{-1/10}$

DIFFERENTIATION

Lösung zu Aufgabe 9.13:

a) $g(p) = -\ln(\ln f(p)) \iff e^{-g(p)} = \ln f(p) \iff f(p) = \exp\{e^{-g(p)}\}$

b) $f'(p) = \exp\{e^{-g(p)}\} \cdot e^{-g(p)}(-g'(p))$, also ist die gesuchte Elastizität gegeben durch $\epsilon_f(p) = -pg'(p)e^{-g(p)}$.

c) $\epsilon_f(p) = -p\dfrac{1}{p+1} e^{-\ln(p+1)} = \dfrac{-p}{p+1} \cdot \dfrac{1}{p+1} = \dfrac{-p}{(p+1)^2}$;

$\epsilon_f(p) > -1 \iff (p+1)^2 > p$, was für alle $p > 0$ gilt. Mit $p > 0$ ist ferner $\epsilon_f(p) < 0$. Daher reagiert die Nachfrage für alle Preise $p > 0$ unelastisch.

Lösung zu Aufgabe 9.14:

a) $f_1(t) = t^{11/20} \implies \epsilon_1(t) = t\dfrac{f_1'(t)}{f_1(t)} = \dfrac{11}{20}$

$f_2(t) = \dfrac{9}{10} \cdot \ln(1+t) \implies \epsilon_2(t) = \dfrac{t}{(1+t)\ln(1+t)}$

b) Behauptung: $\dfrac{11}{20} > \dfrac{t}{(1+t)\ln(1+t)} \quad \forall\, t \geq 4$

Wegen $\epsilon_2'(t) = \dfrac{\ln(1+t) - t}{(1+t)^2 \ln^2(1+t)} < 0 \iff 1 + t < e^t$ (Standardabschätzung der Exponentialfunktion für alle $t \in \mathbb{R}$) ist ϵ_2 monoton fallend. Also gilt:

$$\epsilon_1(t) = \dfrac{11}{20} > \dfrac{4}{5\ln 5} = \epsilon_2(4) \geq \epsilon_2(t) \quad \forall\, t \geq 4.$$

Lösung zu Aufgabe 9.15:

1. Schritt: $f_1(x) = \sqrt[3]{x} \implies f_1'(x) = \dfrac{1}{3} x^{-2/3}$,

also ist die Tangente an $f_1(x)$ in $x_0 = 8$ gegeben durch:

$$g_1(x) = f_1(x_0) + f_1'(x_0)(x - x_0) = \sqrt[3]{8} + \dfrac{1}{3} 8^{-2/3}(x-8) = 2 + \dfrac{x-8}{12}$$

(siehe dazu auch Lösung zu Aufgabe 9.17)

$f_2(x) = x^6 \implies f_2'(x) = 6x^5$, also ist die Tangente an $f_2(x)$ in $x_0 = 3$:

$g_2(x) = 729 + 1\,458(x - 3)$.

2. Schritt:
- Näherungswert für $\sqrt[3]{8{,}1}$: $g_1(8{,}1) = \dfrac{241}{120} = 2{,}008\overline{3}$
- Näherungswert für $2{,}95^6$: $g_2(2{,}95) = 656{,}1$

Fehler: absolut: $\quad |\sqrt[3]{8{,}1} - g_1(8{,}1)| \approx 0{,}00003448$

prozentual: $\quad \dfrac{|\sqrt[3]{8{,}1} - g_1(8{,}1)|}{\sqrt[3]{8{,}1}} \approx 0{,}0000172 = 0{,}00172\%$

bzw. absolut: $\quad |2{,}95^6 - g_2(2{,}95)| \approx 2{,}9708$

prozentual: $\quad \dfrac{|2{,}95^6 - g_2(2{,}95)|}{2{,}95^6} \approx 0{,}00451 = 0{,}451\%$

Lösung zu Aufgabe 9.16:

Wie bei Lösung 9.15: $f(x) \approx f(x_0) + f'(x_0) \cdot (x - x_0)$ in der Nähe von x_0.

a) $f(x) = \sqrt{x}$, also $\sqrt{x} \approx \sqrt{x_0} + \dfrac{1}{2\sqrt{x_0}}(x - x_0) = 3 + \dfrac{1}{6}(x - 9)$ für $x_0 = 9$

$\Longrightarrow \sqrt{9{,}11} \approx 3 + \dfrac{1}{6} \cdot 0{,}11 = 3{,}018\overline{3}$ (exakt: $\sqrt{9{,}11} = 3{,}018277655\ldots$)

b) $f(x) = 3^x$, also: $3^x \approx 3^{x_0} + (\ln 3) \cdot 3^{x_0}(x - x_0) = 3^2 + 3^2 \cdot (\ln 3)(x - 2)$ für $x_0 = 2$

$\Longrightarrow 3^{2{,}22} \approx 9 + (\ln 3) \cdot 9 \cdot 0{,}22 \approx 11{,}175$ (exakt: $3^{2{,}22} = 11{,}460648\ldots$)

c) $f(x) = \ln x$, also: $\ln x \approx \ln \mathrm{e} + \dfrac{1}{\mathrm{e}}(x - \mathrm{e})$, wenn $x_0 = \mathrm{e}$

$\Longrightarrow \ln 2{,}8 \approx 1 + \dfrac{1}{\mathrm{e}}(2{,}8 - \mathrm{e}) = \dfrac{2{,}8}{\mathrm{e}} \approx 1{,}03006$ (exakt: $\ln 2{,}8 = 1{,}029619\ldots$)

Lösung zu Aufgabe 9.17:

$f(x) = x^2 - 4x + 3$ mit Tangente $g(x)$. Steigung der Tangente in x_0: $f'(x_0) = 2x_0 - 4$.

a) $x_0 = 0$; $f'(x_0) = -4$

$f(x_0) = g(x_0) = 3$, d.h. g geht durch den Punkt $(0, 3)$ und hat die Steigung -4. Ansatz: $g(x) = ax + b$, $a = -4$. Punkt einsetzen: $3 = -4 \cdot 0 + b \Longrightarrow b = 3 \Longrightarrow g(x) = -4x + 3$.

Direkt: $g(x) = f(x_0) + f'(x_0)(x - x_0) = 3 - 4x$, $x \in \mathbb{R}$.

b) $x_0 = 2$, $f'(2) = 0$

$f(2) = g(2) = -1$, d.h. g geht durch $(2, -1)$ mit Steigung 0. Ansatz: $g(x) = ax + b$, $a = 0$; also: $g(x) = b$. Punkt einsetzen: $-1 = b \Longrightarrow g(x) = -1$ für alle $x \in \mathbb{R}$.

Direkt: $g(x) = f(x_0) + f'(x_0)(x - x_0) = -1$, $x \in \mathbb{R}$.

DIFFERENTIATION

zu a): $\left|\dfrac{f(x)-g(x)}{f(x_0)}\right| = \left|\dfrac{x^2}{3}\right| = \dfrac{x^2}{3} < 0{,}1 \iff x^2 < 0{,}3 \iff x > -\sqrt{0{,}3} \wedge x < \sqrt{0{,}3}$

Intervall: $(x_0 - \varepsilon, x_0 + \varepsilon)$, $x_0 = 0$, d. h. $\varepsilon = \sqrt{0{,}3}$.

zu b): $\left|\dfrac{f(x)-g(x)}{f(x_0)}\right| = \left|\dfrac{x^2 - 4x + 3 + 1}{-1}\right| = (x-2)^2 < 0{,}1$; d. h. $\varepsilon = \sqrt{0{,}1}$

Intervall: $(2 - \sqrt{0{,}1}, 2 + \sqrt{0{,}1})$.

Lösung zu Aufgabe 9.18:

a) Allgemeine Form der Tangentengleichung an $y = f(x)$ im Punkt $(x_0, f(x_0))$:

$$y = f(x_0) + f'(x_0)(x - x_0)$$

Speziell für $f(x) = \dfrac{2}{x} + \ln x$ und $x_0 = 1$:

$$f'(x) = \dfrac{1}{x}\left(1 - \dfrac{2}{x}\right) \implies y = 2 - (x-1) \iff y = 3 - x.$$

b) $y = 3 - x \iff \dfrac{x}{3} + \dfrac{y}{3} = 1$ (Achsenabschnittsform). Also ist 3 der gesuchte Achsenabschnitt.

c) $f_x(x,y) = 2xy^2 e^{x^2+y^2}(1+x^2) + 1$, $f_y(x,y) = 2x^2 y e^{x^2+y^2}(1+y^2)$, $f(a,a) = a(a^3 e^{2a^2} + 1)$.

Allgemein ist die Gleichung der Tangentialebene gegeben durch:

$$z = f(a,a) + f_x(a,a)(x-a) + f_y(a,a)(y-a)$$
$$\iff z = a(a^3 e^{2a^2} + 1) + [2a^3 e^{2a^2}(1+a^2) + 1](x-a) + 2a^3 e^{2a^2}(1+a^2)(y-a)$$
$$\iff [2a^3 e^{2a^2}(1+a^2) + 1]x + 2a^3 e^{2a^2}(1+a^2)y - z = a^4 e^{2a^2}(4a^2 + 3).$$

Also ist $a^4 e^{2a^2}(-4a^2 - 3)$ der gesuchte Achsenabschnitt auf der z-Achse.

Lösung zu Aufgabe 9.19:

Eine Tangentialebene ist gegeben durch: $z = f(x_0, y_0) + f_x(x_0, y_0)(x - x_0) + f_y(x_0, y_0)(y - y_0)$ mit partiellen Ableitungen f_x und f_y von f nach x bzw. y.

a) $f_x(x,y) = 9x^2$, $f_y(x,y) = 4y^3$, also ist $z = 19 + 9(x-1) + 32(y-2)$ die gesuchte Tangentialebene.

b) $f_x(x,y) = e^{2xy}2x + (x^2 - 2y)2ye^{2xy} = 2e^{2xy}(x + y(x^2 - 2y))$,

$f_y(x,y) = 2e^{2xy}(x(x^2 - 2y) - 1)$, also ist $z = 1 - 2(x+1) - 4y$ die gesuchte Gleichung der Tangentialebene.

c) $f_x(x,y) = \dfrac{a^2}{x};\ f_y(x,y) = 2a^2 y$

$\Longrightarrow z = a^2(1 + e^4) + \dfrac{a^2}{e}(x - e) + 2(ae)^2(y - e^2)$ ist die Tangentialebenengleichung.

Die Niveaulinie $\{(x,y,z) \mid f(x,y) = z = f(x_0, y_0)\}$ ist die Schnittkurve von f mit der (zur x,y-Ebene parallelen) Ebene $z = f(x_0, y_0)$. Nach Hinweis vererbt sich die Berührung der oben berechneten Tangentialebenen auf die Berührung der Schnittgeraden mit der Niveaulinie.

Die Gleichung der gesuchten Tangente ist in allgemeiner Form gegeben durch:

$$f(x_0, y_0) = f(x_0, y_0) + f_x(x_0, y_0)(x - x_0) + f_y(x_0, y_0)(y - y_0)$$
$$\Longleftrightarrow f_x(x_0, y_0)(x - x_0) + f_y(x_0, y_0)(y - y_0) = 0.$$

In den speziellen Situationen erhält man:

bei a): $9(x-1) + 32(y-2) = 0 \Longleftrightarrow y = -\dfrac{9}{32}x + \dfrac{73}{32}$

bei b): $y = -\dfrac{1}{2}x - \dfrac{1}{2}$

bei c): $y = -\dfrac{1}{2e^3}x + \dfrac{1}{2e^2} + e^2$.

Lösung zu Aufgabe 9.20:

a) $f(x) = \dfrac{1}{x^2} + x \Longrightarrow f'(x) = 1 - \dfrac{2}{x^3}$.

Die Gleichung der Tangente an die Kurve $y = f(x)$ im Punkt $x = x_0$ ist allgemein gegeben durch: $y = f(x_0) + f'(x_0)(x - x_0)$; hier also: $y = f(1) + f'(1)(x-1) \Longleftrightarrow y = 3 - x$.

b) $f_x(x,y) = x^x(1 + \ln x)\ln(y^2) + 1,\ f_y(x,y) = \dfrac{2}{y}x^x.\ f(2,1) = 2;\ f_x(2,1) = 1;\ f_y(2,1) = 8.$

Damit lautet die gesuchte Gleichung:

$$z = f(2,1) + f_x(2,1)(x - 2) + f_y(2,1)(y - 1) \Longleftrightarrow z = 2 + (x - 2) + 8(y - 1).$$

c) $z = 2 + (x-2) + 8(y-1) \iff \frac{x}{8} + \frac{y}{1} + \frac{z}{(-8)} = 1$. Dies liefert die Skizze:

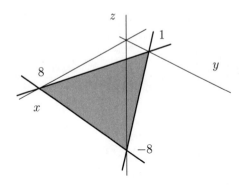

d) Die gesuchte Gleichung lautet (analog zu Aufgabe 9.19):

$$f_x(2,1)(x-2) + f_y(2,1)(y-1) = 0 \iff (x-2) + 8(y-1) = 0.$$

10 Kurvendiskussion und Optimierung

Funktionen einer und zweier Variablen

Literaturhinweis: KCO, Kapitel 4, S. 130-151, Kapitel 6, S. 190-208

Aufgaben

Aufgabe 10.1:
Bestimmen Sie für die folgenden Funktionen alle Nullstellen, die Vorzeichen von f zwischen den Nullstellen, das Monotonieverhalten, die relativen Extrema, die Konvexitäts- und Konkavitätsbereiche sowie die Wendepunkte.

Fertigen Sie aufgrund dieser Ergebnisse Skizzen der Funktionsverläufe an.

a) $f(x) = x^3 - x^2 - x + 1$

b) $f(x) = x^4 - 3x^2 - 4$

Aufgabe 10.2:
Diskutieren Sie die durch $f(x) = 6x - x^3$ gegebene Funktion über dem Intervall $[-3,\ 2{,}5]$ einschließlich der absoluten Extrema.

Fertigen Sie unter Verwendung dieser Ergebnisse eine Skizze des Funktionsverlaufs an.

Aufgabe 10.3:
Ermitteln Sie für die Funktionen f und g mit $f(x) = \dfrac{1}{3}x^3 - x^2 - 3x$ und $g(x) = e^{2x}\left(x^2 - 2x\right)$

a) alle Nullstellen,

b) die Vorzeichen von f und g zwischen den Nullstellen,

c) das Monotonieverhalten,

d) die relativen Extrema,

e) die absoluten Extrema im Intervall $[-4, 5]$,

f) die Konvexitäts- bzw. Konkavitätsbereiche und

g) die Wendepunkte.

Skizzieren Sie unter Verwendung dieser Ergebnisse jeweils den Funktionsverlauf.

Aufgabe 10.4:

Bestimmen Sie für die durch $f(x) = x^2 \cdot e^{-x/2}$ definierte Funktion

a) alle Nullstellen, b) die relativen Extrema,

c) das Monotonieverhalten, d) die absoluten Extrema im Intervall $[2,5]$,

e) die Wendepunkte, f) die Konvexitäts- und Konkavitätsbereiche.

Skizzieren Sie unter Verwendung obiger Ergebnisse den Funktionsverlauf von f.

Aufgabe 10.5:

Die Funktion f mit

$$f(x) = \frac{1}{\sqrt{2\pi}\sigma} e^{-\frac{(x-\mu)^2}{2\sigma^2}}, \quad x \in \mathbb{R},$$

und Parametern $\mu \in \mathbb{R}, \sigma > 0$, ist in der Statistik von besonderer Bedeutung. Dort bezeichnet man f als die Dichtefunktion einer Normalverteilung mit den Parametern μ und σ.

Bestimmen Sie

a) das absolute Maximum von f,

b) die Wendepunkte von f,

c) die Schnittpunkte der Abszisse mit den Tangenten an die Funktion f in den Wendepunkten (Wendetangenten),

und skizzieren Sie den Funktionsgraphen.

Aufgabe 10.6:

Welches Rechteck (mit den Seitenlängen x und y) hat bei gegebener Länge d der Diagonalen den größten Flächeninhalt (absolutes Maximum!)?

KURVENDISKUSSION UND OPTIMIERUNG

Aufgabe 10.7:

a) Ein Rechteck hat den gegebenen Umfang U.

Welche Abmessungen müssen die Rechteckseiten haben, damit die Rechteckfläche maximal wird?

b) Eine quaderförmige Schachtel hat die Maße: Länge $l = 20$ cm, Breite $b = 10$ cm, Höhe $h = 5$ cm. Welche Maße müsste eine Schachtel haben, damit bei demselben Volumen V und derselben Länge l der Materialverbrauch (die Oberfläche) möglichst klein wird?

Wieviel Prozent der Materialmenge kann auf diese Weise eingespart werden?

Aufgabe 10.8:

Ein Fabrikant verkauft monatlich 10 000 T-Shirts zu einem Stückpreis von 20 €. Eine Marktanalyse hat ergeben, dass eine Preissenkung um 1 € pro T-Shirt jeweils zu einer Absatzsteigerung um 2 000 T-Shirts im Monat führen würde.

Bei welchem Verkaufspreis nimmt der Gewinn des Fabrikanten ein Maximum an, wenn der Selbstkostenpreis für ein T-Shirt 14 € beträgt?

Aufgabe 10.9:

Ein Baumaschinenhersteller sei Monopolist in der Fabrikation von Dampfwalzen. Er kann pro Woche höchstens 25 Stück produzieren. Der Preis pro Stück, zu dem er eine Menge von x Dampfwalzen pro Woche absetzen kann, sei $(40\,000 - 1\,000\,x)$ €. Die Produktion von x Dampfwalzen erfordere Kosten von $(500\,x^3 - 8\,500\,x^2 + 40\,000\,x)$ €.

a) Geben Sie die Erlösfunktion E und die Gewinnfunktion G an.

b) Berechnen Sie das Maximum des Gewinns für Nachfragemengen $x \in [0, 25]$ (indem Sie zwecks Bestimmung der Extremwerte durch Nullsetzen der ersten Ableitung, etc., in starker Idealisierung x als eine kontinuierliche Variable auffassen!).

Aufgabe 10.10:

Im Hardware-Bereich eines Systemhauses fallen bei der Produktion von x Computern pro Tag die Kosten von $1\,000 + 50 \cdot x^2$ € an. An jedem Tag wird die Ausbringungsmenge x in Abhängigkeit vom Tagespreis p (pro Computer) so festgelegt, dass der Gewinn maximal wird. Wieviele Rechner werden bei einem Tagespreis von 400 € (1 000 €) an diesem Tag produziert? Wie hoch ist der Gewinn?

Aufgabe 10.11:

Gesucht ist die Gleichung eines Polynoms dritten Grades (allgemeine Form: $f(x) = ax^3 + bx^2 + cx + d$) mit den folgenden Eigenschaften:

a) Nullstelle bei $x = -2$,

b) Extremum im Punkt (0,11),

c) Wendepunkt bei $x = 3$.

Aufgabe 10.12:

Bestimmen Sie die Koeffizienten a, b, c und d des durch

$$f(x) = ax^3 + bx^2 + cx + d$$

bestimmten Polynoms dritten Grades so, dass dieses die y-Achse bei $y = 2$ schneidet, ein relatives Extremum im Punkt $(1, 3)$ und einen Wendepunkt bei $x = -1$ hat.

Aufgabe 10.13:

Bestimmen Sie die Koeffizienten a, b, c, d und e des durch

$$f(x) = ax^4 + bx^3 + cx^2 + dx + e$$

definierten Polynoms vierten Grades so, dass f im Nullpunkt einen Wendepunkt mit Tangentengleichung $y = x$ und im Punkt (2,4) einen Extremwert besitzt.

Aufgabe 10.14:

Sei $f(x) = ax^2 - 2x + 1$.

a) Bestimmen Sie die Gleichung der Tangente an die Parabel $y = f(x)$ im Punkt $(1, f(1))$. Für welche Werte von a geht die Tangente durch den Ursprung?

b) Bestimmen Sie den Parameter a so, dass der Punkt $(-3, 43)$ auf der Parabel liegt, und bestimmen Sie die Gleichung der Tangente in diesem Punkt.

Aufgabe 10.15:

Ermitteln Sie für die Funktion f zu $f(x, y) = x^2 y - 9y - 2x^2 + 5$ alle stationären Punkte, und bestimmen Sie die Gleichung der Tangentialebene an die durch die Funktion gegebene Fläche im Punkt (1,2).

Aufgabe 10.16:

Untersuchen Sie die durch

$$f(x,y) = x^2 + y^2 - 6x - 2y + 10, (x,y) \in \mathbb{R}^2, \text{ und } g(x,y) = e^{(x-e)^2 + y^2}, (x,y) \in \mathbb{R}^2,$$

gegebenen Funktionen auf Extremwerte.

Aufgabe 10.17:

a) Berechnen Sie alle stationären Punkte der durch $f(x,y) = x(x+1) + 2y(y+2)$, $(x,y) \in \mathbb{R}^2$, gegebenen Funktion unter der Nebenbedingung $x^2 = 1 - 2y^2$.

b) Untersuchen Sie f auf relative Extremwerte auf dem ganzen $\mathbb{R}^2$.

Aufgabe 10.18:

a) Bestimmen Sie einen stationären Punkt (x_0, y_0) der durch

$$f(x,y) = x^2 + y(c + 2x + 3y), \quad (x,y) \in \mathbb{R}^2,$$

gegebenen Funktion unter der Nebenbedingung $2x = 1 - y$.

b) Für welche Wahl von c gilt $y_0 = 1$?

c) Untersuchen Sie die Funktion f aus a) mit $c = 1$ auf relative Extremwerte auf dem gesamten $\mathbb{R}^2$.

Aufgabe 10.19:

Ermitteln Sie mit Hilfe der Lagrangeschen Multiplikatoren-Methode die stationären Punkte von

a) $f(x,y) = 3x^2 + 4y^2 + 6xy$ unter der Nebenbedingung $x + 2y = 4$,

b) $f(x,y) = 3x + 2y + 5$ unter der Nebenbedingung $x^2 + 2y^2 = 1$.

Aufgabe 10.20:

Ermitteln Sie die stationären Punkte von

a) $f(x,y) = 10 - 2x^2 - y^2$ unter der Nebenbedingung $2x + y - 3 = 0$,

b) $f(x,y) = 3y + 2x - 7$ unter der Nebenbedingung $x^2 + y^2 = 1$.

Aufgabe 10.21:

Gegeben ist die Funktion f zweier Variablen definiert durch

$$f(x,y) = \frac{(x+1)(y-1)x}{(x-1)y}, \quad (x,y) \in \mathbb{R}^2,\, x \neq 1,\, y \neq 0.$$

Bestimmen Sie

a) die stationären Punkte von f.

b) unter Verwendung der Variablensubstitution die lokalen und globalen Extremwerte von f unter der Nebenbedingung $y = x + 1$.

Lösungen

Lösung zu Aufgabe 10.1:

a) $f(x) = x^3 - x^2 - x + 1$. Die Funktion f ist als Polynom stetig auf $\mathbb{R}$ und zweifach differenzierbar mit $f'(x) = 3x^2 - 2x - 1$, $f''(x) = 6x - 2$.

i) Nullstellen von f: $f(x) = x^3 - x^2 - x + 1 \stackrel{!}{=} 0$, Raten einer Nullstelle: $x_1 = 1$

Polynomdivision:
$$(x^3 - x^2 - x + 1) : (x - 1) = x^2 - 1$$
$$\underline{-(x^3 - x^2)}$$
$$0 - x + 1$$

D.h.: $f(x) = (x^2 - 1)(x - 1) = (x + 1)(x - 1)^2$. Nullstellen: $x = 1$ und $x = -1$.

ii) Vorzeichen von $f(x)$ zwischen den Nullstellen:

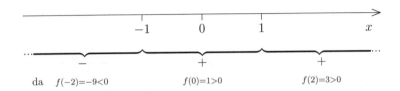

iii) Monotonieverhalten: Nullstellen von f':

$$3x^2 - 2x - 1 = 0 \iff x^2 - \tfrac{2}{3}x - \tfrac{1}{3} = 0$$
$$\iff (x - 1)(x + \tfrac{1}{3}) = 0 \iff x = 1 \lor x = -\tfrac{1}{3}.$$

Vorzeichen von $f'(x)$:

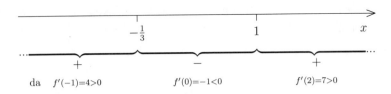

D. h. f ist streng monoton wachsend in $\left(-\infty, -\tfrac{1}{3}\right)$ und in $(1, \infty)$, und f ist streng monoton fallend in $\left(-\tfrac{1}{3}, 1\right)$.

iv) s. iii): Aufgrund des Monotonieverhaltens von f liegt ein relatives Maximum bei $x = -\tfrac{1}{3}$ mit $f\left(-\tfrac{1}{3}\right) = \tfrac{32}{27} \approx 1{,}185$ und ein relatives Minimum bei $x = 1$ mit $f(1) = 0$.

v) Konvexitäts- und Konkavitätsbereiche: Nullstellen von f'': $6x - 2 = 0 \iff x = \frac{1}{3}$.
Vorzeichen von $f''(x)$:

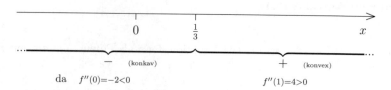

D. h. f ist konkav in $\left(-\infty, \frac{1}{3}\right)$ und konvex in $\left(\frac{1}{3}, \infty\right)$.

vi) s. v) Bei $x = \frac{1}{3}$ ändert sich das Krümmungsverhalten, d. h. f besitzt einen Wendepunkt bei $x = \frac{1}{3}$: $f\left(\frac{1}{3}\right) = \frac{1}{27} - \frac{1}{9} - \frac{1}{3} + 1 = \frac{16}{27} \approx 0{,}593$.

vii) Skizze:

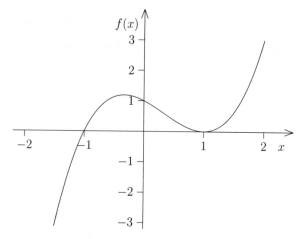

b) $f(x) = x^4 - 3x^2 - 4$. Die Funktion f ist als Polynom stetig auf $\mathbb{R}$ und dreifach differenzierbar mit: $f'(x) = 4x^3 - 6x$, $f''(x) = 12x^2 - 6$.

i) Nullstellen von f: $f(x) = x^4 - 3x^2 - 4 \stackrel{!}{=} 0$; Raten einer Lösung: $x = 2$

Polynomdivision:
$$
\begin{array}{l}
(x^4 - 3x^2 - 4) : (x - 2) = x^3 + 2x^2 + x + 2 \\
\underline{-(x^4 - 2x^3)} \\
\qquad 2x^3 - 3x^2 \\
\qquad \underline{-(2x^3 - 4x^2)} \\
\qquad\qquad x^2 - 4 \\
\qquad\qquad \underline{-(x^2 - 2x)} \\
\qquad\qquad\qquad 2x - 4
\end{array}
$$

Nun sind die Nullstellen von $x^3 + 2x^2 + x + 2$ gesucht; eine Lösung ist $x = -2$.

Polynomdivision : $(x^3 + 2x^2 + x + 2) : (x + 2) = x^2 + 1$
$\phantom{\text{Polynomdivision :}\ }\underline{-(x^3 + 2x^2)}$
$\phantom{\text{Polynomdivision :}\ }x+2$

D.h.: $f(x) = (x+2)(x-2)(x^2+1)$. Nullstellen: $x = 2$, $x = -2$.

Andere Lösungsmöglichkeit: $x^4 - 3x^2 - 4 = 0$; setze $z = x^2$. Also:
$z^2 - 3z - 4 = 0 \iff (z-4)(z+1) = 0 \iff z = 4 \vee z = -1 \iff x^2 = 4 \vee x^2 = -1$
$\iff x = 2 \vee x = -2 \vee x^2 = -1$ (Die Gleichung $x^2 = -1$ hat keine Lösung in $\mathbb{R}$).

ii) Vorzeichen von f zwischen den Nullstellen:

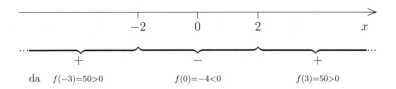

iii) Monotonieverhalten: Nullstellen von f': $f'(x) = 4x^3 - 6x = 0 \iff x(4x^2 - 6) = 0$
$\iff x = 0 \vee x^2 = \frac{3}{2} \iff x = 0 \vee x = \sqrt{\frac{3}{2}} \vee x = -\sqrt{\frac{3}{2}}$

Vorzeichen von $f'(x)$:

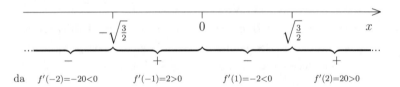

D. h. f wächst streng monoton in $\left(-\sqrt{\frac{3}{2}}, 0\right)$ und $\left(\sqrt{\frac{3}{2}}, \infty\right)$, und f fällt streng monoton in $\left(-\infty - \sqrt{\frac{3}{2}}\right)$ und $\left(0, \sqrt{\frac{3}{2}}\right)$.

iv) Extrema s. iii): Aufgrund des Monotonieverhaltens von f liegen ein relatives Minimum bei $x = -\sqrt{\frac{3}{2}} \approx 1{,}225$, ein relatives Maximum bei $x = 0$ und ein relatives Minimum bei $x = \sqrt{\frac{3}{2}}$. Die zugehörigen Funktionswerte sind:

$$f\left(\sqrt{\tfrac{3}{2}}\right) = f\left(-\sqrt{\tfrac{3}{2}}\right) = \tfrac{9}{4} - 3 \cdot \tfrac{3}{2} - 4 = -\tfrac{25}{4} = -6{,}25, \quad f(0) = -4.$$

Alternative Feststellung der Extrema über die zweite Ableitung:
- notwendige Bedingung: $f'(x_0) = 0$,
- hinreichende Bedingung für ein Minimum bei x_0: $f''(x_0) > 0$,
- hinreichende Bedingung für ein Maximum bei x_0: $f''(x_0) < 0$.

Dazu: $f'(x) = 4x^3 - 6x \stackrel{!}{=} 0 \iff x = 0 \lor x = \sqrt{\frac{3}{2}} \lor x = -\sqrt{\frac{3}{2}}$, $f''(x) = 12x^2 - 6$,

$$f''(0) = -6 < 0, \quad f''\left(\sqrt{\tfrac{3}{2}}\right) = f''\left(-\sqrt{\tfrac{3}{2}}\right) = 12 \cdot \tfrac{3}{2} - 6 = 12 > 0.$$

v) Konvexitäts- und Konkavitätsbereiche: Nullstellen von f'':

$$f''(x) = 12x^2 - 6 \stackrel{!}{=} 0 \iff x^2 = \tfrac{1}{2} \iff x = \sqrt{\tfrac{1}{2}} \lor x = -\sqrt{\tfrac{1}{2}}$$

Vorzeichen von $f''(x)$:

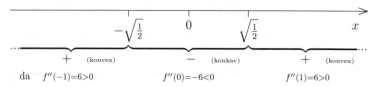

D.h.: f ist konkav im Intervall $\left(-\sqrt{\tfrac{1}{2}}, \sqrt{\tfrac{1}{2}}\right)$, und f ist konvex in $\left(-\infty, -\sqrt{\tfrac{1}{2}}\right)$ und in $\left(\sqrt{\tfrac{1}{2}}, \infty\right)$.

vi) Wendepunkte s. v): Aufgrund des wechselnden Krümmungsverhaltens liegen Wendestellen bei $x = -\sqrt{\tfrac{1}{2}}$ und bei $x = \sqrt{\tfrac{1}{2}}$ mit

$$f\left(-\sqrt{\tfrac{1}{2}}\right) = f\left(\sqrt{\tfrac{1}{2}}\right) = \tfrac{1}{4} - 3 \cdot \tfrac{1}{2} - 4 = -5{,}25 \,.$$

Alternative Feststellung der Wendepunkte über die dritte Ableitung:
- notwendige Bedingung für einen Wendepunkt: $f''(x_0) = 0$,
- hinreichende Bedingung für einen Wendepunkt: $f'''(x_0) \neq 0$:

$$f'''(x) = 24x; \quad f'''\left(\sqrt{\tfrac{1}{2}}\right) \neq 0, \quad f'''\left(-\sqrt{\tfrac{1}{2}}\right) \neq 0.$$

vii) Skizze:

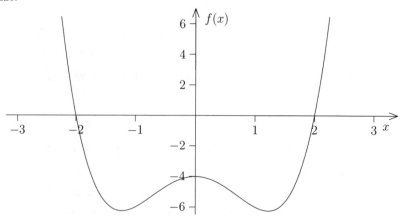

Lösung zu Aufgabe 10.2:

$f(x) = 6x - x^3$. Die Funktion f ist auf dem angegebenen Intervall stetig und dreifach differenzierbar auf $(-3,\ 2{,}5)$ mit $f'(x) = 6 - 3x^2$, $f''(x) = -6x$, $f'''(x) = -6$.

a) Nullstellen:
$$6x - x^3 = 0 \iff x(6 - x^2) = 0 \iff x = 0 \text{ oder } x = \sqrt{6} \text{ oder } x = -\sqrt{6}.$$

b) Vorzeichen zwischen den Nullstellen:

Wegen $f(-3) = 9$, $f(-1) = -5$, $f(1) = 5$, $f(3) = -9$ ist f positiv über $[-3, -\sqrt{6}) \cup (0, \sqrt{6})$ und negativ über $(-\sqrt{6}, 0) \cup (\sqrt{6}, 2{,}5]$.

c) Monotonieverhalten: Nullstellen von f':
$$6 - 3x^2 = 0 \iff x^2 = 2 \iff x = \sqrt{2} \text{ oder } x = -\sqrt{2}.$$

Wegen $f'(-3) = -21$, $f'(0) = 6$, $f'(3) = -21$ ist f monoton wachsend über $(-\sqrt{2}, \sqrt{2})$ und sonst monoton fallend.

d) Relative Extrema: s. c): Nullstellen von f' bei $x = \sqrt{2}$ und bei $x = -\sqrt{2}$;

bei $x = \sqrt{2}$ liegt ein relatives Maximum, da $f''(\sqrt{2}) = -6\sqrt{2} < 0$,

bei $x = -\sqrt{2}$ liegt ein relatives Minimum, da $f''(-\sqrt{2}) = 6\sqrt{2} > 0$.

e) Absolute Extrema (die Randpunkte -3 bzw. $2{,}5$ sind zusätzlich zu betrachten):

Wegen $f(-3) = 9$, $f(2{,}5) = -0{,}625$, $f(-\sqrt{2}) \approx -5{,}66$, $f(\sqrt{2}) \approx 5{,}66$, liegt an der Stelle $x = -3$ das absolute Maximum, bei $x = -\sqrt{2}$ das absolute Minimum von f im Intervall $[-3,\ 2{,}5]$.

f) Konvexitäts- und Konkavitätsbereiche: $x = 0$ ist einzige Nullstelle von f''.

Aus z.B. $f''(-1) = 6 > 0$ und $f''(1) = -6 < 0$ folgt: f ist konvex über $(-3, 0)$ und konkav über $(0,\ 2{,}5)$.

g) Wendepunkte: Nullstelle von f'': $f''(x) = 0 \iff x = 0$. Ferner gilt: $f'''(0) \neq 0$. Bei $x = 0$ liegt also eine Wendestelle (Wendepunkt $(0,0)$).

Skizze:

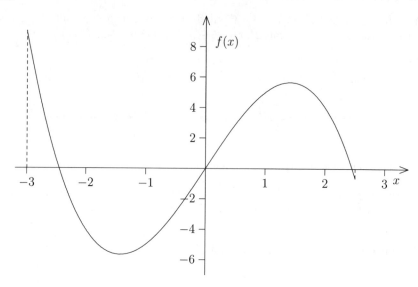

Lösung zu Aufgabe 10.3:

$f(x) = \frac{x^3}{3} - x^2 - 3x$. Die Funktion f ist stetig auf $\mathbb{R}$ und dreifach differenzierbar mit $f'(x) = x^2 - 2x - 3$, $f''(x) = 2x - 2$ und $f'''(x) = 2$.

a) $f(x) = 0 \iff x\left(\frac{x^2}{3} - x - 3\right) = 0 \iff x = 0 \lor x^2 - 3x - 9 = 0$

$\iff x = 0 \lor x = \frac{3}{2} + \sqrt{\frac{9}{4} + 9} \lor x = \frac{3}{2} - \sqrt{\frac{9}{4} + 9}$

$\iff x = 0 \lor x = \frac{3+\sqrt{45}}{2} (\approx 4{,}85) \lor x = \frac{3-\sqrt{45}}{2} (\approx -1{,}85)$

b) Vorzeichen: $f(5) = 1{,}\overline{6} > 0$, $f(1) = -3{,}\overline{6} < 0$, $f(-1) = 1{,}\overline{6} > 0$, $f(-2) = -0{,}\overline{6} < 0$, d.h.:

f ist positiv über $\left(\frac{3-\sqrt{45}}{2}, 0\right)$ und $\left(\frac{3+\sqrt{45}}{2}, \infty\right)$,

f ist negativ über $\left(-\infty, \frac{3-\sqrt{45}}{2}\right)$ und $\left(0, \frac{3+\sqrt{45}}{2}\right)$.

c) Monotonie: $f'(x) = 0 \iff x^2 - 2x - 3 = 0 \iff x = 1 + \sqrt{4} \lor x = 1 - \sqrt{4}$
$\iff x = 3 \lor x = -1$

$f'(4) = 5 > 0$; $f'(0) = -3 < 0$; $f'(-2) = 5 > 0$, d.h. f ist monoton steigend auf $(-\infty, -1) \cup (3, \infty)$ und monoton fallend auf $(-1, 3)$.

d) Relative Extrema: $f'(x) = 0 \iff x = -1 \vee x = 3$;

$$\begin{aligned} f''(3) &= 4 > 0 \implies \text{relatives Minimum bei } x = 3 \text{ mit } f(3) = -9, \\ f''(-1) &= -4 < 0 \implies \text{relatives Maximum bei } x = -1 \text{ mit } f(-1) = 1{,}\overline{6}. \end{aligned}$$

e) Absolute Extrema in $[-4, 5]$: $f(-4) = -25{,}\overline{3}$, $f(5) = 1{,}\overline{6}$. Aus der Ordnung der Funktionswerte $f(-4) < f(3) < f(5) = f(-1)$ folgt nun, dass ein absolutes Minimum bei $x = -4$ und absolute Maxima bei $x = -1$ und $x = 5$ liegen.

f) $f''(x) = 0 \iff x = 1$; $f''(0) = -2 < 0$, $f''(2) = 2 > 0$, d.h. f ist konkav für $x < 1$, und f ist konvex für $x > 1$.

g) $f''(x) = 0 \iff x = 1$; $f'''(1) = 2 \neq 0$, also liegt bei $(1, f(1)) = (1, -3{,}\overline{6})$ ein Wendepunkt.

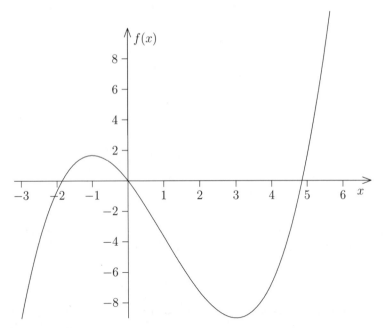

$g(x) = e^{2x}(x^2 - 2x) = e^{2x}x(x-2)$: Die Funktion g ist stetig auf $\mathbb{R}$ und dreifach differenzierbar mit $g'(x) = 2e^{2x}(x^2 - x - 1)$, $g''(x) = 2e^{2x}(2x^2 - 3)$, $g'''(x) = 4e^{2x}(2x^2 + 2x - 3)$.

a) $g(x) = 0 \iff x = 0 \vee x = 2$

b) $g(-1) = 3e^{-2} > 0$, $g(1) = -e^2 < 0$, $g(3) = 3e^6 > 0$, also ist g negativ auf $(0, 2)$ und positiv auf $(-\infty, 0) \cup (2, \infty)$.

c) Monotonie: $g'(x) = 0 \iff 2e^{2x}(x^2 - x - 1) = 0 \iff x^2 - x - 1 = 0$

$$\iff x = \tfrac{1+\sqrt{5}}{2} \quad (\approx 1{,}62) \ \lor \ x = \tfrac{1-\sqrt{5}}{2} \quad (\approx -0{,}62);$$

$g'(-1) = 2e^{-2} > 0$, $g'(0) = -2 < 0$, $g'(2) = 2e^4 > 0$, d. h. g ist monoton fallend über $\left(\tfrac{1-\sqrt{5}}{2}, \tfrac{1+\sqrt{5}}{2}\right)$. Ansonsten ist g monoton steigend.

d) $g'(x) = 0 \iff x = \tfrac{1+\sqrt{5}}{2} \ \lor \ x = \tfrac{1-\sqrt{5}}{2};$

$$g''\left(\tfrac{1+\sqrt{5}}{2}\right) = 2e^{1+\sqrt{5}}\left(\tfrac{(1+\sqrt{5})^2}{2} - 3\right) = 2\sqrt{5}e^{1+\sqrt{5}} > 0$$

$$\implies \text{relatives Minimum bei } x = \tfrac{1+\sqrt{5}}{2},$$

$$g''\left(\tfrac{1-\sqrt{5}}{2}\right) = 2e^{1-\sqrt{5}}\left(\tfrac{(1-\sqrt{5})^2}{2} - 3\right) = -2\sqrt{5}e^{1-\sqrt{5}} < 0$$

$$\implies \text{relatives Maximum bei } x = \tfrac{1-\sqrt{5}}{2};$$

$$g\left(\tfrac{1+\sqrt{5}}{2}\right) = e^{1+\sqrt{5}}\left(\tfrac{6+2\sqrt{5}}{4} - 1 - \sqrt{5}\right) = e^{1+\sqrt{5}}\tfrac{1-\sqrt{5}}{2} \approx -15{,}7;$$

$$g\left(\tfrac{1-\sqrt{5}}{2}\right) = e^{1-\sqrt{5}}\left(\tfrac{6-2\sqrt{5}}{4} - 1 + \sqrt{5}\right) = e^{1-\sqrt{5}}\tfrac{1+\sqrt{5}}{2} \approx 0{,}47$$

e) Absolute Extrema über $[-4, 5]$: Wegen $g(-4) \approx 0{,}0081$ und $g(5) \approx 330\,396{,}987$ liegen ein absolutes Maximum bei $x = 5$ und ein absolutes Minimum bei $x = \tfrac{1+\sqrt{5}}{2}$.

f) $g''(x) = 0 \iff x^2 = \tfrac{3}{2} \iff x = \sqrt{\tfrac{3}{2}} \ \lor \ x = -\sqrt{\tfrac{3}{2}};$

Wegen $g''(-2) > 0$, $g''(0) < 0$, $g''(2) > 0$ ist g konkav über $\left(-\sqrt{\tfrac{3}{2}}, \sqrt{\tfrac{3}{2}}\right)$ und sonst konvex.

g) $g'''\left(\sqrt{\tfrac{3}{2}}\right) \neq 0$, $g'''\left(-\sqrt{\tfrac{3}{2}}\right) \neq 0$, also liegen Wendepunkte bei $x = \sqrt{1{,}5}$ und $x = -\sqrt{1{,}5}$.

Skizze:

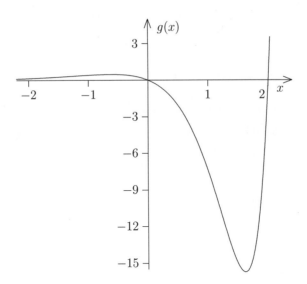

Lösung zu Aufgabe 10.4:

$f(x) = x^2 e^{-x/2}$. Die Funktion f ist auf $\mathbb{R}$ stetig und beliebig oft differenzierbar.

a) $f(x) = 0 \iff x = 0$

b) $f'(x) = 2x \cdot e^{-x/2} + x^2 \cdot e^{-x/2} \cdot \left(-\frac{1}{2}\right) = e^{-x/2}\left(-\frac{x^2}{2} + 2x\right)$;

$$f'(x) = 0 \iff -\frac{x^2}{2} + 2x = 0 \iff x^2 - 4x = 0 \iff x = 0 \lor x = 4\,.$$

Mit $f''(x) = e^{-x/2}\left(\frac{x^2}{4} - 2x + 2\right)$ und $f''(0) = 2 > 0$ liegen bei $x = 0$ ein relatives Minimum von f und wegen $f''(4) = -2 \cdot e^{-2} < 0$ bei $x = 4$ ein relatives Maximum von f (Funktionswerte: $f(0) = 0$, $f(4) \approx 2{,}165$).

c) Vorzeichen von $f'(x)$:

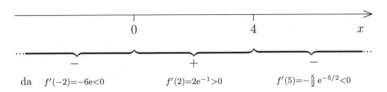

D. h. f ist monoton fallend in $(-\infty, 0)$ und $(4, \infty)$ sowie monoton steigend in $(0, 4)$.

d) $f(2) = 4\mathrm{e}^{-1} \approx 1{,}47$, $f(5) = 25\mathrm{e}^{-5/2} \approx 2{,}05$; das relative Maximum im Intervall $[2,5]$ bei $x = 4$ mit $f(4) = 2{,}165$ ist damit auch absolutes Maximum. Das absolute Minimum liegt bei $x = 2$.

e) $f''(x) = 0 \iff \dfrac{x^2}{4} - 2x + 2 = 0 \iff x^2 - 8x + 8 = 0$

$\iff x_1 = 4 + \sqrt{8}$ ($\approx 6{,}828$) $\vee\ x_2 = 4 - \sqrt{8}$ ($\approx 1{,}172$);

$f'''(x) = \mathrm{e}^{-x/2}\left(-\dfrac{x^2}{8} + \dfrac{3}{2}x - 3\right)$: wegen $f'''(4+\sqrt{8}) \neq 0$, $f'''(4-\sqrt{8}) \neq 0$ liegen bei x_1 und x_2 Wendepunkte von f mit den (ungefähren) Koordinaten $(4+\sqrt{8},\ 1{,}534)$, $(4-\sqrt{8},\ 0{,}764)$

f) Vorzeichen von $f''(x)$:

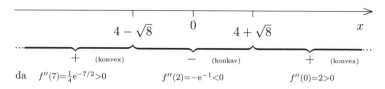

D. h. f ist konkav auf $(4-\sqrt{8},\ 4+\sqrt{8})$ und konvex sonst.

Skizze:

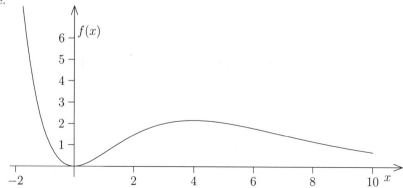

Lösung zu Aufgabe 10.5:

$f(x) = \dfrac{1}{\sqrt{2\pi}\sigma}\mathrm{e}^{-\frac{(x-\mu)^2}{2\sigma^2}},\ x \in \mathbb{R}$.

a) $f'(x) = -\dfrac{1}{\sqrt{2\pi}\sigma}\mathrm{e}^{-\frac{(x-\mu)^2}{2\sigma^2}} \cdot \dfrac{2(x-\mu)}{2\sigma^2} = -\dfrac{x-\mu}{\sqrt{2\pi}\sigma^3}\mathrm{e}^{-\frac{(x-\mu)^2}{2\sigma^2}}$;

$f'(x) = 0 \iff x = \mu$ (Bei $x = \mu$ liegt also ein mögliches Maximum von f.)

$$f''(x) = -\frac{1}{\sqrt{2\pi}\,\sigma^3} e^{-\frac{(x-\mu)^2}{2\sigma^2}} \left(1 - \left(\tfrac{x-\mu}{\sigma}\right)^2\right) \implies f''(\mu) = -\frac{1}{\sqrt{2\pi}\,\sigma^3} < 0,$$

d. h. im Punkt $(\mu, f(\mu))$ liegt das absolute Maximum der Funktion f mit $f(\mu) = \frac{1}{\sqrt{2\pi}\sigma}$.
(f ist monoton wachsend für $x < \mu$ und monoton fallend für $x > \mu$.)

b) $f''(x) = 0 \iff 1 - \frac{(x-\mu)^2}{\sigma^2} = 0 \iff (x-\mu)^2 = \sigma^2 \iff x = \mu - \sigma$ oder $x = \mu + \sigma$.

Seien $x_1 = \mu - \sigma$ und $x_2 = \mu + \sigma$.

$$f'''(x) = -\frac{1}{\sqrt{2\pi}\sigma^3} e^{-\frac{(x-\mu)^2}{2\sigma^2}} \left(-\frac{x-\mu}{\sigma^2}\left(1 - \frac{(x-\mu)^2}{\sigma^2}\right) - \frac{2(x-\mu)}{\sigma^2}\right)$$

$$= \frac{1}{\sqrt{2\pi}\sigma^5} e^{-\frac{(x-\mu)^2}{2\sigma^2}} \left(3(x-\mu) - \frac{(x-\mu)^3}{\sigma^2}\right)$$

$$\implies f'''(x_1) = \frac{1}{\sqrt{2\pi}\sigma^5} e^{-1/2}(-3\sigma + \sigma) \neq 0 \text{ und}$$

$$f'''(x_2) = \frac{1}{\sqrt{2\pi}\sigma^5} e^{-1/2}(3\sigma - \sigma) \neq 0,$$

d. h. in den Punkten $(x_1, f(x_1))$ und $(x_2, f(x_2))$ besitzt die Funktion f Wendepunkte mit

$$f(x_1) = f(\mu - \sigma) = \frac{1}{\sqrt{2\pi}\sigma} e^{-1/2} = f(\mu + \sigma) = f(x_2).$$

c)   i) Tangente durch den Punkt $(x_1, f(x_1))$:
Steigung der Tangente: $f'(x_1) = \frac{1}{\sqrt{2\pi}\sigma^2} e^{-1/2}$
Tangentengleichung: $y(x) = a + f'(x_1) \cdot x$
Der Punkt $(x_1, f(x_1))$ liegt auf dieser Tangente, d. h.

$$(f(x_1) =) \; y(x_1) = a + f'(x_1) \cdot x_1 \iff \frac{1}{\sqrt{2\pi}\sigma} e^{-1/2} = a + \frac{1}{\sqrt{2\pi}\sigma^2} e^{-1/2}(\mu - \sigma)$$

$$\iff a = \frac{1}{\sqrt{2\pi}\sigma^2} e^{-1/2}(\sigma - (\mu - \sigma)) = \frac{1}{\sqrt{2\pi}\sigma^2} e^{-1/2}(2\sigma - \mu).$$

Also gilt für die Tangentengleichung:

$$y(x) = \frac{1}{\sqrt{2\pi}\sigma^2} e^{-1/2}(2\sigma - \mu) + \frac{1}{\sqrt{2\pi}\sigma^2} e^{-1/2} \cdot x = \frac{1}{\sqrt{2\pi}\sigma^2} e^{-1/2}(2\sigma - \mu + x).$$

Schnittpunkt der Tangente mit der x-Achse:

$$y(x) = 0 \iff 2\sigma - \mu + x = 0 \iff x = \mu - 2\sigma.$$

ii) Die Tangente durch den Punkt $(x_2, f(x_2))$ wird analog zu i) bestimmt.
Der Schnittpunkt der Tangente durch den Punkt $(x_2, f(x_2))$ mit der x-Achse liegt bei $x = \mu + 2\sigma$.
Kurze Argumentation:
Die Funktion f ist symmetrisch zu $x = \mu$, d. h.

$$f(\mu - z) = f(\mu + z) \text{ für alle } z \in \mathbb{R}.$$

Daraus folgt unmittelbar das obige Ergebnis.

d) Skizze:

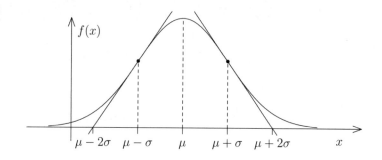

Lösung zu Aufgabe 10.6:

Skizze: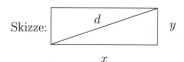

Aus dem Satz von Pythagoras folgt: $d^2 = x^2 + y^2 \implies y^2 = d^2 - x^2 \overset{y \geq 0}{\implies} y = \sqrt{d^2 - x^2}$. Die Fläche des Rechtecks soll nun maximiert werden, d. h.

$$F(x, y) = x \cdot y \longrightarrow \underset{0 \leq x, y \leq d}{\text{Maximum}}.$$

Einsetzen der Gleichung für y ergibt die Funktion H in der Variablen x:

$$H(x) = F\left(x, \sqrt{d^2 - x^2}\right) = x \cdot \sqrt{d^2 - x^2}, \quad x \in [0, d];$$

$$H'(x) = \sqrt{d^2 - x^2} + x \cdot \frac{1}{2 \cdot \sqrt{d^2 - x^2}} \cdot (-2x) = \frac{d^2 - x^2 - x^2}{\sqrt{d^2 - x^2}} \overset{!}{=} 0 \iff x^2 = \frac{d^2}{2}.$$

Da $x \geq 0$ und $d > 0$, ist die Lösung gegeben durch $x = \frac{d}{\sqrt{2}}$, d. h. bei $x = \frac{d}{\sqrt{2}}$ liegt ein mögliches Extremum.

$$H''(x) = \frac{-4x\sqrt{d^2 - x^2} - \left(2\sqrt{d^2 - x^2}\right)^{-1}(-2x)(d^2 - 2x^2)}{d^2 - x^2}$$

KURVENDISKUSSION UND OPTIMIERUNG

$$= \frac{-4x(d^2-x^2)+x(d^2-2x^2)}{(d^2-x^2)^{3/2}} = \frac{2x^3-3xd^2}{(d^2-x^2)^{3/2}}$$

$$H''\left(\frac{d}{\sqrt{2}}\right) = \frac{1}{\left(d^2-\frac{d^2}{2}\right)^{3/2}} \cdot \frac{d}{\sqrt{2}}\left(2\cdot\frac{d^2}{2}-3d^2\right) = \frac{1}{(d/\sqrt{2})^3}\cdot\left(-\frac{2d^3}{\sqrt{2}}\right) = -4 < 0 \,,$$

d. h. H besitzt ein relatives Maximum bei $x = \frac{d}{\sqrt{2}}$.

Der Vergleich des zugehörigen Funktionswerts $H\left(\frac{d}{\sqrt{2}}\right) = \frac{d}{\sqrt{2}}\sqrt{d^2-\frac{d^2}{2}} = \frac{d}{\sqrt{2}}\cdot\frac{d}{\sqrt{2}} = \frac{d^2}{2}$ mit den Funktionswerten der Randpunkte $x = 0$ ($H(0) = 0$) bzw. $x = d$ ($H(d) = 0$) zeigt, dass das absolute Maximum von H bei $x = \frac{d}{\sqrt{2}}$ $\left(\Longrightarrow y = \frac{d}{\sqrt{2}}\right)$ liegt.

Bei vorgegebener Länge d der Diagonalen besitzt das Quadrat (mit der Seitenlänge $\frac{d}{\sqrt{2}}$) unter allen Rechtecken den größten Flächeninhalt.

Lösung zu Aufgabe 10.7:

a) Skizze:

Fläche: $F(x,y) = x \cdot y$,

Umfang: $U = 2x + 2y \Longrightarrow 2y = U - 2x \Longrightarrow y = \frac{U}{2} - x$.

Einsetzen der letzten Gleichung ergibt die Funktion H (zur Beschreibung des Flächeninhalts), die nur von x abhängt:

$$H(x) = F\left(x, \tfrac{1}{2}(U-2x)\right) = x \cdot \tfrac{1}{2}(U-2x) = \tfrac{1}{2}Ux - x^2, \quad x \in \left[0, \tfrac{U}{2}\right],$$

$H'(x) = \tfrac{1}{2}U - 2x, \qquad H''(x) = -2 \,.$

$H'(x) = \tfrac{1}{2}U - 2x \stackrel{!}{=} 0 \Longleftrightarrow x = \tfrac{1}{4}U,$ daraus ergibt sich: $y = \tfrac{1}{2}\left(U - \tfrac{1}{2}U\right) = \tfrac{1}{4}U;$

$H''(x) = -2 < 0$, d. h. relatives Maximum bei $x = \tfrac{1}{4}U$, $F\left(\tfrac{1}{4}U, \tfrac{1}{4}U\right) = \tfrac{1}{16}U^2 \,.$

Wegen $0 \le x \le \tfrac{U}{2}$ ($0 \le y \le \tfrac{U}{2}$) und $\lim\limits_{x\to 0} H(x) = 0$ und $\lim\limits_{x\to U/2} H(x) = 0$ liegt an der Stelle $x = \tfrac{U}{4}$ das absolute Maximum. Bei gegebenem Umfang U hat also das Quadrat unter allen Rechtecken die größte Fläche.

b) Skizze:

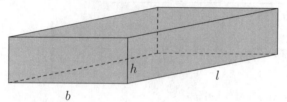

Abmessungen des Quaders: $l = 20$ cm, $h = 5$ cm, $b = 10$ cm;

Oberfläche: $\quad F(l, b, h) = 2lb + 2lh + 2bh,$

Volumen: $\quad V(l, b, h) = l \cdot b \cdot h, \quad\quad$ mit $l, b, h \geq 0;$

hier: $\quad V(l, b, h) = 20 \cdot 10 \cdot 5 \text{ cm}^3 = 1\,000 \text{ cm}^3$ und $l = 20$ cm, also

$$b = \tfrac{V(l,b,h)}{l \cdot h} = \tfrac{1\,000}{l \cdot h} = \tfrac{50}{h}.$$

Damit folgt: $\quad H(h) = F\left(20, \tfrac{50}{h}, h\right) = 2 \cdot 20 \cdot \tfrac{50}{h} + 2 \cdot 20 \cdot h + 2 \cdot \tfrac{50}{h} \cdot h$

$$= \tfrac{2\,000}{h} + 40h + 100, \quad h \in (0, \infty);$$

$H'(h) = -\tfrac{2\,000}{h^2} + 40 \overset{!}{=} 0 \iff h^2 = \tfrac{2\,000}{40} (= 50) \iff h = \sqrt{50} \quad$ (da h positiv);

$H''(h) = \tfrac{4\,000}{h^3} > 0, \quad$ d. h. ein relatives Minimum von H liegt bei $h = \sqrt{50} = 5\sqrt{2}$.

Wegen $\lim\limits_{h \to 0} H(h) = \infty$, $\lim\limits_{h \to \infty} H(h) = \infty$ und der Stetigkeit der Funktion H ist $h^* = 5\sqrt{2}$ absolutes Minimum von H. Aus $h = 5\sqrt{2}$ folgt $b = \tfrac{50}{h} = \tfrac{50}{\sqrt{50}} = \sqrt{50} = 5\sqrt{2}$, d. h. der Quader hat einen quadratischen Querschnitt mit der Oberfläche:

$$H(h^*) = H(5\sqrt{2}) = \tfrac{2\,000}{5\sqrt{2}} + 40 \cdot 5\sqrt{2} + 100 = \tfrac{400}{\sqrt{2}} + 200\sqrt{2} + 100 \approx 665{,}685.$$

Der in der Aufgabe beschriebene Quader hat die Oberfläche

$$H(5) = \tfrac{2\,000}{5} + 40 \cdot 5 + 100 = 700,$$

d. h. die Materialeinsparung beträgt: $\tfrac{700 - 665{,}685}{700} \approx 4{,}9\%.$

Lösung zu Aufgabe 10.8:

Gewinnfunktion G:

$G(x) = (20 - 14 - x)(10\,000 + x \cdot 2\,000) = (6 - x)(10\,000 + 2\,000x) = 60\,000 + 2\,000x - 2\,000x^2.$

KURVENDISKUSSION UND OPTIMIERUNG

Die Funktion G ist als Polynom zweiten Grades eine auf $\mathbb{R}$ stetige Funktion. In dieser Aufgabe ist der Definitionsbereich $D = [0, \infty)$ zu betrachten.

$$G'(x) = -4\,000x + 2\,000, \quad G''(x) = -4\,000, \quad G'(x) = 0 \iff x = \tfrac{1}{2},$$

Wegen $G''\left(\tfrac{1}{2}\right) < 0$ liegt bei $x = \tfrac{1}{2}$ ein relatives Maximum mit Wert $G\left(\tfrac{1}{2}\right) = 60\,500$. Da ferner $\lim_{x \to \infty} G(x) = -\infty$ und $G(0) = 60\,000$ gilt, ergibt sich

$$G\left(\tfrac{1}{2}\right) > G(0) > \lim_{x \to \infty} G(x).$$

Daher ist der Gewinn bei $x = \tfrac{1}{2}$ maximal. Dies entspricht einem Verkaufspreis von 19,50 €.

Lösung zu Aufgabe 10.9:

a) Seien $p(x) = 40\,000 - 1\,000x$, $K(x) = 500x^3 - 8\,500x^2 + 40\,000x$, $x \geq 0$.

   Erlös: $E(x) = x \cdot p(x) = 40\,000x - 1\,000x^2$,
   Gewinn: $G(x) = E(x) - K(x) = -500x^3 + 7\,500x^2$.

b) $G'(x) = -1\,500x^2 + 15\,000x = 0 \iff x = 0 \lor x = 10$,
   $G''(x) = -3\,000x + 15\,000$, $G''(0) = 15\,000 > 0$ und $G''(10) = -15\,000 < 0$
   $\implies$ bei $x = 10$ liegt ein relatives Maximum von G.

   $G(10) = 250\,000$ ist das absolute Maximum auf $[0, 25]$, denn
   $$G(25) = -3\,125\,000 < G(10) \text{ und } G(0) = 0 < G(10).$$

   Also beträgt der maximale Gewinn 250 000 €.

Lösung zu Aufgabe 10.10:

Kosten: $K(x) = 1\,000 + 50x^2$, Erlös: px (also $400x$ bzw. $1\,000x$), Gewinn: $G(x) = px - K(x)$,

$$G_1(x) = 400x - 1\,000 - 50x^2, \quad G_2(x) = 1\,000x - 1\,000 - 50x^2.$$

Es ist ein $x \in [0, \infty)$ derart zu bestimmen, dass G_1 (bzw. G_2) maximal ist. Die Funktionen G_1 und G_2 sind auf dem zu betrachtenden Definitionsbereich $[0, \infty)$ stetig.

a) $G_1'(x) = 400 - 100x$, $G_1''(x) = -100$.

   $\left.\begin{array}{l} G_1'(x) = 400 - 100x = 0 \iff x = 4 \\ G_1''(4) = -100 < 0 \end{array}\right\} \implies G_1$ hat ein relatives Maximum bei $x = 4$.

   Bei $x = 4$ liegt auch das absolute Maximum, denn $G_1(0) = -1\,000 < G_1(4) = -200$ und $\lim_{x \to \infty} G_1(x) = -\infty < G_1(4)$. Insgesamt gilt also: Beim Tagespreis von 400 € müssen zur Gewinnmaximierung vier Computer pro Tag produziert werden. Dann ist der Gewinn -200 €.

b) $G_2'(x) = 1\,000 - 100x$, $G_2''(x) = -100$.

$\left.\begin{array}{l} G_2'(x) = 1\,000 - 100x = 0 \Longleftrightarrow x = 10 \\ G_2''(10) = -100 < 0 \end{array}\right\} \Longrightarrow \begin{array}{l} G_2 \text{ hat ein relatives Maximum bei} \\ x = 10. \end{array}$

Bei $x = 10$ liegt auch das absolute Maximum, denn $G_2(0) = -1\,000 < G_2(10) = 4\,000$ und $\lim\limits_{x \to \infty} G_2(x) = -\infty < G_2(10)$. Insgesamt gilt also: Beim Tagespreis von $1\,000$ € müssen zur Gewinnmaximierung 10 Computer pro Tag produziert werden. Dann ist der Gewinn $4\,000$ €.

Lösung zu Aufgabe 10.11:

$f(x) = ax^3 + bx^2 + cx + d$, $f'(x) = 3ax^2 + 2bx + c$, $f''(x) = 6ax + 2b$

a) Nullstelle bei $x = -2$: $f(-2) = 0 \Longrightarrow -8a + 4b - 2c + d = 0$.

b) Extremum bei $(0, 11)$: $f(0) = 11 \Longrightarrow d = 11$, $f'(0) = 0 \Longrightarrow c = 0$.

c) Wendepunkt bei $x = 3$: $f''(3) = 0 \Longrightarrow 18a + 2b = 0$.

Damit erhält man:
$\begin{array}{rl} -8a + 4b + 11 & = 0 \\ 18a + 2b & = 0 \end{array}$
$\Longrightarrow$
$\begin{array}{rl} 36a + 4b = & 0 \\ -8a + 4b = & -11 \\ \hline - \quad 44a \quad = & 11 \end{array}$

Also: $a = \frac{1}{4}$, $b = -\frac{9}{4}$, $c = 0$, $d = 11$; d. h. $f(x) = \frac{1}{4}x^3 - \frac{9}{4}x^2 + 11$.

Lösung zu Aufgabe 10.12:

$f(x) = ax^3 + bx^2 + cx + d$, $f'(x) = 3ax^2 + 2bx + c$, $f''(x) = 6ax + 2b$

Bekannt:

a) Kurve verläuft durch $(0, 2)$: $f(0) = d = 2$.

b) Wendepunkt bei $x = -1$: $f''(-1) = -6a + 2b = 0 \Longleftrightarrow b = 3a$.

c) Kurve verläuft durch $(1, 3)$: $f(1) = a + b + c + d = 3$.

d) relatives Extremum in $(1, 3)$: $f'(1) = 3a + 2b + c = 0$.

Das aus a)–d) resultierende Gleichungssystem hat die eindeutige Lösung: $a = -\frac{1}{5}$, $b = -\frac{3}{5}$, $c = \frac{9}{5}$, $d = 2$. Also ist f mit $f(x) = -\frac{1}{5}x^3 - \frac{3}{5}x^2 + \frac{9}{5}x + 2$ die gesuchte Funktion.

KURVENDISKUSSION UND OPTIMIERUNG

Lösung zu Aufgabe 10.13:

$f(x) = ax^4 + bx^3 + cx^2 + dx + e$. Gesucht: Koeffizienten a, b, c, d, e.

- f besitzt im Nullpunkt einen Wendepunkt mit Tangentengleichung $y = x$.

    Resultierende Gleichungen:

    i) f geht durch den Nullpunkt: $f(0) = 0$.

    ii) f hat in $(0,0)$ einen Wendepunkt: $f''(0) = 0$.

    iii) f hat in $(0,0)$ die Tangentengleichung $y = x$, d. h. die Tangente hat im Nullpunkt die Steigung 1, d. h. $f'(0) = 1$.

- f hat im Punkt $(2,4)$ einen Extremwert. Die daraus resultierenden Gleichungen sind:

    iv) $f(2) = 4$,

    v) $f'(2) = 0$.

$f'(x) = 4ax^3 + 3bx^2 + 2cx + d$, $f''(x) = 12ax^2 + 6bx + 2c$

$\left.\begin{array}{l} \text{i)} \ f(0) = 0 \implies e = 0 \\ \text{ii)} \ f''(0) = 0 \implies c = 0 \\ \text{iii)} \ f'(0) = 1 \implies d = 1 \end{array}\right\} \implies f(x) = ax^4 + bx^3 + x \text{ und } f'(x) = 4ax^3 + 3bx^2 + 1$

iv) $f(2) = 4: \quad 16a + 8b \quad + 2 = 4$

v) $f'(2) = 0: \quad 4a \cdot 8 + 3b \cdot 4 + 1 = 32a + 12b + 1 = 0$

Zu lösendes Gleichungssystem:

$\begin{cases} 16a + 8b + 2 = 4 \\ 32a + 12b + 1 = 0 \end{cases} \iff \begin{cases} 16a + 8b = 2 \\ 32a + 12b = -1 \end{cases} \iff \begin{cases} b = \frac{1-8a}{4} \\ 32a + 12b = -1 \end{cases} \iff \begin{cases} b = \frac{5}{4} \\ a = -\frac{1}{2} \end{cases}$

Lösung für die Koeffizienten: $a = -\frac{1}{2}$, $b = \frac{5}{4}$, $c = 0$, $d = 1$, $e = 0$. Folglich ist $f(x) = -\frac{1}{2}x^4 + \frac{5}{4}x^3 + x$.

Lösung zu Aufgabe 10.14:

$f_a(x) = ax^2 - 2x + 1$

a) Gleichung der Tangente an die Parabel im Punkt $(1, f(1))$:

Benötigte Ausdrücke: $f_a(1) = a - 1$, $f_a'(x) = 2ax - 2$, $f_a'(1) = 2a - 2$.

Tangente: $g_a(x) = f_a(1) + f_a'(1) \cdot (x - 1) = (a - 1) + 2(a - 1)(x - 1)$
$= 2(a - 1)x + (a - 1 - 2a + 2) = 2(a - 1)x + 1 - a$.

$g_a(0) = 0 \iff 1 - a = 0 \iff a = 1.$

Für $a = 1$ (und nur für diesen Wert von a) liegt $(0,0)$ auf der Tangente.

b) $f_a(-3) = 9a + 6 + 1 = 9a + 7; \; f_a(-3) = 43 \iff 9a = 36 \iff a = 4,$

$$f_4(x) = 4x^2 - 2x + 1, \quad f_4'(x) = 8x - 2, \quad f_4'(-3) = -24 - 2 = -26;$$

Tangentengleichung: $g_4(x) = f_4(-3) + f_4'(-3)(x - (-3)) = 43 - 26(x + 3) = -26x - 35.$

Lösung zu Aufgabe 10.15:

$f(x,y) = x^2 y - 9y - 2x^2 + 5, \; f(1,2) = -13;$
$f_x(x,y) = 2xy - 4x, \; f_x(1,2) = 0; \; f_y(x,y) = x^2 - 9, \; f_y(1,2) = -8.$
Bestimmung stationärer Punkte:

$$\begin{aligned} f_x(x,y) = 0 \wedge f_y(x,y) = 0 &\iff 2xy - 4x = 0 \wedge x^2 - 9 = 0 \\ &\iff 2x(y-2) = 0 \wedge (x = 3 \vee x = -3) \iff (x = 0 \vee y = 2) \wedge (x = 3 \vee x = -3) \\ &\iff (x = 0 \wedge x = 3) \vee (x = 0 \wedge x = -3) \vee (y = 2 \wedge x = 3) \vee (y = 2 \wedge x = -3) \\ &\iff (y = 2 \wedge x = 3) \vee (y = 2 \wedge x = -3) \end{aligned}$$

Die stationären Punkte von f sind also $(-3, 2)$ und $(3, 2)$.
Tangentialebene: $z = f(x_0, y_0) + f_x(x_0, y_0)(x - x_0) + f_y(x_0, y_0)(y - y_0), \; (x_0, y_0) = (1, 2).$
Damit erhält man: $z = -13 - 8(y - 2) = 3 - 8y.$

Lösung zu Aufgabe 10.16:

Extremwerte zu $f(x, y) = x^2 + y^2 - 6x - 2y + 10$:

$$f_x(x,y) = 2x - 6 = 0 \iff x = 3, \qquad f_y(x,y) = 2y - 2 = 0 \iff y = 1.$$

Also ist $(x_0, y_0) = (3, 1)$ stationärer Punkt von f. Weiterhin gilt für die zweiten partiellen Ableitungen: $f_{xx}(x,y) = 2, \; f_{yy}(x,y) = 2, \; f_{xy}(x,y) = 0.$
Es gilt also: $f_{xx}(3,1) f_{yy}(3,1) - f_{xy}^2(3,1) = 4 > 0$. Da zusätzlich $f_{xx}(3,1) = 2 > 0$, folgt, dass f im Punkt $(3,1)$ ein relatives Minimum (mit Wert $f(3,1) = 0$) hat.

Extremwerte zu $g(x,y) = e^{(x-e)^2 + y^2}$:

$$g_x(x,y) = 2(x-e)e^{(x-e)^2 + y^2} = 0 \iff x = e, \qquad g_y(x,y) = 2y e^{(x-e)^2 + y^2} = 0 \iff y = 0,$$

so dass $(x_0, y_0) = (e, 0)$ einziger stationärer Punkt von g ist.
Weiter ist $g_{xx}(x,y) = 2(2(x-e)^2 + 1)e^{(x-e)^2 + y^2}, \; g_{yy}(x,y) = 2(2y^2 + 1)e^{(x-e)^2 + y^2},$

KURVENDISKUSSION UND OPTIMIERUNG

$g_{x,y}(x,y) = 4y(x-\mathrm{e})\mathrm{e}^{(x-\mathrm{e})^2+y^2}$. Also gilt:
$$g_{xx}(\mathrm{e},0)g_{yy}(\mathrm{e},0) - g_{xy}^2(\mathrm{e},0) = 2\mathrm{e}^0 \cdot 2\mathrm{e}^0 - 0 = 4 > 0.$$

Da zusätzlich $g_{xx}(\mathrm{e},0) = 2 > 0$, folgt:

g hat im Punkt $(x_0, y_0) = (\mathrm{e}, 0)$ ein relatives Minimum (mit Wert $g(\mathrm{e},0) = 1$).

Beide ermittelten relativen Minima sind auch absolute Minima. Es ist $g(x,y) \geq 1$ $\forall\, (x,y) \in \mathbb{R}^2$, da für den Exponenten gilt: $(x-\mathrm{e})^2 + y^2 \geq 0$.

Bezüglich f gilt: $x^2 - 6x \geq -9$, $y^2 - 2y \geq -1$ (was jeweils unmittelbar über eine Kurvendiskussion einzusehen ist bzw. wegen $x^2 - 6x + 9 = (x-3)^2 \geq 0$ und $y^2 - 2y + 1 = (y-1)^2 \geq 0$ offensichtlich ist).

Also folgt insgesamt: $f(x,y) = (x^2 - 6x) + (y^2 - 2y) + 10 \geq -9 - 1 + 10 = 0$.

Lösung zu Aufgabe 10.17:

a) Stationäre Punkte von $f(x,y) = x(x+1) + 2y(y+2)$ unter der Nebenbedingung $x^2 = 1 - 2y^2$.

Mit $\varphi(x,y) = x^2 + 2y^2 - 1$ sind $\varphi_x(x,y) = 2x$, $\varphi_y(x,y) = 4y$; weiterhin gilt $f_x(x,y) = 2x + 1$, $f_y(x,y) = 4y + 4$.

Die Lagrangefunktion ist gegeben durch
$$L(x,y,\lambda) = f(x,y) + \lambda\varphi(x,y) = x^2 + x + 2y^2 + 4y + \lambda(x^2 + 2y^2 - 1)$$

mit partiellen Ableitungen:
$$\frac{\partial}{\partial x}L(x,y,\lambda) = 2x + 1 + 2\lambda x$$
$$\frac{\partial}{\partial y}L(x,y,\lambda) = 4y + 4 + 4\lambda y$$
$$\frac{\partial}{\partial \lambda}L(x,y,\lambda) = x^2 + 2y^2 - 1$$

(x,y,λ) ist ein stationärer Punkt von L bzw. (x,y) ist ein stationärer Punkt von f unter der Nebenbedingung $\varphi(x,y) = 0$, falls

$$\begin{cases} 2x + 1 + 2\lambda x = 0 \\ 4y + 4 + 4\lambda y = 0 \\ x^2 + 2y^2 - 1 = 0 \end{cases} \iff \begin{cases} 2x(\lambda + 1) + 1 = 0 & \text{(I)} \\ y(\lambda + 1) + 1 = 0 & \text{(II)} \\ x^2 + 2y^2 - 1 = 0 & \text{(III)} \end{cases}$$

Aus (I) folgt $x = \frac{1}{2(\lambda+1)}$ (Es ist $\lambda \neq -1$, denn $\lambda = -1$ liefert einen Widerspruch in (I).).

Zusammen mit der Gleichung $y = -\frac{1}{\lambda+1}$ aus (II) erhält man durch Einsetzen in (III):

$$\frac{1}{4(\lambda+1)^2} + \frac{2}{(\lambda+1)^2} = 1 \iff (\lambda+1)^2 = \frac{9}{4} \iff \lambda = -\frac{5}{2} \lor \lambda = \frac{1}{2}.$$

$\lambda = -\frac{5}{2}$ führt auf $x = -\frac{1}{2(-\frac{5}{2}+1)} = \frac{1}{3}$ und $y = -\frac{1}{\lambda+1} = \frac{2}{3}$; $\lambda = \frac{1}{2}$ führt auf $x = -\frac{1}{3}$ und $y = -\frac{2}{3}$.

Damit sind $\left(\frac{1}{3}, \frac{2}{3}, -\frac{5}{2}\right)$ und $\left(-\frac{1}{3}, -\frac{2}{3}, \frac{1}{2}\right)$ stationäre Punkte von L bzw. $\left(\frac{1}{3}, \frac{2}{3}\right)$ und $\left(-\frac{1}{3}, -\frac{2}{3}\right)$ stationäre Punkte von f unter der Nebenbedingung $\varphi(x, y) = 0$.

b) $f_{xx}(x, y) = 2$, $f_{yy}(x, y) = 4$, $f_{xy}(x, y) = 0 \Longrightarrow f_{xx}(x, y)f_{yy}(x, y) - f_{xy}^2(x, y) = 8 > 0$;
Weiterhin ist $f_x(x, y) = 0 \iff x = -\frac{1}{2}$ und $f_y(x, y) = 0 \iff y = -1$.

Also ist $(x_0, y_0) = \left(-\frac{1}{2}, -1\right)$ der einzige stationäre Punkt von f. Da $f_{xx}(x_0, y_0) = 2 > 0$, liegt dort ein relatives Minimum $\left(\text{mit Wert } f(x_0, y_0) = -\frac{9}{4}\right)$.

Lösung zu Aufgabe 10.18:

a) Gesucht: Stationärer Punkt von $f(x, y) = x^2 + y(c + 2x + 3y)$ unter der Nebenbedingung $2x = 1 - y$.

$\varphi(x, y) = 2x + y - 1 \Longrightarrow \varphi_x(x, y) = 2$, $\varphi_y(x, y) = 1$; $f_x(x, y) = 2(x + y)$, $f_y(x, y) = 2x + 6y + c$;

(x, y) ist ein stationärer Punkt von f unter der Nebenbedingung $\varphi(x, y) = 0$ genau dann, wenn (x, y) das folgende Gleichungssystem löst:

$$2x + y = 1 \ (1) \quad \wedge \ 2x + 2y + 2\lambda = 0 \ (2) \quad \wedge \ 2x + 6y + \lambda = -c \ (3).$$

(1) $\iff y = 1 - 2x$ eingesetzt in (2), (3) ergibt: $-2x + 2\lambda = -2 \wedge -10x + \lambda = -(6 + c)$.
Daraus ergibt sich $x = \frac{5+c}{9}$ und somit (s. (1)): $y = 1 - \frac{2(5+c)}{9} = -\frac{1+2c}{9}$.
Also ist $(x_0, y_0) = \left(\frac{5+c}{9}, -\frac{1+2c}{9}\right)$ ein stationärer Punkt. An dieser Stelle liegt ein mögliches Extremum von f unter der Nebenbedingung $\varphi(x, y) = 0$.

b) $y_0 = 1 \iff c = -5$.

c) $f_{xx}(x, y) = 2$, $f_{yy}(x, y) = 6$, $f_{xy}(x, y) = 2$

$$\Longrightarrow \quad f_{xx}(x, y)f_{yy}(x, y) - f_{xy}^2(x, y) = 8 > 0. \qquad (*)$$

Wegen $f_x(x, y) = 0 \wedge f_y(x, y) = 0 \iff 2x + 2y = 0 \wedge 2x + 6y = -1$ ist der Punkt $(x, y) = \left(\frac{1}{4}, -\frac{1}{4}\right)$ einziger „Kandidat" für ein lokales Extremum. Da zusätzlich zu $(*)$ auch $f_{xx}\left(\frac{1}{4}, -\frac{1}{4}\right) = 2 > 0$ gilt, liegt bei $\left(\frac{1}{4}, -\frac{1}{4}\right)$ ein relatives Minimum $\left(\text{mit Wert } f\left(\frac{1}{4}, -\frac{1}{4}\right) = -\frac{1}{8}\right)$ vor.

Ergänzung zu 10.18.a).

Da die Nebenbedingung nach einer Variablen auflösbar ist, gelingt mit der Variablensubstitution auf einfache Art der Nachweis, dass an der Stelle (x_0, y_0) ein lokales Minimum von f unter der Nebenbedingung $\varphi(x, y) = 0$ vorliegt.

KURVENDISKUSSION UND OPTIMIERUNG

Die Kenntnis $y = 1 - 2x$ aus der Nebenbedingung wird in die Funktion f eingesetzt, so dass eine Funktion von lediglich einer Variablen entsteht:

$$f(x,y) = x^2 + (1-2x)(c + 2x + 3(1-2x))$$
$$= x^2 + (1-2x)(c + 3 - 4x) = 9x^2 - 2x(5+c) + c + 3 = g(x).$$

(Der Graph von g ist eine nach oben geöffnete Parabel.)

Notwendige Bedingung für ein Extremum:

$$g'(x) = 18x - 2(5+c) \stackrel{!}{=} 0 \iff x = \frac{5+c}{9}.$$

Hinreichende Bedingung: $g''\left(\frac{5+c}{9}\right) = 18 > 0$. Also liegt bei $x_0 = \frac{5+c}{9}$ ein lokales Minimum von g.

Damit ist (x_0, y_0) mit $y_0 = 1 - 2x_0 = -\frac{1+2c}{9}$ eine lokale Minimalstelle von f unter der Nebenbedingung $2x = 1 - y$.

Lösung zu Aufgabe 10.19:

a) $f(x,y) = 3x^2 + 4y^2 + 6xy$, $\varphi(x,y) = x + 2y - 4$, $f_x(x,y) = 6x + 6y$, $\varphi_x(x,y) = 1$, $f_y(x,y) = 6x + 8y$, $\varphi_y(x,y) = 2$.

Stationäre Punkte (x, y) sind Lösungen des Gleichungssystems

$$\begin{cases} 6x + 6y + \lambda = 0 \\ 6x + 8y + 2\lambda = 0 \\ x + 2y - 4 = 0 \end{cases} \quad \text{Dazu:} \quad \begin{array}{l} 12x + 12y + 2\lambda = 0 \\ 6x + 8y + 2\lambda = 0 \\ \hline -\;\; 6x + 4y = 0 \end{array} \quad \longrightarrow \quad \begin{array}{l} 6x + 4y = 0 \\ 2x + 4y = 8 \\ \hline -\;\; 4x = -8 \end{array}$$

Daraus erhält man $x = -2$ und $y = 3$, d. h. $(-2, 3)$ ist stationärer Punkt.

b) $f(x,y) = 3x + 2y + 5$, $\varphi(x,y) = x^2 + 2y^2 - 1$, $f_x(x,y) = 3$, $\varphi_x(x,y) = 2x$, $f_y(x,y) = 2$, $\varphi_y(x,y) = 4y$.

Ein stationärer Punkt ist Lösung des folgenden Gleichungssystems:

$$\begin{cases} 3 + 2x \cdot \lambda = 0 \longrightarrow x = -\frac{3}{2\lambda} \\ 2 + 4y \cdot \lambda = 0 \longrightarrow y = -\frac{1}{2\lambda} \\ x^2 + 2y^2 - 1 = 0 \quad \longrightarrow \frac{9}{4\lambda^2} + \frac{1}{2\lambda^2} = 1 \end{cases}$$

(Es ist $\lambda \neq 0$, denn $\lambda = 0$ würde zu einem Widerspruch führen.)

d. h. $\frac{11}{4\lambda^2} = 1 \iff \lambda^2 = \frac{11}{4} \iff \lambda = \frac{\sqrt{11}}{2} \vee \lambda = -\frac{\sqrt{11}}{2}$. Dies ergibt

für $\lambda = \frac{\sqrt{11}}{2}$: $x = -\frac{3}{\sqrt{11}}$, $y = -\frac{1}{\sqrt{11}}$, bzw. für $\lambda = -\frac{\sqrt{11}}{2}$: $x = \frac{3}{\sqrt{11}}$, $y = \frac{1}{\sqrt{11}}$.

Stationäre Punkte: $\left(-\frac{3}{\sqrt{11}}, -\frac{1}{\sqrt{11}}\right)$, $\left(\frac{3}{\sqrt{11}}, \frac{1}{\sqrt{11}}\right)$.

Lösung zu Aufgabe 10.20:

a) Gesucht: Stationäre Punkte von $f(x,y) = 10 - 2x^2 - y^2$ unter der Nebenbedingung $\varphi(x,y) = 2x + y - 3 = 0$.

$$\varphi_x(x,y) = 2, \quad \varphi_y(x,y) = 1, \quad f_x(x,y) = -4x, \quad f_y(x,y) = -2y.$$

Damit ist (x,y) stationär genau dann, wenn ein $\lambda \in \mathbb{R}$ existiert, so dass x, y und λ das folgende Gleichungssystem lösen:

$$\varphi(x,y) = 0 \; (1) \; \wedge \; f_x(x,y) + \lambda \varphi_x(x,y) = 0 \; (2) \; \wedge \; f_y(x,y) + \lambda \varphi_y(x,y) = 0 \; (3).$$

In der vorliegenden Situation gilt daher:

$$2x + y = 3 \; (1) \; \wedge \; -4x + 2\lambda = 0 \; (2) \; \wedge \; -2y + \lambda = 0 \; (3).$$

Aus der Umformung $(2) - 2 \cdot (3)$: $-4x + 4y = 0 \iff -x + y = 0$ folgt mit (1): $x = 1$, so dass auch $y = 1$ gilt. Damit ist $(x_0, y_0) = (1, 1)$ der gesuchte stationäre Punkt.

b) Gesucht: Stationäre Punkte von $f(x,y) = 3y + 2x - 7$ unter der Nebenbedingung $\varphi(x,y) = x^2 + y^2 - 1 = 0$.

$$\varphi_x(x,y) = 2x, \quad \varphi_y(x,y) = 2y, \quad f_x(x,y) = 2, \quad f_y(x,y) = 3.$$

Analog zu a) erhält man die Gleichungen:

(1) $x^2 + y^2 = 1 \;\wedge\; (2)\; 2 + 2\lambda x = 0 \;(\iff x = -\frac{1}{\lambda}) \;\wedge\; (3)\; 3 + 2\lambda y = 0 \;(\iff y = -\frac{3}{2\lambda})$.

(Es ist ist $\lambda \neq 0$, denn $\lambda = 0$ würde zu einem Widerspruch in den Gleichungen führen.)

Eingesetzt in (1): $\frac{1}{\lambda^2} + \frac{9}{4\lambda^2} = 1 \iff \lambda^2 = \frac{13}{4} \iff \lambda = \frac{\sqrt{13}}{2} \;(=\lambda_1) \vee \lambda = -\frac{\sqrt{13}}{2} \;(=\lambda_2)$.

λ_1 in (2),(3) eingesetzt ergibt: $x = -\frac{2}{\sqrt{13}}$, $y = -\frac{3}{\sqrt{13}}$; λ_2 in (2),(3) eingesetzt ergibt: $x = \frac{2}{\sqrt{13}}$, $y = \frac{3}{\sqrt{13}}$; also sind $\left(\frac{2}{\sqrt{13}}, \frac{3}{\sqrt{13}}\right)$ und $\left(-\frac{2}{\sqrt{13}}, -\frac{3}{\sqrt{13}}\right)$ stationäre Punkte von f.

Lösung zu Aufgabe 10.21:

$$f(x,y) = \frac{(x+1)(y-1)x}{(x-1)y} = \frac{(x^2+x)(y-1)}{(x-1)y} = \frac{x^2+x}{x-1} \cdot \frac{y-1}{y}, \quad x \neq 1, \; y \neq 0.$$

a) Bestimmung der stationären Punkte von f:

$$f_x(x,y) = \frac{(2x+1)(x-1) - (x^2+x)}{(x-1)^2} \cdot \frac{y-1}{y} = \frac{x^2 - 2x - 1}{(x-1)^2} \cdot \frac{y-1}{y};$$

$$f_y(x,y) = \frac{x(x+1)}{x-1}\frac{1}{y^2};$$

Nullstellen von f_x:

$$f_x(x,y) = 0 \iff x^2 - 2x - 1 = 0 \lor y = 1 \iff x = 1 + \sqrt{2} \lor x = 1 - \sqrt{2} \lor y = 1$$

Nullstellen von f_y:

$$f_y(x,y) = 0 \iff x = 0 \lor x = -1$$

Es ist also $f_x(x,y) = 0 \land f_y(x,y) = 0$

$$\iff \left(x = 1 + \sqrt{2} \lor x = 1 - \sqrt{2} \lor y = 1\right) \land (x = 0 \lor x = -1)$$

$$\iff \underbrace{\left[\left(x = 1 + \sqrt{2} \lor x = 1 - \sqrt{2}\right) \land (x = 0 \lor x = -1)\right]}_{(f)} \lor [y = 1 \land (x = 0 \lor x = -1)]$$

$$\iff (y = 1 \land x = 0) \lor (y = 1 \land x = -1)$$

Die stationären Punkte von f sind also $(x,y) = (0,1)$ und $(x,y) = (-1,1)$.

b) Variablensubstitution $y = x + 1$:

$$f(x,y) = \frac{(x+1)(y-1)x}{(x-1)y} = \frac{(x+1)x^2}{(x-1)(x+1)} = \frac{x^2}{x-1}, \quad x \in \mathbb{R}\setminus\{-1,1\}.$$

Setze $g(x) = \dfrac{x^2}{x-1}$, $x \in \mathbb{R}\setminus\{1\}$. g ist also die in $x = -1$ stetige Ersatzfunktion von f unter der Nebenbedingung $y = x + 1$.

Zur Ermittlung der Extremwerte von f bzw. g:

$$g'(x) = \frac{2x(x-1) - x^2}{(x-1)^2} = \frac{x^2 - 2x}{(x-1)^2} = \frac{x(x-2)}{(x-1)^2}.$$

Wegen $g'(x) = 0 \iff x = 0 \lor x = 2$ liegen an diesen Stellen mögliche Extrema.

Zum Monotonieverhalten von g:

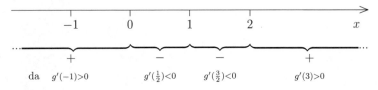

Daher besitzt die Funktion g (und damit auch f unter der Nebenbedingung $y = x + 1$) an der Stelle $x = 0$ ein lokales Maximum und an der Stelle $x = 2$ ein lokales Minimum.

Zum asymptotischen Verhalten:

$$\lim_{x \to \infty} g(x) = \lim_{x \to 1+} g(x) = \infty, \ \lim_{x \to 1-} g(x) = \lim_{x \to -\infty} g(x) = -\infty.$$

Die Funktion g besitzt also keine globalen Extrema.

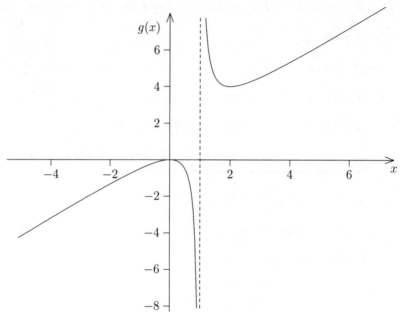

11 Integration

Literaturhinweis: KCO, Kapitel 5

Aufgaben

Aufgabe 11.1:

Bestimmen Sie jeweils eine zugehörige Stammfunktion zu den folgenden durch $f(x)$ gegebenen Funktionen:

a) $f(x) = 3x^2 + 2x + 1$ b) $f(x) = 1 - x^2 + x^4$ c) $f(x) = 4x + 3 + \dfrac{5}{x}$

d) $f(x) = \sqrt[4]{x}$ e) $f(x) = \dfrac{1}{3\sqrt[3]{x}}$ f) $f(x) = 3x\sqrt[3]{x} + 3$

g) $f(x) = \mathrm{e}^x$ h) $f(x) = x\mathrm{e}^{-x}$ i) $f(x) = 4x^3 \mathrm{e}^{x^4}$

j) $f(x) = 2^x$ k) $f(x) = \dfrac{\mathrm{e}^x}{1 + \mathrm{e}^x}$ l) $f(x) = \dfrac{3x + 4}{\sqrt{x}}$

m) $f(x) = \dfrac{\mathrm{e}^x + 2x}{\mathrm{e}^x + x^2}$ n) $f(x) = (x - b)\mathrm{e}^{-\frac{(x-b)^2}{2a^2}}$, $a, b \in \mathbb{R}, a \neq 0$

o) $f(x) = \dfrac{1}{x^2 - 1}$ (es gilt: $\dfrac{1}{x^2 - 1} = \dfrac{1}{2}\left(\dfrac{1}{x-1} - \dfrac{1}{x+1}\right)$)

Aufgabe 11.2:

Bestimmen Sie jeweils eine Stammfunktion zu

a) $f(x) = \log_a x$ b) $f(x) = 2x \ln x + x$ c) $f(x) = \dfrac{\ln x}{x^2}$ d) $f(x) = \dfrac{1}{x \ln x}$

e) $f(x) = (\ln x)^2$ f) $f(x) = x(\ln x)^2$ g) $f(x) = x^5 \ln x$

Hinweis zu a): Partielle Integration.

Aufgabe 11.3:

Berechnen Sie:

a) $\displaystyle\int \frac{6x^2+1}{2x^3+x}dx$
b) $\displaystyle\int \frac{1}{x(1-\ln x)}dx, \ x>0$
c) $\displaystyle\int \frac{-e^{-x}}{1+e^x}dx$

d) $\displaystyle\int \frac{\log_a e}{x \log_a x}dx, \ a>1, \ x>0$
e) $\displaystyle\int \frac{2x-\frac{1}{2}e^{-\frac{x}{2}}}{x^2+e^{-\frac{x}{2}}}dx$

Aufgabe 11.4:

Berechnen Sie folgende bestimmte Integrale:

a) $\displaystyle\int_1^3 \left(6x^2+4-\frac{1}{\sqrt{x}}\right)dx$
b) $\displaystyle\int_0^2 (2x+4)e^{x^2+4x}dx$
c) $\displaystyle\int_1^2 \frac{(\sqrt{x}+3)^3}{\sqrt{x}}dx$

d) $\displaystyle\int_1^e \left(x^3+3x^2-\frac{2}{x}\right)dx$
e) $\displaystyle\int_1^2 \frac{1-2xe^{-x^2}}{x+e^{-x^2}}dx$
f) $\displaystyle\int_0^2 xe^{2x}dx$

g) $\displaystyle\int_{-1}^1 \left(e^{0,5x}+x^2\right)dx$
h) $\displaystyle\int_{e-4}^{-1} \frac{1}{(x+4)\ln(x+4)}dx$
i) $\displaystyle\int_0^1 \left(xe^{\frac{x^2}{2}}-\sqrt{x}\right)dx$

Aufgabe 11.5:

a) Berechnen Sie $\displaystyle\int_{-1}^3 (|x|-|x-2|)dx$.

b) Berechnen Sie $\displaystyle\int_{\frac{1}{e}}^e (|\ln x|-2\ln x)dx$.

c) Fertigen Sie eine (grobe) Skizze der durch $y=|\ln x|-2\ln x$, $x\in(0,\infty)$ gegebenen Kurve an (Wertetabelle für z.B.: $x=0{,}2, \frac{1}{e}, 0{,}8, \ 1, \ 2, \ e$).

d) Bestimmen Sie den Inhalt der zwischen der Kurve aus b) (Integrand) und der x-Achse von $x=\frac{1}{e}$ bis $x=e$ eingeschlossenen Fläche.

Aufgabe 11.6:

Durch die Gleichung $y=x^2-e$, $x\in\mathbb{R}$, ist eine Parabel gegeben.

a) Zeigen Sie, dass diese Parabel im Intervall $[2,3]$ ganz oberhalb der x-Achse verläuft.

b) Zeichnen Sie die durch die x-Achse, die Parabel und die beiden Geraden $x=2$ und $x=3$ begrenzte Fläche, und

c) berechnen Sie ihren Flächeninhalt.

Aufgabe 11.7:

Berechnen Sie den Inhalt der Fläche zwischen der Kurve $y = f(x)$ und der x-Achse innerhalb der Grenzen $x = 1$ und $x = 2$:

a) $f(x) = \sqrt{x}$

b) $f(x) = x^3 + 6x^2 + 5$

c) $f(x) = -\dfrac{1}{x^2} - \dfrac{1}{\sqrt{x}}$

d) $f(x) = (x^2 + 1) \cdot e^x$

Aufgabe 11.8:

Berechnen Sie jeweils den Flächeninhalt der von der Parabel $y = -x^2 + 4x + 5$ bzw. $y = x^2 - 7x + 6$ mit der x-Achse eingeschlossenen Fläche.

Aufgabe 11.9:

Berechnen Sie jeweils den Inhalt der durch M_1 und M_2 gegebenen Fläche in der x, y-Ebene:

$$M_1 = \{(x, y) \in \mathbb{R}^2 \mid y \geq x^2\} \cap \{(x, y) \in \mathbb{R}^2 \mid y \leq 8 - x^2\},$$
$$M_2 = \{(x, y) \in \mathbb{R}^2 \mid (x - 2)^2 - 5 \leq y \leq 1\}.$$

Aufgabe 11.10:

Bestimmen Sie die Koeffizienten a, b, c und d des durch

$$f(x) = ax^3 + bx^2 + cx + d$$

definierten Polynoms dritten Grades so, dass f im Nullpunkt einen Wendepunkt hat, im Punkt $\left(\frac{\sqrt{3}}{3}, f\left(\frac{\sqrt{3}}{3}\right)\right)$ die Steigung 0 besitzt, wobei $f\left(\frac{\sqrt{3}}{3}\right) > 0$ ist, und mit dem positiven Teil der x-Achse eine Fläche mit Inhalt $\frac{3}{4}$ einschließt.

Aufgabe 11.11:

Gegeben sei die Parabel $f(x) = cx^2 - 2x - 6c$, $c \in \mathbb{R} \setminus \{0\}$.

a) Bestimmen Sie c so, dass die Funktion bei $x = \frac{1}{2}$ ein Extremum besitzt.

b) Berechnen Sie mit c aus a) den Inhalt der Fläche, die die Kurve $y = f(x)$ mit der x-Achse einschließt.

Aufgabe 11.12:

Für jede reelle Zahl a sei durch $f_a(x) = \int_0^x t^2(a - 4t)dt$ $(x \geq 0)$ eine Funktion gegeben.

a) Bestimmen Sie die Zahl a so, dass die Kurve $y = f_a(x)$ die x-Achse bei $x = 5$ schneidet.

b) Bestimmen Sie die Zahl a so, dass das bestimmte Integral über $x^2(a - 4x)$ zwischen $\frac{1}{2}$ und 1 den Wert 0 hat.

Aufgabe 11.13:

Ein mit 70 000 Tonnen Öl beladener Tanker verliert Öl aus einem Leck im Rumpf, und zwar beginnend mit dem Zeitpunkt des Leckschlagens am 10.01.2001 um 11.30 Uhr mit der Rate $f(t) = \ln(10(t+1))$ Tonnen/Minute. (Ähnlich wie die Geschwindigkeit $v(t)$ eines Fahrzeugs zur Zeit t definiert ist als der Grenzwert $\lim_{h \to 0} \frac{w(t+h) - w(t)}{h}$, wobei $w(t)$ der von einem Referenzzeitpunkt bis zum Zeitpunkt t zurückgelegte Weg ist, ist diese Rate definiert durch $f(t) = \lim_{h \to 0} \frac{F(t+h) - F(t)}{h}$, wobei $F(t)$ den Ölverlust vom Zeitpunkt des Leckschlagens bis zum Zeitpunkt t bezeichnet.)

a) Wann hat der Tanker seine gesamte Ladung verloren?

b) Wieviel Öl verliert er zwischen dem 12.1., 12 Uhr und dem 16.1., 10 Uhr?

Lösungen

Lösung zu Aufgabe 11.1:

a) $f(x) = 3x^2 + 2x + 1$, $F(x) = 3\dfrac{x^3}{3} + 2\dfrac{x^2}{2} + x = x^3 + x^2 + x$

b) $f(x) = 1 - x^2 + x^4$, $F(x) = x - \dfrac{x^3}{3} + \dfrac{x^5}{5}$

c) $f(x) = 4x + 3 + \dfrac{5}{x}$, $F(x) = 2x^2 + 3x + 5\ln|x|$

d) $f(x) = \sqrt[4]{x}$, $F(x) = \dfrac{4}{5}x^{\frac{5}{4}}$

e) $f(x) = \dfrac{1}{3}x^{-\frac{1}{3}}$, $F(x) = \dfrac{1}{2}x^{\frac{2}{3}}$

f) $f(x) = 3x(x+3)^{\frac{1}{3}}$.

Allgemein gilt: $g(x)h(x) - \displaystyle\int g'(x)h(x)dx$ ist eine Stammfunktion zu $g(x)h'(x)$ (sogenannte partielle Integration).

Mit $g(x) = 3x$ und $h'(x) = (x+3)^{\frac{1}{3}}$ erhält man die Stammfunktion:

$$F(x) = 3x \cdot \left(\dfrac{3}{4}(x+3)^{\frac{4}{3}}\right) - \int 3 \cdot \dfrac{3}{4}(x+3)^{\frac{4}{3}} dx = \dfrac{9}{4}x(x+3)^{\frac{4}{3}} - \dfrac{9}{4} \cdot \dfrac{3}{7}(x+3)^{\frac{7}{3}}$$

$$= \dfrac{9}{4}(x+3)^{\frac{4}{3}}\left(x - \dfrac{3}{7}(x+3)\right) = \dfrac{9}{28}(4x-9)(x+3)^{\frac{4}{3}}.$$

g) $f(x) = e^x$, $F(x) = e^x$

h) $f(x) = xe^{-x}$, partielle Integration: $F(x) = -xe^{-x} - \displaystyle\int (-e^{-x})dx = -xe^{-x} - e^{-x}$

i) $f(x) = 4x^3 e^{x^4}$ hat die Form $f'(g(x)) \cdot g'(x)$ mit $f(x) = e^x$, $g(x) = x^4$;
aus der Kettenregel folgt: $F(x) = f(g(x)) = e^{x^4}$.

j) $f(x) = 2^x = e^{x\ln 2}$, $F(x) = e^{x\ln 2} \cdot \dfrac{1}{\ln 2} = \dfrac{1}{\ln 2} 2^x$

k) $f(x) = \dfrac{e^x}{1 + e^x}$. Allgemein gilt: $f(x) = \dfrac{g'(x)}{g(x)} \implies F(x) = \ln(|g(x)|)$ ist eine Stammfunktion zu f. Damit: $F(x) = \ln(1 + e^x)$.

l) $f(x) = 3x^{\frac{1}{2}} + 4x^{-\frac{1}{2}}$, $F(x) = 2x^{\frac{3}{2}} + 8x^{\frac{1}{2}}$

m) $f(x) = \dfrac{e^x + 2x}{e^x + x^2}$, $F(x) = \ln(e^x + x^2)$ (Argumentation wie in k))

n) $f(x) = (x-b)e^{-\frac{(x-b)^2}{2a^2}}$. Sei $g(x) = -\dfrac{(x-b)^2}{2a^2} \implies g'(x) = -\dfrac{x-b}{a^2}$. Damit:

$F(x) = -a^2 e^{-\frac{(x-b)^2}{2a^2}}$ (Argumentation analog zu i))

o) $f(x) = \dfrac{1}{x^2-1} = \dfrac{1}{2}\left(\dfrac{1}{x-1} - \dfrac{1}{x+1}\right)$,

$F(x) = \dfrac{1}{2}\ln(|x-1|) - \dfrac{1}{2}\ln(|x+1|) = \dfrac{1}{2}\ln\left|\dfrac{x-1}{x+1}\right| = \ln\sqrt{\left|\dfrac{x-1}{x+1}\right|}$

Lösung zu Aufgabe 11.2:

a) $f(x) = \log_a x = (\log_a e) \cdot (\log_e x) = (\log_a e)\ln x$. Mit partieller Integration (s. Aufgabe 11.1) und $g(x) = \ln x$, $h'(x) = 1$ ergibt sich als eine Stammfunktion von $\ln x$:

$$g(x)h(x) - \int g'(x)h(x)dx = x\ln x - \int x\dfrac{1}{x}dx = x\ln x - x.$$

Also ist $F(x) = (\log_a e) \cdot x(\ln x - 1) = x(\log_a x - \log_a e) = x\log_a \dfrac{x}{e}$ eine Stammfunktion von $\log_a x$.

b) $f(x) = 2x\ln x + x$. Mit partieller Integration ($g(x) = \ln x$, $h'(x) = x$) ergibt sich $\dfrac{x^2}{2}\ln x - \dfrac{x^2}{4}$ als eine Stammfunktion von $x\ln x$, also $F(x) = x^2\ln x - \dfrac{x^2}{2} + \dfrac{x^2}{2} = x^2\ln x$ als eine Stammfunktion von f.

c) $f(x) = \dfrac{\ln x}{x^2}$. Eine partielle Integration mit $g(x) = \ln x$, $h'(x) = \dfrac{1}{x^2}$ ergibt die Stammfunktion $F(x) = -\dfrac{1}{x}\ln x + \int \dfrac{1}{x^2}dx = -\dfrac{\ln x}{x} - \dfrac{1}{x}$.

d) $f(x) = \dfrac{\frac{1}{x}}{\ln x} = (\ln(\ln x))' = F'(x)$, also $F(x) = \ln(\ln x)$

e) $f(x) = (\ln x)^2$. Mit partieller Integration (s. a)) erhält man die Stammfunktion:

$$F(x) = (x\ln x - x)\ln x - \int \dfrac{x\ln x - x}{x}dx$$
$$= x\ln x(\ln x - 1) - x(\ln x - 1) + x = x(\ln x)^2 - 2x\ln x + 2x.$$

INTEGRATION

f) $f(x) = x(\ln x)^2$. Partielle Integration:

$$F(x) = \frac{x^2}{2}\ln^2 x - \int \frac{x^2}{2} 2\ln x \cdot \frac{1}{x} dx = \frac{x^2}{2}\ln^2 x - \int x\ln x\, dx$$

$$\stackrel{\text{s. b)}}{=} \frac{x^2}{2}\ln^2 x - \frac{x^2}{2}\ln x + \frac{x^2}{4} = \frac{x^2}{2}\left(\ln^2 x + \ln x + \frac{1}{2}\right) \text{ ist eine Stammfunktion.}$$

g) $f(x) = x^5 \ln x$. Partielle Integration: $F(x) = \frac{x^6}{6}\ln x - \int \frac{x^5}{6}dx = \frac{x^6}{6}\left(\ln x - \frac{1}{6}\right)$ ist eine Stammfunktion.

Lösung zu Aufgabe 11.3:

a) Allgemein gilt: $\int \frac{f'(x)}{f(x)}dx = \ln|f(x)| + c$ (mit einer beliebigen Konstante c); hier:

$$f(x) = 2x^3 + x \implies \int \frac{6x^2 + 1}{2x^3 + x}dx = \ln(|2x^3 + x|) + c.$$

b) $\int \frac{1}{x(1 - \ln x)}dx = -\int \frac{-\frac{1}{x}}{1 - \ln x}dx = -\ln(|1 - \ln x|) + c$

c) $\int \frac{-e^{-x}}{1 + e^{-x}}dx = \ln(1 + e^{-x}) + c$

d) $\int \frac{\log_a e}{x \log_a x}dx = \int \frac{1}{x \ln x}dx \stackrel{11.2\ \text{d)}}{=} \ln(\ln x) + c$

e) $\int \frac{2x - \frac{1}{2}e^{-\frac{x}{2}}}{x^2 + e^{-\frac{x}{2}}}dx = \ln(x^2 + e^{-\frac{x}{2}}) + c$

Lösung zu Aufgabe 11.4:

a) $\int_1^3 \left(6x^2 + 4 - \frac{1}{\sqrt{x}}\right)dx = \left[2x^3 + 4x - 2\sqrt{x}\right]_1^3 = (54 + 12 - 2\sqrt{3}) - (2 + 4 - 2)$
$= 62 - 2\sqrt{3} \approx 58{,}536$

b) $\int_0^2 (2x + 4)e^{x^2 + 4x}dx = e^{x^2 + 4x}\Big|_0^2 = e^{12} - 1 \approx 162\,753{,}791$

c) $\int_1^2 \left(\frac{1}{\sqrt{x}}(\sqrt{x} + 3)^3\right)dx = \frac{1}{2}(\sqrt{x} + 3)^4\Big|_1^2 = \frac{(\sqrt{2} + 3)^4}{2} - \frac{4^4}{2} \approx 61{,}838$

d) $\int_1^e \left(x^3 + 3x^2 - \frac{2}{x}\right) dx = \left(\frac{x^4}{4} + x^3 - 2\ln x\right)\Big|_1^e = \frac{e^4}{4} + e^3 - \frac{13}{4} \approx 30{,}485$

e) $\int_1^2 \frac{1 - 2xe^{-x^2}}{x + e^{-x^2}} dx = \int_1^2 (\ln(x + e^{-x^2}))' dx = \ln(x + e^{-x^2})\Big|_1^2 = \ln\frac{2 + e^{-4}}{1 + e^{-1}} \approx 0{,}389$

f) $\int_0^2 xe^{2x} dx = \frac{x}{2}e^{2x}\Big|_0^2 - \int_0^2 \frac{1}{2}e^{2x} dx = e^4 - \frac{1}{4}e^{2x}\Big|_0^2 = \frac{3}{4}e^4 + \frac{1}{4} \approx 41{,}199$

g) $\int_{-1}^1 (e^{\frac{x}{2}} + x^2) dx = \left[2e^{\frac{x}{2}} + \frac{x^3}{3}\right]_{-1}^1 = 2(e^{\frac{1}{2}} - e^{-\frac{1}{2}}) + \frac{2}{3} \approx 2{,}751$

h) $\int_{e-4}^{-1} \frac{\frac{1}{x+4}}{\ln(x+4)} dx = \ln(\ln(x+4))\Big|_{e-4}^{-1} = \ln(\ln 3) \approx 0{,}094$

i) $\int_0^1 (xe^{\frac{x^2}{2}} - \sqrt{x}) dx = e^{\frac{x^2}{2}}\Big|_0^1 - \frac{2}{3}x^{\frac{3}{2}}\Big|_0^1 = e^{\frac{1}{2}} - \frac{5}{3} \approx -0{,}018$

Lösung zu Aufgabe 11.5:

a) $f(x) = |x| - |x - 2| = \begin{cases} -2, & x \leq 0 \\ 2x - 2, & 0 \leq x \leq 2 \\ 2, & x \geq 2 \end{cases}$

$\Rightarrow \int_{-1}^3 f(x) dx = \int_{-1}^0 f(x) dx + \int_0^2 f(x) dx + \int_2^3 f(x) dx$

$= -\int_{-1}^0 2 dx + \int_0^2 (2x - 2) dx + \int_2^3 2 dx = 0$

b) $x = 1$ ist die einzige Nullstelle der Funktion $f(x) = \ln x$; damit ist

$$|\ln x| = \begin{cases} -\ln x, & x \in (0, 1] \\ \ln x, & x > 1 \end{cases}.$$

Also (s. Aufgabe 11.2 a)):

$\int_{\frac{1}{e}}^e (|\ln x| - 2\ln x) dx = -3\int_{\frac{1}{e}}^1 \ln x \, dx - \int_1^e \ln x \, dx$

$= -3(x\ln x - x)\Big|_{\frac{1}{e}}^1 - (x\ln x - x)\Big|_1^e = 2 - \frac{6}{e} \approx -0{,}207$

c) (0,2 , 4,83), ($\frac{1}{e}$, 3), (0,8 , 0,67), (1 , 0), (2 , −0,69), (e , −1)

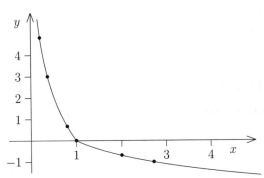

d) Wegen $|\ln x| - 2\ln x = \begin{cases} -3\ln x, & x \in (0,1] \\ -\ln x, & x > 1 \end{cases}$ ist $|\ln x| - 2\ln x = \begin{cases} \geq 0, & x \in (0,1] \\ < 0, & x > 1 \end{cases}$.

Der Flächeninhalt ist gegeben durch (vgl. b)):

$$\int_{\frac{1}{e}}^{1} (-3\ln x)dx + |\int_{1}^{e} (-\ln x)dx| = -3\int_{\frac{1}{e}}^{1} \ln x\, dx + \int_{1}^{e} \ln x\, dx = 4 - \frac{6}{e} \approx 1{,}793.$$

Lösung zu Aufgabe 11.6:

a) f mit $f(x) = x^2 - e$ ist monoton wachsend für $x \geq 2$ ($x \geq 0$), und es gilt: $f(2) = 4 - e > 0$. Also ist $f(x) > 0\ \forall x \in [2,3]$.

b)

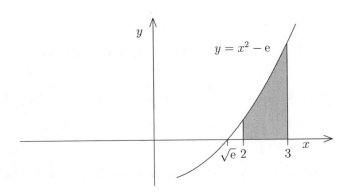

c) $\int_{2}^{3} (x^2 - e)dx = \frac{x^3}{3}\Big|_{2}^{3} - ex\Big|_{2}^{3} = \frac{19}{3} - e \approx 3{,}615$ ist der gesuchte Flächeninhalt.

Lösung zu Aufgabe 11.7:

Die Flächen werden begrenzt durch den jeweiligen Graphen von f, die x-Achse und die Geraden zu $x = 1$ und $x = 2$.

a) $\sqrt{x} \geq 0$ für $x \in [1, 2]$. Eine Stammfunktion zu $f(x) = \sqrt{x}$ ist $F(x) = \frac{2}{3}x^{\frac{3}{2}}$. Damit ist der Flächeninhalt gegeben durch: $\int_1^2 \sqrt{x}\,dx = \frac{2}{3}x^{\frac{3}{2}}\Big|_1^2 = \frac{2}{3}(\sqrt{8} - 1) \approx 1{,}219$.

b) Es ist $f(x) = x^3 + 6x^2 + 5 > 0$ auf $[1, 2]$ (Funktionsgraph verläuft oberhalb der x-Achse) und $F(x) = \frac{x^4}{4} + \frac{6x^3}{3} + 5x = \frac{x^4}{4} + 2x^3 + 5x$ eine Stammfunktion zu f. Also ist der Flächeninhalt gegeben durch:

$$\int_1^2 (x^3 + 6x^2 + 5)\,dx = F(2) - F(1) = (4 + 16 + 10) - \left(\frac{1}{4} + 2 + 5\right) = 22{,}75.$$

c) $f(x) = -\frac{1}{x^2} - \frac{1}{\sqrt{x}} = -x^{-2} - x^{-\frac{1}{2}} < 0$ auf $[1, 2]$ (Funktionsgraph verläuft unterhalb der x-Achse). Mit der Stammfunktion $F(x) = \frac{-x^{-1}}{-1} - \frac{x^{\frac{1}{2}}}{\frac{1}{2}} = \frac{1}{x} - 2\sqrt{x}$ ist der Flächeninhalt gegeben durch:

$$-\int_1^2 \left(-\frac{1}{x^2} - \frac{1}{\sqrt{x}}\right) dx = -(F(2) - F(1)) = F(1) - F(2) = -1 - (\frac{1}{2} - 2\sqrt{2}) \approx 1{,}328.$$

d) $f(x) = (x^2 + 1) \cdot e^x = x^2 e^x + e^x > 0$ auf $[1, 2]$. Stammfunktion:

$$F(x) = e^x + e^x \cdot x^2 - \int 2x \cdot e^x\,dx = e^x + e^x \cdot x^2 - \left(e^x \cdot 2x - \int 2 \cdot e^x\,dx\right)$$
$$= e^x + e^x \cdot x^2 - 2x \cdot e^x + 2 \cdot e^x = e^x(x^2 - 2x + 3),$$

Flächeninhalt: $\int_1^2 (x^2 + 1) \cdot e^x\,dx = F(2) - F(1) = 3e^2 - 2e \approx 16{,}7306$

Lösung zu Aufgabe 11.8:

a) $y = -x^2 + 4x + 5$;

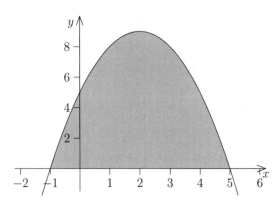

- Nullstellen:
$$-x^2 + 4x + 5 = 0 \iff x^2 - 4x - 5 = 0$$
$$\iff x_1 = 2 + \sqrt{4+5} \vee x_2 = 2 - \sqrt{4+5} \iff x_1 = 5 \vee x_2 = -1.$$

Wegen $f(0) = 5 > 0$ ist $f(x) \geq 0$ für $x \in [-1, 5]$.

- Stammfunktion: $F(x) = -\dfrac{x^3}{3} + \dfrac{4}{2}x^2 + 5x = -\dfrac{x^3}{3} + 2x^2 + 5x$;
- Grenzen: $x = -1$ und $x = 5$;
- Flächeninhalt: $\displaystyle\int_{-1}^{5} (-x^2 + 4x + 5)\,dx = F(5) - F(-1) = 36$

b) $y = x^2 - 7x + 6$;

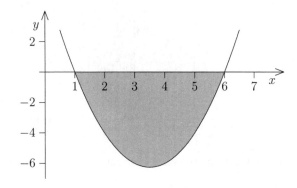

- Nullstellen:

$$x^2 - 7x + 6 = 0 \iff x_1 = \frac{7}{2} + \sqrt{\frac{49}{4} - 6} \lor x_2 = \frac{7}{2} - \sqrt{\frac{49}{4} - 6}$$
$$\iff x_1 = \frac{7}{2} + \sqrt{\frac{49 - 24}{4}} \lor x_2 = \frac{7}{2} - \sqrt{\frac{49 - 24}{4}}$$
$$\iff x_1 = \frac{7 + \sqrt{25}}{2} \lor x_2 = \frac{7 - \sqrt{25}}{2}$$
$$\iff x_1 = 6 \lor x_2 = 1.$$

Wegen $f(2) = -4 < 0$ ist $f(x) \leq 0$ für $x \in [1, 6]$.

- Grenzen: $x = 1$ und $x = 6$;
- Stammfunktion: $F(x) = \frac{x^3}{3} - \frac{7}{2}x^2 + 6x$;
- Flächeninhalt:

$$-\int_1^6 (x^2 - 7x + 6)dx = -(F(6) - F(1)) = F(1) - F(6)$$
$$= \left(\frac{1}{3} - \frac{7}{2} + 6\right) - (72 - 126 + 36) = 24 - \frac{19}{6} = 20{,}8\overline{3}$$

Lösung zu Aufgabe 11.9:

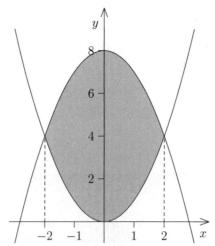

Zunächst werden die Schnittpunkte von $y = x^2$ und $y = 8 - x^2$ berechnet:

$$8 - x^2 = x^2 \iff x^2 = 4 \iff x = -2 \lor x = 2.$$

INTEGRATION

Für $x \in [-2, 2]$ ist $8 - x^2 \geq x^2$. Der Flächeninhalt von M_1 beträgt also

$$\int_{-2}^{2} (8 - x^2)dx - \int_{-2}^{2} x^2 dx = \int_{-2}^{2} (8 - 2x^2)dx = \left(8x - \frac{2}{3}x^3\right)\Big|_{-2}^{2} = \frac{64}{3}.$$

Die Schnittpunkte der Kurven zu $y = 1$ und $y = (x-2)^2 - 5$ sind $2 + \sqrt{6}$ und $2 - \sqrt{6}$. Weiterhin gilt für $x \in [2 - \sqrt{6}, 2 + \sqrt{6}]$: $1 \geq (x-2)^2 - 5$. Somit ist der Flächeninhalt von M_2 gegeben durch:

$$\int_{2-\sqrt{6}}^{2+\sqrt{6}} (1 - (x-2)^2 + 5)dx = \left(2x - \frac{x^3}{3} + 2x^2\right)\Big|_{2-\sqrt{6}}^{2+\sqrt{6}}$$

$$= 2(2+\sqrt{6}) - \frac{(2+\sqrt{6})^3}{3} + 2(2+\sqrt{6})^2 - 2(2-\sqrt{6}) + \frac{(2-\sqrt{6})^3}{3} - 2(2-\sqrt{6})^2$$

$$= \ldots = \frac{\sqrt{6}}{3}(12 - 24 - 12 + 48) = 8\sqrt{6} \approx 19{,}6$$

Lösung zu Aufgabe 11.10:

$f(x) = ax^3 + bx^2 + cx + d$, $f'(x) = 3ax^2 + 2bx + c$, $f''(x) = 6ax + 2b$

a) „f geht durch den Nullpunkt", d. h. $f(0) = 0 \implies d = 0$.

b) Wendepunkt bei $(0,0)$, d. h. $f''(0) = 0 \implies b = 0$; aus a) und b) folgt: $f(x) = ax^3 + cx$.

c) Steigung 0 im Punkt $\left(\frac{\sqrt{3}}{3}, f(\frac{\sqrt{3}}{3})\right)$:

$$f'\left(\frac{\sqrt{3}}{3}\right) = 0 \implies a + c = 0 \implies c = -a \implies f(x) = ax^3 - ax$$

d) Der Graph von f schließt mit dem positiven Teil der x-Achse eine Fläche von $\frac{3}{4}$ ein. Aus der Darstellung
$$f(x) = ax^3 - ax = ax(x^2 - 1),$$
erhält man die Nullstellen: $f(x) = 0 \iff x = 0 \lor x = 1 \lor x = -1$. Wegen $f(\frac{\sqrt{3}}{3}) > 0$ und $\frac{\sqrt{3}}{3} = \frac{1}{\sqrt{3}} \in (0, 1)$ ist $f(x) \geq 0$ auf $[0, 1]$.

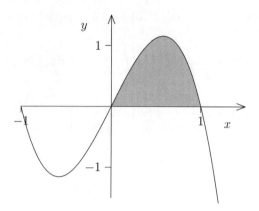

Flächeninhalt:

$$\int_0^1 \underbrace{(ax^3 - ax)}_{\geq 0 \text{ auf } [0,1]} dx = \frac{3}{4} \iff \left[\frac{ax^4}{4} - \frac{ax^2}{2}\right]_0^1 = \frac{3}{4}$$

$$\iff \frac{a}{4} - \frac{a}{2} = \frac{3}{4} \iff -\frac{a}{4} = \frac{3}{4} \iff a = -3.$$

Insgesamt folgt somit: $f(x) = -3x^3 + 3x$.

Lösung zu Aufgabe 11.11:

$f(x) = cx^2 - 2x - 6c$, $c \in \mathbb{R}\backslash\{0\}$.

a) $f'(x) = 2cx - 2$, $f'(0{,}5) = 0 \iff c - 2 = 0 \iff c = 2$

b) Nullstellen: $f(x) = 0 \iff 2x^2 - 2x - 12 = 0 \iff x^2 - x - 6 = 0 \iff x = -2 \vee x = 3$.
Wegen $f(0) = -12 < 0$ verläuft der Graph der Funktion auf $[-2, 3]$ im Negativen.

Flächeninhalt: $-\int_{-2}^3 (2x^2 - 2x - 12)dx = -\left[2\frac{x^3}{3} - \frac{2x^2}{2} - 12x\right]_{-2}^3 = 41{,}\overline{6}$

Lösung zu Aufgabe 11.12:

a) $f_a(x) = a\frac{t^3}{3}\Big|_0^x - t^4\Big|_0^x = x^3\left(\frac{a}{3} - x\right)$, $f_a(x) = 0 \iff x = 0 \vee x = \frac{a}{3}$.

Damit kommt nur die Stelle $x = \frac{a}{3}$ als Schnittpunkt in Frage: $\frac{a}{3} = 5 \iff a = 15$.

b) $\int_{\frac{1}{2}}^1 x^2(a - 4x)dx = \frac{7}{24}a - \frac{15}{16} = 0 \iff a = \frac{45}{14} \approx 3{,}214$

Lösung zu Aufgabe 11.13:

$F(t) = \int_0^t f(x)dx$, $t \in [0, t^*]$, wobei $t^* > 0$ den Zeitpunkt beschreibt, bei dem die gesamte Ladung ausgelaufen ist.

a) Zu bestimmen ist also t^*, dazu:

$$F(t) = \int_0^t \ln(10(x+1))dx = \int_0^t \left(\ln 10 + \ln(x+1)\right) dx$$

$$= t \ln 10 + \int_0^t \ln(x+1)dx = t \ln 10 + \Big[(x+1)(\ln(x+1) - 1)\Big]_0^t$$

$$= t \ln 10 + (t+1)\ln(t+1) - t - 1 + 1 = t(\ln 10 - 1) + (t+1)\ln(t+1).$$

Da $F'(t) = f(t) > 0$ für $t > 0$ gilt, ist F streng monoton wachsend auf $(0, \infty)$. Daraus erhält man: $F(6\,901) \approx 69\,999{,}8$; $F(6\,902) > 70\,000$, so dass $t^* \approx 6\,902$ ($\hat{=}$ 4 Tage, 19 Stunden, 2 Minuten).

Also ist das Öl am 15.01.2001 um 6.32 Uhr völlig ausgelaufen.

b) Nach a) ist bis 16.01., 10 Uhr, die gesamte Menge Öl (70 000 t) ausgelaufen.

Die Zeitspanne vom 10.01., 11.30 Uhr, bis 12.01., 12.00 Uhr beträgt: 2 Tage + 30 Minuten $\hat{=}$ 2 910 Minuten. Zu berechnen ist also $70\,000 - F(2\,910) \approx 42\,990{,}6$ [t].

12 Matrizen

Literaturhinweis: KCO, Kapitel 7, S. 224-234

Aufgaben

Bitte beachten Sie:

- $\mathcal{M}_{m,n}$ bezeichnet die Menge aller (reellen) $(m \times n)$-Matrizen, d.h. die Menge aller Matrizen mit reellwertigen Einträgen sowie m Zeilen und n Spalten.

- A' bezeichnet die Transponierte der Matrix A. In der Literatur werden auch A^t und A^T verwendet.

Aufgabe 12.1:
Bilden Sie alle möglichen Produkte aus je zwei der folgenden Matrizen:

a) $A = \begin{pmatrix} 1 & 3 \\ 2 & 0 \\ 5 & 2 \end{pmatrix}$, $B = \begin{pmatrix} 1 & 2 & 3 & 4 \\ 0 & 0 & 0 & 0 \end{pmatrix}$, $C = \begin{pmatrix} 4 \\ 2 \end{pmatrix}$, $D = (1 \ 0 \ 1)$.

b) $A = \begin{pmatrix} 1 & 2 & -3 \\ 0 & 1 & 4 \\ 1 & 0 & 0 \\ 2 & -2 & 5 \end{pmatrix}$, $B = \begin{pmatrix} 1 & -1 \\ 0 & 2 \\ 2 & 4 \end{pmatrix}$, $C = \begin{pmatrix} 1 \\ 2 \\ 3 \end{pmatrix}$, $D = (0 \ 2 \ -1 \ 5)$.

c) $A = \begin{pmatrix} 1 & 2 \\ 3 & 4 \end{pmatrix}$, $B = \begin{pmatrix} 3 & 4 & 0 \\ 2 & 0 & 1 \end{pmatrix}$, $C = \begin{pmatrix} 4 & 6 \\ 3 & 5 \\ 2 & 4 \end{pmatrix}$, $D = \begin{pmatrix} 1 & 0 & 0 \\ 0 & 0 & 1 \\ 0 & 1 & 0 \end{pmatrix}$, $E = \begin{pmatrix} 1 & 0 & 2 & 0 \\ 0 & 3 & 0 & 4 \end{pmatrix}$.

Aufgabe 12.2:
Gegeben seien die Matrizen $A \in \mathcal{M}_{k,l}, B \in \mathcal{M}_{l,m}, C \in \mathcal{M}_{m,n}$.
Zeigen Sie mit Hilfe der Formel für die Elemente der Ergebnismatrix eines Produkts zweier Matrizen die Gültigkeit des Assoziativgesetzes

$$(A \cdot B) \cdot C = A \cdot (B \cdot C).$$

Aufgabe 12.3:

Berechnen Sie mit Hilfe der Matrizen $A = \begin{pmatrix} 1 & 3 \\ 0 & 2 \end{pmatrix}$, $B = \begin{pmatrix} 0 & -1 \\ 2 & 4 \end{pmatrix}$ und $C = \begin{pmatrix} -1 & 2 \\ 3 & -2 \end{pmatrix}$ ein Beispiel zum

a) Assoziativgesetz: $(A \cdot B) \cdot C = A \cdot (B \cdot C)$,

b) Distributivgesetz: $A \cdot (B + C) = A \cdot B + A \cdot C$.

Aufgabe 12.4:

Seien $\mathcal{W}_1$ die Menge aller (reellen) Matrizen mit nur einer Zeile und $\mathcal{V}_1$ die Menge aller (reellen) Matrizen mit nur einer Spalte sowie $A \in \mathcal{M}_{l,m}$ und $B \in \mathcal{M}_{m,n}$. Für welche Werte $l, m, n \in \mathbb{N}$ gilt:

a) $A \cdot B \in \mathcal{V}_1$,   b) $A \cdot B \in \mathcal{W}_1$,

c) $A \cdot B \in \mathcal{V}_1 \cap \mathcal{W}_1$,   d) $A \cdot B \cdot A \cdot B \in \mathcal{M}_{3,3}$?

Aufgabe 12.5:

a) Ermitteln Sie jeweils die Summe der Matrizen A und B:

   i) $A = \begin{pmatrix} 2 & 0 \\ 1 & 1 \\ 3 & 0 \end{pmatrix}$, $B = \begin{pmatrix} 3 & 1 \\ 1 & 2 \\ 1 & 2 \end{pmatrix}$,

   ii) $A = \begin{pmatrix} 3 & 1 & 5 \\ 2 & 4 & 0 \\ 3 & 7 & 8 \end{pmatrix}$, $B = \begin{pmatrix} -2 & 2 & -3 \\ 1 & 0 & 4 \\ 2 & -4 & -5 \end{pmatrix}$,

   iii) $A = \begin{pmatrix} 1 & 8 & 4 & 1 \\ 2 & 1 & 2 & 1 \\ 2 & 5 & 0 & -1 \\ 3 & 4 & -1 & 2 \end{pmatrix}$, $B = \begin{pmatrix} 2 & -2 & 0 & 2 \\ 0 & 1 & 2 & 2 \\ 0 & -1 & 2 & 4 \\ 1 & 2 & 4 & 1 \end{pmatrix}$.

b) Bilden Sie zu B aus a) i), ii), iii) jeweils die transponierte Matrix.

c) Bestimmen Sie für die Matrizen A und B aus a) i) die Matrix $X \in \mathcal{M}_{3,2}$, für die gilt:

$$A - X = 3 \cdot B.$$

d) Bilden Sie für die Matrizen A und B aus a) ii) die folgenden Matrixprodukte:

$$A \cdot B, A \cdot B', B' \cdot A'; \text{ ermitteln Sie ferner } (A \cdot B)'.$$

Aufgabe 12.6:

Es seien $A \in \mathcal{M}_{n,m}$ und $B \in \mathcal{M}_{m,k}$, $m, n, k \in \mathbb{N}$. Zeigen Sie:

a) $A' \in \mathcal{M}_{m,n}$ und $B' \in \mathcal{M}_{k,m}$,

b) $(A \cdot B)' = B' \cdot A'$.

c) Überprüfen Sie b) für die Matrizen $A = \begin{pmatrix} 1 & 4 & -1 & 0 \\ -3 & 2 & 1 & 5 \\ 7 & 2 & 1 & -2 \end{pmatrix}$ und $B = \begin{pmatrix} 4 & -2 \\ 0 & 6 \\ -5 & 4 \\ 1 & -2 \end{pmatrix}$.

Aufgabe 12.7:

Seien $A = \begin{pmatrix} 1 & 3 & 0 & 4 \\ -1 & -2 & 2 & 0 \\ 2 & 4 & 3 & 0 \\ 0 & -1 & 1 & -2 \end{pmatrix}$ und $B = \begin{pmatrix} 0 & -6 & 12 & 3 \\ -3 & 6 & 0 & 15 \\ 0 & 3 & -6 & 3 \\ 6 & 0 & 9 & -6 \end{pmatrix}$.

Bestimmen Sie jeweils die Lösungsmatrix X folgender Gleichungen:

a) $A - 2X = B$,

b) $B + 3X = (A' \cdot B)'$.

Aufgabe 12.8:

Bestimmen Sie jeweils die Lösungsmatrix X der folgenden Gleichungen:

a) $X'(A + B) = C + (A'X)'$, wobei $A, B, C, X \in \mathcal{M}_{n,n}, BB' = I_n, n \in \mathbb{N}$ (I_n bezeichnet die n-dimensionale Einheitsmatrix).

b) $2AX - BX = X + C$, wobei $A, B, C, X \in \mathcal{M}_{n,n}, A - \frac{1}{2}B = I_n, n \in \mathbb{N}$.

c) $(AB - C)X = D$, wobei $A = (a_{ij})_{i,j} \in \mathcal{M}_{3,1}$, $B = (b_{ij})_{i,j} \in \mathcal{M}_{1,3}$, $C = (c_{ij})_{i,j}$, $X, D \in \mathcal{M}_{3,3}$ mit $a_{11} = a_{31} = b_{12} = c_{12} = c_{32} = 1$, $a_{21} = b_{11} = b_{13} = c_{13} = c_{31} = \alpha$, $c_{21} = c_{23} = \alpha^2$, $c_{11} = c_{22} = c_{33} = 0$, $\alpha \in \mathbb{R} \setminus \{0\}$.

Aufgabe 12.9:

Die Lagerbestände der in den Lagern L_1, L_2 und L_3 vorrätigen vier verschiedenen Erzeugnisse E_1, E_2, E_3 und E_4 werden durch die Tabelle

	E_1	E_2	E_3	E_4
L_1	100	200	300	500
L_2	600	500	300	200
L_3	100	250	400	1000

bzw. durch die Matrix

$$A = (a_{ij})_{i,j} = \begin{pmatrix} 100 & 200 & 300 & 500 \\ 600 & 500 & 300 & 200 \\ 100 & 250 & 400 & 1000 \end{pmatrix}$$

beschrieben. (Im Lager L_i liegen also a_{ij} kg des Erzeugnisses E_j). Jedem Lager L_i sollen dreimal b_{ij} kg von E_j und zweimal c_{ij} kg von E_j entnommen werden, $1 \leq i \leq 3, 1 \leq j \leq 4$.

a) Welche Bedingungen müssen unter dieser Voraussetzung an die Matrizen A, $B = (b_{ij})_{i,j}$ und $C = (c_{ij})_{i,j}$ gestellt werden?

b) Ist die Beziehung für $B = \begin{pmatrix} 10 & 20 & 12 & 50 \\ 100 & 100 & 100 & 50 \\ 0 & 10 & 25 & 200 \end{pmatrix}$ und $C = \begin{pmatrix} 25 & 0 & 20 & 10 \\ 150 & 100 & 0 & 25 \\ 45 & 10 & 20 & 50 \end{pmatrix}$ gültig?

c) Seien A und B wie oben. Wie lautet die Matrix C, wenn jedes Lager L_i durch zweimalige Entnahme von c_{ij} kg von E_j und dreimalige Entnahme von b_{ij} kg von E_j vollständig geleert werden soll, $1 \leq i \leq 3, 1 \leq j \leq 4$?

d) Die Bestände der Erzeugnisse E_j werden in allen drei Lagern auf das d_j-fache geändert ($d_j > 0$, $1 \leq j \leq 4$). Stellen Sie eine Matrixgleichung auf, die diesen Sachverhalt beschreibt, indem Sie die Matrix der geänderten Bestände $E \in \mathcal{M}_{3,4}$ als Produkt der Matrix A mit einer geeigneten Matrix D darstellen.

Aufgabe 12.10:

In einer Schokoladenfabrik werden die Sorten Krokantschokolade und Halbbitterschokolade in zwei Stufen produziert. In der ersten Stufe werden Milchschokoladenmasse (Z_1), Halbbitterschokoladenmasse (Z_2) und Krokant (Z_3) hergestellt, wobei jeweils folgende Rohstoffe in den angegebenen Mengen benötigt werden:

Für 1 kg Z_1: 0,5 kg Zucker (R_1), 0,2 kg Kakao (R_2), 0,2 kg Milchpulver (R_3),
            0,1 kg Kakaobutter (R_4),

für 1 kg Z_2: 0,45 kg R_1, 0,45 kg R_2, 0,1 kg R_4,

für 1 kg Z_3: 0,65 kg R_1, 0,35 kg Haselnüsse (R_5).

MATRIZEN

In der zweiten Stufe müssen zur Herstellung der Endprodukte Krokant(tafel)schokolade (E_1) und Halbbitter(tafel)schokolade (E_2) folgende Mengen der Zwischenprodukte Z_1, Z_2, Z_3 bereitgestellt werden:

Für 1 kg E_1: 0,8 kg Z_1 und 0,2 kg Z_3,

für 1 kg E_2: 1 kg Z_2.

a) Stellen Sie die zu den beiden Produktionsstufen gehörenden Bedarfsmatrizen (Produktionsmatrizen) auf.

b) Berechnen Sie die Gesamtbedarfsmatrix (Gesamtproduktionsmatrix).

c) i) In welchen Mengen müssen die fünf Rohstoffe bereitgestellt werden, um insgesamt 10 000 Tafeln (à 100 g) Krokantschokolade und 2 000 Tafeln (à 100 g) Halbbitterschokolade herstellen zu können?

ii) Welche Rohstoffmengen werden benötigt, wenn zusätzlich je 50 kg von jedem der drei Zwischenprodukte Z_1, Z_2 und Z_3 hergestellt werden sollen?

Aufgabe 12.11:

Ein Betrieb stellt aus drei Rohstoffen R_1, R_2, R_3 drei Zwischenprodukte Z_1, Z_2, Z_3 her, aus denen schließlich zwei Endprodukte E_1, E_2 gefertigt werden. Zur Herstellung der Zwischenprodukte werden benötigt:

0,2 kg R_1, 0,5 kg R_2, 0,3 kg R_3 für 1 kg Z_1,

0,8 kg R_2, 0,2 kg R_3 für 1 kg Z_2,

0,1 kg R_1, 0,7 kg R_2, 0,2 kg R_3 für 1 kg Z_3.

Zur Produktion der Endprodukte sind folgende Mengen der Zwischenprodukte einzusetzen:

0,3 kg Z_1, 0,6 kg Z_2, 0,1 kg Z_3 für 1 kg E_1,

0,2 kg Z_1, 0,8 kg Z_2 für 1 kg E_2.

a) Beschreiben Sie die beiden Produktionsstufen jeweils durch eine Bedarfsmatrix.

b) Berechnen Sie die Gesamtbedarfsmatrix.

c) Welche Rohstoffmengen werden zur Produktion von 5 kg E_1 und 2 kg E_2 benötigt?

Aufgabe 12.12:

Ein Betrieb produziert die Güter E_1 und E_2 in zwei Produktionsstufen. In der ersten Stufe werden die Zwischenprodukte Z_1, Z_2 und Z_3 hergestellt. Die hierbei zur Erzeugung eines Kilogramms Z_i, $i = 1, 2, 3$, benötigten Arbeitszeiten (in Stunden) an den Maschinen M_1 und M_2 sind in der folgenden Tabelle aufgeführt:

	Zeit an Maschine	
	M_1	M_2
Z_1	1	0
Z_2	0,5	0,5
Z_3	0,2	0,4

In der zweiten Stufe werden die Güter E_1 und E_2 aus den drei Zwischenprodukten zusammengemischt, und zwar werden

für 1 kg E_1: 0,1 kg Z_1, 0,4 kg Z_2, 0,5 kg Z_3 und

für 1 kg E_2: 0,8 kg Z_1 und 0,2 kg Z_2

benötigt.

a) Beschreiben Sie die beiden Produktionsstufen jeweils durch eine Bedarfsmatrix.

b) Wie lautet die Bedarfsmatrix der Kombination aus beiden Stufen, und was bedeuten ihre Einträge?

c) Welche Zeitkapazitäten müssen an den Maschinen M_1 und M_2 zur Verfügung gestellt werden, um 5,5 kg von E_1 und 20 kg von E_2 produzieren zu können?

Aufgabe 12.13:

Ein Produktionsbetrieb stellt aus zwei Rohstoffen R_1 und R_2 drei Zwischenprodukte Z_1, Z_2, Z_3 her, die dann zu den beiden Endprodukten E_1 und E_2 weiterverarbeitet werden. Dieser zweistufige Produktionsprozess wird durch die folgenden Produktionstabellen beschrieben:

	Z_1	Z_2	Z_3
R_1	3	4	2
R_2	7	6	9

	E_1	E_2
Z_1	6	4
Z_2	3	0
Z_3	4	2

(Dies bedeutet etwa, dass zur Herstellung einer Einheit Z_3 genau 9 Einheiten von Rohstoff R_2 eingesetzt werden.) Die Rohstoffpreise betragen 3 € pro Einheit R_1 und 5 € pro Einheit R_2.

a) Bestimmen Sie die Gesamtproduktionsmatrix.

b) Welche Rohstoffkosten entstehen je Einheit der Endprodukte?

c) Welche Rohstoffmengen werden zur Produktion von 20 Einheiten des ersten und 10 Einheiten des zweiten Endprodukts benötigt?

Aufgabe 12.14:
Ein dreistufiger Produktionsprozess wird durch die drei folgenden Produktionsmatrizen beschrieben (R_i sind Rohstoffe, $Z_i^{(1)}$ Zwischenprodukte der ersten Stufe, $Z_i^{(2)}$ Zwischenprodukte der zweiten Stufe und E_i Endprodukte):

	$Z_1^{(1)}$	$Z_2^{(1)}$	$Z_3^{(1)}$
R_1	2	1	0
R_2	0	2	3
R_3	1	1	1

	$Z_1^{(2)}$	$Z_2^{(2)}$
$Z_1^{(1)}$	3	1
$Z_2^{(1)}$	2	2
$Z_3^{(1)}$	1	2

	E_1	E_2
$Z_1^{(2)}$	2	5
$Z_2^{(2)}$	4	1

a) Bestimmen Sie die Gesamtbedarfsmatrix.

b) Welche Rohstoffkosten entstehen je Einheit von $Z_1^{(2)}, Z_2^{(2)}$, falls die Rohstoffpreise $p_1 = 1, p_2 = 2$ und $p_3 = 1$ für R_1, R_2 bzw. R_3 betragen?

c) Welche Mengen von $Z_1^{(1)}, Z_2^{(1)}$ und $Z_3^{(1)}$ werden für die Produktion von 10 Einheiten des ersten und 20 Einheiten des zweiten Endprodukts benötigt?

Aufgabe 12.15:
In einem dreistufigen Produktionsprozess werden im ersten Schritt aus drei Rohstoffen R_1, R_2 und R_3 zunächst die Zwischenprodukte Y_1, Y_2 und Y_3, im zweiten Schritt die Zwischenprodukte Z_1 und Z_2 und im dritten Schritt die Endprodukte E_1, E_2 und E_3 hergestellt. Die diese Situation beschreibenden Bedarfsmatrizen seien:

	Y_1	Y_2	Y_3
R_1	9	0	4
R_2	0	5	6
R_3	1	5	0

	Z_1	Z_2
Y_1	0	2
Y_2	5	0
Y_3	5	8

	E_1	E_2	E_3
Z_1	0	1	2
Z_2	10	9	8

a) Wieviele Mengeneinheiten (ME) werden von Y_1, Y_2 und Y_3 benötigt, um 30 ME von E_1, 20 ME von E_2 und 10 ME von E_3 zu produzieren?

b) Die Preise (je ME) für R_1, R_2, R_3 betragen $p_1 = 2, p_2 = 1, p_3 = 0{,}1$. Welche Rohstoffkosten fallen bei der Produktion von je einer ME von Z_1 bzw. Z_2 an?

Lösungen

Lösung zu Aufgabe 12.1:

a) Ein Matrixprodukt $A \cdot B$ ist nur definiert, falls für die natürlichen Zahlen k, n und m gilt: $A \in \mathcal{M}_{k,n}$ und $B \in \mathcal{M}_{n,m}$. Damit sind folgende Matrixprodukte möglich:

- $A \in \mathcal{M}_{3,2}, \begin{cases} B \in \mathcal{M}_{2,4} \implies A \cdot B \in \mathcal{M}_{3,4} \\ C \in \mathcal{M}_{2,1} \implies A \cdot C \in \mathcal{M}_{3,1} \end{cases}$
- $C \in \mathcal{M}_{2,1}, D \in \mathcal{M}_{1,3} \implies C \cdot D \in \mathcal{M}_{2,3}$
- $D \in \mathcal{M}_{1,3}, A \in \mathcal{M}_{3,2} \implies D \cdot A \in \mathcal{M}_{1,2}$

Die Berechnung ergibt:

$$A \cdot B = \begin{pmatrix} 1 & 3 \\ 2 & 0 \\ 5 & 2 \end{pmatrix} \begin{pmatrix} 1 & 2 & 3 & 4 \\ 0 & 0 & 0 & 0 \end{pmatrix} = \begin{pmatrix} 1 & 2 & 3 & 4 \\ 2 & 4 & 6 & 8 \\ 5 & 10 & 15 & 20 \end{pmatrix},$$

$$A \cdot C = \begin{pmatrix} 1 & 3 \\ 2 & 0 \\ 5 & 2 \end{pmatrix} \begin{pmatrix} 4 \\ 2 \end{pmatrix} = \begin{pmatrix} 10 \\ 8 \\ 24 \end{pmatrix},$$

$$C \cdot D = \begin{pmatrix} 4 \\ 2 \end{pmatrix} \begin{pmatrix} 1 & 0 & 1 \end{pmatrix} = \begin{pmatrix} 4 & 0 & 4 \\ 2 & 0 & 2 \end{pmatrix},$$

$$D \cdot A = \begin{pmatrix} 1 & 0 & 1 \end{pmatrix} \begin{pmatrix} 1 & 3 \\ 2 & 0 \\ 5 & 2 \end{pmatrix} = \begin{pmatrix} 6 & 5 \end{pmatrix}.$$

b) $A \in \mathcal{M}_{4,3}, B \in \mathcal{M}_{3,2}, C \in \mathcal{M}_{3,1}, D \in \mathcal{M}_{1,4}$:

$$A \cdot B = \begin{pmatrix} 1 & 2 & -3 \\ 0 & 1 & 4 \\ 1 & 0 & 0 \\ 2 & -2 & 5 \end{pmatrix} \begin{pmatrix} 1 & -1 \\ 0 & 2 \\ 2 & 4 \end{pmatrix} = \begin{pmatrix} -5 & -9 \\ 8 & 18 \\ 1 & -1 \\ 12 & 14 \end{pmatrix},$$

$$A \cdot C = \begin{pmatrix} 1 & 2 & -3 \\ 0 & 1 & 4 \\ 1 & 0 & 0 \\ 2 & -2 & 5 \end{pmatrix} \begin{pmatrix} 1 \\ 2 \\ 3 \end{pmatrix} = \begin{pmatrix} -4 \\ 14 \\ 1 \\ 13 \end{pmatrix},$$

$$C \cdot D = \begin{pmatrix} 1 \\ 2 \\ 3 \end{pmatrix} \begin{pmatrix} 0 & 2 & -1 & 5 \end{pmatrix} = \begin{pmatrix} 0 & 2 & -1 & 5 \\ 0 & 4 & -2 & 10 \\ 0 & 6 & -3 & 15 \end{pmatrix},$$

$$D \cdot A = \begin{pmatrix} 0 & 2 & -1 & 5 \end{pmatrix} \begin{pmatrix} 1 & 2 & -3 \\ 0 & 1 & 4 \\ 1 & 0 & 0 \\ 2 & -2 & 5 \end{pmatrix} = \begin{pmatrix} 9 & -8 & 33 \end{pmatrix}.$$

c) $A \in \mathcal{M}_{2,2}, B \in \mathcal{M}_{2,3}, C \in \mathcal{M}_{3,2}, D \in \mathcal{M}_{3,3}, E \in \mathcal{M}_{2,4}$:

$$A \cdot B = \begin{pmatrix} 1 & 2 \\ 3 & 4 \end{pmatrix} \begin{pmatrix} 3 & 4 & 0 \\ 2 & 0 & 1 \end{pmatrix} = \begin{pmatrix} 7 & 4 & 2 \\ 17 & 12 & 4 \end{pmatrix},$$

$$A \cdot E = \begin{pmatrix} 1 & 2 \\ 3 & 4 \end{pmatrix} \begin{pmatrix} 1 & 0 & 2 & 0 \\ 0 & 3 & 0 & 4 \end{pmatrix} = \begin{pmatrix} 1 & 6 & 2 & 8 \\ 3 & 12 & 6 & 16 \end{pmatrix},$$

$$B \cdot C = \begin{pmatrix} 3 & 4 & 0 \\ 2 & 0 & 1 \end{pmatrix} \begin{pmatrix} 4 & 6 \\ 3 & 5 \\ 2 & 4 \end{pmatrix} = \begin{pmatrix} 24 & 38 \\ 10 & 16 \end{pmatrix},$$

$$B \cdot D = \begin{pmatrix} 3 & 4 & 0 \\ 2 & 0 & 1 \end{pmatrix} \begin{pmatrix} 1 & 0 & 0 \\ 0 & 0 & 1 \\ 0 & 1 & 0 \end{pmatrix} = \begin{pmatrix} 3 & 0 & 4 \\ 2 & 1 & 0 \end{pmatrix},$$

$$C \cdot A = \begin{pmatrix} 4 & 6 \\ 3 & 5 \\ 2 & 4 \end{pmatrix} \begin{pmatrix} 1 & 2 \\ 3 & 4 \end{pmatrix} = \begin{pmatrix} 22 & 32 \\ 18 & 26 \\ 14 & 20 \end{pmatrix},$$

$$C \cdot B = \begin{pmatrix} 4 & 6 \\ 3 & 5 \\ 2 & 4 \end{pmatrix} \begin{pmatrix} 3 & 4 & 0 \\ 2 & 0 & 1 \end{pmatrix} = \begin{pmatrix} 24 & 16 & 6 \\ 19 & 12 & 5 \\ 14 & 8 & 4 \end{pmatrix},$$

$$C \cdot E = \begin{pmatrix} 4 & 6 \\ 3 & 5 \\ 2 & 4 \end{pmatrix} \begin{pmatrix} 1 & 0 & 2 & 0 \\ 0 & 3 & 0 & 4 \end{pmatrix} = \begin{pmatrix} 4 & 18 & 8 & 24 \\ 3 & 15 & 6 & 20 \\ 2 & 12 & 4 & 16 \end{pmatrix},$$

$$D \cdot C = \begin{pmatrix} 1 & 0 & 0 \\ 0 & 0 & 1 \\ 0 & 1 & 0 \end{pmatrix} \begin{pmatrix} 4 & 6 \\ 3 & 5 \\ 2 & 4 \end{pmatrix} = \begin{pmatrix} 4 & 6 \\ 2 & 4 \\ 3 & 5 \end{pmatrix}.$$

Insbesondere gilt (schon wegen der unterschiedlichen Anzahl von Zeilen und Spalten der jeweiligen Ergebnismatrix): $B \cdot C \neq C \cdot B$.

Lösung zu Aufgabe 12.2:

Seien $A \in \mathcal{M}_{k,l}, B \in \mathcal{M}_{l,m}, C \in \mathcal{M}_{m,n}, A = (a_{ij})_{i,j}, B = (b_{ij})_{i,j}, C = (c_{ij})_{i,j}$ und $A \cdot B = D \in \mathcal{M}_{k,m}$ mit den Elementen d_{ij}, d. h. $d_{ij} = \sum_{p=1}^{l} a_{ip} b_{pj}, 1 \leq i \leq k, 1 \leq j \leq m$.

Das Produkt $(A \cdot B) \cdot C = D \cdot C = E$ habe die Elemente $e_{iq}, 1 \leq i \leq k, 1 \leq q \leq n$. Dann gilt:

$$e_{iq} = \sum_{j=1}^{m} d_{ij} c_{jq} = \sum_{j=1}^{m} \left(\sum_{p=1}^{l} a_{ip} b_{pj} \right) c_{jq} = \sum_{j=1}^{m} \sum_{p=1}^{l} a_{ip} b_{pj} c_{jq} = \sum_{j=1}^{m} \sum_{p=1}^{l} a_{ip} (b_{pj} \cdot c_{jq})$$

$$= \sum_{p=1}^{l} \left(\sum_{j=1}^{m} b_{pj} \cdot c_{jq} \right) a_{ip} = \sum_{p=1}^{l} a_{ip} f_{pq},$$

wobei f_{pq} das Element von $F = B \cdot C \in \mathcal{M}_{l,n}$ in der p-ten Zeile und q-ten Spalte ist. Aus der Definition des Matrixprodukts folgt: $(A \cdot B) \cdot C = A \cdot (B \cdot C)$.

Lösung zu Aufgabe 12.3:

$A = \begin{pmatrix} 1 & 3 \\ 0 & 2 \end{pmatrix}, B = \begin{pmatrix} 0 & -1 \\ 2 & 4 \end{pmatrix}, C = \begin{pmatrix} -1 & 2 \\ 3 & -2 \end{pmatrix}.$

a) Assoziativgesetz $(A \cdot B) \cdot C = A \cdot (B \cdot C)$:

- linke Seite:

$$A \cdot B = \begin{pmatrix} 1 & 3 \\ 0 & 2 \end{pmatrix} \begin{pmatrix} 0 & -1 \\ 2 & 4 \end{pmatrix} = \begin{pmatrix} 6 & 11 \\ 4 & 8 \end{pmatrix},$$

$$(A \cdot B) \cdot C = \begin{pmatrix} 6 & 11 \\ 4 & 8 \end{pmatrix} \begin{pmatrix} -1 & 2 \\ 3 & -2 \end{pmatrix} = \begin{pmatrix} 27 & -10 \\ 20 & -8 \end{pmatrix}.$$

- rechte Seite:

$$B \cdot C = \begin{pmatrix} 0 & -1 \\ 2 & 4 \end{pmatrix} \begin{pmatrix} -1 & 2 \\ 3 & -2 \end{pmatrix} = \begin{pmatrix} -3 & 2 \\ 10 & -4 \end{pmatrix},$$

$$A \cdot (B \cdot C) = \begin{pmatrix} 1 & 3 \\ 0 & 2 \end{pmatrix} \begin{pmatrix} -3 & 2 \\ 10 & -4 \end{pmatrix} = \begin{pmatrix} 27 & -10 \\ 20 & -8 \end{pmatrix} \stackrel{s.o.}{=} (A \cdot B) \cdot C.$$

b) Distributivgesetz $A \cdot (B + C) = A \cdot B + A \cdot C$:

- linke Seite:

$$B + C = \begin{pmatrix} 0 & -1 \\ 2 & 4 \end{pmatrix} + \begin{pmatrix} -1 & 2 \\ 3 & -2 \end{pmatrix} = \begin{pmatrix} -1 & 1 \\ 5 & 2 \end{pmatrix},$$

$$A \cdot (B + C) = \begin{pmatrix} 1 & 3 \\ 0 & 2 \end{pmatrix} \begin{pmatrix} -1 & 1 \\ 5 & 2 \end{pmatrix} = \begin{pmatrix} 14 & 7 \\ 10 & 4 \end{pmatrix}.$$

- rechte Seite:

$$A \cdot B = \begin{pmatrix} 1 & 3 \\ 0 & 2 \end{pmatrix} \begin{pmatrix} 0 & -1 \\ 2 & 4 \end{pmatrix} = \begin{pmatrix} 6 & 11 \\ 4 & 8 \end{pmatrix},$$

$$A \cdot C = \begin{pmatrix} 1 & 3 \\ 0 & 2 \end{pmatrix} \begin{pmatrix} -1 & 2 \\ 3 & -2 \end{pmatrix} = \begin{pmatrix} 8 & -4 \\ 6 & -4 \end{pmatrix},$$

$$A \cdot B + A \cdot C = \begin{pmatrix} 6 & 11 \\ 4 & 8 \end{pmatrix} + \begin{pmatrix} 8 & -4 \\ 6 & -4 \end{pmatrix} = \begin{pmatrix} 14 & 7 \\ 10 & 4 \end{pmatrix} \stackrel{s.o.}{=} A \cdot (B + C).$$

Lösung zu Aufgabe 12.4:

$A \in \mathcal{M}_{l,m}, B \in \mathcal{M}_{m,n} \Longrightarrow A \cdot B \in \mathcal{M}_{l,n}.$

a) $A \cdot B \in \mathcal{V}_1$: Also $n = 1, l, m$ beliebig.

b) $A \cdot B \in \mathcal{W}_1$: Also $l = 1, n, m$ beliebig.

MATRIZEN

c) $A \cdot B \in \mathcal{V}_1 \cap \mathcal{W}_1 \implies A \cdot B \in \mathcal{M}_{1,1}$: Also $l = n = 1, m$ beliebig.

d) $(A \cdot B) \cdot (A \cdot B) \in \mathcal{M}_{3,3}$; $A \cdot B$ und $A \cdot B$ sind multiplizierbar, wenn $l = n$ gilt. Dies ergibt $(A \cdot B) \cdot (A \cdot B) \in \mathcal{M}_{l,n}$. Also muss $l = n = 3$ gewählt werden, $m \in \mathbb{N}$ ist beliebig.

Lösung zu Aufgabe 12.5:

a) i) $A + B = \begin{pmatrix} 2 & 0 \\ 1 & 1 \\ 3 & 0 \end{pmatrix} + \begin{pmatrix} 3 & 1 \\ 1 & 2 \\ 1 & 2 \end{pmatrix} = \begin{pmatrix} 5 & 1 \\ 2 & 3 \\ 4 & 2 \end{pmatrix}$,

ii) $A + B = \begin{pmatrix} 3 & 1 & 5 \\ 2 & 4 & 0 \\ 3 & 7 & 8 \end{pmatrix} + \begin{pmatrix} -2 & 2 & -3 \\ 1 & 0 & 4 \\ 2 & -4 & -5 \end{pmatrix} = \begin{pmatrix} 1 & 3 & 2 \\ 3 & 4 & 4 \\ 5 & 3 & 3 \end{pmatrix}$,

iii) $A + B = \begin{pmatrix} 1 & 8 & 4 & 1 \\ 2 & 1 & 2 & 1 \\ 2 & 5 & 0 & -1 \\ 3 & 4 & -1 & 2 \end{pmatrix} + \begin{pmatrix} 2 & -2 & 0 & 2 \\ 0 & 1 & 2 & 2 \\ 0 & -1 & 2 & 4 \\ 1 & 2 & 4 & 1 \end{pmatrix} = \begin{pmatrix} 3 & 6 & 4 & 3 \\ 2 & 2 & 4 & 3 \\ 2 & 4 & 2 & 3 \\ 4 & 6 & 3 & 3 \end{pmatrix}.$

b) zu a) i) $B' = \begin{pmatrix} 3 & 1 & 1 \\ 1 & 2 & 2 \end{pmatrix}$, zu a) ii) $B' = \begin{pmatrix} -2 & 1 & 2 \\ 2 & 0 & -4 \\ -3 & 4 & -5 \end{pmatrix}$,

zu a) iii) $B' = \begin{pmatrix} 2 & 0 & 0 & 1 \\ -2 & 1 & -1 & 2 \\ 0 & 2 & 2 & 4 \\ 2 & 2 & 4 & 1 \end{pmatrix}.$

c) $A = \begin{pmatrix} 2 & 0 \\ 1 & 1 \\ 3 & 0 \end{pmatrix}, B = \begin{pmatrix} 3 & 1 \\ 1 & 2 \\ 1 & 2 \end{pmatrix}$: $\quad A - X = 3B \iff A - 3B = X$, d.h.

$$X = \begin{pmatrix} 2 & 0 \\ 1 & 1 \\ 3 & 0 \end{pmatrix} - 3 \cdot \begin{pmatrix} 3 & 1 \\ 1 & 2 \\ 1 & 2 \end{pmatrix} = \begin{pmatrix} 2 & 0 \\ 1 & 1 \\ 3 & 0 \end{pmatrix} - \begin{pmatrix} 9 & 3 \\ 3 & 6 \\ 3 & 6 \end{pmatrix} = \begin{pmatrix} -7 & -3 \\ -2 & -5 \\ 0 & -6 \end{pmatrix}.$$

d) $A = \begin{pmatrix} 3 & 1 & 5 \\ 2 & 4 & 0 \\ 3 & 7 & 8 \end{pmatrix}, B = \begin{pmatrix} -2 & 2 & -3 \\ 1 & 0 & 4 \\ 2 & -4 & -5 \end{pmatrix}.$

$$A \cdot B = \begin{pmatrix} 3 & 1 & 5 \\ 2 & 4 & 0 \\ 3 & 7 & 8 \end{pmatrix} \begin{pmatrix} -2 & 2 & -3 \\ 1 & 0 & 4 \\ 2 & -4 & -5 \end{pmatrix} = \begin{pmatrix} 5 & -14 & -30 \\ 0 & 4 & 10 \\ 17 & -26 & -21 \end{pmatrix},$$

$$A \cdot B' = \begin{pmatrix} 3 & 1 & 5 \\ 2 & 4 & 0 \\ 3 & 7 & 8 \end{pmatrix} \begin{pmatrix} -2 & 1 & 2 \\ 2 & 0 & -4 \\ -3 & 4 & -5 \end{pmatrix} = \begin{pmatrix} -19 & 23 & -23 \\ 4 & 2 & -12 \\ -16 & 35 & -62 \end{pmatrix},$$

$$B' \cdot A' = \begin{pmatrix} -2 & 1 & 2 \\ 2 & 0 & -4 \\ -3 & 4 & -5 \end{pmatrix} \begin{pmatrix} 3 & 2 & 3 \\ 1 & 4 & 7 \\ 5 & 0 & 8 \end{pmatrix} = \begin{pmatrix} 5 & 0 & 17 \\ -14 & 4 & -26 \\ -30 & 10 & -21 \end{pmatrix} = (A \cdot B)'.$$

Es gilt stets: $(A \cdot B)' = B' \cdot A'$ (siehe Aufgabe 12.6 b)).

Lösung zu Aufgabe 12.6:

a) $A \in \mathcal{M}_{n,m}, B \in \mathcal{M}_{m,k}$. Zu zeigen ist: $A' \in \mathcal{M}_{m,n}, B' \in \mathcal{M}_{k,m}$.

$$A = \begin{pmatrix} a_{11} & a_{12} & \ldots & a_{1m} \\ a_{21} & a_{22} & \ldots & a_{2m} \\ \vdots & \vdots & & \vdots \\ a_{n1} & a_{n2} & \ldots & a_{nm} \end{pmatrix} \implies A' = \begin{pmatrix} a_{11} & a_{21} & \ldots & a_{n1} \\ a_{12} & a_{22} & \ldots & a_{n2} \\ \vdots & \vdots & & \vdots \\ a_{1m} & a_{2m} & \ldots & a_{nm} \end{pmatrix} \in \mathcal{M}_{m,n},$$

da A' m Zeilen und n Spalten besitzt.

Die Behauptung für B wird analog nachgewiesen.

b) Zum Nachweis von $(A \cdot B)' = B' \cdot A'$ werden die Notationen

$$A = \begin{pmatrix} a_{11} & \ldots & a_{1m} \\ \vdots & & \vdots \\ a_{j1} & \ldots & a_{jm} \\ \vdots & & \vdots \\ a_{n1} & \ldots & a_{nm} \end{pmatrix}, \quad B = \begin{pmatrix} b_{11} & \ldots & b_{1i} & \ldots & b_{1k} \\ \vdots & & \vdots & & \vdots \\ b_{m1} & \ldots & b_{mi} & \ldots & b_{mk} \end{pmatrix}$$

verwendet. Damit gilt für $1 \leq i \leq k, 1 \leq j \leq n$:

$$\underbrace{(A \cdot B)'_{i,j}}_{\substack{\text{Element der } i\text{-ten Zeile und} \\ j\text{-ten Spalte von } (A \cdot B)'}} = \underbrace{(A \cdot B)_{j,i}}_{\substack{\text{Element der } j\text{-ten Zeile} \\ \text{und } i\text{-ten Spalte von } A \cdot B}} = \sum_{l=1}^{m} a_{jl} \cdot b_{li}.$$

Andererseits gilt:

$$B' \cdot A' = \begin{pmatrix} b_{11} & \ldots & b_{m1} \\ \vdots & & \vdots \\ b_{1i} & \ldots & b_{mi} \\ \vdots & & \vdots \\ b_{1k} & \ldots & b_{mk} \end{pmatrix} \begin{pmatrix} a_{11} & \ldots & a_{j1} & \ldots & a_{n1} \\ \vdots & & \vdots & & \vdots \\ a_{1m} & \ldots & a_{jm} & \ldots & a_{nm} \end{pmatrix},$$

so dass

$$(B' \cdot A')_{i,j} = \sum_{l=1}^{m} b_{li} a_{jl} = \sum_{l=1}^{m} a_{jl} b_{li} = (A \cdot B)_{j,i} = (A \cdot B)'_{i,j}, \quad 1 \leq i \leq k, 1 \leq j \leq n.$$

Damit folgt die Behauptung.

MATRIZEN

c) $A = \begin{pmatrix} 1 & 4 & -1 & 0 \\ -3 & 2 & 1 & 5 \\ 7 & 2 & 1 & -2 \end{pmatrix}$, $B = \begin{pmatrix} 4 & -2 \\ 0 & 6 \\ -5 & 4 \\ 1 & -2 \end{pmatrix}$, $A \cdot B = \begin{pmatrix} 9 & 18 \\ -12 & 12 \\ 21 & 6 \end{pmatrix}$,

$(A \cdot B)' = \begin{pmatrix} 9 & -12 & 21 \\ 18 & 12 & 6 \end{pmatrix}$,

$B' \cdot A' = \begin{pmatrix} 4 & 0 & -5 & 1 \\ -2 & 6 & 4 & -2 \end{pmatrix} \begin{pmatrix} 1 & -3 & 7 \\ 4 & 2 & 2 \\ -1 & 1 & 1 \\ 0 & 5 & -2 \end{pmatrix} = \begin{pmatrix} 9 & -12 & 21 \\ 18 & 12 & 6 \end{pmatrix}$

$\Longrightarrow (A \cdot B)' = B' \cdot A'$.

Lösung zu Aufgabe 12.7:

a) Gesucht ist die Matrix X mit

$$A - 2X = B \iff A - B = 2X \iff \frac{1}{2}(A - B) = X.$$

Einsetzen ergibt:

$$X = \frac{1}{2}(A - B) = \frac{1}{2} \begin{pmatrix} 1 & 9 & -12 & 1 \\ 2 & -8 & 2 & -15 \\ 2 & 1 & 9 & -3 \\ -6 & -1 & -8 & 4 \end{pmatrix} = \begin{pmatrix} 0{,}5 & 4{,}5 & -6 & 0{,}5 \\ 1 & -4 & 1 & -7{,}5 \\ 1 & 0{,}5 & 4{,}5 & -1{,}5 \\ -3 & -0{,}5 & -4 & 2 \end{pmatrix}.$$

b) Gesucht ist die Matrix X mit $B + 3X = (A' \cdot B)' \iff B + 3X = B' \cdot (A')'$
$\iff B + 3X = B' \cdot A \iff 3X = B' \cdot A - B \iff X = \frac{1}{3}(B' \cdot A - B)$.

$B' \cdot A = \begin{pmatrix} 0 & -3 & 0 & 6 \\ -6 & 6 & 3 & 0 \\ 12 & 0 & -6 & 9 \\ 3 & 15 & 3 & -6 \end{pmatrix} \begin{pmatrix} 1 & 3 & 0 & 4 \\ -1 & -2 & 2 & 0 \\ 2 & 4 & 3 & 0 \\ 0 & -1 & 1 & -2 \end{pmatrix} = \begin{pmatrix} 3 & 0 & 0 & -12 \\ -6 & -18 & 21 & -24 \\ 0 & 3 & -9 & 30 \\ -6 & -3 & 33 & 24 \end{pmatrix}$

$B' \cdot A - B = \begin{pmatrix} 3 & 0 & 0 & -12 \\ -6 & -18 & 21 & -24 \\ 0 & 3 & -9 & 30 \\ -6 & -3 & 33 & 24 \end{pmatrix} - \begin{pmatrix} 0 & -6 & 12 & 3 \\ -3 & 6 & 0 & 15 \\ 0 & 3 & -6 & 3 \\ 6 & 0 & 9 & -6 \end{pmatrix}$

$= \begin{pmatrix} 3 & 6 & -12 & -15 \\ -3 & -24 & 21 & -39 \\ 0 & 0 & -3 & 27 \\ -12 & -3 & 24 & 30 \end{pmatrix}$

Damit gilt: $X = \frac{1}{3}(B' \cdot A - B) = \begin{pmatrix} 1 & 2 & -4 & -5 \\ -1 & -8 & 7 & -13 \\ 0 & 0 & -1 & 9 \\ -4 & -1 & 8 & 10 \end{pmatrix}$

Lösung zu Aufgabe 12.8:

a) $X'(A+B) = C + (A'X)' \iff X'A + X'B = C + X'(A')'$
$\iff X'A + X'B = C + X'A \iff X'B = C$
$\implies X'BB' = CB' \iff X' = (BC')' \iff X = BC'$

(Probe: $(BC')'(A+B) = C + (A'BC')' \iff CB'A + CB'B = C + CB'A$
$\iff CB'B = C$ (wahre Aussage))

Die Lösungsmatrix ist also $X = BC'$.

b) $2AX - BX = X + C \iff (2A - B - I_n)X = C \iff 2\left(A - \frac{1}{2}B - \frac{1}{2}I_n\right)X = C$
$\iff 2\left(\frac{1}{2}I_n\right)X = C \iff I_n X = C \iff X = C$

c) $A \cdot B = \begin{pmatrix} 1 \\ \alpha \\ 1 \end{pmatrix}(\alpha \ 1 \ \alpha) = \begin{pmatrix} \alpha & 1 & \alpha \\ \alpha^2 & \alpha & \alpha^2 \\ \alpha & 1 & \alpha \end{pmatrix}, \quad C = \begin{pmatrix} 0 & 1 & \alpha \\ \alpha^2 & 0 & \alpha^2 \\ \alpha & 1 & 0 \end{pmatrix}$

$\implies A \cdot B - C = \begin{pmatrix} \alpha & 0 & 0 \\ 0 & \alpha & 0 \\ 0 & 0 & \alpha \end{pmatrix} = \alpha I_3$, also $\alpha I_3 X = D \iff \alpha X = D \iff X = \frac{1}{\alpha}D$.

Lösung zu Aufgabe 12.9:

a) Für alle Paare (i,j), $1 \leq i \leq 3, 1 \leq j \leq 4$, muss gelten:
$$3b_{ij} + 2c_{ij} \leq a_{ij}.$$

b) Die Beziehung ist gültig, denn es gilt
$$3B + 2C = (r_{ij})_{i,j} = \begin{pmatrix} 80 & 60 & 76 & 170 \\ 600 & 500 & 300 & 200 \\ 90 & 50 & 115 & 700 \end{pmatrix} \text{ und } r_{ij} \leq a_{ij} \text{ für alle } (i,j).$$

c) Die Matrix C ist derart zu bestimmen, dass gilt:
$$3B + 2C = A \iff 2C = A - 3B \iff C = \frac{1}{2}(A - 3B) = \begin{pmatrix} 35 & 70 & 132 & 175 \\ 150 & 100 & 0 & 25 \\ 50 & 110 & 162{,}5 & 200 \end{pmatrix}.$$

d) Die Matrix E der geänderten Bestände lautet:
$$E = \begin{pmatrix} d_1 \cdot 100 & d_2 \cdot 200 & d_3 \cdot 300 & d_4 \cdot 500 \\ d_1 \cdot 600 & d_2 \cdot 500 & d_3 \cdot 300 & d_4 \cdot 200 \\ d_1 \cdot 100 & d_2 \cdot 250 & d_3 \cdot 400 & d_4 \cdot 1\,000 \end{pmatrix} = A \cdot \underbrace{\begin{pmatrix} d_1 & 0 & 0 & 0 \\ 0 & d_2 & 0 & 0 \\ 0 & 0 & d_3 & 0 \\ 0 & 0 & 0 & d_4 \end{pmatrix}}_{= D}$$

Lösung zu Aufgabe 12.10:

a) 1. Stufe: Die Bedarfsmatrix lautet:

$$A = \begin{pmatrix} a_{11} & a_{12} & a_{13} \\ \vdots & \vdots & \vdots \\ a_{51} & a_{52} & a_{53} \end{pmatrix} = \begin{pmatrix} 0{,}5 & 0{,}45 & 0{,}65 \\ 0{,}2 & 0{,}45 & 0 \\ 0{,}2 & 0 & 0 \\ 0{,}1 & 0{,}1 & 0 \\ 0 & 0 & 0{,}35 \end{pmatrix}.$$

Erläuterung: Für die Produktion von 1 kg Z_j werden a_{ij} kg des Rohstoffs R_i benötigt.

2. Stufe: (analog) $B = \begin{pmatrix} 0{,}8 & 0 \\ 0 & 1 \\ 0{,}2 & 0 \end{pmatrix}$.

b) Die Gesamtbedarfsmatrix berechnet sich als Produkt von A und B:

$$C = A \cdot B = \begin{pmatrix} 0{,}5 \cdot 0{,}8 + 0{,}65 \cdot 0{,}2 & 0{,}45 \cdot 1 \\ 0{,}2 \cdot 0{,}8 & 0{,}45 \cdot 1 \\ 0{,}2 \cdot 0{,}8 & 0 \\ 0{,}1 \cdot 0{,}8 & 0{,}1 \cdot 1 \\ 0{,}35 \cdot 0{,}2 & 0 \end{pmatrix} = \begin{pmatrix} 0{,}53 & 0{,}45 \\ 0{,}16 & 0{,}45 \\ 0{,}16 & 0 \\ 0{,}08 & 0{,}1 \\ 0{,}07 & 0 \end{pmatrix}.$$

c) 10 000 Tafeln $\stackrel{\triangle}{=}$ 1 000 000 g = 1 000 kg, 2 000 Tafeln $\stackrel{\triangle}{=}$ 200 kg.

Lösung: Die zur Produktion von x_1 kg E_1 und x_2 kg E_2 benötigten Rohstoffmengen v_1, v_2, v_3, v_4, v_5 (in kg) berechnen sich wie folgt:

$$\begin{pmatrix} v_1 \\ v_2 \\ v_3 \\ v_4 \\ v_5 \end{pmatrix} = C \cdot \begin{pmatrix} x_1 \\ x_2 \end{pmatrix}, \text{ d.h. } \begin{pmatrix} 0{,}53 & 0{,}45 \\ 0{,}16 & 0{,}45 \\ 0{,}16 & 0 \\ 0{,}08 & 0{,}1 \\ 0{,}07 & 0 \end{pmatrix} \begin{pmatrix} 1\,000 \\ 200 \end{pmatrix} = \begin{pmatrix} 620 \\ 250 \\ 160 \\ 100 \\ 70 \end{pmatrix}.$$

d) Zur Berechnung des zusätzlichen Bedarfs an Zwischenprodukten wird nur die erste Stufe betrachtet, d.h. die Matrix A:

$$A \cdot \begin{pmatrix} 50 \\ 50 \\ 50 \end{pmatrix} = \begin{pmatrix} 80 \\ 32{,}5 \\ 10 \\ 10 \\ 17{,}5 \end{pmatrix}.$$

Es werden also insgesamt benötigt:

(80 + 620) kg = 700 kg Zucker,

(32,5 + 250) kg = 282,5 kg Kakao,

(10 + 160) kg = 170 kg Milchpulver,

(10 + 100) kg = 110 kg Kakaobutter und

(17,5 + 70) kg = 87,5 kg Haselnüsse.

Lösung zu Aufgabe 12.11:

a) 1. Stufe:

	Z_1	Z_2	Z_3
R_1	0,2	0	0,1
R_2	0,5	0,8	0,7
R_3	0,3	0,2	0,2

2. Stufe:

	E_1	E_2
Z_1	0,3	0,2
Z_2	0,6	0,8
Z_3	0,1	0

b) Analog zu Aufgabe 12.10 ist die Gesamtbedarfsmatrix gegeben durch

$$G = \begin{pmatrix} 0,2 & 0 & 0,1 \\ 0,5 & 0,8 & 0,7 \\ 0,3 & 0,2 & 0,2 \end{pmatrix} \begin{pmatrix} 0,3 & 0,2 \\ 0,6 & 0,8 \\ 0,1 & 0 \end{pmatrix} = \frac{1}{100} \begin{pmatrix} 2 & 0 & 1 \\ 5 & 8 & 7 \\ 3 & 2 & 2 \end{pmatrix} \begin{pmatrix} 3 & 2 \\ 6 & 8 \\ 1 & 0 \end{pmatrix}$$

$$= \frac{1}{100} \begin{pmatrix} 7 & 4 \\ 70 & 74 \\ 23 & 22 \end{pmatrix} = \begin{pmatrix} 0,07 & 0,04 \\ 0,70 & 0,74 \\ 0,23 & 0,22 \end{pmatrix}.$$

c) Analog zu Aufgabe 12.10 werden die Mengen berechnet als das Produkt:

$$G \cdot \begin{pmatrix} 5 \\ 2 \end{pmatrix} = \frac{1}{100} \begin{pmatrix} 7 & 4 \\ 70 & 74 \\ 23 & 22 \end{pmatrix} \begin{pmatrix} 5 \\ 2 \end{pmatrix} = \frac{1}{100} \begin{pmatrix} 43 \\ 498 \\ 159 \end{pmatrix} = \begin{pmatrix} 0,43 \\ 4,98 \\ 1,59 \end{pmatrix}$$

Lösung zu Aufgabe 12.12:

a) Bedarfsmatrix für die erste Stufe: $A = \begin{pmatrix} 1 & 0,5 & 0,2 \\ 0 & 0,5 & 0,4 \end{pmatrix}$, bzw. für die zweite Stufe: $B = \begin{pmatrix} 0,1 & 0,8 \\ 0,4 & 0,2 \\ 0,5 & 0 \end{pmatrix}$.

b) Bedarfsmatrix für die Kombination der zwei Stufen: $C = A \cdot B = (c_{ij})_{i,j} = \begin{pmatrix} 0,4 & 0,9 \\ 0,4 & 0,1 \end{pmatrix}$.

Interpretation: Zur Produktion von 1 kg E_j werden c_{1j} Arbeitsstunden an M_1 und c_{2j} Stunden an M_2 benötigt, $j = 1, 2$.

c) x_j bezeichne die an Maschine M_j zur Verfügung zu stellende Zeitkapazität, $j = 1, 2$. Dann gilt analog zu Aufgabe 12.10:

$$\begin{pmatrix} x_1 \\ x_2 \end{pmatrix} = C \cdot \begin{pmatrix} 5,5 \\ 20 \end{pmatrix} = \begin{pmatrix} 20,2 \\ 4,2 \end{pmatrix}.$$

Daher müssen 20 Stunden und 12 Minuten an M_1 sowie 4 Stunden und 12 Minuten an M_2 zur Verfügung gestellt werden.

MATRIZEN

Lösung zu Aufgabe 12.13:

a) Gesamtbedarfsmatrix: $G = \begin{pmatrix} 3 & 4 & 2 \\ 7 & 6 & 9 \end{pmatrix} \begin{pmatrix} 6 & 4 \\ 3 & 0 \\ 4 & 2 \end{pmatrix} = \begin{pmatrix} 38 & 16 \\ 96 & 46 \end{pmatrix}$ mit der Interpretation

	E_1	E_2
R_1	38	16
R_2	96	46

b) Die Rohstoffkosten zur Herstellung je einer Einheit der Endprodukte berechnen sich aus:

$$(3 \;\; 5) \begin{pmatrix} 38 & 16 \\ 96 & 46 \end{pmatrix} = (594 \;\; 278) \, ,$$

d. h. zur Herstellung von E_1 bzw. E_2 entstehen Rohstoffkosten in Höhe von 594 € bzw. 278 €.

c) Die Rohstoffmengen für 20 Einheiten von E_1 und 10 Einheiten von E_2 werden berechnet gemäß:

$$\begin{pmatrix} 38 & 16 \\ 96 & 46 \end{pmatrix} \begin{pmatrix} 20 \\ 10 \end{pmatrix} = \begin{pmatrix} 920 \\ 2\,380 \end{pmatrix} .$$

Es werden 920 Einheiten R_1 und 2 380 Einheiten R_2 benötigt.

Lösung zu Aufgabe 12.14:

$A = \begin{pmatrix} 2 & 1 & 0 \\ 0 & 2 & 3 \\ 1 & 1 & 1 \end{pmatrix}, B = \begin{pmatrix} 3 & 1 \\ 2 & 2 \\ 1 & 2 \end{pmatrix}, C = \begin{pmatrix} 2 & 5 \\ 4 & 1 \end{pmatrix}.$

a) Gesamtbedarfsmatrix: $G = A \cdot B \cdot C = \begin{pmatrix} 8 & 4 \\ 7 & 10 \\ 6 & 5 \end{pmatrix} \begin{pmatrix} 2 & 5 \\ 4 & 1 \end{pmatrix} = \begin{pmatrix} 32 & 44 \\ 54 & 45 \\ 32 & 35 \end{pmatrix}.$

b) Kostenvektor: $(1, \; 2, \; 1) \cdot AB = (28, \; 29).$

c) Mengenvektor: $B \cdot C \cdot \begin{pmatrix} 10 \\ 20 \end{pmatrix} = \begin{pmatrix} 10 & 16 \\ 12 & 12 \\ 10 & 7 \end{pmatrix} \begin{pmatrix} 10 \\ 20 \end{pmatrix} = \begin{pmatrix} 420 \\ 360 \\ 240 \end{pmatrix}.$

Lösung zu Aufgabe 12.15:

a) Sei $A = \begin{pmatrix} 9 & 0 & 4 \\ 0 & 5 & 6 \\ 1 & 5 & 0 \end{pmatrix}, B = \begin{pmatrix} 0 & 2 \\ 5 & 0 \\ 5 & 8 \end{pmatrix}, C = \begin{pmatrix} 0 & 1 & 2 \\ 10 & 9 & 8 \end{pmatrix} \Longrightarrow B \cdot C = \begin{pmatrix} 20 & 18 & 16 \\ 0 & 5 & 10 \\ 80 & 77 & 74 \end{pmatrix}$.

Der Vektor $B \cdot C \cdot \begin{pmatrix} 30 \\ 20 \\ 10 \end{pmatrix} = \begin{pmatrix} 1\,120 \\ 200 \\ 4\,680 \end{pmatrix}$ gibt analog zu Aufgabe 12.14 die benötigten Mengeneinheiten von Y_1, Y_2 und Y_3 an.

b) $A \cdot B = \begin{pmatrix} 20 & 50 \\ 55 & 48 \\ 25 & 2 \end{pmatrix} \Longrightarrow (2,\ 1,\ 0{,}1) \cdot A \cdot B = (97{,}5,\ 148{,}2)$ liefert die Preise pro ME von Z_1 bzw. pro ME von Z_2.

13 Inverse einer Matrix

Literaturhinweis: KCO, Kapitel 7, S. 246-256

Aufgaben

Aufgabe 13.1:

Welche der folgenden Matrizen sind spaltenregulär, welche sind zeilenregulär, und welche sind regulär?

$$A = \begin{pmatrix} 1 & 2 \\ 1 & 4 \\ 5 & 6 \end{pmatrix}, \quad B = \begin{pmatrix} 1 & 2 & 0 & 0 \\ 3 & 4 & 0 & 0 \\ 0 & 0 & 0 & 6 \\ 0 & 0 & 7 & 8 \end{pmatrix}, \quad C = \begin{pmatrix} -2 & 3 & 6 & -4 \\ 6 & -9 & -18 & 12 \end{pmatrix},$$

$$D = \begin{pmatrix} -1 & 0 & 2 \\ -2 & 2 & 0 \\ 3 & 0 & -6 \end{pmatrix}, \quad E = \begin{pmatrix} 1 & 1 \\ 4 & 5 \\ 2 & 1 \end{pmatrix}, \quad F = \begin{pmatrix} 2 & -1 & 4 & 3 \\ 4 & -2 & 8 & 6 \end{pmatrix},$$

$$G = \begin{pmatrix} 1 & 2 & -5 & 3 \\ 3 & -6 & 15 & 7 \end{pmatrix}, \quad H = \begin{pmatrix} -1 & 2 & 0 \\ 0 & 4 & -3 \\ 3 & 1 & 1 \end{pmatrix}.$$

Aufgabe 13.2:

Untersuchen Sie, ob die Matrizen

$$A = \begin{pmatrix} 1 & 0 & 0 \\ 3 & -1 & 9 \\ 0 & 2 & 0 \end{pmatrix}, \quad B = \begin{pmatrix} -2 & 1 & 1 \\ 6 & -4 & -9 \\ -4 & 4 & 14 \end{pmatrix} \quad \text{und} \quad C = \begin{pmatrix} 0 & b \\ a & 0 \end{pmatrix} \quad \text{mit } a, b \in \mathbb{R}\setminus\{0\}$$

regulär sind, und bestimmen Sie gegebenenfalls ihre Inverse.

Aufgabe 13.3:

Es seien a und b reelle Zahlen mit $a, b \neq 0$.

Untersuchen Sie mit Hilfe elementarer Zeilenumformungen, ob die Matrizen

$$A = \begin{pmatrix} 3 & -1 & -1 \\ -9 & 5 & 15 \\ 15 & -9 & -29 \end{pmatrix} \quad \text{bzw.} \quad B = \begin{pmatrix} 1-a & b & 0 \\ a & 0 & 0 \\ a & 0 & b \end{pmatrix}$$

regulär sind, und bestimmen Sie gegebenenfalls ihre Inversen.

Aufgabe 13.4:

Stellen Sie fest, welche der angegebenen Verknüpfungen mit den Matrizen

$$A = \begin{pmatrix} 1 & 3 \\ 2 & 1 \end{pmatrix}, \quad B = \begin{pmatrix} 2 & 0 & 3 \\ 1 & 1 & 0 \end{pmatrix}, \quad C = \begin{pmatrix} 3 & 1 \\ 0 & 4 \end{pmatrix}$$

durchführbar sind, und geben Sie gegebenenfalls das Ergebnis an:

a) $A \cdot C$, b) $B' \cdot A$, c) $B \cdot C^{-1}$, d) $A \cdot C^{-1}$, e) $A' + C'$.

Aufgabe 13.5:

Stellen Sie fest, welche der angegebenen Verknüpfungen mit den Matrizen

$$A = \begin{pmatrix} 3 & 1 \\ 0 & 2 \\ 1 & 1 \end{pmatrix}, \quad B = \begin{pmatrix} 1 & 2 & 2 \\ 0 & 1 & 3 \end{pmatrix}, \quad C = \begin{pmatrix} 3 & 2 \\ 1 & 1 \end{pmatrix}$$

durchführbar sind, und geben Sie gegebenenfalls das Ergebnis an:

a) $C \cdot B$, b) $A \cdot B^{-1}$, c) $B' \cdot C^{-1}$, d) $A' + B$, e) $(B \cdot A)^{-1}$.

Aufgabe 13.6:

Bestimmen Sie die inversen Matrizen A^{-1}, B^{-1}, C^{-1} zu:

$$A = \begin{pmatrix} 2 & 1 \\ 3 & 1 \end{pmatrix}, \quad B = \begin{pmatrix} 1 & 0 & 1 \\ 0 & 1 & -1 \\ 0 & -1 & 2 \end{pmatrix}, \quad C = \begin{pmatrix} a & 0 & 0 \\ 0 & b & 0 \\ 0 & 0 & c \end{pmatrix} \quad \text{mit } a, b, c \in \mathbb{R} \setminus \{0\}.$$

Inverse einer Matrix

Aufgabe 13.7:

Invertieren Sie die folgenden Matrizen:

$$A = \begin{pmatrix} 1 & 2 & 3 \\ 3 & 1 & 4 \\ 2 & 5 & 2 \end{pmatrix}, \quad B = \begin{pmatrix} 1 & 2 & 1 \\ 0 & -1 & 1 \\ 1 & 0 & 1 \end{pmatrix}, \quad C = \begin{pmatrix} 1 & 1 & 2 & 0 \\ 2 & 3 & 0 & -1 \\ 1 & 1 & 3 & -2 \\ 2 & 2 & 4 & 1 \end{pmatrix}.$$

Aufgabe 13.8:

Invertieren Sie die folgenden Matrizen:

$$A = \begin{pmatrix} 1 & 3 & 2 \\ 2 & 8 & 3 \\ 4 & 9 & 5 \end{pmatrix}, \quad B = \begin{pmatrix} 1 & 0 & 2 & 0 \\ 0 & 1 & 1 & 1 \\ 1 & 0 & 0 & 1 \\ 2 & 0 & 1 & 0 \end{pmatrix}, \quad C = \begin{pmatrix} 1 & 0 & 0 & 1 \\ 4 & 3 & 5 & 4 \\ 8 & 2 & 6 & 7 \\ 2 & 1 & 1 & 1 \end{pmatrix}.$$

Aufgabe 13.9:

Die Matrix $A \in \mathcal{M}_{3,3}$ sei gegeben durch

$$A = \begin{pmatrix} 0 & 0 & \frac{1}{2} \\ -\frac{1}{3} & 0 & -\frac{1}{3} \\ 0 & \frac{1}{4} & 0 \end{pmatrix}.$$

Ermitteln Sie mit Hilfe elementarer Zeilenumformungen die Matrix $X \in \mathcal{M}_{3,3}$, für die gilt:

$$XA - I_3 = 0.$$

Aufgabe 13.10:

Zeigen Sie, dass jede Matrix $A \in \mathcal{M}_{2,2}$ mit $A = \begin{pmatrix} a & b \\ c & d \end{pmatrix}$ genau dann eine Inverse A^{-1} besitzt, wenn gilt:

$$ad - bc \neq 0.$$

In diesem Fall gilt:

$$A^{-1} = \frac{1}{ad - bc} \begin{pmatrix} d & -b \\ -c & a \end{pmatrix}.$$

Aufgabe 13.11:

Für zwei reguläre Matrizen $A, B \in \mathcal{M}_{n,n}, n \in \mathbb{N}$, gilt:
$$(A \cdot B)^{-1} = B^{-1} \cdot A^{-1}.$$

a) Beweisen Sie diese Aussage.

b) Berechnen Sie die beiden Seiten der obigen Gleichung für die Matrizen

i) $A = \begin{pmatrix} 2 & 0 \\ 0 & 4 \end{pmatrix}$, $B = \begin{pmatrix} 1 & 1 \\ 1 & 4 \end{pmatrix}$,

ii) $A = \begin{pmatrix} 1 & 0 & -3 \\ 2 & 4 & -2 \\ 0 & -4 & -2 \end{pmatrix}$, $B = \begin{pmatrix} 2 & -1 & 0 \\ 0 & 1 & 3 \\ 1 & -2 & 0 \end{pmatrix}$.

Aufgabe 13.12:

Bestimmen Sie die inverse Matrix A^{-1} zu $A = \begin{pmatrix} 1 & 3 & 1 & 2 \\ 3 & 1 & 0 & 2 \\ 1 & 0 & 1 & 2 \\ 2 & 2 & 2 & 5 \end{pmatrix}$.

Ist die inverse Matrix A^{-1} wiederum symmetrisch?

(Eine Matrix heißt symmetrisch, wenn $A = A'$.)

Aufgabe 13.13:

Zeigen Sie:

a) $A \in \mathcal{M}_{n,n}, n \in \mathbb{N}$, ist regulär genau dann, wenn A' regulär ist. In diesem Fall gilt:
$$(A')^{-1} = (A^{-1})'.$$

b) Gegeben sei die Matrix $A = \begin{pmatrix} 1 & 0 & 3 \\ 2 & 2 & 6 \\ 0 & 3 & 1 \end{pmatrix}$. Berechnen Sie jeweils $(A^{-1})'$ und $(A')^{-1}$.

c) Ist $A \in \mathcal{M}_{n,n}$ symmetrisch (d. h. $A = A'$) und regulär, so ist auch A^{-1} symmetrisch.

Aufgabe 13.14:

Seien $A, B \in \mathcal{M}_{n,n}, n \in \mathbb{N}$, quadratische Matrizen und A außerdem invertierbar. Zeigen Sie:
$$(A+B)A^{-1}(A-B) = (A-B)A^{-1}(A+B).$$

Aufgabe 13.15:

Sei $A \in \mathcal{M}_{n,n}, n \in \mathbb{N}$.

Zeigen Sie: Sind die Matrizen $A, A^{-1} + I_n$ und $A + I_n$ regulär, so gilt:

$$(A^{-1} + I_n)^{-1} + (A + I_n)^{-1} = I_n.$$

Hinweis: Multiplizieren Sie beide Seiten der Gleichung mit A^{-1}.

Aufgabe 13.16:

Bestimmen Sie jeweils die Lösungsmatrizen X der folgenden Gleichungen:

a) $X'(A + B) = C + (A'X)'$, $\quad A, B, C \in \mathcal{M}_{n,n}$ regulär, $X \in \mathcal{M}_{n,n}$.

b) $((A'X)' - B) C = D$, $\quad A, B, C, D \in \mathcal{M}_{n,n}$ regulär, $X \in \mathcal{M}_{n,n}$.

c) $X'(A' - B') = (BX)'$, $\quad A, B \in \mathcal{M}_{n,m}, X \in \mathcal{M}_{m,1}$.

Aufgabe 13.17:

Betrachten Sie einen Produktionsbetrieb, bei dem ein Teil der dort hergestellten Produkte wieder in die eigene Produktion eingeht (z. B. chemische Industrie). Ein solcher Betrieb stelle nun n Produkte $P_1, \ldots, P_n$ her. Zur Beschreibung des Produktionsprozesses wird die sogenannte **Eigenbedarfsmatrix** $A = (a_{ij})_{i,j} \in \mathcal{M}_{n,n}$ verwendet:

Ein Eintrag a_{ij} dieser Matrix gibt die Mengeneinheiten von Produkt P_i an, die zur Herstellung einer Mengeneinheit von P_j benötigt werden ($a_{ij} \geq 0$, $1 \leq i, j \leq n$). Die Eigenbedarfsmatrix kann durch den sogenannten Gozinto-Graphen (von „goes into") veranschaulicht werden, z.B.:

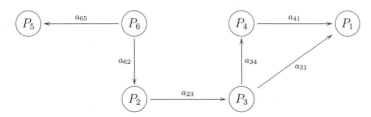

(Ein fehlender Pfeil zwischen P_i und P_j bedeutet $a_{ij} = 0$; hier sind z.B. $a_{64} = 0, a_{14} = 0$.)

Geht eine Bestellung über die Mengen $x_1, \ldots, x_n$ von $P_1, \ldots, P_n$ ein, so stellt sich die Aufgabe, aus der gesamten Information die tatsächlich zu produzierenden Mengen $y_1, \ldots, y_n$ von $P_1, \ldots, P_n$ zu ermitteln ($x_i, y_i \geq 0$, $1 \leq i, j \leq n$). Diese Aufgabe kann durch eine Matrixmultiplikation gelöst werden: Es ist eine Matrix $M \in \mathcal{M}_{n,n}$ derart zu bestimmen, dass gilt:

$$M \cdot (x_1, \ldots, x_n)' = (y_1, \ldots, y_n)'.$$

a) Zeigen Sie: Ist $I_n - A$ regulär, so gilt: $M = (I_n - A)^{-1}$.

   Hinweis: Erläutern Sie zunächst, dass die Produktionsmenge y_i für beliebiges $i \in \{1,\ldots,n\}$ der Gleichung $y_i = \sum_{j=1}^{n} a_{ij} y_j + x_i$ genügt.

b) Es seien $n = 3$ und $A = (a_{ij})_{i,j}$ gegeben durch $a_{12} = 3$, $a_{13} = 14$, $a_{23} = 7$ und $a_{ij} = 0$ für (i,j) mit $i \geq j, 1 \leq i,j \leq 3$. Berechnen Sie die Matrix M aus a).

Aufgabe 13.18:

Ein Betrieb stellt fünf Produkte $P_1, \ldots, P_5$ her. Der Produktionsprozess wird durch folgenden Gozinto-Graphen beschrieben:

a) Bestimmen Sie die zum Gozinto-Graphen gehörende Eigenbedarfsmatrix.

b) Bei obigem Betrieb geht eine Bestellung über 10 Einheiten P_1, 20 Einheiten P_2, 20 Einheiten P_3 und 10 Einheiten P_5 ein.

   Wieviele Einheiten von $P_1, \ldots, P_5$ müssen für diese Bestellung unter Berücksichtigung des bei der Produktion entstehenden Eigenbedarfs tatsächlich produziert werden?

Aufgabe 13.19:

Der Produktionsprozess von sechs Erzeugnissen $E_1, \ldots, E_6$ werde durch den folgenden Gozinto-Graphen veranschaulicht:

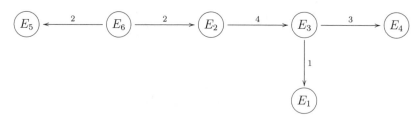

a) Geben Sie die durch diesen Gozinto-Graphen dargestellte Eigenbedarfsmatrix an.

b) Welche von den auftretenden sechs Erzeugnissen werden für die Produktion selbst nicht benötigt?

c) Von den Erzeugnissen aus b) sollen je 2 000 Mengeneinheiten (ME) ausgeliefert werden, von allen anderen je 1 100 ME. Wieviele Mengeneinheiten der Erzeugnisse E_i, $i = 1, \ldots, 6$, müssen tatsächlich produziert werden?

Aufgabe 13.20:

a) Es sei $A \in \mathcal{M}_{n,n}, n \in \mathbb{N}$, eine Matrix, für die eine natürliche Zahl $m \geq 2$ derart existiert, dass gilt: $A^m = 0$. Verifizieren Sie:

$$(I_n - A)^{-1} = I_n + \sum_{i=1}^{m-1} A^i.$$

b) Es sei

$$A = \begin{pmatrix} 0 & 1 & 0 & 0 \\ 0 & 0 & 3 & 0 \\ 0 & 0 & 0 & 0 \\ 1 & 0 & 0 & 0 \end{pmatrix}$$

die Eigenbedarfsmatrix eines Produktionsprozesses, d. h. a_{ij} gibt die Mengeneinheiten des i-ten Produkts an, die bei der Produktion einer Einheit des j-ten Produkts benötigt werden, $1 \leq i, j \leq 4$. Bestimmen Sie mit Hilfe von a) die inverse Matrix von $I_4 - A$.

c) Betrachten Sie den Produktionsprozess aus b): Wieviele Mengeneinheiten y_i von Produkt P_i, $i = 1, 2, 3, 4$, müssen gefertigt werden, wenn je 100 Einheiten von P_1 und P_2 und je 200 Einheiten von P_3 und P_4 verkauft werden sollen?

Aufgabe 13.21:

Ein Betrieb stellt fünf Produkte $P_1, \ldots, P_5$ her, wobei ein Teil der Erzeugnisse jedoch für die Produktion selbst verbraucht wird. Die zum Produktionsprozess gehörige Eigenbedarfsmatrix ist:

$$A = \begin{pmatrix} 0 & 0 & 0 & 0 & 0 \\ 2 & 0 & 0 & 0 & 1 \\ 0 & 0 & 0 & 0 & 4 \\ 0 & 3 & 2 & 0 & 0 \\ 0 & 0 & 0 & 0 & 0 \end{pmatrix}.$$

a) Zeichnen Sie den zur Matrix A gehörenden Gozinto-Graphen.

b) Bei obigem Betrieb geht eine Bestellung über 30 Einheiten P_1, 10 Einheiten P_2, 40 Einheiten P_3 und 20 Einheiten P_4 ein. Wieviele Einheiten von $P_1, \ldots, P_5$ müssen für diese Bestellung unter Berücksichtigung des bei der Produktion entstehenden Eigenbedarfs tatsächlich produziert werden?

Lösungen

Bitte beachten Sie:

In den Lösungen zu den Kapiteln 13–16 werden zur Beschreibung der Umformungsschritte für Matrizen folgende Notationen verwendet.

---

1. Vertauschen der i-ten und j-ten Zeile

Die Umformungsvorschrift

$$\begin{pmatrix} \cdots \\ i\text{-te Zeile} \\ \cdots \\ j\text{-te Zeile} \\ \cdots \end{pmatrix} \begin{matrix} \leftarrow \\ \\ \\ \leftarrow \end{matrix}$$

bedeutet: Die i-te Zeile wird mit der j-ten Zeile vertauscht.

Allgemein:
$$\begin{pmatrix} \cdots \\ a_{i1} \cdots a_{in} \\ \cdots \\ a_{j1} \cdots a_{jn} \\ \cdots \end{pmatrix} \longrightarrow \begin{pmatrix} \cdots \\ a_{j1} \cdots a_{jn} \\ \cdots \\ a_{i1} \cdots a_{in} \\ \cdots \end{pmatrix}$$

Beispiel:
$$\begin{pmatrix} 1 & 2 & 3 \\ 4 & 5 & 6 \\ 7 & 8 & 9 \end{pmatrix} \longrightarrow \begin{pmatrix} 7 & 8 & 9 \\ 4 & 5 & 6 \\ 1 & 2 & 3 \end{pmatrix}$$

---

2. Multiplikation der i-ten Zeile mit $\lambda \in \mathbb{R}$ ($\lambda \neq 0$)

Die Umformungsvorschrift

$$\begin{pmatrix} \cdots \\ i\text{-te Zeile} \\ \cdots \end{pmatrix} \Big| \cdot \lambda$$

bedeutet: Jedes Element der i-ten Zeile wird mit λ multipliziert.

Allgemein:
$$\begin{pmatrix} \cdots \\ a_{i1} \cdots a_{in} \\ \cdots \end{pmatrix} \Big| \cdot \lambda \longrightarrow \begin{pmatrix} \cdots \\ \lambda \cdot a_{i1} \cdots \lambda \cdot a_{in} \\ \cdots \end{pmatrix}$$

Beispiele:
$$\begin{pmatrix} 1 & 2 & 3 \\ 4 & 5 & 6 \\ 7 & 8 & 9 \end{pmatrix} \begin{array}{l} |\cdot(-3) \\ \\ \end{array} \longrightarrow \begin{pmatrix} -3 & -6 & -9 \\ 4 & 5 & 6 \\ 7 & 8 & 9 \end{pmatrix}$$

$$\begin{pmatrix} 1 & 2 & 3 \\ 4 & 5 & 6 \\ 7 & 8 & 9 \end{pmatrix} \begin{array}{l} \\ |:2 \\ \end{array} \longrightarrow \begin{pmatrix} 1 & 2 & 3 \\ 2 & \frac{5}{2} & 3 \\ 7 & 8 & 9 \end{pmatrix}$$

---

3. **Addition des λ-fachen der i-ten Zeile zur j-ten Zeile** ($\lambda \in \mathbb{R}, \lambda \neq 0$)

Die Umformungsvorschrift

$$\begin{pmatrix} \cdots \\ i\text{-te Zeile} \\ \cdots \\ j\text{-te Zeile} \\ \cdots \end{pmatrix} \;+\lambda$$

bedeutet: Jedes Element der i-ten Zeile wird mit λ multipliziert und zum entsprechenden Element der j-ten Zeile (d. h. jeweils zum Element derselben Spalte) addiert. Die i-te Zeile bleibt bei diesem Umformungsschritt unverändert.

Allgemein:
$$\begin{pmatrix} \cdots \\ a_{i1} \cdots a_{in} \\ \cdots \\ a_{j1} \cdots a_{jn} \\ \cdots \end{pmatrix} \;+\lambda \longrightarrow \begin{pmatrix} \cdots \\ a_{i1} & \cdots & a_{in} \\ \cdots \\ a_{j1}+\lambda\cdot a_{i1} & \cdots & a_{jn}+\lambda\cdot a_{in} \\ \cdots \end{pmatrix}$$

Beispiele:
$$\begin{pmatrix} 1 & 2 & 3 \\ 4 & 5 & 6 \\ 7 & 8 & 9 \end{pmatrix} \;-4 \longrightarrow \begin{pmatrix} 1 & 2 & 3 \\ 0 & -3 & -6 \\ 7 & 8 & 9 \end{pmatrix}$$

$$\begin{pmatrix} 1 & 2 & 3 \\ 4 & 5 & 6 \\ 7 & 8 & 9 \end{pmatrix} \;+1 \longrightarrow \begin{pmatrix} 8 & 10 & 12 \\ 4 & 5 & 6 \\ 7 & 8 & 9 \end{pmatrix}$$

Abkürzend führt man gegebenenfalls mehrere Umformungen „in einem Schritt" durch.

Die Notation

$$\begin{pmatrix} \cdot & \cdot & \cdot \\ \cdot & \cdot & \cdot \\ \cdot & \cdot & \cdot \end{pmatrix} \Big|\cdot 2 \quad \overset{-1}{\curvearrowleft} \quad \Big]_{+3}$$

beschreibt drei Umformungsschritte in zeitlicher Abfolge:

$$\begin{pmatrix} \cdot & \cdot & \cdot \\ \cdot & \cdot & \cdot \\ \cdot & \cdot & \cdot \end{pmatrix} \Big|\cdot 2 \longrightarrow \begin{pmatrix} \cdot & \cdot & \cdot \\ \cdot & \cdot & \cdot \\ \cdot & \cdot & \cdot \end{pmatrix} \overset{-1}{\curvearrowleft} \longrightarrow \begin{pmatrix} \cdot & \cdot & \cdot \\ \cdot & \cdot & \cdot \\ \cdot & \cdot & \cdot \end{pmatrix} \Big]_{+3}$$

Die Operationsfolge

$$\begin{pmatrix} 1 & 2 & 3 \\ 4 & 5 & 6 \\ 7 & 8 & 9 \end{pmatrix} \overset{-4}{\curvearrowleft} \Big]_{-7} \Big|:(-3) \longrightarrow \begin{pmatrix} 1 & 2 & 3 \\ 0 & 1 & 2 \\ 0 & -6 & -12 \end{pmatrix}$$

entspricht:

$$\begin{pmatrix} 1 & 2 & 3 \\ 4 & 5 & 6 \\ 7 & 8 & 9 \end{pmatrix} \overset{-4}{\curvearrowleft} \longrightarrow \begin{pmatrix} 1 & 2 & 3 \\ 0 & -3 & -6 \\ 7 & 8 & 9 \end{pmatrix} \Big]_{-7}$$

$$\longrightarrow \begin{pmatrix} 1 & 2 & 3 \\ 0 & -3 & -6 \\ 0 & -6 & -12 \end{pmatrix} \Big|:(-3) \longrightarrow \begin{pmatrix} 1 & 2 & 3 \\ 0 & 1 & 2 \\ 0 & -6 & -12 \end{pmatrix}$$

Analoge Notationen werden für Spaltenumformungen verwendet:

$$\begin{pmatrix} 1 & 2 & 3 \\ 4 & 5 & 6 \\ 7 & 8 & 9 \end{pmatrix} \overset{|\cdot(-2)}{} \longrightarrow \begin{pmatrix} 1 & -4 & 3 \\ 4 & -10 & 6 \\ 7 & -16 & 9 \end{pmatrix}$$

$$\begin{pmatrix} 1 & 2 & 3 \\ 4 & 5 & 6 \\ 7 & 8 & 9 \end{pmatrix} \overset{+1}{} \longrightarrow \begin{pmatrix} 4 & 2 & 3 \\ 10 & 5 & 6 \\ 16 & 8 & 9 \end{pmatrix}$$

INVERSE EINER MATRIX

$$\begin{pmatrix} 1 & 2 & 3 \\ 4 & 5 & 6 \\ 7 & 8 & 9 \end{pmatrix} \longrightarrow \begin{pmatrix} 1 & 3 & 2 \\ 4 & 6 & 5 \\ 7 & 9 & 8 \end{pmatrix}$$

Zur Beschreibung von Umformungsvorschriften für Zeilen von Matrizen werden auch (wie oben) Zeilennummern verwendet. Beispielsweise bedeutet

$$(III') = (III) + 2(I)$$

in obiger Notation, dass die neue dritte Zeile durch $\begin{pmatrix} \cdot & \cdot & \cdot \\ \cdot & \cdot & \cdot \\ \cdot & \cdot & \cdot \end{pmatrix} \boxed{+2}$ entsteht.

Nachfolgend werden verschiedene Methoden zur Lösung der Aufgaben benutzt. Es werden jedoch (zusätzlich) Lösungen unter ausschließlicher Verwendung von elementaren Zeilenumformungen angegeben.

Lösung zu Aufgabe 13.1:

Es werden folgende Aussagen für eine Matrix A benutzt:

i) A spaltenregulär $\Longrightarrow$ A quadratisch oder A hat mehr Zeilen als Spalten.

ii) A zeilenregulär $\Longrightarrow$ A quadratisch oder A hat mehr Spalten als Zeilen.

iii) A zeilen- und spaltenregulär (d.h. „regulär") $\Longrightarrow$ A quadratisch.

iv) Ist A quadratisch, dann gilt:

$$A \text{ spaltenregulär} \iff A \text{ zeilenregulär} \iff A \text{ regulär}.$$

- A hat mehr Zeilen als Spalten $\begin{cases} \overset{ii)}{\Longrightarrow} A \text{ nicht zeilenregulär,} \\ \overset{iii)}{\Longrightarrow} A \text{ nicht regulär.} \end{cases}$

Damit gilt: $A \cdot X = A \begin{pmatrix} x_1 \\ x_2 \end{pmatrix} = \mathbf{0} \iff \begin{cases} x_1 + 2x_2 = 0 & (I) \\ x_1 + 4x_2 = 0 & (II) \\ 5x_1 + 6x_2 = 0 & (III) \end{cases}$

$(II) - (I)$: $2x_2 = 0 \Longrightarrow x_2 = 0 \overset{(III)}{\Longrightarrow} x_1 = 0$; also gilt: $(AX = \mathbf{0} \Longrightarrow X = \mathbf{0})$, so dass A spaltenregulär ist.

- $B \cdot X = A \begin{pmatrix} x_1 \\ x_2 \\ x_3 \\ x_4 \end{pmatrix} = \mathbf{0} \iff \begin{cases} x_1 + 2x_2 & = 0 \quad (I) \\ 3x_1 + 4x_2 & = 0 \quad (II) \\ 6x_4 = 0 \quad (III) \\ 7x_3 + 8x_4 = 0 \quad (IV) \end{cases}$

$(II) - 2 \cdot (I) : x_1 = 0 \stackrel{(I)}{\Longrightarrow} x_2 = 0; \; (III) : x_4 = 0 \stackrel{(IV)}{\Longrightarrow} x_3 = 0$.

Somit gilt: B spaltenregulär $\stackrel{\text{iv})}{\Longrightarrow} B$ zeilenregulär bzw. regulär.

- C hat mehr Spalten als Zeilen $\stackrel{\text{i),iii)}}{\Longrightarrow} C$ ist nicht spaltenregulär und somit nicht regulär. Es gilt:

$X' \cdot C = (x_1, x_2) \begin{pmatrix} -2 & 3 & 6 & -4 \\ 6 & -9 & -18 & 12 \end{pmatrix} = \mathbf{0} \iff \begin{cases} -2x_1 + 6x_2 = 0 & (I) \\ 3x_1 - 9x_2 = 0 & (II) \\ 6x_1 - 18x_2 = 0 & (III) \\ -4x_1 + 12x_2 = 0 & (IV) \end{cases}$

$(I) = -\frac{2}{3}(II) = -\frac{1}{3}(III) = \frac{1}{2}(IV)$, d.h. es genügt, eine der vier Gleichungen zu betrachten (jedes (x_1, x_2), das eine der Gleichungen erfüllt, erfüllt auch die drei anderen). Die Gleichung $-2x_1 + 6x_2 = 0$ wird etwa von $(x_1, x_2) = (1, \frac{1}{3})$ erfüllt. Damit ist $X' = (1, \frac{1}{3})$ eine Lösung von $X' \cdot C = \mathbf{0}$, so dass C nicht zeilenregulär ist.

- Es gilt $D \cdot X = D \begin{pmatrix} x_1 \\ x_2 \\ x_3 \end{pmatrix} = \mathbf{0} \iff \begin{cases} -x_1 + 2x_3 = 0 & (I) \\ -2x_1 + 2x_2 = 0 & (II) \\ 3x_1 - 6x_3 = 0 & (III) \end{cases}$

Da $(I) \iff x_1 = 2x_3$, ergibt Einsetzen von x_1 in (III) die Gleichung $3 \cdot (2x_3) - 6x_3 = 0$, die für alle $x_3 \in \mathbb{R}$ gültig ist. Eine Lösung ist somit $x_3 = 1 \stackrel{(I)}{\Longrightarrow} x_1 = 2 \stackrel{(II)}{\Longrightarrow} x_2 = 2$, so dass $X = \begin{pmatrix} 2 \\ 2 \\ 1 \end{pmatrix}$ eine nichttriviale Lösung von $D \cdot X = \mathbf{0}$ ist. Somit ist D nicht spaltenregulär und wegen iv) auch nicht zeilenregulär und nicht regulär.

- E hat mehr Zeilen als Spalten $\stackrel{\text{ii)}}{\Longrightarrow} E$ ist nicht zeilenregulär und somit nicht regulär. Eine Untersuchung auf Spaltenregularität ergibt:

$E \cdot X = \begin{pmatrix} 1 & 1 \\ 4 & 5 \\ 2 & 1 \end{pmatrix} \begin{pmatrix} x_1 \\ x_2 \end{pmatrix} = \mathbf{0} \iff \begin{cases} x_1 + x_2 = 0 & (I) \\ 4x_1 + 5x_2 = 0 & (II) \\ 2x_1 + x_2 = 0 & (III) \end{cases}$

$(III) - (I) : x_1 = 0 \stackrel{(I)}{\Longrightarrow} x_2 = 0 \Longrightarrow X = \mathbf{0}$. Also ist E spaltenregulär.

- F und G haben mehr Spalten als Zeilen $\stackrel{\text{i),iii)}}{\Longrightarrow} F$ und G sind nicht spaltenregulär und damit nicht regulär. Die Untersuchung auf Zeilenregularität liefert:

$$X' \cdot F = (x_1, x_2) \begin{pmatrix} 2 & -1 & 4 & 8 \\ 4 & -2 & 8 & 6 \end{pmatrix} = \mathbf{0} \iff \begin{cases} 2x_1 + 4x_2 = 0 \\ -x_1 - 2x_2 = 0 \\ 4x_1 + 8x_2 = 0 \\ 3x_1 + 6x_2 = 0 \end{cases} \iff -x_1 - 2x_2 = 0.$$

Eine mögliche Lösung ist $x_1 = -2$, $x_2 = 1$. Wegen $(-2, 1)F = \mathbf{0}$ und $(-2, 1) \neq \mathbf{0}$ ist F daher nicht zeilenregulär.

$$X' \cdot G = (x_1, x_2) \begin{pmatrix} 1 & 2 & -5 & 3 \\ 3 & -6 & 15 & 7 \end{pmatrix} = \mathbf{0} \iff \begin{cases} x_1 + 3x_2 = 0 \\ 2x_1 - 6x_2 = 0 \\ -5x_1 + 15x_2 = 0 \\ 3x_1 + 7x_2 = 0 \end{cases}$$

$$\iff \begin{cases} x_1 + 3x_2 = 0 \\ -12x_2 = 0 \\ -5x_1 + 15x_2 = 0 \\ 3x_1 + 7x_2 = 0 \end{cases} \iff x_1 = x_2 = 0.$$

Somit ist G zeilenregulär.

- H ist quadratisch. Zur Untersuchung der Regularität wird der Ansatz über die Spaltenregularität verwendet:

$$H \cdot X = \begin{pmatrix} -1 & 2 & 0 \\ 0 & 4 & -3 \\ 3 & 1 & 1 \end{pmatrix} \begin{pmatrix} x_1 \\ x_2 \\ x_3 \end{pmatrix} = \mathbf{0} \iff \begin{cases} -x_1 + 2x_2 = 0 & (I) \\ 4x_2 - 3x_3 = 0 & (II) \\ 3x_1 + x_2 + x_3 = 0 & (III) \end{cases}$$

$$\underset{(III')=(III)+3\cdot(I)}{\iff} \begin{cases} -x_1 + 2x_2 = 0 & (I') \\ 4x_2 - 3x_3 = 0 & (II') \\ 7x_2 + x_3 = 0 & (III') \end{cases}$$

$$\underset{(II'')=7\cdot(II')-4\cdot(III')}{\iff} \begin{cases} -x_1 + 2x_2 = 0 & (I'') \\ -25x_3 = 0 & (II'') \\ 7x_2 + x_3 = 0 & (III'') \end{cases} \iff \begin{cases} x_1 = 0 \\ x_3 = 0 \\ x_2 = 0 \end{cases}$$

Somit gilt: H spaltenregulär $\overset{iv)}{\Longrightarrow}$ H zeilenregulär $\overset{iv)}{\Longrightarrow}$ H regulär.

Alternative Lösung mit elementaren Zeilen- (Spalten) Umformungen

- Wegen ii), iii) ist A weder zeilenregulär noch regulär.

$$\begin{pmatrix} 1 & 2 \\ 1 & 4 \\ 5 & 6 \end{pmatrix} \xrightarrow{-2} \begin{pmatrix} 1 & 0 \\ 1 & 2 \\ 5 & -4 \end{pmatrix} \xrightarrow{-\frac{1}{2}} \begin{pmatrix} 1 & 0 \\ 0 & 2 \\ 7 & -4 \end{pmatrix}$$

Damit ist A spaltenregulär.

- $$\begin{pmatrix} 1 & 2 & 0 & 0 \\ 3 & 4 & 0 & 0 \\ 0 & 0 & 0 & 6 \\ 0 & 0 & 7 & 8 \end{pmatrix} \xrightarrow{\substack{-3 \\ |:6}} \begin{pmatrix} 1 & 2 & 0 & 0 \\ 0 & -2 & 0 & 0 \\ 0 & 0 & 0 & 1 \\ 0 & 0 & 7 & 8 \end{pmatrix} \xrightarrow{\substack{+1 \\ |:(-2) \\ -8}}$$

$$\longrightarrow \begin{pmatrix} 1 & 0 & 0 & 0 \\ 0 & 1 & 0 & 0 \\ 0 & 0 & 0 & 1 \\ 0 & 0 & 7 & 0 \end{pmatrix} \xrightarrow{|:7} \longrightarrow I_4$$

$\Longrightarrow B$ spaltenregulär, zeilenregulär und regulär.

- Wie in der ersten Lösung folgt, dass C weder spaltenregulär noch regulär ist. Mit elementaren Zeilenumformungen folgt:

$$\begin{pmatrix} -2 & 3 & 6 & -4 \\ 6 & -9 & -18 & 12 \end{pmatrix} \xrightarrow{-3} \begin{pmatrix} -2 & 3 & 6 & -4 \\ 0 & 0 & 0 & 0 \end{pmatrix},$$

d.h. C ist nicht zeilenregulär.

- $$\begin{pmatrix} -1 & 0 & 2 \\ -2 & 2 & 0 \\ 3 & 0 & -6 \end{pmatrix} \xrightarrow{\substack{-2 \\ +3}} \begin{pmatrix} -1 & 0 & 2 \\ 0 & 2 & -4 \\ 0 & 0 & 0 \end{pmatrix},$$

d.h. D ist nicht (zeilen-, spalten-) regulär.

- E ist nicht (zeilen-) regulär. Aus

$$\begin{pmatrix} 1 & 1 \\ 4 & 5 \\ 2 & 1 \end{pmatrix} \xrightarrow{-1} \begin{pmatrix} 1 & 0 \\ 4 & 1 \\ 2 & -1 \end{pmatrix} \xrightarrow{-4} \begin{pmatrix} 1 & 0 \\ 0 & 1 \\ 6 & -1 \end{pmatrix}$$

folgt die Spaltenregularität von E.

INVERSE EINER MATRIX

- F und G sind nicht (spalten-) regulär. Wegen

$$\begin{pmatrix} 2 & -1 & 4 & 3 \\ 4 & -2 & 8 & 6 \end{pmatrix} \xrightarrow{-2)} \begin{pmatrix} 2 & -1 & 4 & 3 \\ 0 & 0 & 0 & 0 \end{pmatrix}$$

ist F auch nicht zeilenregulär. Die Zeilenregularität von G folgt aus

$$\begin{pmatrix} 1 & 2 & -5 & 3 \\ 3 & -6 & 15 & 7 \end{pmatrix} \xrightarrow{-3)} \begin{pmatrix} 1 & 2 & -5 & 3 \\ 0 & -12 & 30 & -2 \end{pmatrix}$$

- $$\begin{pmatrix} -1 & 2 & 0 \\ 0 & 4 & -3 \\ 3 & 1 & 1 \end{pmatrix} \xrightarrow{+3)} \begin{pmatrix} -1 & 2 & 0 \\ 0 & 4 & -3 \\ 0 & 7 & 1 \end{pmatrix} \xrightarrow{-\frac{7}{4})} \begin{pmatrix} -1 & 2 & 0 \\ 0 & 4 & -3 \\ 0 & 0 & \frac{25}{4} \end{pmatrix}$$

$\Longrightarrow H$ ist (zeilen- spalten-) regulär.

Lösung zu Aufgabe 13.2:

Elementare Zeilenumformungen (angewendet auf $(A|I_3)$) liefern:

$$\begin{pmatrix} 1 & 0 & 0 & | & 1 & 0 & 0 \\ 3 & -1 & 9 & | & 0 & 1 & 0 \\ 0 & 2 & 0 & | & 0 & 0 & 1 \end{pmatrix} \xleftarrow{-3)}$$

$$\longrightarrow \begin{pmatrix} 1 & 0 & 0 & | & 1 & 0 & 0 \\ 0 & -1 & 9 & | & -3 & 1 & 0 \\ 0 & 2 & 0 & | & 0 & 0 & 1 \end{pmatrix} \xleftarrow{+2)}$$

$$\longrightarrow \begin{pmatrix} 1 & 0 & 0 & | & 1 & 0 & 0 \\ 0 & -1 & 9 & | & -3 & 1 & 0 \\ 0 & 0 & 18 & | & -6 & 2 & 1 \end{pmatrix} \xleftarrow{-\frac{1}{2})}$$

$$\longrightarrow \begin{pmatrix} 1 & 0 & 0 & | & 1 & 0 & 0 \\ 0 & -1 & 0 & | & 0 & 0 & -\frac{1}{2} \\ 0 & 0 & 18 & | & -6 & 2 & 1 \end{pmatrix} \begin{matrix} \\ |\cdot(-1) \\ |:18 \end{matrix}$$

$$\longrightarrow \begin{pmatrix} 1 & 0 & 0 & | & 1 & 0 & 0 \\ 0 & 1 & 0 & | & 0 & 0 & \frac{1}{2} \\ 0 & 0 & 1 & | & -\frac{1}{3} & \frac{1}{9} & \frac{1}{18} \end{pmatrix},$$

d. h. es ergibt sich die Form $(I_3|A^{-1})$, also ist A regulär mit der Inversen

$$A^{-1} = \begin{pmatrix} 1 & 0 & 0 \\ 0 & 0 & \frac{1}{2} \\ -\frac{1}{3} & \frac{1}{9} & \frac{1}{18} \end{pmatrix}.$$

Die Umformung der Matrix $(B|I_3)$ ergibt:

$$\begin{pmatrix} -2 & 1 & 1 & | & 1 & 0 & 0 \\ 6 & -4 & -9 & | & 0 & 1 & 0 \\ -4 & 4 & 14 & | & 0 & 0 & 1 \end{pmatrix} \begin{matrix} +3 \\ -2 \end{matrix}$$

$$\longrightarrow \begin{pmatrix} -2 & 1 & 1 & | & 1 & 0 & 0 \\ 0 & -1 & -6 & | & 3 & 1 & 0 \\ 0 & 2 & 12 & | & -2 & 0 & 1 \end{pmatrix} +2$$

$$\longrightarrow \begin{pmatrix} -2 & 1 & 1 & | & 1 & 0 & 0 \\ 0 & -1 & -6 & | & 3 & 1 & 0 \\ 0 & 0 & 0 & | & 4 & 2 & 1 \end{pmatrix}$$

Da eine Nullzeile auf der linken Seite entsteht, ist B nicht regulär.

Zeilenumformungen bei $(C|I_2)$ ergeben ($a, b \neq 0$):

$$\begin{pmatrix} 0 & b & | & 1 & 0 \\ a & 0 & | & 0 & 1 \end{pmatrix} \longrightarrow \begin{pmatrix} a & 0 & | & 0 & 1 \\ 0 & b & | & 1 & 0 \end{pmatrix} \begin{matrix} |:a \\ |:b \end{matrix}$$

$$\longrightarrow \begin{pmatrix} 1 & 0 & | & 0 & \frac{1}{a} \\ 0 & 1 & | & \frac{1}{b} & 0 \end{pmatrix},$$

d. h. C ist regulär mit $C^{-1} = \begin{pmatrix} 0 & \frac{1}{a} \\ \frac{1}{b} & 0 \end{pmatrix}$.

Lösung zu Aufgabe 13.3:

Mit elementaren Zeilenumformungen gilt:

$$\begin{pmatrix} 3 & -1 & -1 & | & 1 & 0 & 0 \\ -9 & 5 & 15 & | & 0 & 1 & 0 \\ 15 & -9 & 29 & | & 0 & 0 & 1 \end{pmatrix} \begin{matrix} +3 \\ -5 \end{matrix}$$

INVERSE EINER MATRIX

$$\longrightarrow \left(\begin{array}{ccc|ccc} 3 & -1 & -1 & 1 & 0 & 0 \\ 0 & 2 & 12 & 3 & 1 & 0 \\ 0 & -4 & -24 & -5 & 0 & 1 \end{array}\right) \overset{+2)}{\longleftarrow}$$

$$\longrightarrow \left(\begin{array}{ccc|ccc} 3 & -1 & -1 & 1 & 0 & 0 \\ 0 & 2 & 12 & 3 & 1 & 0 \\ 0 & 0 & 0 & 1 & 2 & 1 \end{array}\right)$$

Damit enthält die linke Teilmatrix eine Nullzeile, d. h. A ist nicht regulär und damit nicht invertierbar.

Für die Matrix B erhält man analog:

$$\left(\begin{array}{ccc|ccc} 1-a & b & 0 & 1 & 0 & 0 \\ a & 0 & 0 & 0 & 1 & 0 \\ a & 0 & b & 0 & 0 & 1 \end{array}\right) \underset{:a}{\longleftarrow}$$

$$\longrightarrow \left(\begin{array}{ccc|ccc} 1 & 0 & 0 & 0 & \frac{1}{a} & 0 \\ 1-a & b & 0 & 1 & 0 & 0 \\ a & 0 & b & 0 & 0 & 1 \end{array}\right) \begin{array}{c} -(1-a) \\ -a \end{array}$$

$$\longrightarrow \left(\begin{array}{ccc|ccc} 1 & 0 & 0 & 0 & \frac{1}{a} & 0 \\ 0 & b & 0 & 1 & \frac{a-1}{a} & 0 \\ 0 & 0 & b & 0 & -1 & 1 \end{array}\right) \begin{array}{c} |:b \\ |:b \end{array}$$

$$\longrightarrow \left(\begin{array}{ccc|ccc} 1 & 0 & 0 & 0 & \frac{1}{a} & 0 \\ 0 & 1 & 0 & \frac{1}{b} & \frac{a-1}{ab} & 0 \\ 0 & 0 & 1 & 0 & -\frac{1}{b} & \frac{1}{b} \end{array}\right)$$

Lösung zu Aufgabe 13.4:

$$A = \begin{pmatrix} 1 & 3 \\ 2 & 1 \end{pmatrix}, \quad B = \begin{pmatrix} 2 & 0 & 3 \\ 1 & 1 & 0 \end{pmatrix}, \quad C = \begin{pmatrix} 3 & 1 \\ 0 & 4 \end{pmatrix}.$$

a) $A \cdot C = \begin{pmatrix} 1 & 3 \\ 2 & 1 \end{pmatrix} \begin{pmatrix} 3 & 1 \\ 0 & 4 \end{pmatrix} = \begin{pmatrix} 3 & 13 \\ 6 & 6 \end{pmatrix}$

b) $B' \cdot A = \begin{pmatrix} 2 & 1 \\ 0 & 1 \\ 3 & 0 \end{pmatrix} \begin{pmatrix} 1 & 3 \\ 2 & 1 \end{pmatrix} = \begin{pmatrix} 4 & 7 \\ 2 & 1 \\ 3 & 9 \end{pmatrix}$

c) Das Produkt $B \cdot C^{-1}$ ist nicht definiert, da $B \in \mathcal{M}_{2,3}$ und $C^{-1} \in \mathcal{M}_{2,2}$.

d) Die Berechnung von C^{-1} ergibt:

$$\left(\begin{array}{cc|cc} 3 & 1 & 1 & 0 \\ 0 & 4 & 0 & 1 \end{array}\right)_{\substack{\xleftarrow{-1} \\ |:4}} \longrightarrow \left(\begin{array}{cc|cc} 3 & 0 & 1 & -\frac{1}{4} \\ 0 & 1 & 0 & \frac{1}{4} \end{array}\right)_{|:3}$$

$$\longrightarrow \left(\begin{array}{cc|cc} 1 & 0 & \frac{1}{3} & -\frac{1}{12} \\ 0 & 1 & 0 & \frac{1}{4} \end{array}\right),$$

so dass $C^{-1} = \frac{1}{12}\begin{pmatrix} 4 & -1 \\ 0 & 3 \end{pmatrix}$ (Zur Berechnung von C^{-1} siehe auch Aufgabe 13.10).

Damit gilt:

$$A \cdot C^{-1} = \begin{pmatrix} 1 & 3 \\ 2 & 1 \end{pmatrix} \frac{1}{12}\begin{pmatrix} 4 & -1 \\ 0 & 3 \end{pmatrix} = \frac{1}{12}\begin{pmatrix} 4 & 8 \\ 8 & 1 \end{pmatrix}$$

e) $A' + C' = \begin{pmatrix} 1 & 2 \\ 3 & 1 \end{pmatrix} + \begin{pmatrix} 3 & 0 \\ 1 & 4 \end{pmatrix} = \begin{pmatrix} 4 & 2 \\ 4 & 5 \end{pmatrix}$

Lösung zu Aufgabe 13.5:

$$A = \begin{pmatrix} 3 & 1 \\ 0 & 2 \\ 1 & 1 \end{pmatrix}, \quad B = \begin{pmatrix} 1 & 2 & 2 \\ 0 & 1 & 3 \end{pmatrix}, \quad C = \begin{pmatrix} 3 & 2 \\ 1 & 1 \end{pmatrix}$$

a) $C \cdot B = \begin{pmatrix} 3 & 2 \\ 1 & 1 \end{pmatrix}\begin{pmatrix} 1 & 2 & 2 \\ 0 & 1 & 3 \end{pmatrix} = \begin{pmatrix} 3 & 8 & 12 \\ 1 & 3 & 5 \end{pmatrix}$

b) Die Matrix B ist nicht quadratisch und damit insbesondere nicht invertierbar. Somit ist die Verknüpfung von A und B^{-1} als Produkt nicht möglich.

c) $B' \cdot C^{-1} = \begin{pmatrix} 1 & 0 \\ 2 & 1 \\ 2 & 3 \end{pmatrix} \frac{1}{3 \cdot 1 - 2 \cdot 1}\begin{pmatrix} 1 & -2 \\ -1 & 3 \end{pmatrix} = \begin{pmatrix} 1 & -2 \\ 1 & -1 \\ -1 & 5 \end{pmatrix}$

d) $A' + B = \begin{pmatrix} 3 & 0 & 1 \\ 1 & 2 & 1 \end{pmatrix} + \begin{pmatrix} 1 & 2 & 2 \\ 0 & 1 & 3 \end{pmatrix} = \begin{pmatrix} 4 & 2 & 3 \\ 1 & 3 & 4 \end{pmatrix}$

e) $(B \cdot A)^{-1} = \begin{pmatrix} 5 & 7 \\ 3 & 5 \end{pmatrix}^{-1} = \frac{1}{4}\begin{pmatrix} 5 & -7 \\ -3 & 5 \end{pmatrix}$

Inverse einer Matrix

Lösung zu Aufgabe 13.6:

- Inverse zu A:

$$\left(\begin{array}{cc|cc} 2 & 1 & 1 & 0 \\ 3 & 1 & 0 & 1 \end{array}\right) \begin{array}{l} |:2 \\ \\ \end{array} \longrightarrow \left(\begin{array}{cc|cc} 1 & \frac{1}{2} & \frac{1}{2} & 0 \\ 3 & 1 & 0 & 1 \end{array}\right) \begin{array}{l} \\ -3 \end{array}$$

$$\longrightarrow \left(\begin{array}{cc|cc} 1 & \frac{1}{2} & \frac{1}{2} & 0 \\ 0 & -\frac{1}{2} & -\frac{3}{2} & 1 \end{array}\right) \begin{array}{l} \\ |\cdot(-2) \end{array} \longrightarrow \left(\begin{array}{cc|cc} 1 & \frac{1}{2} & \frac{1}{2} & 0 \\ 0 & 1 & 3 & -2 \end{array}\right) \begin{array}{l} -\frac{1}{2} \\ \\ \end{array}$$

$$\longrightarrow \left(\begin{array}{cc|cc} 1 & 0 & -1 & 1 \\ 0 & 1 & 3 & -2 \end{array}\right) \implies A^{-1} = \left(\begin{array}{cc} -1 & 1 \\ 3 & -2 \end{array}\right)$$

- Inverse zu B:

$$\left(\begin{array}{ccc|ccc} 1 & 0 & 1 & 1 & 0 & 0 \\ 0 & 1 & -1 & 0 & 1 & 0 \\ 0 & -1 & 2 & 0 & 0 & 1 \end{array}\right) \begin{array}{l} \\ \\ +1 \end{array}$$

$$\longrightarrow \left(\begin{array}{ccc|ccc} 1 & 0 & 1 & 1 & 0 & 0 \\ 0 & 1 & -1 & 0 & 1 & 0 \\ 0 & 0 & 1 & 0 & 1 & 1 \end{array}\right) \begin{array}{l} -1 \\ +1 \\ \end{array}$$

$$\longrightarrow \left(\begin{array}{ccc|ccc} 1 & 0 & 0 & 1 & -1 & -1 \\ 0 & 1 & 0 & 0 & 2 & 1 \\ 0 & 0 & 1 & 0 & 1 & 1 \end{array}\right) \implies B^{-1} = \left(\begin{array}{ccc} 1 & -1 & -1 \\ 0 & 2 & 1 \\ 0 & 1 & 1 \end{array}\right)$$

- Inverse zu C: $\left(\begin{array}{ccc|ccc} a & 0 & 0 & 1 & 0 & 0 \\ 0 & b & 0 & 0 & 1 & 0 \\ 0 & 0 & c & 0 & 0 & 1 \end{array}\right)$

Die Division jeder Zeile durch das jeweilige Diagonalelement führt zu der Inversen

$$C^{-1} = \begin{pmatrix} \frac{1}{a} & 0 & 0 \\ 0 & \frac{1}{b} & 0 \\ 0 & 0 & \frac{1}{c} \end{pmatrix}.$$

Lösung zu Aufgabe 13.7:

- Inverse zu A:

$$\left(\begin{array}{ccc|ccc} 1 & 2 & 3 & 1 & 0 & 0 \\ 3 & 1 & 4 & 0 & 1 & 0 \\ 2 & 5 & 2 & 0 & 0 & 1 \end{array}\right) \begin{array}{l} -3 \\ -2 \end{array} \;\; |:(-5)$$

$$\longrightarrow \left(\begin{array}{ccc|ccc} 1 & 2 & 3 & 1 & 0 & 0 \\ 0 & 1 & 1 & \frac{3}{5} & -\frac{1}{5} & 0 \\ 0 & 1 & -4 & -2 & 0 & 1 \end{array}\right) \begin{array}{l} -1 \end{array} \;\; |:(-5)$$

$$\longrightarrow \left(\begin{array}{ccc|ccc} 1 & 2 & 3 & 1 & 0 & 0 \\ 0 & 1 & 1 & \frac{3}{5} & -\frac{1}{5} & 0 \\ 0 & 0 & 1 & \frac{13}{25} & -\frac{1}{25} & -\frac{1}{5} \end{array}\right) \begin{array}{l} -2 \\ -1 \end{array}$$

$$\longrightarrow \left(\begin{array}{ccc|ccc} 1 & 0 & 1 & -\frac{1}{5} & \frac{2}{5} & 0 \\ 0 & 1 & 0 & \frac{2}{25} & -\frac{4}{25} & \frac{1}{5} \\ 0 & 0 & 1 & \frac{13}{25} & -\frac{1}{25} & -\frac{1}{5} \end{array}\right) \begin{array}{l} -1 \end{array}$$

$$\longrightarrow \left(\begin{array}{ccc|ccc} 1 & 0 & 0 & -\frac{18}{25} & \frac{11}{25} & \frac{1}{5} \\ 0 & 1 & 0 & \frac{2}{25} & -\frac{4}{25} & \frac{1}{5} \\ 0 & 0 & 1 & \frac{13}{25} & -\frac{1}{25} & -\frac{1}{5} \end{array}\right) \Longrightarrow A^{-1} = \frac{1}{25}\left(\begin{array}{ccc} -18 & 11 & 5 \\ 2 & -4 & 5 \\ 13 & -1 & -5 \end{array}\right)$$

- Inverse zu B:

$$\left(\begin{array}{ccc|ccc} 1 & 2 & 1 & 1 & 0 & 0 \\ 0 & -1 & 1 & 0 & 1 & 0 \\ 1 & 0 & 1 & 0 & 0 & 1 \end{array}\right) \begin{array}{l} -1 \end{array}$$

$$\longrightarrow \left(\begin{array}{ccc|ccc} 0 & 2 & 0 & 1 & 0 & -1 \\ 0 & -1 & 1 & 0 & 1 & 0 \\ 1 & 0 & 1 & 0 & 0 & 1 \end{array}\right) \begin{array}{l} |:2 \\ +1 \end{array}$$

$$\longrightarrow \left(\begin{array}{ccc|ccc} 0 & 1 & 0 & \frac{1}{2} & 0 & -\frac{1}{2} \\ 0 & 0 & 1 & \frac{1}{2} & 1 & -\frac{1}{2} \\ 1 & 0 & 1 & 0 & 0 & 1 \end{array}\right) \begin{array}{l} -1 \end{array}$$

$$\longrightarrow \begin{pmatrix} 1 & 0 & 0 & \bigm| & -\tfrac{1}{2} & -1 & \tfrac{3}{2} \\ 0 & 1 & 0 & \bigm| & \tfrac{1}{2} & 0 & -\tfrac{1}{2} \\ 0 & 0 & 1 & \bigm| & \tfrac{1}{2} & 1 & -\tfrac{1}{2} \end{pmatrix} \Longrightarrow B^{-1} = \frac{1}{2}\begin{pmatrix} -1 & -2 & 3 \\ 1 & 0 & -1 \\ 1 & 2 & -1 \end{pmatrix}$$

- Inverse zu C:

$$\begin{pmatrix} 1 & 1 & 2 & 0 & \bigm| & 1 & 0 & 0 & 0 \\ 2 & 3 & 0 & -1 & \bigm| & 0 & 1 & 0 & 0 \\ 1 & 1 & 3 & -2 & \bigm| & 0 & 0 & 1 & 0 \\ 2 & 2 & 4 & 1 & \bigm| & 0 & 0 & 0 & 1 \end{pmatrix}$$

$$\longrightarrow \begin{pmatrix} 1 & 1 & 2 & 0 & \bigm| & 1 & 0 & 0 & 0 \\ 0 & 1 & -4 & -1 & \bigm| & -2 & 1 & 0 & 0 \\ 0 & 0 & 1 & -2 & \bigm| & -1 & 0 & 1 & 0 \\ 0 & 0 & 0 & 1 & \bigm| & -2 & 0 & 0 & 1 \end{pmatrix}$$

$$\longrightarrow \begin{pmatrix} 1 & 1 & 2 & 0 & \bigm| & 1 & 0 & 0 & 0 \\ 0 & 1 & -4 & 0 & \bigm| & -4 & 1 & 0 & 1 \\ 0 & 0 & 1 & 0 & \bigm| & -5 & 0 & 1 & 2 \\ 0 & 0 & 0 & 1 & \bigm| & -2 & 0 & 0 & 1 \end{pmatrix}$$

$$\longrightarrow \begin{pmatrix} 1 & 1 & 0 & 0 & \bigm| & 11 & 0 & -2 & -4 \\ 0 & 1 & 0 & 0 & \bigm| & -24 & 1 & 4 & 9 \\ 0 & 0 & 1 & 0 & \bigm| & -5 & 0 & 1 & 2 \\ 0 & 0 & 0 & 1 & \bigm| & -2 & 0 & 0 & 1 \end{pmatrix}$$

$$\longrightarrow \begin{pmatrix} 1 & 0 & 0 & 0 & \bigm| & 35 & -1 & -6 & -13 \\ 0 & 1 & 0 & 0 & \bigm| & -24 & 1 & 4 & 9 \\ 0 & 0 & 1 & 0 & \bigm| & -5 & 0 & 1 & 2 \\ 0 & 0 & 0 & 1 & \bigm| & -2 & 0 & 0 & 1 \end{pmatrix}$$

$$\Longrightarrow C^{-1} = \begin{pmatrix} 35 & -1 & -6 & -13 \\ -24 & 1 & 4 & 9 \\ -5 & 0 & 1 & 2 \\ -2 & 0 & 0 & 1 \end{pmatrix}$$

Lösung zu Aufgabe 13.8:

- Inverse zu A:

$$\begin{pmatrix} 1 & 3 & 2 & | & 1 & 0 & 0 \\ 2 & 8 & 3 & | & 0 & 1 & 0 \\ 4 & 9 & 5 & | & 0 & 0 & 1 \end{pmatrix} \begin{matrix} {-2} \\ {-4} \end{matrix} \bigg| :2$$

$$\longrightarrow \begin{pmatrix} 1 & 3 & 2 & | & 1 & 0 & 0 \\ 0 & 1 & -\frac{1}{2} & | & -1 & \frac{1}{2} & 0 \\ 0 & -3 & -3 & | & -4 & 0 & 1 \end{pmatrix} {+3}$$

$$\longrightarrow \begin{pmatrix} 1 & 3 & 2 & | & 1 & 0 & 0 \\ 0 & 1 & -\frac{1}{2} & | & -1 & \frac{1}{2} & 0 \\ 0 & 0 & -\frac{9}{2} & | & -7 & \frac{3}{2} & 1 \end{pmatrix} |\cdot(-\tfrac{2}{9})$$

$$\longrightarrow \begin{pmatrix} 1 & 3 & 2 & | & 1 & 0 & 0 \\ 0 & 1 & -\frac{1}{2} & | & -1 & \frac{1}{2} & 0 \\ 0 & 0 & 1 & | & \frac{14}{9} & -\frac{1}{3} & -\frac{2}{9} \end{pmatrix} \begin{matrix} {-2} \\ {+\frac{1}{2}} \end{matrix}$$

$$\longrightarrow \begin{pmatrix} 1 & 3 & 0 & | & -\frac{19}{9} & \frac{2}{3} & \frac{4}{9} \\ 0 & 1 & 0 & | & -\frac{2}{9} & \frac{1}{3} & -\frac{1}{9} \\ 0 & 0 & 1 & | & \frac{14}{9} & -\frac{1}{3} & -\frac{2}{9} \end{pmatrix} {-3}$$

$$\longrightarrow \begin{pmatrix} 1 & 0 & 0 & | & -\frac{13}{9} & -\frac{1}{3} & \frac{7}{9} \\ 0 & 1 & 0 & | & -\frac{2}{9} & \frac{1}{3} & -\frac{1}{9} \\ 0 & 0 & 1 & | & \frac{14}{9} & -\frac{1}{3} & -\frac{2}{9} \end{pmatrix} \implies A^{-1} = \frac{1}{9} \begin{pmatrix} -13 & -3 & 7 \\ -2 & 3 & -1 \\ 14 & -3 & -2 \end{pmatrix}$$

- Inverse zu B:

$$\begin{pmatrix} 1 & 0 & 2 & 0 & | & 1 & 0 & 0 & 0 \\ 0 & 1 & 1 & 1 & | & 0 & 1 & 0 & 0 \\ 1 & 0 & 0 & 1 & | & 0 & 0 & 1 & 0 \\ 2 & 0 & 1 & 0 & | & 0 & 0 & 0 & 1 \end{pmatrix} \begin{matrix} {-1} \\ {-2} \end{matrix}$$

$$\longrightarrow \begin{pmatrix} 1 & 0 & 2 & 0 & | & 1 & 0 & 0 & 0 \\ 0 & 1 & 1 & 1 & | & 0 & 1 & 0 & 0 \\ 0 & 0 & -2 & 1 & | & -1 & 0 & 1 & 0 \\ 0 & 0 & -3 & 0 & | & -2 & 0 & 0 & 1 \end{pmatrix} \begin{matrix} |:(-2) \\ {-1} \\ {-2} \\ {-\frac{3}{2}} \end{matrix}$$

Inverse einer Matrix

$$\longrightarrow \begin{pmatrix} 1 & 0 & 0 & 1 & | & 0 & 0 & 1 & 0 \\ 0 & 1 & 0 & \frac{3}{2} & | & -\frac{1}{2} & 1 & \frac{1}{2} & 0 \\ 0 & 0 & 1 & -\frac{1}{2} & | & \frac{1}{2} & 0 & -\frac{1}{2} & 0 \\ 0 & 0 & 0 & -\frac{3}{2} & | & -\frac{1}{2} & 0 & -\frac{3}{2} & 1 \end{pmatrix}$$

$$\longrightarrow \begin{pmatrix} 1 & 0 & 0 & 0 & | & -\frac{1}{3} & 0 & 0 & \frac{2}{3} \\ 0 & 1 & 0 & 0 & | & -1 & 1 & -1 & 1 \\ 0 & 0 & 1 & 0 & | & \frac{2}{3} & 0 & 0 & -\frac{1}{3} \\ 0 & 0 & 0 & 1 & | & \frac{1}{3} & 0 & 1 & -\frac{2}{3} \end{pmatrix}$$

$$\Longrightarrow B^{-1} = \frac{1}{3} \begin{pmatrix} -1 & 0 & 0 & 2 \\ -3 & 3 & -3 & 3 \\ 2 & 0 & 0 & -1 \\ 1 & 0 & 3 & -2 \end{pmatrix}$$

- Inverse zu C:

$$\begin{pmatrix} 1 & 0 & 0 & 1 & | & 1 & 0 & 0 & 0 \\ 4 & 3 & 5 & 4 & | & 0 & 1 & 0 & 0 \\ 8 & 2 & 6 & 7 & | & 0 & 0 & 1 & 0 \\ 2 & 1 & 1 & 1 & | & 0 & 0 & 0 & 1 \end{pmatrix}$$

$$\longrightarrow \begin{pmatrix} 1 & 0 & 0 & 1 & | & 1 & 0 & 0 & 0 \\ 0 & 3 & 5 & 0 & | & -4 & 1 & 0 & 0 \\ 0 & 2 & 6 & -1 & | & -8 & 0 & 1 & 0 \\ 0 & 1 & 1 & -1 & | & -2 & 0 & 0 & 1 \end{pmatrix}$$

$$\longrightarrow \begin{pmatrix} 1 & 0 & 0 & 1 & | & 1 & 0 & 0 & 0 \\ 0 & 1 & \frac{5}{3} & 0 & | & -\frac{4}{3} & \frac{1}{3} & 0 & 0 \\ 0 & 0 & \frac{8}{3} & -1 & | & -\frac{16}{3} & -\frac{2}{3} & 1 & 0 \\ 0 & 0 & -\frac{2}{3} & -1 & | & -\frac{2}{3} & -\frac{1}{3} & 0 & 1 \end{pmatrix}$$

$$\longrightarrow \begin{pmatrix} 1 & 0 & 0 & 1 & | & 1 & 0 & 0 & 0 \\ 0 & 1 & 0 & \frac{5}{8} & | & 2 & \frac{3}{4} & -\frac{5}{8} & 0 \\ 0 & 0 & 1 & -\frac{3}{8} & | & -2 & -\frac{1}{4} & \frac{3}{8} & 0 \\ 0 & 0 & 0 & -\frac{5}{4} & | & -2 & -\frac{1}{2} & \frac{1}{4} & 1 \end{pmatrix}$$

$$\longrightarrow \begin{pmatrix} 1 & 0 & 0 & 0 & \bigm| & -\frac{3}{5} & -\frac{2}{5} & \frac{1}{5} & \frac{4}{5} \\ 0 & 1 & 0 & 0 & \bigm| & 1 & \frac{1}{2} & -\frac{1}{2} & \frac{1}{2} \\ 0 & 0 & 1 & 0 & \bigm| & -\frac{7}{5} & -\frac{1}{10} & \frac{3}{10} & -\frac{3}{10} \\ 0 & 0 & 0 & 1 & \bigm| & \frac{8}{5} & \frac{2}{5} & -\frac{1}{5} & -\frac{4}{5} \end{pmatrix}$$

$$\Longrightarrow \quad C^{-1} = \frac{1}{10} \begin{pmatrix} -6 & -4 & 2 & 8 \\ 10 & 5 & -5 & 5 \\ -14 & -1 & 3 & -3 \\ 16 & 4 & -2 & -8 \end{pmatrix}$$

Lösung zu Aufgabe 13.9:

$XA - I_3 = 0 \iff XA = I_3 \iff X = A^{-1}$ (falls A regulär).

$$\begin{pmatrix} 0 & 0 & \frac{1}{2} & \bigm| & 1 & 0 & 0 \\ -\frac{1}{3} & 0 & -\frac{1}{3} & \bigm| & 0 & 1 & 0 \\ 0 & \frac{1}{4} & 0 & \bigm| & 0 & 0 & 1 \end{pmatrix} \begin{matrix} |\cdot 2 \\ |\cdot(-3) \\ |\cdot 4 \end{matrix}$$

$$\longrightarrow \begin{pmatrix} 0 & 0 & 1 & \bigm| & 2 & 0 & 0 \\ 1 & 0 & 1 & \bigm| & 0 & -3 & 0 \\ 0 & 1 & 0 & \bigm| & 0 & 0 & 4 \end{pmatrix}$$

$$\longrightarrow \begin{pmatrix} 0 & 0 & 1 & \bigm| & 2 & 0 & 0 \\ 1 & 0 & 0 & \bigm| & -2 & -3 & 0 \\ 0 & 1 & 0 & \bigm| & 0 & 0 & 4 \end{pmatrix}$$

$$\longrightarrow \begin{pmatrix} 1 & 0 & 0 & \bigm| & -2 & -3 & 0 \\ 0 & 1 & 0 & \bigm| & 0 & 0 & 4 \\ 0 & 0 & 1 & \bigm| & 2 & 0 & 0 \end{pmatrix} \Longrightarrow X = A^{-1} = \begin{pmatrix} -2 & -3 & 0 \\ 0 & 0 & 4 \\ 2 & 0 & 0 \end{pmatrix}$$

Lösung zu Aufgabe 13.10:

Zeige: $A = \begin{pmatrix} a & b \\ c & d \end{pmatrix}$ ist regulär $\iff ad - bc \neq 0$.

'$\Longrightarrow$':
- 1. Fall $a = 0$: Da A regulär ist, muss sowohl $b \neq 0$ als auch $c \neq 0$ gelten; denn andernfalls enthielte A eine Nullzeile bzw. Nullspalte, so dass ein Widerspruch zur Regularität bestünde. Also gilt:

$$ad - bc = -bc \neq 0.$$

- 2. Fall $a \neq 0$: Da A regulär ist, ist A insbesondere spaltenregulär. Somit ist $X = 0$ einzige Lösung von $AX = 0$. In anderer Darstellung bedeutet dies

$$\begin{pmatrix} a & b \\ c & d \end{pmatrix} \begin{pmatrix} x_1 \\ x_2 \end{pmatrix} = \begin{pmatrix} 0 \\ 0 \end{pmatrix} \implies x_1 = x_2 = 0$$

bzw.
$$\begin{cases} ax_1 + bx_2 = 0 \\ cx_1 + dx_2 = 0 \end{cases} \implies x_1 = x_2 = 0$$

Da $a \neq 0$ gilt, ist das Gleichungssystem äquivalent zu

$$\begin{cases} x_1 = -\frac{b}{a} x_2 \\ \left(d - \frac{cb}{a}\right) x_2 = 0 \end{cases} \iff \begin{cases} x_1 = -\frac{b}{a} x_2 \\ (ad - bc) x_2 = 0 \end{cases}$$

Wäre nun $ad - bc = 0$, so wäre etwa $x_2 = a (\neq 0)$, $x_1 = -b$ eine weitere Lösung. Da es aber nur die Lösung $(x_1, x_2) = (0, 0)$ gibt, muss daher $ad - bc \neq 0$ sein.

'$\impliedby$': Sei $ad - bc \neq 0$.

- 1. Fall $a = 0$: Dies impliziert $ad - bc = -bc \neq 0$, so dass $b \neq 0$ und $c \neq 0$. Damit ist A offensichtlich regulär. Weiterhin gilt für die Inverse von A:

$$\left(\begin{array}{cc|cc} 0 & b & 1 & 0 \\ c & d & 0 & 1 \end{array}\right) \begin{array}{c} |:b \\ |:c \end{array} \longrightarrow \left(\begin{array}{cc|cc} 0 & 1 & \frac{1}{b} & 0 \\ 1 & \frac{d}{c} & 0 & \frac{1}{c} \end{array}\right)$$

$$\longrightarrow \left(\begin{array}{cc|cc} 1 & 0 & -\frac{d}{bc} & \frac{1}{c} \\ 0 & 1 & \frac{1}{b} & 0 \end{array}\right)$$

Somit gilt:
$$A^{-1} = \frac{1}{-bc} \begin{pmatrix} d & -b \\ -c & 0 \end{pmatrix} \stackrel{a=0}{=} \frac{1}{ad - bc} \begin{pmatrix} d & -b \\ -c & a \end{pmatrix}.$$

- 2. Fall $a \neq 0$:

$$\left(\begin{array}{cc|cc} a & b & 1 & 0 \\ c & d & 0 & 1 \end{array}\right) \begin{array}{c} |:a \\ -c \end{array} \longrightarrow \left(\begin{array}{cc|cc} 1 & \frac{b}{a} & \frac{1}{a} & 0 \\ 0 & d - \frac{cb}{a} & -\frac{c}{a} & 1 \end{array}\right) \begin{array}{c} \\ |\cdot \frac{a}{ad-bc} \end{array}$$

$$\longrightarrow \left(\begin{array}{cc|cc} 1 & 0 & \frac{d}{ad-bc} & -\frac{b}{ad-bc} \\ 0 & 1 & -\frac{c}{ad-bc} & \frac{a}{ad-bc} \end{array}\right)$$

Damit folgt die Regularität von A und die Darstellung der Inversen A^{-1}.

Lösung zu Aufgabe 13.11:

a) Zeige: $(AB)^{-1} = B^{-1}A^{-1}$.

Dazu: $(AB)\underbrace{(B^{-1}A^{-1})}_{\substack{\text{soll Inverse von}\\ AB\text{ sein}}} = A(BB^{-1})A^{-1} = AI_nA^{-1} = AA^{-1} = I_n$, d.h. $B^{-1}A^{-1}$ ist die

Inverse $(AB)^{-1}$ von AB.

b) i) $A = \begin{pmatrix} 2 & 0 \\ 0 & 4 \end{pmatrix} \Longrightarrow A^{-1} = \begin{pmatrix} \frac{1}{2} & 0 \\ 0 & \frac{1}{4} \end{pmatrix} = \frac{1}{4}\begin{pmatrix} 2 & 0 \\ 0 & 1 \end{pmatrix};$

$B = \begin{pmatrix} 1 & 1 \\ 1 & 4 \end{pmatrix} \Longrightarrow B^{-1} = \frac{1}{1\cdot 4 - 1\cdot 1}\begin{pmatrix} 4 & -1 \\ -1 & 1 \end{pmatrix} = \frac{1}{3}\begin{pmatrix} 4 & -1 \\ -1 & 1 \end{pmatrix},$

(s. Aufgabe 13.10);

$A \cdot B = \begin{pmatrix} 2 & 0 \\ 0 & 4 \end{pmatrix}\begin{pmatrix} 1 & 1 \\ 1 & 4 \end{pmatrix} = \begin{pmatrix} 2 & 2 \\ 4 & 16 \end{pmatrix},$

$(A \cdot B)^{-1} = \frac{1}{32-8}\begin{pmatrix} 16 & -2 \\ -4 & 2 \end{pmatrix} = \frac{1}{12}\begin{pmatrix} 8 & -1 \\ -2 & 1 \end{pmatrix};$

$B^{-1}A^{-1} = \frac{1}{3}\begin{pmatrix} 4 & -1 \\ -1 & 1 \end{pmatrix}\frac{1}{4}\begin{pmatrix} 2 & 0 \\ 0 & 1 \end{pmatrix} = \frac{1}{12}\begin{pmatrix} 8 & -1 \\ -2 & 1 \end{pmatrix}.$

ii) Invertieren der Matrizen A und B:

$A: \left(\begin{array}{ccc|ccc} 1 & 0 & -3 & 1 & 0 & 0 \\ 2 & 4 & -2 & 0 & 1 & 0 \\ 0 & -4 & -2 & 0 & 0 & 1 \end{array}\right)$

$\longrightarrow \left(\begin{array}{ccc|ccc} 1 & 0 & -3 & 1 & 0 & 0 \\ 0 & 4 & 4 & -2 & 1 & 0 \\ 0 & -4 & -2 & 0 & 0 & 1 \end{array}\right)$

$\longrightarrow \left(\begin{array}{ccc|ccc} 1 & 0 & -3 & 1 & 0 & 0 \\ 0 & 4 & 4 & -2 & 1 & 0 \\ 0 & 0 & 1 & -1 & \frac{1}{2} & \frac{1}{2} \end{array}\right)$

$\longrightarrow \left(\begin{array}{ccc|ccc} 1 & 0 & 0 & -2 & \frac{3}{2} & \frac{3}{2} \\ 0 & 1 & 0 & \frac{1}{2} & -\frac{1}{4} & -\frac{1}{2} \\ 0 & 0 & 1 & -1 & \frac{1}{2} & \frac{1}{2} \end{array}\right) \Longrightarrow A^{-1} = \frac{1}{4}\begin{pmatrix} -8 & 6 & 6 \\ 2 & -1 & -2 \\ -4 & 2 & 2 \end{pmatrix}$

$B: \left(\begin{array}{ccc|ccc} 2 & -1 & 0 & 1 & 0 & 0 \\ 0 & 1 & 3 & 0 & 1 & 0 \\ 1 & -2 & 0 & 0 & 0 & 1 \end{array}\right)$

$$\longrightarrow \begin{pmatrix} 0 & 1 & 0 & | & \frac{1}{3} & 0 & -\frac{2}{3} \\ 0 & 1 & 3 & | & 0 & 1 & 0 \\ 1 & -2 & 0 & | & 0 & 0 & 1 \end{pmatrix} \begin{matrix} \scriptstyle -1 \\ \scriptstyle +2 \end{matrix}$$

$$\longrightarrow \begin{pmatrix} 0 & 1 & 0 & | & \frac{1}{3} & 0 & -\frac{2}{3} \\ 0 & 0 & 3 & | & -\frac{1}{3} & 1 & \frac{2}{3} \\ 1 & 0 & 0 & | & \frac{2}{3} & 0 & -\frac{1}{3} \end{pmatrix} |{:}3$$

$$\longrightarrow \begin{pmatrix} 1 & 0 & 0 & | & \frac{2}{3} & 0 & -\frac{1}{3} \\ 0 & 1 & 0 & | & \frac{1}{3} & 0 & -\frac{2}{3} \\ 0 & 0 & 1 & | & -\frac{1}{9} & \frac{1}{3} & \frac{2}{9} \end{pmatrix}$$

$\Longrightarrow B^{-1} = \dfrac{1}{9} \begin{pmatrix} 6 & 0 & -3 \\ 3 & 0 & -6 \\ -1 & 3 & 2 \end{pmatrix}$. Wegen $AB = \begin{pmatrix} -1 & 5 & 0 \\ 2 & 6 & 12 \\ -2 & 0 & -12 \end{pmatrix}$ folgt aus der Rechnung:

$$\begin{pmatrix} -1 & 5 & 0 & | & 1 & 0 & 0 \\ 2 & 6 & 12 & | & 0 & 1 & 0 \\ -2 & 0 & -12 & | & 0 & 0 & 1 \end{pmatrix} \begin{matrix} |\cdot(-1) \\ \scriptstyle +1 \end{matrix}$$

$$\longrightarrow \begin{pmatrix} 1 & -5 & 0 & | & -1 & 0 & 0 \\ 0 & 6 & 0 & | & 0 & 1 & 1 \\ -2 & 0 & -12 & | & 0 & 0 & 1 \end{pmatrix} \begin{matrix} \scriptstyle +2 \\ |{:}6 \end{matrix}$$

$$\longrightarrow \begin{pmatrix} 1 & -5 & 0 & | & -1 & 0 & 0 \\ 0 & 1 & 0 & | & 0 & \frac{1}{6} & \frac{1}{6} \\ 0 & -10 & -12 & | & -2 & 0 & 1 \end{pmatrix} \begin{matrix} \scriptstyle +5 \\ \scriptstyle +10 \\ |{:}(-12) \end{matrix}$$

$$\longrightarrow \begin{pmatrix} 1 & 0 & 0 & | & -1 & \frac{5}{6} & \frac{5}{6} \\ 0 & 1 & 0 & | & 0 & \frac{1}{6} & \frac{1}{6} \\ 0 & 0 & 1 & | & \frac{1}{6} & -\frac{5}{36} & -\frac{2}{9} \end{pmatrix}$$

die Gleichung $(AB)^{-1} = \dfrac{1}{36} \begin{pmatrix} -36 & 30 & 30 \\ 0 & 6 & 6 \\ 6 & -5 & -8 \end{pmatrix} = B^{-1}A^{-1}$.

Lösung zu Aufgabe 13.12:

$$\begin{pmatrix} 1 & 3 & 1 & 2 & | & 1 & 0 & 0 & 0 \\ 3 & 1 & 0 & 2 & | & 0 & 1 & 0 & 0 \\ 1 & 0 & 1 & 2 & | & 0 & 0 & 1 & 0 \\ 2 & 2 & 2 & 5 & | & 0 & 0 & 0 & 1 \end{pmatrix}$$

$$\longrightarrow \begin{pmatrix} 1 & 3 & 1 & 2 & | & 1 & 0 & 0 & 0 \\ 0 & -8 & -3 & -4 & | & -3 & 1 & 0 & 0 \\ 0 & -3 & 0 & 0 & | & -1 & 0 & 1 & 0 \\ 0 & -4 & 0 & 1 & | & -2 & 0 & 0 & 1 \end{pmatrix}$$

$$\longrightarrow \begin{pmatrix} 1 & 0 & 1 & 2 & | & 0 & 0 & 1 & 0 \\ 0 & 1 & -3 & -4 & | & 0 & 1 & -3 & 0 \\ 0 & 1 & 0 & 0 & | & \frac{1}{3} & 0 & -\frac{1}{3} & 0 \\ 0 & 0 & 0 & 1 & | & -\frac{2}{3} & 0 & -\frac{4}{3} & 1 \end{pmatrix}$$

$$\longrightarrow \begin{pmatrix} 1 & 0 & 1 & 0 & | & \frac{4}{3} & 0 & \frac{11}{3} & -2 \\ 0 & 1 & -3 & 0 & | & -\frac{8}{3} & 1 & -\frac{25}{3} & 4 \\ 0 & 0 & 3 & 0 & | & 3 & -1 & 8 & -4 \\ 0 & 0 & 0 & 1 & | & -\frac{2}{3} & 0 & -\frac{4}{3} & 1 \end{pmatrix}$$

$$\longrightarrow \begin{pmatrix} 1 & 0 & 0 & 0 & | & \frac{1}{3} & \frac{1}{3} & 1 & -\frac{2}{3} \\ 0 & 1 & 0 & 0 & | & \frac{1}{3} & 0 & -\frac{1}{3} & 0 \\ 0 & 0 & 1 & 0 & | & 1 & -\frac{1}{3} & \frac{8}{3} & -\frac{4}{3} \\ 0 & 0 & 0 & 1 & | & -\frac{2}{3} & 0 & -\frac{4}{3} & 1 \end{pmatrix}$$

Damit gilt: $A^{-1} = \dfrac{1}{3}\begin{pmatrix} 1 & 1 & 3 & -2 \\ 1 & 0 & -1 & 0 \\ 3 & -1 & 8 & -4 \\ -2 & 0 & -4 & 3 \end{pmatrix}$, und A^{-1} ist symmetrisch.

Lösung zu Aufgabe 13.13:

a) Zu zeigen: $A \in \mathcal{M}_{n,n}$ regulär $\iff A'$ regulär, und es gilt: $(A')^{-1} = (A^{-1})'$.

Beweis: Die Äquivalenz der Regularität von A und A' folgt sofort daraus, dass die Zeilenregularität von A (A') der Spaltenregularität von A' (A) entspricht. Weiterhin gilt:
$$A' \cdot (A^{-1})' = (A^{-1} \cdot A)' = I_n' = I_n,$$
d. h. für die Inverse von A' gilt: $(A')^{-1} = (A^{-1})'$.

b) $A = \begin{pmatrix} 1 & 0 & 3 \\ 2 & 2 & 6 \\ 0 & 3 & 1 \end{pmatrix}$:

$$\left(\begin{array}{ccc|ccc} 1 & 0 & 3 & 1 & 0 & 0 \\ 2 & 2 & 6 & 0 & 1 & 0 \\ 0 & 3 & 1 & 0 & 0 & 1 \end{array} \right)$$

$$\longrightarrow \left(\begin{array}{ccc|ccc} 1 & 0 & 3 & 1 & 0 & 0 \\ 0 & 1 & 0 & -1 & \frac{1}{2} & 0 \\ 0 & 0 & 1 & 3 & -\frac{3}{2} & 1 \end{array} \right)$$

$$\longrightarrow \left(\begin{array}{ccc|ccc} 1 & 0 & 0 & -8 & \frac{9}{2} & -3 \\ 0 & 1 & 0 & -1 & \frac{1}{2} & 0 \\ 0 & 0 & 1 & 3 & -\frac{3}{2} & 1 \end{array} \right), \quad \text{d. h. } (A^{-1})' = \begin{pmatrix} -8 & -1 & 3 \\ \frac{9}{2} & \frac{1}{2} & -\frac{3}{2} \\ -3 & 0 & 1 \end{pmatrix}.$$

$A' = \begin{pmatrix} 1 & 2 & 0 \\ 0 & 2 & 3 \\ 3 & 6 & 1 \end{pmatrix}$:

$$\left(\begin{array}{ccc|ccc} 1 & 2 & 0 & 1 & 0 & 0 \\ 0 & 2 & 3 & 0 & 1 & 0 \\ 3 & 6 & 1 & 0 & 0 & 1 \end{array} \right)$$

$$\longrightarrow \left(\begin{array}{ccc|ccc} 1 & 0 & 0 & -8 & -1 & 3 \\ 0 & 1 & 0 & \frac{9}{2} & \frac{1}{2} & -\frac{3}{2} \\ 0 & 0 & 1 & -3 & 0 & 1 \end{array} \right), \quad \text{d. h. } (A')^{-1} = \begin{pmatrix} -8 & -1 & 3 \\ \frac{9}{2} & \frac{1}{2} & -\frac{3}{2} \\ -3 & 0 & 1 \end{pmatrix}.$$

c) Sei $A' = A$. Zu zeigen: $(A^{-1})' = A^{-1}$.

Beweis: Nach a) ist $(A^{-1})' = (A')^{-1} \stackrel{A'=A}{=} A^{-1}$, d. h. A^{-1} ist symmetrisch.

Lösung zu Aufgabe 13.14:

Die Behauptung folgt aus:

$$(A+B) \cdot A^{-1} \cdot (A-B) = (I_n + B \cdot A^{-1})(A-B)$$
$$= A + B - B - B \cdot A^{-1} \cdot B = A - B \cdot A^{-1} \cdot B;$$

$$(A-B) \cdot A^{-1} \cdot (A+B) = (I_n - B \cdot A^{-1})(A+B)$$
$$= A - B + B - B \cdot A^{-1} \cdot B = A - B \cdot A^{-1} \cdot B.$$

Lösung zu Aufgabe 13.15:

Nach Voraussetzung sind A, $A^{-1} + I_n$, $A + I_n$ regulär. Dann gilt:

$$(A^{-1} + I_n)^{-1} + (A + I_n)^{-1} = I_n \quad \Big| \text{Multiplikation mit } A^{-1} \text{ von rechts}$$

$$\iff (A^{-1} + I_n)^{-1} \cdot A^{-1} + (A + I_n)^{-1} \cdot A^{-1} = I_n \cdot A^{-1}$$

$$\stackrel{13.11}{\iff} (A \cdot (A^{-1} + I_n))^{-1} + (I_n + A)^{-1} \cdot A^{-1} = A^{-1}$$

$$\iff (I_n + A)^{-1} + (I_n + A)^{-1} \cdot A^{-1} = A^{-1}$$

$$\iff (I_n + A)^{-1}(I_n + A^{-1}) = A^{-1} \quad \Big| \text{Multiplikation mit } (I_n + A) \text{ von links}$$

$$\iff I_n + A^{-1} = (I_n + A) \cdot A^{-1} \iff I_n + A^{-1} = A^{-1} + I_n$$

Da letztere eine wahre Aussage ist, folgt die Behauptung.

Lösung zu Aufgabe 13.16:

a) $X'(A+B) = C + (A'X)' \iff X'A + X'B = C + X'A \iff X'BB^{-1} = CB^{-1}$
$\iff X = (CB^{-1})'$, d.h. $\mathcal{L} = \{(CB^{-1})'\}$.

b) $[(A'X)' - B]C = D \iff X' = (D + BC)(AC)^{-1} \iff X = [(AC)^{-1}]'(D+BC)'$,
d.h. $\mathcal{L} = \{[(AC)^{-1}]'(D+BC)'\}$.

c) $X'(A' - B') = (BX)' \iff X'(A-B)' = (BX)' \iff (A-2B)X = 0$
$\implies X \in \mathcal{L} = \{Y \in \mathcal{M}_{m,1} \mid (A-2B)Y = 0\}$.

INVERSE EINER MATRIX

Lösung zu Aufgabe 13.17:

a) Zu zeigen ist $(I_n - A)^{-1} \begin{pmatrix} x_1 \\ \vdots \\ x_n \end{pmatrix} = \begin{pmatrix} y_1 \\ \vdots \\ y_n \end{pmatrix}$.

Zunächst gilt für die von P_i benötigte Menge y_i:

$$y_i = \sum_{j=1}^{n} a_{ij} y_j + x_i \text{ für } i \in \{1, \ldots, n\},$$

da diese Menge interpretiert werden kann als

$$y_i = \text{Eigenverbrauch} + \text{auszuliefernde Menge von } P_i.$$

Zur Produktion von y_1 Einheiten von $P_1,.$, und y_n Einheiten von P_n werden jeweils $y_1 a_{i1} + \cdots + y_n a_{in} = \sum_{j=1}^{n} a_{ij} y_j$ Einheiten von P_i benötigt, $i \in \{1, \ldots, n\}$.

Dies ergibt das lineare Gleichungssystem:

$$\begin{pmatrix} y_1 \\ \vdots \\ y_n \end{pmatrix} = \begin{pmatrix} \sum_{j=1}^{n} a_{1j} y_j \\ \vdots \\ \sum_{j=1}^{n} a_{nj} y_j \end{pmatrix} + \begin{pmatrix} x_1 \\ \vdots \\ x_n \end{pmatrix}$$

$$\iff \begin{pmatrix} y_1 \\ \vdots \\ y_n \end{pmatrix} = \begin{pmatrix} a_{11} & \cdots & a_{1n} \\ \vdots & & \vdots \\ a_{n1} & \cdots & a_{nn} \end{pmatrix} \begin{pmatrix} y_1 \\ \vdots \\ y_n \end{pmatrix} + \begin{pmatrix} x_1 \\ \vdots \\ x_n \end{pmatrix}$$

$$\iff \begin{pmatrix} y_1 \\ \vdots \\ y_n \end{pmatrix} - A \begin{pmatrix} y_1 \\ \vdots \\ y_n \end{pmatrix} = \begin{pmatrix} x_1 \\ \vdots \\ x_n \end{pmatrix} \iff (I_n - A) \begin{pmatrix} y_1 \\ \vdots \\ y_n \end{pmatrix} = \begin{pmatrix} x_1 \\ \vdots \\ x_n \end{pmatrix}$$

$$\iff \begin{pmatrix} y_1 \\ \vdots \\ y_n \end{pmatrix} = (I_n - A)^{-1} \begin{pmatrix} x_1 \\ \vdots \\ x_n \end{pmatrix}, \quad \text{falls } I_n - A \text{ regulär ist.}$$

b) Seien $n = 3$ und $A = \begin{pmatrix} 0 & 3 & 14 \\ 0 & 0 & 7 \\ 0 & 0 & 0 \end{pmatrix} \Longrightarrow I_3 - A = \begin{pmatrix} 1 & -3 & -14 \\ 0 & 1 & -7 \\ 0 & 0 & 1 \end{pmatrix}$. Wegen

$$\left(\begin{array}{ccc|ccc} 1 & -3 & -14 & 1 & 0 & 0 \\ 0 & 1 & -7 & 0 & 1 & 0 \\ 0 & 0 & 1 & 0 & 0 & 1 \end{array}\right) \begin{array}{c} \\ {\scriptstyle +7} \end{array} \Bigg\} {\scriptstyle +14}$$

$$\longrightarrow \left(\begin{array}{ccc|ccc} 1 & -3 & 0 & 1 & 0 & 14 \\ 0 & 1 & 0 & 0 & 1 & 7 \\ 0 & 0 & 1 & 0 & 0 & 1 \end{array}\right) {\scriptstyle +3}$$

$$\longrightarrow \left(\begin{array}{ccc|ccc} 1 & 0 & 0 & 1 & 3 & 35 \\ 0 & 1 & 0 & 0 & 1 & 7 \\ 0 & 0 & 1 & 0 & 0 & 1 \end{array}\right).$$

ergibt sich die Inverse $(I_3 - A)^{-1} = \begin{pmatrix} 1 & 3 & 35 \\ 0 & 1 & 7 \\ 0 & 0 & 1 \end{pmatrix}$.

Lösung zu Aufgabe 13.18:

a) $A = \begin{pmatrix} 0 & 0 & 1 & 0 & 0 \\ 0 & 0 & 0 & 0 & 0 \\ 0 & 0 & 0 & 0 & 4 \\ 2 & 0 & 0 & 0 & 0 \\ 0 & 2 & 0 & 0 & 0 \end{pmatrix}$

b) Zur Produktion der Bestellung $(x_1, \ldots, x_5)' = (10, 20, 20, 0, 10)$ werden die (tatsächlichen) Produktionsmengen

$$\begin{pmatrix} y_1 \\ y_2 \\ y_3 \\ y_4 \\ y_5 \end{pmatrix} = (I_5 - A)^{-1} \begin{pmatrix} 10 \\ 20 \\ 20 \\ 0 \\ 10 \end{pmatrix}$$

hergestellt. Die Berechnung von $(I_5 - A)^{-1}$ ergibt wegen

$$I_5 - A = \begin{pmatrix} 1 & 0 & -1 & 0 & 0 \\ 0 & 1 & 0 & 0 & 0 \\ 0 & 0 & 1 & 0 & -4 \\ -2 & 0 & 0 & 1 & 0 \\ 0 & -2 & 0 & 0 & 1 \end{pmatrix} :$$

Inverse einer Matrix

$$\begin{pmatrix} 1 & 0 & -1 & 0 & 0 & | & 1 & 0 & 0 & 0 & 0 \\ 0 & 1 & 0 & 0 & 0 & | & 0 & 1 & 0 & 0 & 0 \\ 0 & 0 & 1 & 0 & -4 & | & 0 & 0 & 1 & 0 & 0 \\ -2 & 0 & 0 & 1 & 0 & | & 0 & 0 & 0 & 1 & 0 \\ 0 & -2 & 0 & 0 & 1 & | & 0 & 0 & 0 & 0 & 1 \end{pmatrix}$$

$$\longrightarrow \begin{pmatrix} 1 & 0 & 0 & 0 & -4 & | & 1 & 0 & 1 & 0 & 0 \\ 0 & 1 & 0 & 0 & 0 & | & 0 & 1 & 0 & 0 & 0 \\ 0 & 0 & 1 & 0 & -4 & | & 0 & 0 & 1 & 0 & 0 \\ 0 & 0 & -2 & 1 & 0 & | & 2 & 0 & 0 & 1 & 0 \\ 0 & 0 & 0 & 0 & 1 & | & 0 & 2 & 0 & 0 & 1 \end{pmatrix}$$

$$\longrightarrow \begin{pmatrix} 1 & 0 & 0 & 0 & 0 & | & 1 & 8 & 1 & 0 & 4 \\ 0 & 1 & 0 & 0 & 0 & | & 0 & 1 & 0 & 0 & 0 \\ 0 & 0 & 1 & 0 & 0 & | & 0 & 8 & 1 & 0 & 4 \\ 0 & 0 & -2 & 1 & 0 & | & 2 & 0 & 0 & 1 & 0 \\ 0 & 0 & 0 & 0 & 1 & | & 0 & 2 & 0 & 0 & 1 \end{pmatrix}$$

$$\longrightarrow \begin{pmatrix} 1 & 0 & 0 & 0 & 0 & | & 1 & 8 & 1 & 0 & 4 \\ 0 & 1 & 0 & 0 & 0 & | & 0 & 1 & 0 & 0 & 0 \\ 0 & 0 & 1 & 0 & 0 & | & 0 & 8 & 1 & 0 & 4 \\ 0 & 0 & 0 & 1 & 0 & | & 2 & 16 & 2 & 1 & 8 \\ 0 & 0 & 0 & 0 & 1 & | & 0 & 2 & 0 & 0 & 1 \end{pmatrix};$$

$$\Longrightarrow (I_5 - A)^{-1} = \begin{pmatrix} 1 & 8 & 1 & 0 & 4 \\ 0 & 1 & 0 & 0 & 0 \\ 0 & 8 & 1 & 0 & 4 \\ 2 & 16 & 2 & 1 & 8 \\ 0 & 2 & 0 & 0 & 1 \end{pmatrix}, \text{ so dass}$$

$$\begin{pmatrix} y_1 \\ y_2 \\ y_3 \\ y_4 \\ y_5 \end{pmatrix} = \begin{pmatrix} 1 & 8 & 1 & 0 & 4 \\ 0 & 1 & 0 & 0 & 0 \\ 0 & 8 & 1 & 0 & 4 \\ 2 & 16 & 2 & 1 & 8 \\ 0 & 2 & 0 & 0 & 1 \end{pmatrix} \begin{pmatrix} 1 \\ 2 \\ 2 \\ 0 \\ 1 \end{pmatrix} \cdot 10 = 10 \cdot \begin{pmatrix} 23 \\ 2 \\ 22 \\ 46 \\ 5 \end{pmatrix} = \begin{pmatrix} 230 \\ 20 \\ 220 \\ 460 \\ 50 \end{pmatrix}.$$

Lösung zu Aufgabe 13.19:

a) $A = \begin{pmatrix} 0 & 0 & 0 & 0 & 0 & 0 \\ 0 & 0 & 4 & 0 & 0 & 0 \\ 1 & 0 & 0 & 3 & 0 & 0 \\ 0 & 0 & 0 & 0 & 0 & 0 \\ 0 & 0 & 0 & 0 & 0 & 0 \\ 0 & 2 & 0 & 0 & 2 & 0 \end{pmatrix}$

b) Die „Endprodukte" E_1, E_4, E_5 (entsprechen den Nullzeilen in A) werden für die Produktion selbst nicht benötigt.

c) Für $(I_6 - A)^{-1}$ erhält man:

$$\left(\begin{array}{cccccc|cccccc} 1 & 0 & 0 & 0 & 0 & 0 & 1 & 0 & 0 & 0 & 0 & 0 \\ 0 & 1 & -4 & 0 & 0 & 0 & 0 & 1 & 0 & 0 & 0 & 0 \\ -1 & 0 & 1 & -3 & 0 & 0 & 0 & 0 & 1 & 0 & 0 & 0 \\ 0 & 0 & 0 & 1 & 0 & 0 & 0 & 0 & 0 & 1 & 0 & 0 \\ 0 & 0 & 0 & 0 & 1 & 0 & 0 & 0 & 0 & 0 & 1 & 0 \\ 0 & -2 & 0 & 0 & -2 & 1 & 0 & 0 & 0 & 0 & 0 & 1 \end{array} \right) \begin{array}{l} \\ {+1} \\ \\ {+3} \\ \\ {+2} \end{array}$$

$$\longrightarrow \left(\begin{array}{cccccc|cccccc} 1 & 0 & 0 & 0 & 0 & 0 & 1 & 0 & 0 & 0 & 0 & 0 \\ 0 & 1 & -4 & 0 & 0 & 0 & 0 & 1 & 0 & 0 & 0 & 0 \\ 0 & 0 & 1 & 0 & 0 & 0 & 1 & 0 & 1 & 3 & 0 & 0 \\ 0 & 0 & 0 & 1 & 0 & 0 & 0 & 0 & 0 & 1 & 0 & 0 \\ 0 & 0 & 0 & 0 & 1 & 0 & 0 & 0 & 0 & 0 & 1 & 0 \\ 0 & -2 & 0 & 0 & 0 & 1 & 0 & 0 & 0 & 0 & 2 & 1 \end{array} \right) \begin{array}{l} \\ {+4} \\ \\ \\ +2 \end{array}$$

$$\longrightarrow \left(\begin{array}{cccccc|cccccc} 1 & 0 & 0 & 0 & 0 & 0 & 1 & 0 & 0 & 0 & 0 & 0 \\ 0 & 1 & 0 & 0 & 0 & 0 & 4 & 1 & 4 & 12 & 0 & 0 \\ 0 & 0 & 1 & 0 & 0 & 0 & 1 & 0 & 1 & 3 & 0 & 0 \\ 0 & 0 & 0 & 1 & 0 & 0 & 0 & 0 & 0 & 1 & 0 & 0 \\ 0 & 0 & 0 & 0 & 1 & 0 & 0 & 0 & 0 & 0 & 1 & 0 \\ 0 & 0 & 0 & 0 & 0 & 1 & 8 & 2 & 8 & 24 & 2 & 1 \end{array} \right) ;$$

also: $(I_6 - A)^{-1} = \begin{pmatrix} 1 & 0 & 0 & 0 & 0 & 0 \\ 4 & 1 & 4 & 12 & 0 & 0 \\ 1 & 0 & 1 & 3 & 0 & 0 \\ 0 & 0 & 0 & 1 & 0 & 0 \\ 0 & 0 & 0 & 0 & 1 & 0 \\ 8 & 2 & 8 & 24 & 2 & 1 \end{pmatrix}.$

Also gilt für die zu produzierenden Mengeneinheiten von E_i, $i = 1, \ldots, 6$:

$$(y_1, \ldots, y_6)' = (I_6 - A)^{-1}(20, 11, 11, 20, 20, 11)' \cdot 100$$
$$= (2\,000, 37\,500, 9\,100, 2\,000, 2\,000, 80\,100)'.$$

Lösung zu Aufgabe 13.20:

a) $(I_n - A)(I_n + A + A^2 + \ldots + A^{m-1}) = (I_n - A) + (A - A^2) + \ldots + (A^{m-1} - A^m)$
$= I_n - A^m = I_n$. Durch Multiplikation der Gleichung mit $(I_n - A)^{-1}$ von links folgt die Behauptung.

b) Wegen $A^2 = \begin{pmatrix} 0 & 0 & 3 & 0 \\ 0 & 0 & 0 & 0 \\ 0 & 0 & 0 & 0 \\ 0 & 1 & 0 & 0 \end{pmatrix}$, $A^3 = \begin{pmatrix} 0 & 0 & 0 & 0 \\ 0 & 0 & 0 & 0 \\ 0 & 0 & 0 & 0 \\ 0 & 0 & 3 & 0 \end{pmatrix}$, $A^4 = \mathbf{0} \in \mathcal{M}_{4,4}$ kann $m = 4$ gewählt werden. Aus a) folgt dann

$$(I_4 - A)^{-1} = I_4 + A + A^2 + A^3 = \begin{pmatrix} 1 & 1 & 3 & 0 \\ 0 & 1 & 3 & 0 \\ 0 & 0 & 1 & 0 \\ 1 & 1 & 3 & 1 \end{pmatrix}.$$

c) Die zu produzierenden Mengeneinheiten y_i ($i = 1, 2, 3, 4$) sind:

$$\begin{pmatrix} y_1 \\ y_2 \\ y_3 \\ y_4 \end{pmatrix} = (I_4 - A)^{-1} \begin{pmatrix} 100 \\ 100 \\ 200 \\ 200 \end{pmatrix} = \begin{pmatrix} 800 \\ 700 \\ 200 \\ 1\,000 \end{pmatrix}.$$

Lösung zu Aufgabe 13.21:

a) Gozinto-Graph:

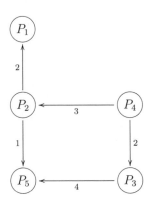

b) $I_5 - A = \begin{pmatrix} 1 & 0 & 0 & 0 & 0 \\ -2 & 1 & 0 & 0 & -1 \\ 0 & 0 & 1 & 0 & -4 \\ 0 & -3 & -2 & 1 & 0 \\ 0 & 0 & 0 & 0 & 1 \end{pmatrix}$. Die Berechnung der Inversen ergibt:

$$\left(\begin{array}{ccccc|ccccc} 1 & 0 & 0 & 0 & 0 & 1 & 0 & 0 & 0 & 0 \\ -2 & 1 & 0 & 0 & -1 & 0 & 1 & 0 & 0 & 0 \\ 0 & 0 & 1 & 0 & -4 & 0 & 0 & 1 & 0 & 0 \\ 0 & -3 & -2 & 1 & 0 & 0 & 0 & 0 & 1 & 0 \\ 0 & 0 & 0 & 0 & 1 & 0 & 0 & 0 & 0 & 1 \end{array}\right)$$

$$\longrightarrow \left(\begin{array}{ccccc|ccccc} 1 & 0 & 0 & 0 & 0 & 1 & 0 & 0 & 0 & 0 \\ 0 & 1 & 0 & 0 & 0 & 2 & 1 & 0 & 0 & 1 \\ 0 & 0 & 1 & 0 & 0 & 0 & 0 & 1 & 0 & 4 \\ 0 & -3 & -2 & 1 & 0 & 0 & 0 & 0 & 1 & 0 \\ 0 & 0 & 0 & 0 & 1 & 0 & 0 & 0 & 0 & 1 \end{array}\right)$$

$$\longrightarrow \left(\begin{array}{ccccc|ccccc} 1 & 0 & 0 & 0 & 0 & 1 & 0 & 0 & 0 & 0 \\ 0 & 1 & 0 & 0 & 0 & 2 & 1 & 0 & 0 & 1 \\ 0 & 0 & 1 & 0 & 0 & 0 & 0 & 1 & 0 & 4 \\ 0 & 0 & 0 & 1 & 0 & 6 & 3 & 2 & 1 & 11 \\ 0 & 0 & 0 & 0 & 1 & 0 & 0 & 0 & 0 & 1 \end{array}\right)$$

Daraus folgt:

$$\begin{pmatrix} y_1 \\ y_2 \\ y_3 \\ y_4 \\ y_5 \end{pmatrix} = (I_5 - A)^{-1} \begin{pmatrix} 30 \\ 10 \\ 40 \\ 20 \\ 0 \end{pmatrix} = \begin{pmatrix} 30 \\ 70 \\ 40 \\ 310 \\ 0 \end{pmatrix}.$$

14 Lineare Gleichungssysteme

Literaturhinweis: KCO, Kapitel 8

Aufgaben

Aufgabe 14.1:
Bestimmen Sie jeweils die Lösungsmenge $\mathcal{L}$ des durch $Ax = b$ gegebenen Gleichungssystems mit Hilfe der Matrix A^{-1} für

a) $A = \begin{pmatrix} 1 & 2 \\ 7 & 9 \end{pmatrix}$, $\quad b = \begin{pmatrix} 1 \\ 1 \end{pmatrix} \quad$ bzw. $\quad b = \begin{pmatrix} -1 \\ 1 \end{pmatrix}$,

b) $A = \begin{pmatrix} 2 & 1 & -2 \\ -2 & 0 & 2 \\ 1 & 1 & 0 \end{pmatrix}$, $\quad b = \begin{pmatrix} 1 \\ 2 \\ 3 \end{pmatrix} \quad$ bzw. $\quad b = \begin{pmatrix} 3 \\ 2 \\ 1 \end{pmatrix}$.

Aufgabe 14.2:
Gegeben seien drei Zahlentripel der Form (x_1, x_2, x_3): $(1, 2, 1)$, $(0, 1, 0)$, $(0, 4, 5)$. Wie müssen die Zahlen a, b, c gewählt werden, damit diese Tripel Lösungen der Gleichung $ax_1 + bx_2 + cx_3 = 1$ sind?

Formulieren Sie diese Aufgabe als Gleichungssystem $Ay = z$ mit $y, z \in \mathcal{M}_{3,1}$, bestimmen Sie A^{-1}, und finden Sie mit Hilfe der Inversen von A die Koeffizienten a, b, c.

Aufgabe 14.3:
Untersuchen Sie, welche der Gleichungssysteme $Ax = b$ (evtl. eindeutig) lösbar sind, und geben Sie gegebenenfalls eine Lösung an:

a) $A = \begin{pmatrix} 1 & 1 \\ 4 & 5 \\ 2 & 1 \end{pmatrix}$, $b = \begin{pmatrix} 1 \\ 2 \\ 5 \end{pmatrix}$, $\quad$ b) $A = \begin{pmatrix} 1 & 1 \\ 4 & 5 \\ 2 & 1 \end{pmatrix}$, $b = \begin{pmatrix} -1 \\ -6 \\ 0 \end{pmatrix}$,

c) $A = \begin{pmatrix} -1 & 3 \\ 2 & -6 \\ -3 & 9 \end{pmatrix}$, $b = \begin{pmatrix} 2 \\ -4 \\ 6 \end{pmatrix}$.

Aufgabe 14.4:

Bestimmen Sie die Lösungsmenge $\mathcal{L}$ des Gleichungssystems $Ax = b$, wobei

$$A = \begin{pmatrix} 1 & -6 & -4 \\ -1 & 3 & 2 \\ 2 & -9 & -6 \end{pmatrix}, \quad b = \begin{pmatrix} -1 \\ -1 \\ 0 \end{pmatrix}.$$

Aufgabe 14.5:

Durch $Ax = b$ mit $A = \begin{pmatrix} -2 & 1 & 1 \\ 6 & -4 & -9 \\ -4 & 4 & 14 \end{pmatrix}$, $b = \begin{pmatrix} 1 \\ 1 \\ -6 \end{pmatrix}$, $x \in \mathcal{M}_{3,1}$, sei ein Gleichungssystem gegeben.

a) Wie lautet die Lösungsmenge $\mathcal{L}$?

b) Für welche $b \in \mathcal{M}_{3,1}$ ist die Lösungsmenge leer?

Aufgabe 14.6:

Bestimmen Sie zu den folgenden Matrixgleichungen der Form $Ax = b$ jeweils die Lösungsmenge $\mathcal{L}$:

a) $\begin{pmatrix} 1 & 1 & 1 \\ 1 & 2 & -1 \\ 1 & -1 & 5 \end{pmatrix} \begin{pmatrix} x_1 \\ x_2 \\ x_3 \end{pmatrix} = \begin{pmatrix} 4 \\ 5 \\ 2 \end{pmatrix}$,
b) $\begin{pmatrix} 1 & -1 & -3 & 1 \\ -1 & 4 & 3 & -1 \\ 2 & 1 & -6 & 2 \end{pmatrix} \begin{pmatrix} x_1 \\ x_2 \\ x_3 \\ x_4 \end{pmatrix} = \begin{pmatrix} -2 \\ 11 \\ 5 \end{pmatrix}$,

c) $\begin{pmatrix} 3 & -6 & 3 & 0 \\ 0 & 1 & 0 & 2 \\ 1 & 1 & 1 & 2 \end{pmatrix} \begin{pmatrix} x_1 \\ x_2 \\ x_3 \\ x_4 \end{pmatrix} = \begin{pmatrix} 0 \\ 3 \\ 5 \end{pmatrix}$.

Aufgabe 14.7:

Ermitteln Sie für die folgenden Matrixgleichungen der Form $Ax = b$ die sogenannte Normalform, und bestimmen Sie jeweils die Lösungsmenge $\mathcal{L}$:

a) $\begin{pmatrix} 1 & 2 & 5 \\ -2 & -4 & -9 \\ 3 & 6 & 1 \end{pmatrix} \begin{pmatrix} x_1 \\ x_2 \\ x_3 \end{pmatrix} = \begin{pmatrix} 1 \\ -2 \\ 3 \end{pmatrix}$,
b) $\begin{pmatrix} 1 & 1 & 6 & 3 \\ 0 & 1 & 3 & 1 \\ 0 & 2 & 10 & 2 \\ -2 & 0 & -5 & -4 \end{pmatrix} \begin{pmatrix} x_1 \\ x_2 \\ x_3 \\ x_4 \end{pmatrix} = \begin{pmatrix} 1 \\ 2 \\ -4 \\ 0 \end{pmatrix}$,

c) $\begin{pmatrix} 1 & 1 & 6 & 3 \\ 0 & 1 & 3 & 1 \\ 0 & 2 & 10 & 2 \\ -2 & 0 & -5 & -4 \end{pmatrix} \begin{pmatrix} x_1 \\ x_2 \\ x_3 \\ x_4 \end{pmatrix} = \begin{pmatrix} 1 \\ 2 \\ -4 \\ 1 \end{pmatrix}$.

Aufgabe 14.8:

a) Bestimmen Sie die Lösungsmenge des folgenden Gleichungssystems:

$$\begin{aligned} x_1 + 2x_2 + 3x_3 + 4x_4 &= 0 \\ -3x_1 - 6x_2 - 8x_3 + 13x_4 &= 2 \\ 2x_1 + 4x_2 + 7x_3 + x_4 &= -4 \end{aligned}$$

b) Für welche $t \in \mathbb{R}$ ist das Gleichungssystem $\begin{pmatrix} 1 & 1 & 1 \\ 3 & 2 & 1 \\ 2 & 1 & t \end{pmatrix} \begin{pmatrix} x_1 \\ x_2 \\ x_3 \end{pmatrix} = \begin{pmatrix} 1 \\ 3 \\ 4 \end{pmatrix}$ lösbar? Ermitteln Sie gegebenenfalls die Lösungsmenge.

Aufgabe 14.9:

Bilden Sie die Koeffizientenmatrizen der folgenden Gleichungssysteme, schreiben Sie diese Systeme als Matrixgleichungen, und bestimmen Sie dann jeweils die Lösungsmenge $\mathcal{L}$:

a)
$$\begin{aligned} x_1 + x_2 &= 1 \\ 2x_1 - x_2 &= 5 \\ 4x_1 + 8x_2 &= 0 \end{aligned}$$

b)
$$\begin{aligned} x_1 + x_2 + 2x_3 &= 1 \\ 4x_1 + 5x_2 + 8x_3 &= 5 \\ -x_1 + x_2 - 2x_3 &= 1 \end{aligned}$$

c)
$$\begin{aligned} x_1 - x_2 - 2x_3 + 8x_4 + 4x_5 &= 5 \\ 4x_2 + 3x_3 - 12x_4 - 6x_5 &= 3 \\ x_2 + x_3 - 4x_4 - 2x_5 &= 2 \end{aligned}$$

d)
$$\begin{aligned} x_1 + x_3 + 3x_4 + 5x_5 &= 7 \\ x_2 + 2x_3 + 4x_4 + 6x_5 &= 8 \end{aligned}$$

e)
$$\begin{aligned} x_1 + 2x_2 &= -2 \\ x_1 + 3x_2 + x_3 &= 0 \\ x_1 + 4x_2 + 2x_3 &= 2 \end{aligned}$$

f)
$$\begin{aligned} 3x_1 + 2x_3 &= 3 \\ -6x_1 + x_2 - 4x_3 + 2x_4 &= 1 \\ -9x_1 + 2x_2 - 6x_3 + 4x_4 &= 5 \\ 15x_1 - 3x_2 + 10x_3 - 6x_4 &= -6 \end{aligned}$$

Aufgabe 14.10:

Bestimmen Sie in Abhängigkeit von $a, b, c \in \mathbb{R}$ die Lösungsmenge des Gleichungssystems

$$\begin{aligned} x_1 + x_3 &= a \\ 3x_1 - x_2 &= b \\ 6x_1 - 2x_2 &= c \end{aligned}$$

Aufgabe 14.11:

Gegeben sei das Gleichungssystem $Ax = (a, a^2, a)'$ mit $A = \begin{pmatrix} 1 & 1 & 2 & 2 \\ 8 & 10 & 16 & 14 \\ -1 & 1 & -2 & -4 \end{pmatrix}$, $x \in \mathcal{M}_{4,1}$, $a \in \mathbb{R}$.

a) Für welche $a \in \mathbb{R}$ ist die Lösungsmenge des obigen Gleichungssystems nicht leer?

b) Geben Sie für diese Werte von a jeweils die Lösungsmenge an.

Aufgabe 14.12:

Seien $A = \begin{pmatrix} -1 & 8 & -3 \\ 1 & -10 & 6 \\ 0 & 4 & 3 \end{pmatrix}$ und $B = \begin{pmatrix} 1 & 2 & 2 \\ 2 & 3 & 1 \\ 1 & 3 & 5 \end{pmatrix}$.

a) Ist A regulär?

b) Bestimmen Sie die Lösungsmenge der Matrixgleichung $AX = B'$ ($X \in \mathcal{M}_{3,3}$).

Aufgabe 14.13:

Bestimmen Sie die Matrizen X und Y aus den Bedingungen

a) $\begin{pmatrix} 1 & 3 & -2 \\ 0 & 2 & 1 \\ -1 & 0 & 3 \end{pmatrix} X = \begin{pmatrix} -6 & -9 & 9 \\ -5 & 4 & 4 \\ -2 & 13 & -3 \end{pmatrix}$,   b) $\begin{pmatrix} 1 & 0 & -2 \\ -1 & 2 & 2 \\ 0 & 4 & 2 \end{pmatrix} Y = \begin{pmatrix} 1 & 0 & 0 \\ 0 & 1 & 0 \\ 0 & 0 & 1 \end{pmatrix}$.

Aufgabe 14.14:

a) In einer Familie hat jeder Sohn dieselbe Anzahl von Schwestern wie Brüder. Jede Tochter hat zweimal soviele Brüder wie Schwestern. Wieviele Söhne und Töchter hat die Familie?

b) Ingrid ist heute 24 Jahre alt und damit genau doppelt so alt wie Beate war, als Ingrid so alt war, wie Beate jetzt ist. Wie alt ist Beate?

c) Die Quersumme einer dreistelligen Zahl ist Neun. Vertauscht man Hunderter- und Einerstelle, so erhöht sich der Wert der Zahl um 198. Bei Division durch Drei erhält man eine zweistellige Zahl mit derselben Zehnerstelle; die Einerstelle dieses Ergebnisses ist identisch mit der Hunderterstelle der gesuchten Zahl.

Formulieren Sie dieses Problem als Matrixgleichung, und lösen Sie diese.

LINEARE GLEICHUNGSSYSTEME

Aufgabe 14.15:

Für die 500 Studierenden einer Veranstaltung werden mit A die Menge der Raucher/innen (umfasst 160 Personen) und mit B die Menge der Studentinnen (umfasst 350 Personen) bezeichnet. Die Menge der Raucher und Nichtraucherinnen umfasst insgesamt 290 Personen.

Wieviele Raucherinnen nehmen an der Veranstaltung teil?

Aufgabe 14.16:

Bei Familie Mustermann verdient der Vater im Monat 10% mehr als sein Sohn. Die Mutter arbeitet halbtags und verdient ein Viertel von dem, was Vater und Sohn zusammen verdienen. Das Gesamteinkommen der Familie beträgt 3 780 € im Monat.

a) Stellen Sie aus diesen Angaben ein Gleichungssystem zur Bestimmung der Gehälter der einzelnen Familienmitglieder auf.

b) Bestimmen Sie die Lösungsmenge dieses Gleichungssystems.

Aufgabe 14.17:

Zur Produktion der Erzeugnisse E_1, E_2 und E_3 werden die Vorerzeugnisse V_1, V_2 und V_3 eingesetzt. Dabei entsteht pro Einheit der Erzeugnisse ein Verbrauch in Höhe von (in kg):

	V_1	V_2	V_3
E_1	1,5	9	6
E_2	3	3	15
E_3	4,5	12	6

Der Lagerbestand an Vorerzeugnissen beträgt momentan

V_1	V_2	V_3
37,5	75	150

und soll vollständig verbraucht werden.

Lösen Sie das zugehörige Gleichungssystem. Wieviele Einheiten von welchen Erzeugnissen können so produziert werden?

Lösungen

Bitte beachten Sie: Zur Beschreibung der Umformungsschritte für Matrizen werden die in Kapitel 13 erläuterten Notationen verwendet.

Lösung zu Aufgabe 14.1:

a) Bestimmung von $A^{-1} = \begin{pmatrix} 1 & 2 \\ 7 & 9 \end{pmatrix}^{-1}$:

$$\left(\begin{array}{cc|cc} 1 & 2 & 1 & 0 \\ 7 & 9 & 0 & 1 \end{array}\right) \xrightarrow{-7} \left(\begin{array}{cc|cc} 1 & 2 & 1 & 0 \\ 0 & -5 & -7 & 1 \end{array}\right) \Big|:(-5)$$

$$\longrightarrow \left(\begin{array}{cc|cc} 1 & 2 & 1 & 0 \\ 0 & 1 & \frac{7}{5} & -\frac{1}{5} \end{array}\right) \xrightarrow{-2} \left(\begin{array}{cc|cc} 1 & 0 & -\frac{9}{5} & \frac{2}{5} \\ 0 & 1 & \frac{7}{5} & -\frac{1}{5} \end{array}\right)$$

$\Longrightarrow A^{-1} = \frac{1}{5}\begin{pmatrix} -9 & 2 \\ 7 & -1 \end{pmatrix}$. Damit gilt nun:

$Ax = \begin{pmatrix} 1 \\ 1 \end{pmatrix} \iff x = A^{-1}\begin{pmatrix} 1 \\ 1 \end{pmatrix} = \frac{1}{5}\begin{pmatrix} -7 \\ 6 \end{pmatrix} \Longrightarrow \mathcal{L} = \left\{\frac{1}{5}\begin{pmatrix} -7 \\ 6 \end{pmatrix}\right\}$

$Ax = \begin{pmatrix} -1 \\ 1 \end{pmatrix} \iff x = A^{-1}\begin{pmatrix} -1 \\ 1 \end{pmatrix} = \frac{1}{5}\begin{pmatrix} 11 \\ -8 \end{pmatrix} \Longrightarrow \mathcal{L} = \left\{\frac{1}{5}\begin{pmatrix} 11 \\ -8 \end{pmatrix}\right\}$

b) Durch Anwendung von Zeilenumformungen erhält man:

$$\left(\begin{array}{ccc|ccc} 2 & 1 & -2 & 1 & 0 & 0 \\ -2 & 0 & 2 & 0 & 1 & 0 \\ 1 & 1 & 0 & 0 & 0 & 1 \end{array}\right) \xrightarrow{+1}$$

$$\longrightarrow \left(\begin{array}{ccc|ccc} 2 & 1 & -2 & 1 & 0 & 0 \\ 0 & 1 & 0 & 1 & 1 & 0 \\ 1 & 1 & 0 & 0 & 0 & 1 \end{array}\right) \begin{array}{c} -1 \\ -1 \end{array}$$

$$\longrightarrow \left(\begin{array}{ccc|ccc} 2 & 0 & -2 & 0 & -1 & 0 \\ 0 & 1 & 0 & 1 & 1 & 0 \\ 1 & 0 & 0 & -1 & -1 & 1 \end{array}\right) \begin{array}{c} |:(-2) \\ -2 \end{array}$$

$$\longrightarrow \left(\begin{array}{ccc|ccc} 0 & 0 & 1 & -1 & -\frac{1}{2} & 1 \\ 0 & 1 & 0 & 1 & 1 & 0 \\ 1 & 0 & 0 & -1 & -1 & 1 \end{array}\right)$$

Lineare Gleichungssysteme

$$\longrightarrow \begin{pmatrix} 1 & 0 & 0 & | & -1 & -1 & 1 \\ 0 & 1 & 0 & | & 1 & 1 & 0 \\ 0 & 0 & 1 & | & -1 & -\frac{1}{2} & 1 \end{pmatrix} \Longrightarrow A^{-1} = \begin{pmatrix} -1 & -1 & 1 \\ 1 & 1 & 0 \\ -1 & -\frac{1}{2} & 1 \end{pmatrix}$$

$\stackrel{\text{analog zu a)}}{\Longrightarrow}$ $\mathcal{L} = \left\{ A^{-1} \begin{pmatrix} 1 \\ 2 \\ 3 \end{pmatrix} \right\} = \left\{ \begin{pmatrix} 0 \\ 3 \\ 1 \end{pmatrix} \right\}$, falls $b = \begin{pmatrix} 1 \\ 2 \\ 3 \end{pmatrix}$ bzw.

$$\mathcal{L} = \left\{ A^{-1} \begin{pmatrix} 3 \\ 2 \\ 1 \end{pmatrix} \right\} = \left\{ \begin{pmatrix} -4 \\ 5 \\ -3 \end{pmatrix} \right\}, \quad \text{falls } b = \begin{pmatrix} 3 \\ 2 \\ 1 \end{pmatrix}.$$

Lösung zu Aufgabe 14.2:

Aus den drei Forderungen resultiert das Gleichungssystem

$$\begin{aligned} a + 2b + c &= 1 \\ b &= 1 \;, \\ 4b + 5c &= 1 \end{aligned}$$

das als Matrixgleichung lautet: $Ay = \begin{pmatrix} 1 & 2 & 1 \\ 0 & 1 & 0 \\ 0 & 4 & 5 \end{pmatrix} \begin{pmatrix} a \\ b \\ c \end{pmatrix} = \begin{pmatrix} 1 \\ 1 \\ 1 \end{pmatrix} = z.$

Die Berechnung von A^{-1} ergibt:

$$\begin{pmatrix} 1 & 2 & 1 & | & 1 & 0 & 0 \\ 0 & 1 & 0 & | & 0 & 1 & 0 \\ 0 & 4 & 5 & | & 0 & 0 & 1 \end{pmatrix} \begin{matrix} {\scriptstyle -2} \\ {} \\ {\scriptstyle -4} \end{matrix}$$

$$\longrightarrow \begin{pmatrix} 1 & 0 & 1 & | & 1 & -2 & 0 \\ 0 & 1 & 0 & | & 0 & 1 & 0 \\ 0 & 0 & 5 & | & 0 & -4 & 1 \end{pmatrix} \begin{matrix} {} \\ {\scriptstyle -1} \\ {\scriptstyle |:5} \end{matrix}$$

$$\longrightarrow \begin{pmatrix} 1 & 0 & 0 & | & 1 & -\frac{6}{5} & -\frac{1}{5} \\ 0 & 1 & 0 & | & 0 & 1 & 0 \\ 0 & 0 & 1 & | & 0 & -\frac{4}{5} & \frac{1}{5} \end{pmatrix},$$

so dass $A^{-1} = \begin{pmatrix} 1 & -\frac{6}{5} & -\frac{1}{5} \\ 0 & 1 & 0 \\ 0 & -\frac{4}{5} & \frac{1}{5} \end{pmatrix}.$

Wegen $Ay = z \iff A^{-1}Ay = A^{-1}z \iff y = A^{-1}z$ folgt:

$$y = \begin{pmatrix} 1 & -\frac{6}{5} & -\frac{1}{5} \\ 0 & 1 & 0 \\ 0 & -\frac{4}{5} & \frac{1}{5} \end{pmatrix} \begin{pmatrix} 1 \\ 1 \\ 1 \end{pmatrix} = \begin{pmatrix} -\frac{2}{5} \\ 1 \\ -\frac{3}{5} \end{pmatrix} = \begin{pmatrix} a \\ b \\ c \end{pmatrix}.$$

Lösung zu Aufgabe 14.3:

Die Gleichungssysteme werden mit dem Gaußalgorithmus untersucht:

a) $\begin{pmatrix} 1 & 1 & | & 1 \\ 4 & 5 & | & 2 \\ 2 & 1 & | & 5 \end{pmatrix} \longrightarrow \begin{pmatrix} 1 & 1 & | & 1 \\ 0 & 1 & | & -2 \\ 0 & -1 & | & 3 \end{pmatrix}$

$\longrightarrow \begin{pmatrix} 1 & 1 & | & 1 \\ 0 & 1 & | & -2 \\ 0 & 0 & | & 1 \end{pmatrix}$

Aufgrund der dritten Zeile ist das Gleichungssystem nicht lösbar.

b) $\begin{pmatrix} 1 & 1 & | & -1 \\ 4 & 5 & | & -6 \\ 2 & 1 & | & 0 \end{pmatrix} \longrightarrow \begin{pmatrix} 1 & 1 & | & -1 \\ 0 & 1 & | & -2 \\ 0 & -1 & | & 2 \end{pmatrix}$

$\longrightarrow \begin{pmatrix} 1 & 0 & | & 1 \\ 0 & 1 & | & -2 \\ 0 & 0 & | & 0 \end{pmatrix}$

Das Gleichungssystem ist eindeutig lösbar mit der Lösungsmenge $\mathcal{L} = \left\{ \begin{pmatrix} 1 \\ -2 \end{pmatrix} \right\}$.

c) $\begin{pmatrix} -1 & 3 & | & 2 \\ 2 & -6 & | & -4 \\ -3 & 9 & | & 6 \end{pmatrix} \longrightarrow \begin{pmatrix} -1 & 3 & | & 2 \\ 0 & 0 & | & 0 \\ 0 & 0 & | & 0 \end{pmatrix}$

Das Gleichungssystem ist nicht eindeutig lösbar. Die Lösungsmenge ist $\mathcal{L} = \left\{ \begin{pmatrix} x_1 \\ \frac{2+x_1}{3} \end{pmatrix} \Big| x_1 \in \mathbb{R} \right\}$.

Lösung zu Aufgabe 14.4:

$$\begin{pmatrix} 1 & -6 & -4 & | & -1 \\ -1 & 3 & 2 & | & -1 \\ 2 & -9 & -6 & | & 0 \end{pmatrix} \longrightarrow \begin{pmatrix} 1 & -6 & -4 & | & -1 \\ 0 & -3 & -2 & | & -2 \\ 0 & -3 & -2 & | & -2 \end{pmatrix}$$

$$\longrightarrow \begin{pmatrix} 1 & 0 & 0 & | & 3 \\ 0 & -3 & -2 & | & -2 \\ 0 & 0 & 0 & | & 0 \end{pmatrix};$$

$\mathcal{L} = \{(x_1, x_2, x_3)' | x_1 = 3, -3x_2 - 2x_3 = -2, x_3 \in \mathbb{R}\}$
$= \left\{\left(3, \dfrac{-2+2t}{-3}, t\right)' \Big| t \in \mathbb{R}\right\} = \left\{\left(3, \dfrac{2}{3} - \dfrac{2}{3}t, t\right)' \Big| t \in \mathbb{R}\right\}.$

Lösung zu Aufgabe 14.5:

a) Elementare Zeilenumformungen liefern:

$$\begin{pmatrix} -2 & 1 & 1 & | & 1 \\ 6 & -4 & -9 & | & 1 \\ -4 & 4 & 14 & | & -6 \end{pmatrix} \longrightarrow \begin{pmatrix} -2 & 1 & 1 & | & 1 \\ 0 & -1 & -6 & | & 4 \\ 0 & 2 & 12 & | & -8 \end{pmatrix}$$

$$\longrightarrow \begin{pmatrix} -2 & 1 & 1 & | & 1 \\ 0 & -1 & -6 & | & 4 \\ 0 & 0 & 0 & | & 0 \end{pmatrix} \longrightarrow \begin{pmatrix} 1 & 0 & \frac{5}{2} & | & -\frac{5}{2} \\ 0 & 1 & 6 & | & -4 \\ 0 & 0 & 0 & | & 0 \end{pmatrix}$$

Mit $x_3 = u \in \mathbb{R}$ (beliebig) folgt $x_2 = -4 - 6u$ und $x_1 = -\frac{5}{2}(u+1)$, also

$$\mathcal{L} = \left\{\begin{pmatrix} -\frac{5}{2}(u+1) \\ -4 - 6u \\ u \end{pmatrix} \Big| u \in \mathbb{R}\right\}.$$

b) Sei $b = (b_1, b_2, b_3)'$ eine allgemeine rechte Seite. Dann ergibt sich (mit den obigen Umformungen)

$$\begin{pmatrix} -2 & 1 & 1 & | & b_1 \\ 0 & 1 & 6 & | & -3b_1 - b_2 \\ 0 & 0 & 0 & | & 4b_1 + 2b_2 + b_3 \end{pmatrix}$$

Also gilt $\mathcal{L} = \emptyset \iff 4b_1 + 2b_2 + b_3 \neq 0.$

Lösung zu Aufgabe 14.6:

a) $\begin{pmatrix} 1 & 1 & 1 & | & 1 & 0 & 0 \\ 1 & 2 & -1 & | & 0 & 1 & 0 \\ 1 & -1 & 5 & | & 0 & 0 & 1 \end{pmatrix}$

$\longrightarrow \begin{pmatrix} 1 & 1 & 1 & | & 1 & 0 & 0 \\ 0 & 1 & -2 & | & -1 & 1 & 0 \\ 0 & -2 & 4 & | & -1 & 0 & 1 \end{pmatrix}$

$\longrightarrow \begin{pmatrix} 1 & 0 & 3 & | & 2 & -1 & 0 \\ 0 & 1 & -2 & | & -1 & 1 & 0 \\ 0 & 0 & 0 & | & -3 & 2 & 1 \end{pmatrix} = (HA|H)$

Wegen $Ax = b \iff HAx = Hb$, wobei

$$HA = \begin{pmatrix} 2 & -1 & 0 \\ -1 & 1 & 0 \\ -3 & 2 & 1 \end{pmatrix} \begin{pmatrix} 1 & 1 & 1 \\ 1 & 2 & -1 \\ 1 & -1 & 5 \end{pmatrix} = \begin{pmatrix} 1 & 0 & 3 \\ 0 & 1 & -2 \\ 0 & 0 & 0 \end{pmatrix}$$

und

$$Hb = \begin{pmatrix} 2 & -1 & 0 \\ -1 & 1 & 0 \\ -3 & 2 & 1 \end{pmatrix} \begin{pmatrix} 4 \\ 5 \\ 2 \end{pmatrix} = \begin{pmatrix} 3 \\ 1 \\ 0 \end{pmatrix}$$

entspricht die Lösungsmenge der des Gleichungssystems

$$\begin{pmatrix} 1 & 0 & 3 \\ 0 & 1 & -2 \\ 0 & 0 & 0 \end{pmatrix} \begin{pmatrix} x_1 \\ x_2 \\ x_3 \end{pmatrix} = \begin{pmatrix} 3 \\ 1 \\ 0 \end{pmatrix} \quad \text{oder} \quad \begin{cases} x_1 + 3x_3 = 3 \\ x_2 - 2x_3 = 1 \end{cases},$$

d.h. $\mathcal{L} = \{(3 - 3\lambda, 1 + 2\lambda, \lambda)' | \lambda \in \mathbb{R}\}$.

b) $\begin{pmatrix} 1 & -1 & -3 & 1 & | & 1 & 0 & 0 \\ -1 & 4 & 3 & -1 & | & 0 & 1 & 0 \\ 2 & 1 & -6 & 2 & | & 0 & 0 & 1 \end{pmatrix}$

$\longrightarrow \begin{pmatrix} 1 & -1 & -3 & 1 & | & 1 & 0 & 0 \\ 0 & 3 & 0 & 0 & | & 1 & 1 & 0 \\ 0 & 3 & 0 & 0 & | & -2 & 0 & 1 \end{pmatrix}$

$\longrightarrow \begin{pmatrix} 1 & 0 & -3 & 1 & | & \frac{4}{3} & \frac{1}{3} & 0 \\ 0 & 1 & 0 & 0 & | & \frac{1}{3} & \frac{1}{3} & 0 \\ 0 & 0 & 0 & 0 & | & -3 & -1 & 1 \end{pmatrix} = (HA|H).$

Lineare Gleichungssysteme

Mit $H = \begin{pmatrix} \frac{4}{3} & \frac{1}{3} & 0 \\ \frac{1}{3} & \frac{1}{3} & 0 \\ -3 & -1 & 1 \end{pmatrix}$, $Hb = \begin{pmatrix} \frac{4}{3} & \frac{1}{3} & 0 \\ \frac{1}{3} & \frac{1}{3} & 0 \\ -3 & -1 & 1 \end{pmatrix} \begin{pmatrix} -2 \\ 11 \\ 5 \end{pmatrix} = \begin{pmatrix} 1 \\ 3 \\ 0 \end{pmatrix}$ folgt analog zu a):

$x_1 - 3x_3 + x_4 = 1$, $x_2 = 3$, so dass

$$\mathcal{L} = \{(1 + 3\lambda - \mu, 3, \lambda, \mu)' | \lambda, \mu \in \mathbb{R}\}.$$

c) $\begin{pmatrix} 3 & -6 & 3 & 0 & | & 1 & 0 & 0 \\ 0 & 1 & 0 & 2 & | & 0 & 1 & 0 \\ 1 & 1 & 1 & 2 & | & 0 & 0 & 1 \end{pmatrix} \begin{array}{l} |:3 \\ \\ -1 \end{array}$

$\longrightarrow \begin{pmatrix} 1 & -2 & 1 & 0 & | & \frac{1}{3} & 0 & 0 \\ 0 & 1 & 0 & 2 & | & 0 & 1 & 0 \\ 0 & 3 & 0 & 2 & | & -\frac{1}{3} & 0 & 1 \end{pmatrix} \begin{array}{l} +2 \\ \\ -3 \end{array}$

$\longrightarrow \begin{pmatrix} 1 & 0 & 1 & 4 & | & \frac{1}{3} & 2 & 0 \\ 0 & 1 & 0 & 2 & | & 0 & 1 & 0 \\ 0 & 0 & 0 & -4 & | & -\frac{1}{3} & -3 & 1 \end{pmatrix} \begin{array}{l} -4 \\ \\ -2 \\ |:(-4) \end{array}$

$\longrightarrow \begin{pmatrix} 1 & 0 & 1 & 0 & | & 0 & -1 & 1 \\ 0 & 1 & 0 & 0 & | & -\frac{1}{6} & -\frac{1}{2} & \frac{1}{2} \\ 0 & 0 & 0 & 1 & | & \frac{1}{12} & \frac{3}{4} & -\frac{1}{4} \end{pmatrix} = (HA|H)$

Aus $Hb = \begin{pmatrix} 0 & -1 & 1 \\ -\frac{1}{6} & -\frac{1}{2} & \frac{1}{2} \\ \frac{1}{12} & \frac{3}{4} & -\frac{1}{4} \end{pmatrix} \begin{pmatrix} 0 \\ 3 \\ 5 \end{pmatrix} = \begin{pmatrix} 2 \\ 1 \\ 1 \end{pmatrix}$ folgt somit

$$x_1 + x_3 = 2, \quad x_2 = 1, \quad x_4 = 1,$$

d.h. $\mathcal{L} = \{(2 - \lambda, 1, \lambda, 1)' | \lambda \in \mathbb{R}\}$.

Lösung zu Aufgabe 14.7:

a) $\begin{pmatrix} 1 & 2 & 5 & | & 1 & 0 & 0 \\ -2 & -4 & -9 & | & 0 & 1 & 0 \\ 3 & 6 & 1 & | & 0 & 0 & 1 \end{pmatrix} \begin{array}{l} +2 \\ \\ -3 \end{array}$

$$\longrightarrow \begin{pmatrix} 1 & 2 & 5 & | & 1 & 0 & 0 \\ 0 & 0 & 1 & | & 2 & 1 & 0 \\ 0 & 0 & -14 & | & -3 & 0 & 1 \end{pmatrix} \begin{matrix} -5 \\ +14 \end{matrix}$$

$$\longrightarrow \begin{pmatrix} 1 & 2 & 0 & | & -9 & -5 & 0 \\ 0 & 0 & 1 & | & 2 & 1 & 0 \\ 0 & 0 & 0 & | & 25 & 14 & 1 \end{pmatrix}$$

Mit $H = \begin{pmatrix} -9 & -5 & 0 \\ 2 & 1 & 0 \\ 25 & 14 & 1 \end{pmatrix}$ ist $Hb = \begin{pmatrix} -9 & -5 & 0 \\ 2 & 1 & 0 \\ 25 & 14 & 1 \end{pmatrix} \begin{pmatrix} 1 \\ -2 \\ 3 \end{pmatrix} = \begin{pmatrix} 1 \\ 0 \\ 0 \end{pmatrix}$, so dass

$$HAx = \begin{pmatrix} 1 & 2 & 0 \\ 0 & 0 & 1 \\ 0 & 0 & 0 \end{pmatrix} \begin{pmatrix} x_1 \\ x_2 \\ x_3 \end{pmatrix} = \begin{pmatrix} 1 \\ 0 \\ 0 \end{pmatrix} = Hb.$$

Somit gilt $\mathcal{L} = \{(1 - 2\lambda, \lambda, 0)' | \lambda \in \mathbb{R}\}$.

b)
$$\begin{pmatrix} 1 & 1 & 6 & 3 & | & 1 & 0 & 0 & 0 \\ 0 & 1 & 3 & 1 & | & 0 & 1 & 0 & 0 \\ 0 & 2 & 10 & 2 & | & 0 & 0 & 1 & 0 \\ -2 & 0 & -5 & -4 & | & 0 & 0 & 0 & 1 \end{pmatrix} \begin{matrix} -2 \\ +2 \end{matrix}$$

$$\longrightarrow \begin{pmatrix} 1 & 1 & 6 & 3 & | & 1 & 0 & 0 & 0 \\ 0 & 1 & 3 & 1 & | & 0 & 1 & 0 & 0 \\ 0 & 0 & 4 & 0 & | & 0 & -2 & 1 & 0 \\ 0 & 2 & 7 & 2 & | & 2 & 0 & 0 & 1 \end{pmatrix} \begin{matrix} -1 \\ -2 \end{matrix}$$

$$\longrightarrow \begin{pmatrix} 1 & 0 & 3 & 2 & | & 1 & -1 & 0 & 0 \\ 0 & 1 & 3 & 1 & | & 0 & 1 & 0 & 0 \\ 0 & 0 & 4 & 0 & | & 0 & -2 & 1 & 0 \\ 0 & 0 & 1 & 0 & | & 2 & -2 & 0 & 1 \end{pmatrix} \begin{matrix} -3 \\ -3 \\ -1 \end{matrix} \; |{:}4$$

$$\longrightarrow \begin{pmatrix} 1 & 0 & 0 & 2 & | & 1 & \frac{1}{2} & -\frac{3}{4} & 0 \\ 0 & 1 & 0 & 1 & | & 0 & \frac{5}{2} & -\frac{3}{4} & 0 \\ 0 & 0 & 1 & 0 & | & 0 & -\frac{1}{2} & \frac{1}{4} & 0 \\ 0 & 0 & 0 & 0 & | & 2 & -\frac{3}{2} & -\frac{1}{4} & 1 \end{pmatrix}$$

Lineare Gleichungssysteme

Aus $HAx = Hb$, $Hb = \begin{pmatrix} 1 & \frac{1}{2} & -\frac{3}{4} & 0 \\ 0 & \frac{5}{2} & -\frac{3}{4} & 0 \\ 0 & -\frac{1}{2} & \frac{1}{4} & 0 \\ 2 & -\frac{3}{2} & -\frac{1}{4} & 1 \end{pmatrix} \begin{pmatrix} 1 \\ 2 \\ -4 \\ 0 \end{pmatrix} = \begin{pmatrix} 5 \\ 8 \\ -2 \\ 0 \end{pmatrix}$ erhält man das Gleichungssystem

$$x_1 + 2x_4 = 5, \quad x_2 + x_4 = 8, \quad x_3 = -2,$$

dessen Lösungsmenge durch $\mathcal{L} = \{(5 - 2\lambda, 8 - \lambda, -2, \lambda)' | \lambda \in \mathbb{R}\}$ gegeben ist.

c) Mit dem Ergebnis aus b) erhält man $Hb = (5, 8, -2, 1)'$. Da die letzte Zeile von HA eine Nullzeile ist, ergibt sich als Bedingung $0 = 1$ (falsche Aussage!). Damit ist die Lösungsmenge leer, d. h. $\mathcal{L} = \emptyset$.

Lösung zu Aufgabe 14.8:

a) $\begin{pmatrix} 1 & 2 & 3 & 4 & | & 0 \\ -3 & -6 & -8 & 13 & | & 2 \\ 2 & 4 & 7 & 1 & | & -4 \end{pmatrix}$ $\begin{smallmatrix}+3\\-2\end{smallmatrix}$

$\longrightarrow \begin{pmatrix} 1 & 2 & 3 & 4 & | & 0 \\ 0 & 0 & 1 & 25 & | & 2 \\ 0 & 0 & 1 & -7 & | & -4 \end{pmatrix}$ $\begin{smallmatrix}-1\end{smallmatrix}$ $\longrightarrow \begin{pmatrix} 1 & 2 & 3 & 4 & | & 0 \\ 0 & 0 & 1 & 25 & | & 2 \\ 0 & 0 & 0 & -32 & | & -6 \end{pmatrix}$

$\Longrightarrow \mathcal{L} = \{(x_1, x_2, x_3, x_4)' | x_4 = \frac{3}{16}, x_3 = -\frac{43}{16}, x_1 = -2x_2 - 3x_3 - 4x_4, x_2 \in \mathbb{R}\}$
$= \{(-2t + \frac{117}{16}, t, -\frac{43}{16}, \frac{3}{16})' | t \in \mathbb{R}\}.$

b) $\begin{pmatrix} 1 & 1 & 1 & | & 1 \\ 3 & 2 & 1 & | & 3 \\ 2 & 1 & t & | & 4 \end{pmatrix}$ $\begin{smallmatrix}-3\\-2\end{smallmatrix}$

$\longrightarrow \begin{pmatrix} 1 & 1 & 1 & | & 1 \\ 0 & -1 & -2 & | & 0 \\ 0 & -1 & t-2 & | & 2 \end{pmatrix}$ $\begin{smallmatrix}-1\end{smallmatrix}$ $\longrightarrow \begin{pmatrix} 1 & 1 & 1 & | & 1 \\ 0 & -1 & -2 & | & 0 \\ 0 & 0 & t & | & 2 \end{pmatrix}$

Das Gleichungssystem ist (eindeutig) lösbar für $t \neq 0$. Die Lösungsmenge in diesem Fall ist $\mathcal{L} = \{(1 + \frac{2}{t}, -\frac{4}{t}, \frac{2}{t})'\}$.

Lösung zu Aufgabe 14.9:

a) $\begin{pmatrix} 1 & 1 \\ 2 & -1 \\ 4 & 8 \end{pmatrix} \begin{pmatrix} x_1 \\ x_2 \end{pmatrix} = \begin{pmatrix} 1 \\ 5 \\ 0 \end{pmatrix}$. Dazu:

$$\left(\begin{array}{cc|c} 1 & 1 & 1 \\ 2 & -1 & 5 \\ 4 & 8 & 0 \end{array} \right) \longrightarrow \left(\begin{array}{cc|c} 1 & 1 & 1 \\ 0 & -3 & 3 \\ 0 & 4 & -4 \end{array} \right) \longrightarrow \left(\begin{array}{cc|c} 1 & 0 & 2 \\ 0 & 1 & -1 \\ 0 & 0 & 0 \end{array} \right)$$

$\Longrightarrow x_1 = 2$, $x_2 = -1$, so dass $\mathcal{L} = \{(2, -1)'\}$.

b) $\left(\begin{array}{ccc|c} 1 & 1 & 2 & 1 \\ 4 & 5 & 8 & 5 \\ -1 & 1 & -2 & 1 \end{array} \right)$

$\longrightarrow \left(\begin{array}{ccc|c} 1 & 1 & 2 & 1 \\ 0 & 1 & 0 & 1 \\ 0 & 2 & 0 & 2 \end{array} \right) \longrightarrow \left(\begin{array}{ccc|c} 1 & 0 & 2 & 0 \\ 0 & 1 & 0 & 1 \\ 0 & 0 & 0 & 0 \end{array} \right)$

Lösungsmenge ist $\mathcal{L} = \{(-2u, 1, u)' \mid u \in \mathbb{R}\}$.

c) $\left(\begin{array}{ccccc|c} 1 & -1 & -2 & 8 & 4 & 5 \\ 0 & 4 & 3 & -12 & -6 & 3 \\ 0 & 1 & 1 & -4 & -2 & 2 \end{array} \right)$

$\longrightarrow \left(\begin{array}{ccccc|c} 1 & 1 & 0 & 0 & 0 & 9 \\ 0 & 1 & 0 & 0 & 0 & -3 \\ 0 & 1 & 1 & -4 & -2 & 2 \end{array} \right)$

$\longrightarrow \left(\begin{array}{ccccc|c} 1 & 0 & 0 & 0 & 0 & 12 \\ 0 & 1 & 0 & 0 & 0 & -3 \\ 0 & 0 & 1 & -4 & -2 & 5 \end{array} \right)$

Daher erhält man mit $x_5 = v \wedge x_4 = u$ und $u, v \in \mathbb{R}$ beliebig: $x_3 = 5 + 4u + 2v$.

LINEARE GLEICHUNGSSYSTEME

Außerdem gilt: $x_1 = 12$, $x_2 = -3$.

$$\Longrightarrow \text{Lösungsmenge } \mathcal{L} = \left\{ \begin{pmatrix} 12 \\ -3 \\ 5 + 4u + 2v \\ u \\ v \end{pmatrix} \bigg| u, v \in \mathbb{R} \right\}.$$

d) $\begin{pmatrix} 1 & 0 & 1 & 3 & 5 & | & 7 \\ 0 & 1 & 2 & 4 & 6 & | & 8 \end{pmatrix}$. Direktes Ablesen ergibt mit $x_5 = w \wedge x_4 = v \wedge x_3 = u$ und $u, v, w \in \mathbb{R}$ beliebig: $x_2 = 8 - 2u - 4v - 6w$ und $x_1 = 7 - u - 3v - 5w$. Die Lösungsmenge ist daher

$$\mathcal{L} = \left\{ \begin{pmatrix} 7 - u - 3v - 5w \\ 8 - 2u - 4v - 6w \\ u \\ v \\ w \end{pmatrix} \bigg| u, v, w \in \mathbb{R} \right\}.$$

e) $\begin{pmatrix} 1 & 2 & 0 \\ 1 & 3 & 1 \\ 1 & 4 & 2 \end{pmatrix} \begin{pmatrix} x_1 \\ x_2 \\ x_3 \end{pmatrix} = \begin{pmatrix} -2 \\ 0 \\ 2 \end{pmatrix}$. Dazu:

$$\begin{pmatrix} 1 & 2 & 0 & | & 1 & 0 & 0 \\ 1 & 3 & 1 & | & 0 & 1 & 0 \\ 1 & 4 & 2 & | & 0 & 0 & 1 \end{pmatrix}$$

$$\longrightarrow \begin{pmatrix} 1 & 2 & 0 & | & 1 & 0 & 0 \\ 0 & 1 & 1 & | & -1 & 1 & 0 \\ 0 & 2 & 2 & | & -1 & 0 & 1 \end{pmatrix}$$

$$\longrightarrow \begin{pmatrix} 1 & 0 & -2 & | & 3 & -2 & 0 \\ 0 & 1 & 1 & | & -1 & 1 & 0 \\ 0 & 0 & 0 & | & 1 & -2 & 1 \end{pmatrix}$$

Wegen $Ax = b \iff HAx = Hb$, $HA = \begin{pmatrix} 1 & 0 & -2 \\ 0 & 1 & 1 \\ 0 & 0 & 0 \end{pmatrix}$, $H = \begin{pmatrix} 3 & -2 & 0 \\ -1 & 1 & 0 \\ 1 & -2 & 1 \end{pmatrix}$,

$Hb = \begin{pmatrix} 3 & -2 & 0 \\ -1 & 1 & 0 \\ 1 & -2 & 1 \end{pmatrix} \begin{pmatrix} -2 \\ 0 \\ 2 \end{pmatrix} = \begin{pmatrix} -6 \\ 2 \\ 0 \end{pmatrix}$ folgt somit $x_1 - 2x_3 = -6$, $x_2 + x_3 = 2$, $0 = 0$.

Damit gilt:

$$\mathcal{L} = \{(2\lambda - 6, 2 - \lambda, \lambda)' | \lambda \in \mathbb{R}\}.$$

f) $A = \begin{pmatrix} 3 & 0 & 2 & 0 \\ -6 & 1 & -4 & 2 \\ -9 & 2 & -6 & 4 \\ 15 & -3 & 10 & -6 \end{pmatrix}, b = \begin{pmatrix} 3 \\ 1 \\ 5 \\ -6 \end{pmatrix}.$

$$\left(\begin{array}{cccc|cccc} 3 & 0 & 2 & 0 & 1 & 0 & 0 & 0 \\ -6 & 1 & -4 & 2 & 0 & 1 & 0 & 0 \\ -9 & 2 & -6 & 4 & 0 & 0 & 1 & 0 \\ 15 & -3 & 10 & -6 & 0 & 0 & 0 & 1 \end{array}\right) \begin{array}{l} {\scriptstyle +2} \\ {\scriptstyle +3} \\ {\scriptstyle -5} \end{array} \;\; |{:}3$$

$$\longrightarrow \left(\begin{array}{cccc|cccc} 1 & 0 & \frac{2}{3} & 0 & \frac{1}{3} & 0 & 0 & 0 \\ 0 & 1 & 0 & 2 & 2 & 1 & 0 & 0 \\ 0 & 2 & 0 & 4 & 3 & 0 & 1 & 0 \\ 0 & -3 & 0 & -6 & -5 & 0 & 0 & 1 \end{array}\right) \begin{array}{l} {\scriptstyle -2} \\ {\scriptstyle +3} \end{array}$$

$$\longrightarrow \left(\begin{array}{cccc|cccc} 1 & 0 & \frac{2}{3} & 0 & \frac{1}{3} & 0 & 0 & 0 \\ 0 & 1 & 0 & 2 & 2 & 1 & 0 & 0 \\ 0 & 0 & 0 & 0 & -1 & -2 & 1 & 0 \\ 0 & 0 & 0 & 0 & 1 & 3 & 0 & 1 \end{array}\right) = (HA|H).$$

Aus $Ax = b \iff HAx = Hb = (1, 7, 0, 0)'$ erhält man das Gleichungssystem

$$x_1 + \frac{2}{3}x_3 = 1, \quad x_2 + 2x_4 = 7.$$

$\implies \mathcal{L} = \{(1 - \frac{2}{3}\lambda, 7 - 2\mu, \lambda, \mu)' | \lambda, \mu \in \mathbb{R}\}.$

Lösung zu Aufgabe 14.10:

$$\left(\begin{array}{ccc|c} 1 & 0 & 1 & a \\ 3 & -1 & 0 & b \\ 6 & -2 & 0 & c \end{array}\right) {\scriptstyle -2}$$

$$\longrightarrow \left(\begin{array}{ccc|c} 1 & 0 & 1 & a \\ 3 & -1 & 0 & b \\ 0 & 0 & 0 & c-2b \end{array}\right) \begin{array}{l} {\scriptstyle -3} \\ {\scriptstyle |\cdot(-1)} \end{array} \longrightarrow \left(\begin{array}{ccc|c} 1 & 0 & 1 & a \\ 0 & 1 & 3 & 3a-b \\ 0 & 0 & 0 & c-2b \end{array}\right)$$

1. Fall: $c \neq 2b \implies$ Das Gleichungssystem ist nicht lösbar.

2. Fall: $c = 2b$, dann ist die Lösungsmenge gegeben durch

$$\mathcal{L} = \{(a-u, 3(a-u)-b, u)' \,|\, u \in \mathbb{R}\}.$$

Lösung zu Aufgabe 14.11:

a)
$$\begin{pmatrix} 1 & 1 & 2 & 2 & | & a \\ 8 & 10 & 16 & 14 & | & a^2 \\ -1 & 1 & -2 & -4 & | & a \end{pmatrix} \begin{matrix} \\ \leftarrow -8 \\ \leftarrow +1 \end{matrix}$$

$$\longrightarrow \begin{pmatrix} 1 & 1 & 2 & 2 & | & a \\ 0 & 2 & 0 & -2 & | & a(a-8) \\ 0 & 2 & 0 & -2 & | & 2a \end{pmatrix} \begin{matrix} \\ \\ \leftarrow -1 \end{matrix} \longrightarrow \begin{pmatrix} 1 & 1 & 2 & 2 & | & a \\ 0 & 2 & 0 & -2 & | & a(a-8) \\ 0 & 0 & 0 & 0 & | & a(10-a) \end{pmatrix}$$

Dabei ist $\mathcal{L} \neq \emptyset \iff a(10-a) = 0 \iff a = 0 \vee a = 10$. In diesem Fall gilt mit $x_3 = u \wedge x_4 = v$ und $u, v \in \mathbb{R}$ beliebig:

$$x_2 = \frac{1}{2}(a(a-8) + 2v), \quad x_1 = a - 2(u+v) - \frac{a(a-8)}{2} - v.$$

Da $a(10-a) = 0 \iff a^2 - 10a = 0 \iff a^2 - 8a = 2a \iff a(a-8) = 2a$ vereinfacht sich dies zu:

$$x_2 = \frac{1}{2}(2a + 2v) = a + v, \quad x_1 = a - 2(u+v) - a - v = -2u - 3v.$$

Die Lösungsmenge ist somit: $\mathcal{L} = \left\{ \begin{pmatrix} -2u-3v \\ a+v \\ u \\ v \end{pmatrix} \middle| u, v \in \mathbb{R} \right\}.$

b) Aus a) folgt für $a = 10$: $\mathcal{L} = \left\{ \begin{pmatrix} -2u-3v \\ 10+v \\ u \\ v \end{pmatrix} \middle| u, v \in \mathbb{R} \right\}$ bzw. für $a = 0$:

$\mathcal{L} = \left\{ \begin{pmatrix} -2u-3v \\ v \\ u \\ v \end{pmatrix} \middle| u, v \in \mathbb{R} \right\}.$

Lösung zu Aufgabe 14.12:

a) $\begin{pmatrix} -1 & 8 & -3 & | & 1 & 0 & 0 \\ 1 & -10 & 6 & | & 0 & 1 & 0 \\ 0 & 4 & 3 & | & 0 & 0 & 1 \end{pmatrix} \begin{matrix} \\ +1 \\ \\ \end{matrix}$

$\longrightarrow \begin{pmatrix} -1 & 8 & -3 & | & 1 & 0 & 0 \\ 0 & -2 & 3 & | & 1 & 1 & 0 \\ 0 & 4 & 3 & | & 0 & 0 & 1 \end{pmatrix} \begin{matrix} +4 \\ +2 \\ \end{matrix}$

$\longrightarrow \begin{pmatrix} -1 & 0 & 9 & | & 5 & 4 & 0 \\ 0 & -2 & 3 & | & 1 & 1 & 0 \\ 0 & 0 & 9 & | & 2 & 2 & 1 \end{pmatrix} \begin{matrix} |\cdot(-1) \\ |:(-2) \\ |:9 \end{matrix}$

$\longrightarrow \begin{pmatrix} 1 & 0 & 0 & | & -3 & -2 & 1 \\ 0 & 1 & 0 & | & -\frac{1}{6} & -\frac{1}{6} & \frac{1}{6} \\ 0 & 0 & 1 & | & \frac{2}{9} & \frac{2}{9} & \frac{1}{9} \end{pmatrix}$

Damit ist A invertierbar und somit regulär.

b) $X = A^{-1} B' = \begin{pmatrix} -3 & -2 & 1 \\ -\frac{1}{6} & -\frac{1}{6} & \frac{1}{6} \\ \frac{2}{9} & \frac{2}{9} & \frac{1}{9} \end{pmatrix} \begin{pmatrix} 1 & 2 & 1 \\ 2 & 3 & 3 \\ 2 & 1 & 5 \end{pmatrix} = \begin{pmatrix} -5 & -11 & -4 \\ -\frac{1}{6} & -\frac{2}{3} & \frac{1}{6} \\ \frac{8}{9} & \frac{11}{9} & \frac{13}{9} \end{pmatrix}.$

Lösung zu Aufgabe 14.13:

a) $\begin{pmatrix} 1 & 3 & -2 \\ 0 & 2 & 1 \\ -1 & 0 & 3 \end{pmatrix} \begin{pmatrix} x_{11} & x_{12} & x_{13} \\ x_{21} & x_{22} & x_{23} \\ x_{31} & x_{32} & x_{33} \end{pmatrix} = \begin{pmatrix} -6 & -9 & 9 \\ -5 & 4 & 4 \\ -2 & 13 & -3 \end{pmatrix}$

- 1. Gleichungssystem: $\quad x_{11} + 3x_{21} - 2x_{31} = -6 \quad (I)$
$$2x_{21} + x_{31} = -5 \quad (II)$$
$$-x_{11} + 3x_{31} = -2 \quad (III)$$

Mit den Umformungen: $(I) + (III): \quad 3x_{21} + x_{31} = -8 \quad (I')$
$$(II): \quad 2x_{21} + x_{31} = -5 \quad (II')$$
$$(I') - (II'): \quad x_{21} = -3$$

folgt $x_{31} = 1$ (aus (II')) und aus (III): $x_{11} = 5$.

LINEARE GLEICHUNGSSYSTEME

- 2. Gleichungssystem:
$$x_{12} + 3x_{22} - 2x_{32} = -9 \quad (I)$$
$$2x_{22} + x_{32} = 4 \quad (II)$$
$$-x_{12} + 3x_{32} = 13 \quad (III)$$

Durch die gleichen Umformungen wie oben erhält man:

$$x_{22} = (-9 + 13) - 4 = 0 \stackrel{(II)}{\Longrightarrow} x_{32} = 4 \stackrel{(III)}{\Longrightarrow} x_{12} = -1.$$

- 3. Gleichungssystem:
$$x_{13} + 3x_{23} - 2x_{33} = 9 \quad (I)$$
$$2x_{23} + x_{33} = 4 \quad (II)$$
$$-x_{13} + 3x_{33} = -3 \quad (III)$$

Wie oben folgt: $x_{23} = (9 - 3) - 4 = 2 \stackrel{(II)}{\Longrightarrow} x_{33} = 0 \stackrel{(III)}{\Longrightarrow} x_{13} = 3.$

Insgesamt erhält man somit: $X = \begin{pmatrix} 5 & -1 & 3 \\ -3 & 0 & 2 \\ 1 & 4 & 0 \end{pmatrix}.$

Alternative Lösung:

$$\begin{pmatrix} 1 & 3 & -2 & | & -6 & -9 & 9 \\ 0 & 2 & 1 & | & -5 & 4 & 4 \\ -1 & 0 & 3 & | & -2 & 13 & -3 \end{pmatrix} \;{+1}$$

$$\longrightarrow \begin{pmatrix} 1 & 3 & -2 & | & -6 & -9 & 9 \\ 0 & 2 & 1 & | & -5 & 4 & 4 \\ 0 & 3 & 1 & | & -8 & 4 & 6 \end{pmatrix} \;{-1} \;\;{-1}$$

$$\longrightarrow \begin{pmatrix} 1 & 0 & -3 & | & 2 & -13 & 3 \\ 0 & -1 & 0 & | & 3 & 0 & -2 \\ 0 & 3 & 1 & | & -8 & 4 & 6 \end{pmatrix} \;{+3} \;\;|\cdot(-1)$$

$$\longrightarrow \begin{pmatrix} 1 & 0 & -3 & | & 2 & -13 & 3 \\ 0 & 1 & 0 & | & -3 & 0 & 2 \\ 0 & 0 & 1 & | & 1 & 4 & 0 \end{pmatrix} \;{+3}$$

$$\longrightarrow \begin{pmatrix} 1 & 0 & 0 & | & 5 & -1 & 3 \\ 0 & 1 & 0 & | & -3 & 0 & 2 \\ 0 & 0 & 1 & | & 1 & 4 & 0 \end{pmatrix}$$

b) Gesucht ist die Inverse von $\begin{pmatrix} 1 & 0 & -2 \\ -1 & 2 & 2 \\ 0 & 4 & 2 \end{pmatrix}$:

$$\left(\begin{array}{ccc|ccc} 1 & 0 & -2 & 1 & 0 & 0 \\ -1 & 2 & 2 & 0 & 1 & 0 \\ 0 & 4 & 2 & 0 & 0 & 1 \end{array}\right) \begin{array}{c} {\scriptstyle +1} \\ \\ {\scriptstyle -2} \end{array}$$

$$\longrightarrow \left(\begin{array}{ccc|ccc} 1 & 0 & -2 & 1 & 0 & 0 \\ 0 & 2 & 0 & 1 & 1 & 0 \\ 0 & 0 & 2 & -2 & -2 & 1 \end{array}\right) \begin{array}{c} {\scriptstyle +1} \\ {\scriptstyle |:2} \\ {\scriptstyle |:2} \end{array}$$

$$\longrightarrow \left(\begin{array}{ccc|ccc} 1 & 0 & 0 & -1 & -2 & 1 \\ 0 & 1 & 0 & \frac{1}{2} & \frac{1}{2} & 0 \\ 0 & 0 & 1 & -1 & -1 & \frac{1}{2} \end{array}\right)$$

Somit gilt: $Y = \begin{pmatrix} -1 & -2 & 1 \\ \frac{1}{2} & \frac{1}{2} & 0 \\ -1 & -1 & \frac{1}{2} \end{pmatrix} \begin{pmatrix} 1 & 0 & 0 \\ 0 & 1 & 0 \\ 0 & 0 & 1 \end{pmatrix} = \begin{pmatrix} -1 & -2 & 1 \\ \frac{1}{2} & \frac{1}{2} & 0 \\ -1 & -1 & \frac{1}{2} \end{pmatrix}$.

Lösung zu Aufgabe 14.14:

a) Bezeichnen S die Anzahl der Söhne und T die Anzahl der Töchter, dann führt die Aufgabenstellung zu folgenden Gleichungen:

„Jeder Sohn hat dieselbe Anzahl von Brüdern und Schwestern": Anzahl der Brüder eines Sohnes: $S-1$, Anzahl der Schwestern eines Sohnes: T; also $S-1 = T$.

„Jede Tochter hat zweimal soviele Brüder wie Schwestern": Anzahl der Brüder einer Tochter: S, Anzahl der Schwestern einer Tochter: $T - 1$; also $S = 2(T - 1)$.

Damit erhält man das Gleichungssystem:

$$\begin{cases} S-1=T \\ 2(T-1)=S \end{cases} \iff \begin{cases} S-1=T \\ 2(S-2)=S \end{cases} \iff \begin{cases} S-1=T \\ S=4 \end{cases} \iff \begin{cases} T=3 \\ S=4 \end{cases}$$

Die Familie hat daher sieben Kinder: drei Töchter und vier Söhne.

Alternative Lösung:

$$\left(\begin{array}{cc|c} 1 & -1 & 1 \\ 1 & -2 & -2 \end{array}\right) \xrightarrow{-1} \left(\begin{array}{cc|c} 1 & -1 & 1 \\ 0 & -1 & -3 \end{array}\right) \xrightarrow[\cdot(-1)]{+1} \left(\begin{array}{cc|c} 1 & 0 & 4 \\ 0 & 1 & 3 \end{array}\right)$$

LINEARE GLEICHUNGSSYSTEME   243

b) $x \,\widehat{=}\,$ heutiges Alter von Beate, $y \,\widehat{=}\,$ Zeitdifferenz der Vergleiche.

$$\begin{aligned} 24 &= 2(x-y) & \Longrightarrow 12 &= x-y \Longrightarrow y = -12+x; \\ 24 - y &= x & \Longrightarrow 24 &= x+y \Longrightarrow y = 24-x; \end{aligned} \qquad \Longrightarrow \quad x = 18,\ y = 6$$

Alternativ:

$$\begin{pmatrix} 1 & 1 & | & 24 \\ 2 & -2 & | & 24 \end{pmatrix} \xrightarrow{-2} \begin{pmatrix} 1 & 1 & | & 24 \\ 0 & -4 & | & -24 \end{pmatrix}_{|:(-4)} \xrightarrow{-1} \begin{pmatrix} 1 & 0 & | & 18 \\ 0 & 1 & | & 6 \end{pmatrix}$$

c) Die gesuchte Zahl kann als $100x_1 + 10x_2 + x_3$ dargestellt werden, wobei x_1 die Hunderter-, x_2 die Zehner- und x_3 die Einerstelle der gesuchten Zahl sind. Aus den Bedingungen erhält man die folgenden Gleichungen:

i) $x_1 + x_2 + x_3 = 9$,

ii) $100x_1 + 10x_2 + x_3 + 198 = 100x_3 + 10x_2 + x_1 \iff 99x_1 - 99x_3 = -198$
   $\iff x_1 - x_3 = -2$,

iii) $\frac{100}{3}x_1 + \frac{10}{3}x_2 + \frac{1}{3}x_3 = 10x_2 + x_1 \iff \frac{97}{3}x_1 - \frac{20}{3}x_2 + \frac{1}{3}x_3 = 0$
    $\iff 97x_1 - 20x_2 + x_3 = 0$.

In Matrixform lautet das Gleichungssystem somit:

$$\begin{pmatrix} 1 & 1 & 1 \\ 1 & 0 & -1 \\ 97 & -20 & 1 \end{pmatrix} \begin{pmatrix} x_1 \\ x_2 \\ x_3 \end{pmatrix} = \begin{pmatrix} 9 \\ -2 \\ 0 \end{pmatrix}.$$

$$\begin{pmatrix} 1 & 1 & 1 & | & 1 & 0 & 0 \\ 1 & 0 & -1 & | & 0 & 1 & 0 \\ 97 & -20 & 1 & | & 0 & 0 & 1 \end{pmatrix} \begin{matrix} -1 \\ -97 \end{matrix}_{|\cdot(-1)}$$

$$\longrightarrow \begin{pmatrix} 1 & 1 & 1 & | & 1 & 0 & 0 \\ 0 & 1 & 2 & | & 1 & -1 & 0 \\ 0 & -117 & -96 & | & -97 & 0 & 1 \end{pmatrix} \begin{matrix} -1 \\ +117 \end{matrix}$$

$$\longrightarrow \begin{pmatrix} 1 & 0 & -1 & | & 0 & 1 & 0 \\ 0 & 1 & 2 & | & 1 & -1 & 0 \\ 0 & 0 & 138 & | & 20 & -117 & 1 \end{pmatrix}_{|:138} \begin{matrix} -2 \\ +1 \end{matrix}$$

$$\longrightarrow \begin{pmatrix} 1 & 0 & 0 & | & \frac{20}{138} & \frac{21}{138} & \frac{1}{138} \\ 0 & 1 & 0 & | & \frac{98}{138} & \frac{96}{138} & -\frac{2}{138} \\ 0 & 0 & 1 & | & \frac{20}{138} & -\frac{117}{138} & \frac{1}{138} \end{pmatrix}$$

Damit ist die Inverse von $A = \begin{pmatrix} 1 & 1 & 1 \\ 1 & 0 & -1 \\ 97 & -20 & 1 \end{pmatrix}$ gegeben durch

$$A^{-1} = \frac{1}{138} \begin{pmatrix} 20 & 21 & 1 \\ 98 & 96 & -2 \\ 20 & -117 & 1 \end{pmatrix}.$$

$$\Longrightarrow \begin{pmatrix} x_1 \\ x_2 \\ x_3 \end{pmatrix} = \frac{1}{138} \begin{pmatrix} 20 & 21 & 1 \\ 98 & 96 & -2 \\ 20 & -117 & 1 \end{pmatrix} \begin{pmatrix} 9 \\ -2 \\ 0 \end{pmatrix} = \frac{1}{138} \begin{pmatrix} 138 \\ 690 \\ 414 \end{pmatrix} = \begin{pmatrix} 1 \\ 5 \\ 3 \end{pmatrix}.$$

Die gesuchte Zahl lautet daher: 153.

Einfacheres Vorgehen ohne Bestimmung von A^{-1}:

$$\left(\begin{array}{ccc|c} 1 & 1 & 1 & 9 \\ 1 & 0 & -1 & -2 \\ 97 & -20 & 1 & 0 \end{array} \right) \longrightarrow \left(\begin{array}{ccc|c} 1 & 0 & -1 & -2 \\ 0 & 1 & 2 & 11 \\ 0 & 0 & 138 & 414 \end{array} \right).$$

$\Longrightarrow x_3 = 3, \; x_2 = 5, \; x_1 = 1.$

Lösung zu Aufgabe 14.15:

Bezeichne $|M|$ die Anzahl der Elemente einer Menge M. Idee: „Venn-Diagramm":

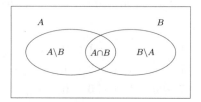

Dann gilt:

$$|A| = |A \backslash B| + |A \cap B| = 160,$$
$$|B| = |B \backslash A| + |A \cap B| = 350,$$
$$|A \backslash B| + |B \backslash A| = 290.$$

1. Schritt: Einführung von Variablen x, y, z: $x = |A \cap B|$ (gesucht), $y = |A \backslash B|$, $z = |B \backslash A|$.

2. Schritt: Aufstellung eines Gleichungssystems aus den gegebenen Daten:

$$\begin{cases} x + y = 160 & (I) \\ x + z = 350 & (II) \\ y + z = 290 & (III) \end{cases}$$

3. Schritt: Lösung des Gleichungssystems:

(I): $x = 160 - y$; eingesetzt in (II): $160 - y + z = 350$, d.h. $-y + z = 190$ (II');
$(II') + (III)$: $2z = 480$, also $z = 240$,

eingesetzt in (III): $y = 290 - 240 = 50$, eingesetzt in (I): $x = 160 - 50 = 110$.

Daher nehmen $x = 110$ Raucherinnen an der Veranstaltung teil.

Alternative Lösung:

$$\begin{pmatrix} 1 & 1 & 0 & | & 160 \\ 1 & 0 & 1 & | & 350 \\ 0 & 1 & 1 & | & 290 \end{pmatrix} \longrightarrow \begin{pmatrix} 1 & 1 & 0 & | & 160 \\ 0 & -1 & 1 & | & 190 \\ 0 & 0 & 2 & | & 480 \end{pmatrix} \begin{matrix} \\ |\cdot(-1) \\ |:2 \end{matrix}$$

$$\longrightarrow \begin{pmatrix} 1 & 0 & 0 & | & 110 \\ 0 & 1 & 0 & | & 50 \\ 0 & 0 & 1 & | & 240 \end{pmatrix}$$

Lösung zu Aufgabe 14.16:

Bezeichnen x_1 den Verdienst des Vaters, x_2 den des Sohnes und x_3 den Verdienst der Mutter.

a) Das Gleichungssystem $\begin{cases} x_1 = 1{,}1 x_2 \\ x_3 = \frac{x_1 + x_2}{4} \\ x_1 + x_2 + x_3 = 3\,780 \end{cases} \iff \begin{cases} x_1 - 1{,}1 x_2 = 0 \\ -x_1 - x_2 + 4x_3 = 0 \\ x_1 + x_2 + x_3 = 3\,780 \end{cases}$

ist in der Form $Ax = b$ mit

$$A = \begin{pmatrix} 1 & -1{,}1 & 0 \\ -1 & -1 & 4 \\ 1 & 1 & 1 \end{pmatrix}, \quad b = \begin{pmatrix} 0 \\ 0 \\ 3\,780 \end{pmatrix}, \quad x = \begin{pmatrix} x_1 \\ x_2 \\ x_3 \end{pmatrix}$$

darstellbar.

b) $\begin{pmatrix} 1 & -1{,}1 & 0 & | & 0 \\ -1 & -1 & 4 & | & 0 \\ 1 & 1 & 1 & | & 3\,780 \end{pmatrix} \longrightarrow \begin{pmatrix} 1 & -1{,}1 & 0 & | & 0 \\ -1 & -1 & 4 & | & 0 \\ 0 & 0 & 1 & | & 756 \end{pmatrix}$

$\longrightarrow \begin{pmatrix} 1 & -1{,}1 & 0 & | & 0 \\ 0 & -2{,}1 & 0 & | & -3\,024 \\ 0 & 0 & 1 & | & 756 \end{pmatrix} \longrightarrow \begin{pmatrix} 1 & 0 & 0 & | & 1\,584 \\ 0 & 1 & 0 & | & 1\,440 \\ 0 & 0 & 1 & | & 756 \end{pmatrix}$

Das Gleichungssystem ist daher eindeutig lösbar mit der Lösungsmenge
$\mathcal{L} = \{(1\,584, 1\,440, 756)'\}$.

Lösung zu Aufgabe 14.17:

$A' = \begin{pmatrix} 1,5 & 9 & 6 \\ 3 & 3 & 15 \\ 4,5 & 12 & 6 \end{pmatrix}, b = \begin{pmatrix} 37,5 \\ 75 \\ 150 \end{pmatrix}$. Das zugehörige Gleichungssystem lautet $Ax = b$,

$x = (x_1, x_2, x_3)'$, wobei x_i die Anzahl der Einheiten von Erzeugnis E_i, $i = 1, 2, 3$, bezeichnet. Die erste Gleichung wird zunächst durch 1,5 dividiert.

$$\begin{pmatrix} 1 & 2 & 3 & | & 25 \\ 9 & 3 & 12 & | & 75 \\ 6 & 15 & 6 & | & 150 \end{pmatrix} \xrightarrow{-9, -6}$$

$$\longrightarrow \begin{pmatrix} 1 & 2 & 3 & | & 25 \\ 0 & -15 & -15 & | & -150 \\ 0 & 3 & -12 & | & 0 \end{pmatrix} \begin{array}{l} |:(-15) \\ {}_{-3} \\ |:(-15) \end{array} \longrightarrow \begin{pmatrix} 1 & 2 & 3 & | & 25 \\ 0 & 1 & 1 & | & 10 \\ 0 & 0 & 1 & | & 2 \end{pmatrix} \xrightarrow{-1, -3}$$

$$\longrightarrow \begin{pmatrix} 1 & 2 & 0 & | & 19 \\ 0 & 1 & 0 & | & 8 \\ 0 & 0 & 1 & | & 2 \end{pmatrix} \xrightarrow{-2} \longrightarrow \begin{pmatrix} 1 & 0 & 0 & | & 3 \\ 0 & 1 & 0 & | & 8 \\ 0 & 0 & 1 & | & 2 \end{pmatrix}$$

$\Longrightarrow x_1 = 3, x_2 = 8, x_3 = 2$.

15 Rang einer Matrix

Literaturhinweis: KCO, Kapitel 7, S. 216-224, 240-245, Kapitel 8, S. 268-278

Aufgaben

Aufgabe 15.1:
Untersuchen Sie, ob die folgenden Systeme von Spaltenvektoren linear unabhängig oder linear abhängig sind.

a) $(1, -3, 2)'$, $(2, 3, -1)'$

b) $(1, -3, 2)'$, $(2, 3, -1)'$, $(8, -6, 6)'$

Aufgabe 15.2:

a) Untersuchen Sie, ob die Vektoren v_1, v_2 und v_3 linear abhängig oder linear unabhängig sind:

i) $v_1 = \begin{pmatrix} 1 \\ 1 \\ 0 \end{pmatrix}$, $v_2 = \begin{pmatrix} 0 \\ 1 \\ 0 \end{pmatrix}$, $v_3 = \begin{pmatrix} 2 \\ 0 \\ 2 \end{pmatrix}$

ii) $v_1 = \begin{pmatrix} 2 \\ 1 \\ 0 \end{pmatrix}$, $v_2 = \begin{pmatrix} 1 \\ 0 \\ 2 \end{pmatrix}$, $v_3 = \begin{pmatrix} 1 \\ 1 \\ 2 \end{pmatrix}$

iii) $v_1 = \begin{pmatrix} 1 \\ 0 \\ 5 \end{pmatrix}$, $v_2 = \begin{pmatrix} 2 \\ 2 \\ 1 \end{pmatrix}$, $v_3 = \begin{pmatrix} 4 \\ 4 \\ 2 \end{pmatrix}$

iv) $v_1 = \begin{pmatrix} 1 \\ 3 \\ 4 \end{pmatrix}$, $v_2 = \begin{pmatrix} 0 \\ 2 \\ 6 \end{pmatrix}$, $v_3 = \begin{pmatrix} 1 \\ 2 \\ 2 \end{pmatrix}$

b) Gegeben sind drei linear unabhängige Vektoren $a_1, a_2, a_3 \in \mathcal{M}_{n,1}$, $n \geq 3$. Für welches $k \in \mathbb{R}$ sind die Vektoren $b_1 = a_2 + a_3 - 2a_1$, $b_2 = a_3 + a_1 - 2a_2$, $b_3 = a_1 + a_2 - ka_3$ linear abhängig?

Aufgabe 15.3:

Für welche $c \in \mathbb{R}$ sind die folgenden Systeme von Spaltenvektoren linear unabhängig?

a) $(1, 2, 3, c)'$, $(2, 4, 6, 8)'$
b) $(1, c^2, 0)'$, $(1, 1, 0)'$, $(0, 0, 1)'$
c) $(1, 1, 1)'$, $(1, 3, 1)'$, $(1, 2, c^2)'$
d) $(1, c^2, 2)'$, $(1, 1, 2)'$ $(0, 0, 2c)'$
e) $(0, 6, 2)'$, $(1, 3, 1)'$, $(3, c^3, c)'$

Aufgabe 15.4:

a) Bestimmen Sie jeweils den Rang der Matrizen A, B, C und D:

$$A = \begin{pmatrix} 2 & 1 & 3 \\ -1 & 3 & -5 \\ 3 & 4 & 2 \\ 2 & 2 & 2 \end{pmatrix}, \qquad B = \begin{pmatrix} 1 & 2 & 4 & 1 \\ 2 & 1 & 5 & 8 \\ 1 & 4 & 6 & -3 \end{pmatrix},$$

$$C = \begin{pmatrix} 2 & 4 & 0 & 6 \\ 1 & 2 & 0 & 3 \\ 3 & 1 & 5 & -1 \\ 2 & -2 & 6 & -6 \\ -1 & 3 & -5 & 7 \end{pmatrix}, \qquad D = \begin{pmatrix} 1 & 2 & -2 & 3 \\ 2 & 5 & -4 & 6 \\ 1 & -3 & 2 & -2 \\ -1 & -20 & 14 & -18 \end{pmatrix}.$$

b) Bestimmen Sie für die Matrizen A, B, C und D jeweils ein maximales System linear unabhängiger Spaltenvektoren, und stellen Sie die jeweils übrigbleibenden Spaltenvektoren als Linearkombination dieser Vektoren dar.

Aufgabe 15.5:

Bestimmen Sie jeweils den Rang der Matrizen A, B und C:

$$A = \begin{pmatrix} 1 & 2 & 1 \\ 3 & 4 & 1 \end{pmatrix}, \quad B = \begin{pmatrix} 1 & 0 & 4 & 0 \\ 1 & 1 & 2 & 0 \\ 3 & 3 & 1 & 0 \\ 2 & 0 & 1 & 1 \end{pmatrix}, \quad C = \begin{pmatrix} 1 & 0 & 1 \\ 4 & 2 & 6 \\ 0 & 2 & 2 \end{pmatrix}.$$

Aufgabe 15.6:

Bestimmen Sie jeweils den Rang der folgenden Matrizen:

$$A = \begin{pmatrix} 2 & 2 & 1 & 0 \\ 0 & 1 & 0 & 1 \\ 2 & 5 & 1 & 2 \end{pmatrix}, \quad B = \begin{pmatrix} 4 & 1 & 7 & 1 \\ 1 & 2 & 2 & 0 \\ 1 & 4 & 1 & 0 \end{pmatrix}, \quad C = \begin{pmatrix} 1 & 1 & 0 & 2 \\ 2 & 1 & 1 & 4 \\ 2 & 3 & -3 & 0 \\ -1 & 1 & 2 & -4 \end{pmatrix},$$

$$D = \begin{pmatrix} 2 & 0 & 1 & 0 & 1 \\ 2 & 0 & -1 & 0 & 1 \\ 0 & 1 & 0 & 1 & 1 \\ 0 & 1 & 0 & -1 & 1 \end{pmatrix}, \quad E = \begin{pmatrix} 2 & 1 & 2 & 0 \\ 3 & 2 & 0 & 1 \\ 0 & 1 & 2 & 0 \\ 1 & 2 & 0 & 1 \end{pmatrix}.$$

Aufgabe 15.7:

Seien $A = \begin{pmatrix} 1 & 2 & -2 & 3 \\ 2 & 5 & -4 & 6 \\ 2 & 4 & -1 & 6 \\ -1 & 3 & 2 & -2 \end{pmatrix}$ und I_4 die Einheitsmatrix.

a) Ist A regulär?

b) Bestimmen Sie **rg** (A).

c) Ermitteln Sie die Lösungsmatrix X der Matrixgleichung $X \cdot A - I_4 = \mathbf{0}$.

Aufgabe 15.8:

Untersuchen Sie die folgenden Gleichungssysteme $Ax = b$ auf Lösbarkeit, indem Sie die Ränge von A und $(A|b)$ bestimmen:

a) $A = \begin{pmatrix} 1 & 2 & 3 & 2 \\ 2 & 3 & 5 & 1 \\ 1 & 3 & 4 & 5 \end{pmatrix}, b = \begin{pmatrix} 2 \\ 4 \\ 5 \end{pmatrix}$,

b) $A = \begin{pmatrix} 1 & 2 & 1 & 2 \\ 1 & 3 & 2 & 2 \\ 2 & 4 & 3 & 4 \\ 3 & 7 & 4 & 6 \end{pmatrix}, b = \begin{pmatrix} 1 \\ -1 \\ 0 \\ 1 \end{pmatrix}$,

c) $A = \begin{pmatrix} 1 & 5 & 3 & 7 \\ 4 & 1 & -7 & -10 \\ 2 & 0 & -4 & -6 \end{pmatrix}, b = \begin{pmatrix} 2 \\ -1 \\ -1 \end{pmatrix}$.

Aufgabe 15.9:

Untersuchen Sie, ob die folgenden Gleichungssysteme $Ax = b$ lösbar sind:

a) $\begin{pmatrix} 2 & 8 & -6 & 4 \\ -2 & -8 & 10 & -6 \\ 1 & 4 & -6 & 3 \\ 2 & 8 & -2 & 4 \end{pmatrix} x = \begin{pmatrix} 6 \\ 1 \\ -1 \\ 2 \end{pmatrix}, x \in \mathcal{M}_{4,1}$,

b) $\begin{pmatrix} 1 & 4 & 6 \\ 1 & 5 & 5 \end{pmatrix} x = \begin{pmatrix} 1{,}2 \\ 2{,}2 \end{pmatrix}, x \in \mathcal{M}_{3,1}$.

Aufgabe 15.10:

Entscheiden Sie mit der Methode aus Aufgabe 15.8, ob die folgenden Gleichungssysteme lösbar sind:

a) $\begin{aligned} 3x_1 + x_2 \phantom{{}+x_3} &= 1 \\ x_1 + x_2 + x_3 &= 2 \\ 4x_1 + 2x_2 + x_3 &= 3 \end{aligned}$

b) $\begin{aligned} x_1 + 4x_2 - 3x_3 + 2x_4 &= 4 \\ -x_1 - 4x_2 + 5x_3 - 3x_4 &= 2 \\ 2x_1 + 8x_2 - 12x_3 + 7x_4 &= -10 \\ x_1 + 4x_2 - x_3 + 2x_4 &= 14 \end{aligned}$

c) $\begin{aligned} x_1 + x_2 + x_3 + 5x_4 &= 2 \\ 2x_1 + x_2 + 2x_3 + 5x_4 &= 4 \\ 3x_2 + 2x_3 + x_4 &= 0 \\ 2x_1 + x_2 - x_3 \phantom{{}+5x_4} &= 4 \end{aligned}$

d) $\begin{aligned} x_1 + 4x_2 - 3x_3 + 2x_4 &= 2 \\ -x_1 - 4x_2 + 5x_3 - 3x_4 &= 1 \\ 2x_1 + 8x_2 - 12x_3 + 7x_4 &= -5 \\ x_1 + 4x_2 - x_3 + 2x_4 &= 7 \end{aligned}$

Aufgabe 15.11:

Untersuchen Sie, ob die folgenden Gleichungssysteme lösbar sind, und prüfen Sie gegebenenfalls, ob sie eine eindeutige Lösung besitzen.

a) $\begin{aligned} x_1 + x_2 \phantom{{}+x_3} - x_4 &= 3 \\ x_2 - x_3 - 2x_4 &= -1 \\ x_3 + x_4 &= 3 \\ x_2 + x_3 \phantom{{}+x_4} &= 9 \end{aligned}$

b) $\begin{aligned} x_1 - x_2 - x_3 &= -6 \\ x_1 + x_2 + x_3 &= 7 \\ 3x_1 + 2x_2 + 3x_3 &= 17 \end{aligned}$

c) $\begin{aligned} -x_1 - x_2 - 10x_3 + 5x_4 + 4 &= 0 \\ 2x_1 + x_2 + 20x_3 - 5x_4 - 3 &= 0 \end{aligned}$

Lösungen

Bitte beachten Sie: Zur Beschreibung der Umformungsschritte für Matrizen werden die in Kapitel 13 erläuterten Notationen verwendet.

Lösung zu Aufgabe 15.1:

a) $(1, -3, 2)'$, $(2, 3, -1)'$. Zum Nachweis der linearen Unabhängigkeit ist zu zeigen:

$$x_1 \begin{pmatrix} 1 \\ -3 \\ 2 \end{pmatrix} + x_2 \begin{pmatrix} 2 \\ 3 \\ -1 \end{pmatrix} = \begin{pmatrix} 0 \\ 0 \\ 0 \end{pmatrix} \implies x_1 = x_2 = 0.$$

Das Gleichungssystem lautet in Matrixform $\begin{pmatrix} 1 & 2 \\ -3 & 3 \\ 2 & -1 \end{pmatrix} \begin{pmatrix} x_1 \\ x_2 \end{pmatrix} = \begin{pmatrix} 0 \\ 0 \\ 0 \end{pmatrix}$.

Die Anwendung des Gaußalgorithmus ergibt:

$$\left(\begin{array}{cc|c} 1 & 2 & 0 \\ -3 & 3 & 0 \\ 2 & -1 & 0 \end{array}\right) \longrightarrow \left(\begin{array}{cc|c} 1 & 2 & 0 \\ 0 & 9 & 0 \\ 0 & -5 & 0 \end{array}\right) \longrightarrow \left(\begin{array}{cc|c} 1 & 0 & 0 \\ 0 & 1 & 0 \\ 0 & 0 & 0 \end{array}\right)$$

Somit folgt $x_1 = x_2 = 0$, d. h. die Vektoren sind linear unabhängig.

b) Ansatz: $x_1 \begin{pmatrix} 1 \\ -3 \\ 2 \end{pmatrix} + x_2 \begin{pmatrix} 2 \\ 3 \\ -1 \end{pmatrix} + x_3 \begin{pmatrix} 8 \\ -6 \\ 6 \end{pmatrix} = \mathbf{0} \iff \begin{pmatrix} 1 & 2 & 8 \\ -3 & 3 & -6 \\ 2 & -1 & 6 \end{pmatrix} \begin{pmatrix} x_1 \\ x_2 \end{pmatrix} = \mathbf{0}$. Dazu:

$$\left(\begin{array}{ccc|c} 1 & 2 & 8 & 0 \\ -3 & 3 & -6 & 0 \\ 2 & -1 & 6 & 0 \end{array}\right)$$

$$\longrightarrow \left(\begin{array}{ccc|c} 1 & 2 & 8 & 0 \\ 0 & 9 & 18 & 0 \\ 0 & -5 & -10 & 0 \end{array}\right) \longrightarrow \left(\begin{array}{ccc|c} 1 & 0 & 4 & 0 \\ 0 & 1 & 2 & 0 \\ 0 & 0 & 0 & 0 \end{array}\right)$$

Die Lösungsmenge ist $\mathcal{L} = \{(-4t, -2t, t) \mid t \in \mathbb{R}\}$, d. h. $(-4, -2, 1)'$ ist eine Lösung ($t = 1$) mit $(-4, -2, 1) \neq (0, 0, 0)$. Daher lösen $x_1 = -4$, $x_2 = -2$, $x_3 = 1$ das obige Gleichungssystem, und die Vektoren sind daher linear abhängig.

Lösung zu Aufgabe 15.2:

a) i) Behauptung: $v_1 = \begin{pmatrix} 1 \\ 1 \\ 0 \end{pmatrix}$, $v_2 = \begin{pmatrix} 0 \\ 1 \\ 0 \end{pmatrix}$, $v_3 = \begin{pmatrix} 2 \\ 0 \\ 2 \end{pmatrix}$ sind linear unabhängig, d.h.

$$x_1 \begin{pmatrix} 1 \\ 1 \\ 0 \end{pmatrix} + x_2 \begin{pmatrix} 0 \\ 1 \\ 0 \end{pmatrix} + x_3 \begin{pmatrix} 2 \\ 0 \\ 2 \end{pmatrix} = \begin{pmatrix} 0 \\ 0 \\ 0 \end{pmatrix} \implies x_1 = x_2 = x_3 = 0.$$

Es gilt: $\begin{cases} x_1 \quad\quad\;\; + 2x_3 = 0 & \implies x_1 = 0 \\ x_1 + x_2 \quad\quad\;\;\, = 0 & \implies x_2 = 0 \\ \quad\quad\quad\;\; 2x_3 = 0 \implies x_3 = 0 & \end{cases}$,

so dass v_1, v_2, v_3 linear unabhängig sind.

ii) Behauptung: $v_1 = \begin{pmatrix} 2 \\ 1 \\ 0 \end{pmatrix}$, $v_2 = \begin{pmatrix} 1 \\ 0 \\ 2 \end{pmatrix}$, $v_3 = \begin{pmatrix} 1 \\ 1 \\ 2 \end{pmatrix}$ sind linear unabhängig, d.h.

$$x_1 \begin{pmatrix} 2 \\ 1 \\ 0 \end{pmatrix} + x_2 \begin{pmatrix} 1 \\ 0 \\ 2 \end{pmatrix} + x_3 \begin{pmatrix} 1 \\ 1 \\ 2 \end{pmatrix} = \begin{pmatrix} 0 \\ 0 \\ 0 \end{pmatrix} \implies x_1 = x_2 = x_3 = 0.$$

Es gilt: $\begin{cases} 2x_1 + x_2 + x_3 = 0 & (I) \\ x_1 + \quad\quad\;\; x_3 = 0 & (II) \\ \quad\quad\; 2x_2 + 2x_3 = 0 & (III) \end{cases} \begin{matrix} (I)-\frac{1}{2}(III) \\ \implies \\ (II) \\ \implies \\ (III) \\ \implies \end{matrix} \begin{matrix} x_1 = 0 \\ x_3 = 0 \\ x_2 = 0 \end{matrix}$.

Daraus folgt die Behauptung.

iii) Damit $v_1 = \begin{pmatrix} 1 \\ 0 \\ 5 \end{pmatrix}$, $v_2 = \begin{pmatrix} 2 \\ 2 \\ 1 \end{pmatrix}$, $v_3 = \begin{pmatrix} 4 \\ 4 \\ 2 \end{pmatrix}$ linear unabhängig sind, muss die folgende Implikation gelten:

$$x_1 \begin{pmatrix} 1 \\ 0 \\ 5 \end{pmatrix} + x_2 \begin{pmatrix} 2 \\ 2 \\ 1 \end{pmatrix} + x_3 \begin{pmatrix} 4 \\ 4 \\ 2 \end{pmatrix} = \begin{pmatrix} 0 \\ 0 \\ 0 \end{pmatrix} \implies x_1 = x_2 = x_3 = 0.$$

Dies führt zu der Matrixgleichung $\begin{pmatrix} 1 & 2 & 4 \\ 0 & 2 & 4 \\ 5 & 1 & 2 \end{pmatrix} \begin{pmatrix} x_1 \\ x_2 \\ x_3 \end{pmatrix} = \begin{pmatrix} 0 \\ 0 \\ 0 \end{pmatrix}$. Wegen

$$\left(\begin{array}{ccc|c} 1 & 2 & 4 & 0 \\ 0 & 2 & 4 & 0 \\ 5 & 1 & 2 & 0 \end{array}\right) \xrightarrow[{-1}]{{-1} \;\; |:2} \left(\begin{array}{ccc|c} 1 & 0 & 0 & 0 \\ 0 & 1 & 2 & 0 \\ 5 & 0 & 0 & 0 \end{array}\right) \xrightarrow{-5} \left(\begin{array}{ccc|c} 1 & 0 & 0 & 0 \\ 0 & 1 & 2 & 0 \\ 0 & 0 & 0 & 0 \end{array}\right)$$

gibt es außer $x_1 = x_2 = x_3 = 0$ noch weitere Lösungen, z.B. $x_1 = 0$, $x_2 = -2$, $x_3 = 1$. Also sind v_1, v_2, v_3 linear abhängig.

iv) Die Vektoren $v_1 = \begin{pmatrix} 1 \\ 3 \\ 4 \end{pmatrix}$, $v_2 = \begin{pmatrix} 0 \\ 2 \\ 6 \end{pmatrix}$, $v_3 = \begin{pmatrix} 1 \\ 2 \\ 2 \end{pmatrix}$ sind linear unabhängig, denn die Gleichung $x_1 \cdot v_1 + x_2 \cdot v_2 + x_3 \cdot v_3 = \mathbf{0}$ ist gleichbedeutend mit dem eindeutig lösbaren Gleichungssystem

$$\begin{cases} x_1 + x_3 = 0 & (I) \\ 3x_1 + 2x_2 + 2x_3 = 0 & (II) \\ 4x_1 + 6x_2 + 2x_3 = 0 & (III) \end{cases} \quad \begin{array}{c} (II)-2(I) \\ \Longrightarrow \\ (III)-(II) \\ \Longrightarrow \end{array} \quad \begin{array}{l} x_1 + 2x_2 = 0 \\ \\ x_1 + 4x_2 = 0 \end{array}.$$

Die Subtraktion der letzten beiden Gleichungen ergibt $2x_2 = 0$ bzw. $x_2 = 0$. Damit folgt sofort $x_1 = 0$, $x_3 = 0$. Also sind v_1, v_2, v_3 linear unabhängig.

b) Seien $a_1, a_2, a_3 \in \mathcal{M}_{n,1}$, $n \geq 3$, linear unabhängige Vektoren. Zu untersuchen ist, für welches $k \in \mathbb{R}$ die Vektoren b_1, b_2, b_3 linear abhängig sind, d. h. für welches $k \in \mathbb{R}$ aus $x_1 \cdot b_1 + x_2 \cdot b_2 + x_3 \cdot b_3 = \mathbf{0}$ nicht $x_1 = x_2 = x_3 = 0$ als einzige Lösung folgt. Dieser Ansatz liefert die Bedingung

$$x_1 \cdot (a_2 + a_3 - 2a_1) + x_2 \cdot (a_3 + a_1 - 2a_2) + x_3 \cdot (a_1 + a_2 - ka_3) = \mathbf{0}$$
$$\Longleftrightarrow a_1 \cdot (-2x_1 + x_2 + x_3) + a_2 \cdot (x_1 - 2x_2 + x_3) + a_3 \cdot (x_1 + x_2 - kx_3) = \mathbf{0}.$$

Da nach Voraussetzung a_1, a_2, a_3 linear unabhängig sind, gilt:

$$\begin{cases} -2x_1 + x_2 + x_3 = 0 \\ x_1 - 2x_2 + x_3 = 0 \\ x_1 + x_2 - kx_3 = 0 \end{cases}.$$

Mit Hilfe der Matrizenrechnung erhält man für das Gleichungssystem $Ax = \mathbf{0}$:

$$\begin{pmatrix} -2 & 1 & 1 & | & 0 \\ 1 & -2 & 1 & | & 0 \\ 1 & 1 & -k & | & 0 \end{pmatrix} \xrightarrow{\substack{+2 \\ -1}} \begin{pmatrix} 0 & -3 & 3 & | & 0 \\ 1 & -2 & 1 & | & 0 \\ 0 & 3 & -k-1 & | & 0 \end{pmatrix} \xrightarrow{\substack{|:(-3) \\ +1}}$$

$$\longrightarrow \begin{pmatrix} 0 & 1 & -1 & | & 0 \\ 1 & -2 & 1 & | & 0 \\ 0 & 0 & 2-k & | & 0 \end{pmatrix} \longrightarrow \begin{pmatrix} 1 & -2 & 1 & | & 0 \\ 0 & 1 & -1 & | & 0 \\ 0 & 0 & 2-k & | & 0 \end{pmatrix}$$

Eine von $(0,0,0)'$ verschiedene Lösung erhält man nur dann, wenn $k = 2$ ist (etwa $x_1 = 1$, $x_2 = 1$, $x_3 = 1$). b_1, b_2, b_3 sind also linear abhängig genau dann, wenn $k = 2$.

Lösung zu Aufgabe 15.3:

a) $x_1 \begin{pmatrix} 1 \\ 2 \\ 3 \\ c \end{pmatrix} + x_2 \begin{pmatrix} 2 \\ 4 \\ 6 \\ 8 \end{pmatrix} = \begin{pmatrix} 0 \\ 0 \\ 0 \\ 0 \end{pmatrix} \iff \begin{pmatrix} 1 & 2 \\ 2 & 4 \\ 3 & 6 \\ c & 8 \end{pmatrix} \begin{pmatrix} x_1 \\ x_2 \end{pmatrix} = \begin{pmatrix} 0 \\ 0 \\ 0 \\ 0 \end{pmatrix}$. Dazu:

$$\left(\begin{array}{cc|c} 1 & 2 & 0 \\ 2 & 4 & 0 \\ 3 & 6 & 0 \\ c & 8 & 0 \end{array} \right) \xrightarrow{\substack{-2 \\ -3 \\ -c}} \left(\begin{array}{cc|c} 1 & 2 & 0 \\ 0 & 0 & 0 \\ 0 & 0 & 0 \\ 0 & 8-2c & 0 \end{array} \right)$$

Für $c = 4$ hat das Gleichungssystem eine nichttriviale Lösung, z.B. $(-8, 4) \neq (0, 0)$, d.h. für $c = 4$ sind die Vektoren linear abhängig. Für $c \neq 4$ hat das Gleichungssystem nur die triviale Lösung $x_1 = x_2 = 0$, d.h. für $c \neq 4$ sind die Vektoren linear unabhängig.

b) Gleichungssystem: $\left(\begin{array}{ccc|c} 1 & 1 & 0 & 0 \\ c^2 & 1 & 0 & 0 \\ 0 & 0 & 1 & 0 \end{array} \right) \xrightarrow{-c^2} \left(\begin{array}{ccc|c} 1 & 1 & 0 & 0 \\ 0 & 1-c^2 & 0 & 0 \\ 0 & 0 & 1 & 0 \end{array} \right)$

Für $c \in \{-1, 1\}$ gibt es nichttriviale Lösungen $(x_1, x_2, x_3)' \neq (0, 0, 0)'$ (etwa $(x_1, x_2, x_3)' = (-1, 1, 0)'$), d.h. für $c \in \{-1, 1\}$ sind die Vektoren linear abhängig.

Für $c \notin \{-1, 1\}$ hat das Gleichungssystem nur die triviale Lösung, d.h. $(x_1, x_2, x_3)' = (0, 0, 0)'$ ist die einzige Lösung, so dass für $c \notin \{-1, 1\}$ die Vektoren linear unabhängig sind.

c) $v_1 = \begin{pmatrix} 1 \\ 1 \\ 1 \end{pmatrix}$, $v_2 = \begin{pmatrix} 1 \\ 3 \\ 1 \end{pmatrix}$, $v_3 = \begin{pmatrix} 1 \\ 2 \\ c^2 \end{pmatrix}$, $c \in \mathbb{R}$. v_1, v_2, v_3 sind linear unabhängig, falls gilt: $x_1 \cdot v_1 + x_2 \cdot v_2 + x_3 \cdot v_3 = \mathbf{0} \implies x_1 = x_2 = x_3 = 0$. Aus diesem Ansatz erhält man

$$x_1 \begin{pmatrix} 1 \\ 1 \\ 1 \end{pmatrix} + x_2 \begin{pmatrix} 1 \\ 3 \\ 1 \end{pmatrix} + x_3 \begin{pmatrix} 1 \\ 2 \\ c^2 \end{pmatrix} = \begin{pmatrix} 0 \\ 0 \\ 0 \end{pmatrix} \iff \begin{cases} x_1 + x_2 + x_3 = 0 & (I) \\ x_1 + 3x_2 + 2x_3 = 0 & (II) \\ x_1 + x_2 + c^2 x_3 = 0 & (III) \end{cases}$$

Die Subtraktion $(III) - (I)$ führt zu der Gleichung $(c^2 - 1)x_3 = 0$.

1. Fall: $c \in \{-1, 1\}$, d.h. $x_3 \in \mathbb{R}$ ist beliebig wählbar. Aus $(II) - (III)$ erhält man $2x_2 + x_3 = 0 \iff x_2 = -\dfrac{x_3}{2}$. Aus (I) folgt damit $x_1 = -x_3 + \dfrac{x_3}{2} = -\dfrac{x_3}{2}$. Also ist z.B. $(x_1, x_2, x_3)' = (1, 1, -2)'$ eine nichttriviale Lösung, d.h. v_1, v_2, v_3 sind linear abhängig.

2. Fall: $c \notin \{-1, 1\}$. Wegen $c^2 - 1 \neq 0$ folgt $x_3 = 0$. Dies impliziert $x_2 = 0$ und $x_1 = 0$ (s. 1. Fall), d.h. v_1, v_2, v_3 sind linear unabhängig.

RANG EINER MATRIX

d) Seien $x_1, x_2, x_3 \in \mathbb{R}$ mit $x_1 \begin{pmatrix} 1 \\ c^2 \\ 2 \end{pmatrix} + x_2 \begin{pmatrix} 1 \\ 1 \\ 2 \end{pmatrix} + x_3 \begin{pmatrix} 0 \\ 0 \\ 2c \end{pmatrix} = \mathbf{0}$.

Gleichungssystem: $\left(\begin{array}{ccc|c} 1 & 1 & 0 & 0 \\ c^2 & 1 & 0 & 0 \\ 2 & 2 & 2c & 0 \end{array} \right) \xrightarrow{\substack{-c^2 \\ -2}} \left(\begin{array}{ccc|c} 1 & 1 & 0 & 0 \\ 0 & 1-c^2 & 0 & 0 \\ 0 & 0 & 2c & 0 \end{array} \right)$.

Das Gleichungssystem hat nur die triviale Lösung falls $c \notin \{-1, 0, 1\}$. Die Vektoren sind also linear unabhängig für $c \notin \{-1, 0, 1\}$.

e) $x_1 \begin{pmatrix} 0 \\ 6 \\ 2 \end{pmatrix} + x_2 \begin{pmatrix} 1 \\ 3 \\ 1 \end{pmatrix} + x_3 \begin{pmatrix} 3 \\ c^3 \\ c \end{pmatrix} = \mathbf{0} \iff \begin{cases} x_2 + 3x_3 = 0 & (I) \\ 6x_1 + 3x_2 + c^3 x_3 = 0 & (II) \\ 2x_1 + x_2 + cx_3 = 0 & (III) \end{cases}$

Aus $(II) - 3 \cdot (III)$ erhält man $(c^3 - 3c)x_3 = c(c^2 - 3)x_3 = 0$ (II').

1. Fall: $c^3 - 3c = 0 \iff c = 0 \vee c = \sqrt{3} \vee c = -\sqrt{3}$. (II') ist unter dieser Annahme für beliebiges $x_3 \in \mathbb{R}$ erfüllt. Eine nichttriviale Lösung des obigen Gleichungssystems ist z.B. $(\frac{3-c}{2}, -3, 1)'$.

2. Fall: $c^3 - 3c \neq 0 \xRightarrow{(II')} x_3 = 0 \xRightarrow{(I)} x_2 = 0 \xRightarrow{(II)} x_1 = 0$.

Die Vektoren sind somit linear abhängig, falls $c \in \{-\sqrt{3}, 0, \sqrt{3}\}$ gilt. Ansonsten sind sie linear unabhängig.

Lösung zu Aufgabe 15.4:

Bei der Rangbestimmung sind sowohl Zeilen- als auch Spaltenoperationen zugelassen, das Vertauschen von Zeilen und Spalten ist erlaubt.

a) A: $\begin{pmatrix} 2 & 1 & 3 \\ -1 & 3 & -5 \\ 3 & 4 & 2 \\ 2 & 2 & 2 \end{pmatrix} \longrightarrow \begin{pmatrix} 0 & 7 & -7 \\ -1 & 3 & -5 \\ 0 & 13 & -13 \\ 0 & 1 & -1 \end{pmatrix}$

$\longrightarrow \begin{pmatrix} 0 & 0 & 0 \\ 1 & -3 & 5 \\ 0 & 0 & 0 \\ 0 & 1 & -1 \end{pmatrix} \longrightarrow \begin{pmatrix} 1 & 0 & 2 \\ 0 & 1 & -1 \\ 0 & 0 & 0 \\ 0 & 0 & 0 \end{pmatrix}$

$\Longrightarrow \mathbf{rg}(A) = 2$.

$$B: \begin{pmatrix} 1 & 2 & 4 & 1 \\ 2 & 1 & 5 & 8 \\ 1 & 4 & 6 & -3 \end{pmatrix} \longrightarrow \begin{pmatrix} 1 & 2 & 4 & 1 \\ 0 & -3 & -3 & 6 \\ 0 & 2 & 2 & -4 \end{pmatrix}$$

$$\longrightarrow \begin{pmatrix} 1 & 2 & 2 & 5 \\ 0 & -3 & 0 & 0 \\ 0 & 2 & 0 & 0 \end{pmatrix} \longrightarrow \begin{pmatrix} 1 & 0 & 0 & 0 \\ 0 & 1 & 0 & 0 \\ 0 & 0 & 0 & 0 \end{pmatrix}$$

$\Longrightarrow \mathbf{rg}\,(B) = 2.$

Lösung mit Zeilenoperationen (erster Schritt wie oben):

$$\begin{pmatrix} 1 & 2 & 4 & 1 \\ 0 & -3 & -3 & 6 \\ 0 & 2 & 2 & -4 \end{pmatrix} \longrightarrow \begin{pmatrix} 1 & 2 & 4 & 1 \\ 0 & 1 & 1 & -2 \\ 0 & 0 & 0 & 0 \end{pmatrix}$$

$$\longrightarrow \begin{pmatrix} 1 & 0 & 2 & 5 \\ 0 & 1 & 1 & -2 \\ 0 & 0 & 0 & 0 \end{pmatrix}$$

Da die ersten beiden Zeilen (offenbar) linear unabhängig sind, gilt $\mathbf{rg}\,(B) \geq 2$. Da die dritte Zeile eine Nullzeile ist, gilt $\mathbf{rg}\,(B) = 2$.

$$C: \begin{pmatrix} 2 & 4 & 0 & 6 \\ 1 & 2 & 0 & 3 \\ 3 & 1 & 5 & -1 \\ 2 & -2 & 6 & -6 \\ -1 & 3 & -5 & 7 \end{pmatrix} \longrightarrow \begin{pmatrix} 0 & 0 & 0 & 0 \\ 1 & 2 & 0 & 3 \\ 0 & -5 & 5 & -10 \\ 0 & -6 & 6 & -12 \\ 0 & 5 & -5 & 10 \end{pmatrix}$$

$$\longrightarrow \begin{pmatrix} 0 & 0 & 0 & 0 \\ 1 & 2 & 0 & 3 \\ 0 & 0 & 5 & 0 \\ 0 & 0 & 6 & 0 \\ 0 & 0 & -5 & 0 \end{pmatrix} \longrightarrow \begin{pmatrix} 0 & 0 & 0 & 0 \\ 1 & 2 & 0 & 3 \\ 0 & 0 & 1 & 0 \\ 0 & 0 & 0 & 0 \\ 0 & 0 & 0 & 0 \end{pmatrix}$$

$$\longrightarrow \begin{pmatrix} 1 & 2 & 0 & 3 \\ 0 & 0 & 1 & 0 \\ 0 & 0 & 0 & 0 \\ 0 & 0 & 0 & 0 \\ 0 & 0 & 0 & 0 \end{pmatrix}$$

$\Longrightarrow \mathbf{rg}\,(C) = 2$

Lösung mit Zeilenoperationen (erster Schritt wie oben):

$$\begin{pmatrix} 0 & 0 & 0 & 0 \\ 1 & 2 & 0 & 3 \\ 0 & -5 & 5 & -10 \\ 0 & -6 & 6 & -12 \\ 0 & 5 & -5 & 10 \end{pmatrix} \longrightarrow \begin{pmatrix} 0 & 0 & 0 & 0 \\ 1 & 2 & 0 & 3 \\ 0 & 1 & -1 & 2 \\ 0 & 0 & 0 & 0 \\ 0 & 0 & 0 & 0 \end{pmatrix}$$

Da die letzte Matrix offenbar genau zwei linear unabhängige Zeilen enthält, gilt : $\mathbf{rg}\,(C) = 2$.

$$D: \begin{pmatrix} 1 & 2 & -2 & 3 \\ 2 & 5 & -4 & 6 \\ 1 & -3 & 2 & -2 \\ -1 & -20 & 14 & -18 \end{pmatrix}$$

$$\longrightarrow \begin{pmatrix} 1 & 2 & -2 & 3 \\ 0 & 1 & 0 & 0 \\ 0 & -5 & 4 & -5 \\ 0 & -18 & 12 & -15 \end{pmatrix} \longrightarrow \begin{pmatrix} 1 & 0 & -2 & 3 \\ 0 & 1 & 0 & 0 \\ 0 & 0 & 4 & -5 \\ 0 & 0 & 0 & 0 \end{pmatrix}$$

Da die letzte Matrix genau drei linear unabhängige Zeilenvektoren besitzt, gilt $\mathbf{rg}\,(D) = 3$.

b) A: Ein maximal linear unabhängiges System ist $\left\{ \begin{pmatrix} 2 \\ -1 \\ 3 \\ 2 \end{pmatrix}, \begin{pmatrix} 1 \\ 3 \\ 4 \\ 2 \end{pmatrix} \right\}$.

Wegen $\begin{pmatrix} 1 & 0 & | & 2 \\ 0 & 1 & | & -1 \\ 0 & 0 & | & 0 \\ 0 & 0 & | & 0 \end{pmatrix}$ (siehe Zeilenoperationen zur Rangbestimmung von A) ist $x_2 = -1$, $x_1 = 2$ eine Lösung, so dass

$$2 \begin{pmatrix} 2 \\ -1 \\ 3 \\ 2 \end{pmatrix} - \begin{pmatrix} 1 \\ 3 \\ 4 \\ 2 \end{pmatrix} = \begin{pmatrix} 3 \\ -5 \\ 2 \\ 2 \end{pmatrix}.$$

B: Ein maximal linear unabhängiges System ist $\left\{ \begin{pmatrix} 1 \\ 2 \\ 1 \end{pmatrix}, \begin{pmatrix} 2 \\ 1 \\ 4 \end{pmatrix} \right\}$.

Wegen $\begin{pmatrix} 1 & 0 & | & 2 & 5 \\ 0 & 1 & | & 1 & -2 \\ 0 & 0 & | & 0 & 0 \end{pmatrix}$ (siehe Zeilenoperationen zur Rangbestimmung von B) sind $x_2 = 1$, $x_1 = 2$ eine Lösung des ersten bzw. $x_2 = -2$, $x_1 = 5$ eine Lösung des zweiten Gleichungssystems. Damit gilt:

$$\begin{pmatrix} 4 \\ 5 \\ 6 \end{pmatrix} = 2 \begin{pmatrix} 1 \\ 2 \\ 1 \end{pmatrix} + \begin{pmatrix} 2 \\ 1 \\ 4 \end{pmatrix}, \qquad \begin{pmatrix} 1 \\ 8 \\ -3 \end{pmatrix} = 5 \begin{pmatrix} 1 \\ 2 \\ 1 \end{pmatrix} - 2 \begin{pmatrix} 2 \\ 1 \\ 4 \end{pmatrix}.$$

C: Ein maximal linear unabhängiges System ist

$$\left\{ \begin{pmatrix} 2 \\ 1 \\ 3 \\ 2 \\ -1 \end{pmatrix}, \begin{pmatrix} 0 \\ 0 \\ 5 \\ 6 \\ -5 \end{pmatrix} \right\}.$$

Wegen

$$\begin{pmatrix} 2 & 0 & | & 4 & 6 \\ 1 & 0 & | & 2 & 3 \\ 3 & 5 & | & 1 & -1 \\ 2 & 6 & | & -2 & -6 \\ -1 & -5 & | & 3 & 7 \end{pmatrix}$$

$$\longrightarrow \begin{pmatrix} 0 & 0 & \vline & 0 & 0 \\ 1 & 0 & \vline & 2 & 3 \\ 0 & 5 & \vline & -5 & -10 \\ 0 & 6 & \vline & -6 & -12 \\ 0 & -5 & \vline & 5 & 10 \end{pmatrix} \begin{matrix} \\ \\ |:5 \\ {\scriptstyle -6} \\ {\scriptstyle +5} \end{matrix} \longrightarrow \begin{pmatrix} 0 & 0 & \vline & 0 & 0 \\ 1 & 0 & \vline & 2 & 3 \\ 0 & 1 & \vline & -1 & -2 \\ 0 & 0 & \vline & 0 & 0 \\ 0 & 0 & \vline & 0 & 0 \end{pmatrix}$$

lautet die Lösung des ersten Gleichungssystems $x_2 = -1$, $x_1 = 2$ und die des zweiten $x_2 = -2$, $x_1 = 3$. Damit gilt:

$$\begin{pmatrix} 4 \\ 2 \\ 1 \\ -2 \\ 3 \end{pmatrix} = 2 \begin{pmatrix} 2 \\ 1 \\ 3 \\ 2 \\ -1 \end{pmatrix} - \begin{pmatrix} 0 \\ 0 \\ 5 \\ 6 \\ -5 \end{pmatrix}, \quad \begin{pmatrix} 6 \\ 3 \\ -1 \\ -6 \\ 7 \end{pmatrix} = 3 \begin{pmatrix} 2 \\ 1 \\ 3 \\ 2 \\ -1 \end{pmatrix} - 2 \begin{pmatrix} 0 \\ 0 \\ 5 \\ 6 \\ -5 \end{pmatrix}.$$

D : Ein maximal linear unabhängiges System ist

$$\left\{ \begin{pmatrix} 1 \\ 2 \\ 1 \\ -1 \end{pmatrix}, \begin{pmatrix} 2 \\ 5 \\ -3 \\ -20 \end{pmatrix}, \begin{pmatrix} -2 \\ -4 \\ 2 \\ 14 \end{pmatrix} \right\}.$$

Aus den obigen Zeilenumformungen folgt:

$$\begin{pmatrix} 3 \\ 6 \\ -2 \\ -18 \end{pmatrix} = -\frac{5}{4} \begin{pmatrix} -2 \\ -4 \\ 2 \\ 14 \end{pmatrix} + 0 \cdot \begin{pmatrix} 2 \\ 5 \\ -3 \\ -20 \end{pmatrix} + \frac{1}{2} \begin{pmatrix} 1 \\ 2 \\ 1 \\ -1 \end{pmatrix}.$$

Lösung zu Aufgabe 15.5:

$$A : \begin{pmatrix} 1 & 2 & 1 \\ 3 & 4 & 1 \end{pmatrix} \begin{matrix} {\scriptstyle -3} \end{matrix} \longrightarrow \begin{pmatrix} 1 & 2 & 1 \\ 0 & -2 & -2 \end{pmatrix} \begin{matrix} {\scriptstyle +1} \\ |:(-2) \end{matrix}$$

$$\longrightarrow \begin{pmatrix} 1 & 0 & -1 \\ 0 & 1 & 1 \end{pmatrix} \longrightarrow \begin{pmatrix} 1 & 0 & 0 \\ 0 & 1 & 0 \end{pmatrix} \implies \mathbf{rg}\,(A) = 2$$

$$B: \begin{pmatrix} 1 & 0 & 4 & 0 \\ 1 & 1 & 2 & 0 \\ 3 & 3 & 1 & 0 \\ 2 & 0 & 1 & 1 \end{pmatrix} \longrightarrow \begin{pmatrix} 1 & 0 & 4 & 0 \\ 0 & 1 & 2 & 0 \\ 0 & 3 & 1 & 0 \\ 0 & 0 & 0 & 1 \end{pmatrix}$$

$$\longrightarrow \begin{pmatrix} 1 & 0 & 0 & 0 \\ 0 & 1 & 0 & 0 \\ 0 & 3 & -5 & 0 \\ 0 & 0 & 0 & 1 \end{pmatrix} \xrightarrow[|:(-5)]{-3} \longrightarrow I_4 \implies \mathbf{rg}(B) = 4$$

$$C: \begin{pmatrix} 1 & 0 & 1 \\ 4 & 2 & 6 \\ 0 & 2 & 2 \end{pmatrix} \xrightarrow[-1]{-4} \longrightarrow \begin{pmatrix} 1 & 0 & 1 \\ 0 & 2 & 2 \\ 0 & 0 & 0 \end{pmatrix} \xrightarrow{|:2} \longrightarrow \begin{pmatrix} 1 & 0 & 0 \\ 0 & 1 & 0 \\ 0 & 0 & 0 \end{pmatrix}$$

$\implies \mathbf{rg}(C) = 2$

Lösung zu Aufgabe 15.6:

$$A: \begin{pmatrix} 2 & 2 & 1 & 0 \\ 0 & 1 & 0 & 1 \\ 2 & 5 & 1 & 2 \end{pmatrix} \xrightarrow{-1} \longrightarrow \begin{pmatrix} 2 & 2 & 1 & 0 \\ 0 & 1 & 0 & 1 \\ 0 & 3 & 0 & 2 \end{pmatrix}$$

$$\longrightarrow \begin{pmatrix} 2 & 0 & 0 & 0 \\ 0 & 1 & 0 & 1 \\ 0 & 3 & 0 & 2 \end{pmatrix} |:2 \longrightarrow \begin{pmatrix} 1 & 0 & 0 & 0 \\ 0 & 1 & 0 & 0 \\ 0 & 3 & 0 & -1 \end{pmatrix}$$

$$\longrightarrow \begin{pmatrix} 1 & 0 & 0 & 0 \\ 0 & 1 & 0 & 0 \\ 0 & 0 & 0 & -1 \end{pmatrix} |\cdot(-1) \longrightarrow \begin{pmatrix} 1 & 0 & 0 & 0 \\ 0 & 1 & 0 & 0 \\ 0 & 0 & 1 & 0 \end{pmatrix}$$

$\implies \mathbf{rg}(A) = 3.$

Rang einer Matrix

Lösung mit Zeilenoperationen:

$$A \longrightarrow \begin{pmatrix} 2 & 2 & 1 & 0 \\ 0 & 1 & 0 & 1 \\ 0 & 3 & 0 & 2 \end{pmatrix} \begin{matrix} -2 \\ -3 \end{matrix} \longrightarrow \begin{pmatrix} 2 & 0 & 1 & -2 \\ 0 & 1 & 0 & 1 \\ 0 & 0 & 0 & -1 \end{pmatrix} \begin{matrix} -2 \\ +1 \end{matrix} \bigg| \cdot(-1)$$

$$\longrightarrow \begin{pmatrix} 2 & 0 & 1 & 0 \\ 0 & 1 & 0 & 0 \\ 0 & 0 & 0 & 1 \end{pmatrix}$$

Damit enthält A drei linear unabhängige Zeilen, d. h. $\mathbf{rg}\,(A) = 3$.

$$B: \begin{pmatrix} 4 & 1 & 7 & 1 \\ 1 & 2 & 2 & 0 \\ 1 & 4 & 1 & 0 \end{pmatrix} \overset{-4,\,-1,\,-7}{\longrightarrow} \begin{pmatrix} 0 & 0 & 0 & 1 \\ 1 & 2 & 2 & 0 \\ 1 & 4 & 1 & 0 \end{pmatrix} \overset{-2,\,-2}{}$$

$$\longrightarrow \begin{pmatrix} 0 & 0 & 0 & 1 \\ 1 & 0 & 0 & 0 \\ 1 & 2 & -1 & 0 \end{pmatrix} \overset{+1,\,+2}{\longrightarrow} \begin{pmatrix} 0 & 0 & 0 & 1 \\ 1 & 0 & 0 & 0 \\ 0 & 0 & -1 & 0 \end{pmatrix} \bigg| \cdot(-1)$$

$$\longrightarrow \begin{pmatrix} 1 & 0 & 0 & 0 \\ 0 & 1 & 0 & 0 \\ 0 & 0 & 1 & 0 \end{pmatrix} \qquad \Longrightarrow \mathbf{rg}\,(B) = 3$$

Lösung mit Zeilenoperationen:

$$B \longrightarrow \begin{pmatrix} 4 & 1 & 7 & 1 \\ 1 & 2 & 2 & 0 \\ 1 & 4 & 1 & 0 \end{pmatrix} \begin{matrix} -4 \\ -1 \end{matrix} \longrightarrow \begin{pmatrix} 0 & -7 & -1 & 1 \\ 1 & 2 & 2 & 0 \\ 0 & 2 & -1 & 0 \end{pmatrix} \begin{matrix} -1 \\ +\frac{7}{2} \end{matrix}$$

$$\longrightarrow \begin{pmatrix} 0 & 0 & -\frac{9}{2} & 1 \\ 1 & 0 & 3 & 0 \\ 0 & 2 & -1 & 0 \end{pmatrix} \longrightarrow \begin{pmatrix} 1 & 0 & 3 & 0 \\ 0 & 2 & -1 & 0 \\ 0 & 0 & -\frac{9}{2} & 1 \end{pmatrix}$$

Die letzte Matrix hat drei linear unabhängige Zeilen, so dass $\mathbf{rg}(B) = 3$ ist.

$$C: \begin{pmatrix} 1 & 1 & 0 & 2 \\ 2 & 1 & 1 & 4 \\ 2 & 3 & -3 & 0 \\ -1 & 1 & 2 & -4 \end{pmatrix} \longrightarrow \begin{pmatrix} 1 & 1 & 0 & 2 \\ 0 & -1 & 1 & 0 \\ 0 & 1 & -3 & -4 \\ 0 & 2 & 2 & -2 \end{pmatrix} \longrightarrow$$

$$\longrightarrow \begin{pmatrix} 1 & 0 & 0 & 0 \\ 0 & 1 & -1 & 0 \\ 0 & 0 & -2 & -4 \\ 0 & 0 & 4 & -2 \end{pmatrix} \longrightarrow I_4 \implies \mathbf{rg}(C) = 4.$$

Lösung mit Zeilenoperationen:

$$C \longrightarrow \begin{pmatrix} 1 & 1 & 0 & 2 \\ 0 & -1 & 1 & 0 \\ 0 & 1 & -3 & -4 \\ 0 & 2 & 2 & -2 \end{pmatrix} \longrightarrow \begin{pmatrix} 1 & 1 & 0 & 2 \\ 0 & -1 & 1 & 0 \\ 0 & 0 & -2 & -4 \\ 0 & 0 & 4 & -2 \end{pmatrix}$$

$$\longrightarrow \begin{pmatrix} 1 & 1 & 0 & 2 \\ 0 & -1 & 1 & 0 \\ 0 & 0 & -2 & -4 \\ 0 & 0 & 0 & -10 \end{pmatrix}$$

Da die letzte Matrix vier linear unabhängige Zeilenvektoren besitzt, gilt: $\mathbf{rg}(C) = 4$, d. h. C ist regulär.

$$D: \begin{pmatrix} 2 & 0 & 1 & 0 & 1 \\ 2 & 0 & -1 & 0 & 1 \\ 0 & 1 & 0 & 1 & 1 \\ 0 & 1 & 0 & -1 & 1 \end{pmatrix} \xrightarrow{} \begin{pmatrix} 2 & 0 & 1 & 0 & 1 \\ 0 & 0 & -2 & 0 & 0 \\ 0 & 1 & 0 & 1 & 1 \\ 0 & 0 & 0 & -2 & 0 \end{pmatrix} \begin{matrix} |:2 \\ |:(-2) \\ \\ |:(-2) \end{matrix}$$

$$\xrightarrow{} \begin{pmatrix} 1 & 0 & \tfrac{1}{2} & 0 & \tfrac{1}{2} \\ 0 & 0 & 1 & 0 & 0 \\ 0 & 1 & 0 & 0 & 0 \\ 0 & 0 & 0 & 1 & 0 \end{pmatrix} \xrightarrow{} \begin{pmatrix} 1 & 0 & 0 & 0 & 0 \\ 0 & 1 & 0 & 0 & 0 \\ 0 & 0 & 1 & 0 & 0 \\ 0 & 0 & 0 & 1 & 0 \end{pmatrix}$$

$\Longrightarrow \mathbf{rg}(D) = 4$

Lösung mit Zeilenoperationen:

$$D \longrightarrow \begin{pmatrix} 2 & 0 & 1 & 0 & 1 \\ 0 & 0 & -2 & 0 & 0 \\ 0 & 1 & 0 & 1 & 1 \\ 0 & 0 & 0 & -2 & 0 \end{pmatrix} \longrightarrow \begin{pmatrix} 2 & 0 & 1 & 0 & 1 \\ 0 & 1 & 0 & 1 & 1 \\ 0 & 0 & -2 & 0 & 0 \\ 0 & 0 & 0 & -2 & 0 \end{pmatrix}$$

Da die letzte Matrix vier linear unabhängige Zeilenvektoren besitzt, gilt: $\mathbf{rg}(D) = 4$.

$$E: \begin{pmatrix} 2 & 1 & 2 & 0 \\ 3 & 2 & 0 & 1 \\ 0 & 1 & 2 & 0 \\ 1 & 2 & 0 & 1 \end{pmatrix} \longrightarrow \begin{pmatrix} 2 & 1 & 2 & 0 \\ 2 & 0 & 0 & 1 \\ 0 & 1 & 2 & 0 \\ 0 & 0 & 0 & 1 \end{pmatrix}$$

$$\longrightarrow \begin{pmatrix} 2 & 0 & 0 & 0 \\ 2 & 0 & 0 & 0 \\ 0 & 1 & 2 & 0 \\ 0 & 0 & 0 & 1 \end{pmatrix} \overset{|:2}{\underset{|:2}{\longrightarrow}} \begin{pmatrix} 1 & 0 & 0 & 0 \\ 0 & 0 & 0 & 0 \\ 0 & 0 & 1 & 0 \\ 0 & 0 & 0 & 1 \end{pmatrix}$$

$$\longrightarrow \begin{pmatrix} 1 & 0 & 0 & 0 \\ 0 & 1 & 0 & 0 \\ 0 & 0 & 1 & 0 \\ 0 & 0 & 0 & 0 \end{pmatrix} \implies \mathbf{rg}\,(E) = 3$$

Lösung mit Zeilenoperationen:

$$E = \begin{pmatrix} 2 & 1 & 2 & 0 \\ 3 & 2 & 0 & 1 \\ 0 & 1 & 2 & 0 \\ 1 & 2 & 0 & 1 \end{pmatrix} \longrightarrow \begin{pmatrix} 0 & -3 & 2 & -2 \\ 0 & -4 & 0 & -2 \\ 0 & 1 & 2 & 0 \\ 1 & 2 & 0 & 1 \end{pmatrix}$$

$$\longrightarrow \begin{pmatrix} 0 & 0 & 8 & -2 \\ 0 & 0 & 8 & -2 \\ 0 & 1 & 2 & 0 \\ 1 & 2 & 0 & 1 \end{pmatrix} \longrightarrow \begin{pmatrix} 1 & 2 & 0 & 1 \\ 0 & 1 & 2 & 0 \\ 0 & 0 & 8 & -2 \\ 0 & 0 & 0 & 0 \end{pmatrix}$$

Da die letzte Matrix drei linear unabhängige Zeilenvektoren besitzt, gilt: $\mathbf{rg}\,(E) = 3$.

Lösung zu Aufgabe 15.7:

a) $\left(\begin{array}{cccc|cccc} 1 & 2 & -2 & 3 & 1 & 0 & 0 & 0 \\ 2 & 5 & -4 & 6 & 0 & 1 & 0 & 0 \\ 2 & 4 & -1 & 6 & 0 & 0 & 1 & 0 \\ -1 & 3 & 2 & -2 & 0 & 0 & 0 & 1 \end{array}\right)$

$$\longrightarrow \left(\begin{array}{cccc|cccc} 1 & 2 & -2 & 3 & 1 & 0 & 0 & 0 \\ 0 & 1 & 0 & 0 & -2 & 1 & 0 & 0 \\ 0 & -1 & 3 & 0 & 0 & -1 & 1 & 0 \\ 0 & 5 & 0 & 1 & 1 & 0 & 0 & 1 \end{array}\right)$$

$$\longrightarrow \begin{pmatrix} 1 & 0 & -2 & 3 & | & 5 & -2 & 0 & 0 \\ 0 & 1 & 0 & 0 & | & -2 & 1 & 0 & 0 \\ 0 & 0 & 1 & 0 & | & -\frac{2}{3} & 0 & \frac{1}{3} & 0 \\ 0 & 0 & 0 & 1 & | & 11 & -5 & 0 & 1 \end{pmatrix} \begin{matrix} +2 \\ \\ -3 \\ \\ \end{matrix}$$

$$\longrightarrow \begin{pmatrix} 1 & 0 & 0 & 0 & | & -\frac{88}{3} & 13 & \frac{2}{3} & -3 \\ 0 & 1 & 0 & 0 & | & -2 & 1 & 0 & 0 \\ 0 & 0 & 1 & 0 & | & -\frac{2}{3} & 0 & \frac{1}{3} & 0 \\ 0 & 0 & 0 & 1 & | & 11 & -5 & 0 & 1 \end{pmatrix}$$

Damit ist A regulär und somit auch invertierbar.

b) Aus a) folgt $\mathbf{rg}(A) = 4$.

c) $X = A^{-1} = \begin{pmatrix} -\frac{88}{3} & 13 & \frac{2}{3} & -3 \\ -2 & 1 & 0 & 0 \\ -\frac{2}{3} & 0 & \frac{1}{3} & 0 \\ 11 & -5 & 0 & 1 \end{pmatrix}$.

Lösung zu Aufgabe 15.8:

a) $\begin{pmatrix} 1 & 2 & 3 & 2 & | & 2 \\ 2 & 3 & 5 & 1 & | & 4 \\ 1 & 3 & 4 & 5 & | & 5 \end{pmatrix} \begin{matrix} -2 \\ -1 \end{matrix}$

$$\longrightarrow \begin{pmatrix} 1 & 2 & 3 & 2 & | & 2 \\ 0 & -1 & -1 & -3 & | & 0 \\ 0 & 1 & 1 & 3 & | & 3 \end{pmatrix} \begin{matrix} |\cdot(-1) \\ +1 \end{matrix} \longrightarrow \begin{pmatrix} 1 & 2 & 3 & 2 & | & 2 \\ 0 & 1 & 1 & 3 & | & 0 \\ 0 & 0 & 0 & 0 & | & 3 \end{pmatrix}$$

$\Longrightarrow \mathbf{rg}(A) = 2$, $\mathbf{rg}(A|b) = 3$, d. h. $\mathbf{rg}(A|b) > \mathbf{rg}(A)$, so dass das Gleichungssystem nicht lösbar ist.

b) $\begin{pmatrix} 1 & 2 & 1 & 2 & | & 1 \\ 1 & 3 & 2 & 2 & | & -1 \\ 2 & 4 & 3 & 4 & | & 0 \\ 3 & 7 & 4 & 6 & | & 1 \end{pmatrix} \begin{matrix} -1 \\ -2 \\ -3 \end{matrix}$

$$\longrightarrow \begin{pmatrix} 1 & 2 & 1 & 2 & | & 1 \\ 0 & 1 & 1 & 0 & | & -2 \\ 0 & 0 & 1 & 0 & | & -2 \\ 0 & 1 & 1 & 0 & | & -2 \end{pmatrix} \begin{matrix} \\ \\ -1 \end{matrix} \longrightarrow \begin{pmatrix} 1 & 2 & 1 & 2 & | & 1 \\ 0 & 1 & 1 & 0 & | & -2 \\ 0 & 0 & 1 & 0 & | & -2 \\ 0 & 0 & 0 & 0 & | & 0 \end{pmatrix}$$

$\Rightarrow \mathbf{rg}(A) = 3$, $\mathbf{rg}(A|b) = 3$, d.h. $\mathbf{rg}(A|b) = \mathbf{rg}(A)$, so dass das Gleichungssystem lösbar ist.

c) $\begin{pmatrix} 1 & 5 & 3 & 7 & | & 2 \\ 4 & 1 & -7 & -10 & | & -1 \\ 2 & 0 & -4 & -6 & | & -1 \end{pmatrix}$ $\overset{-2}{\longleftarrow}$ $\overset{-2}{\longleftarrow}$

$\longrightarrow \begin{pmatrix} 1 & 5 & 3 & 7 & | & 2 \\ 0 & 1 & 1 & 2 & | & 1 \\ 0 & -10 & -10 & -20 & | & -5 \end{pmatrix} \overset{+10}{\longleftarrow} \longrightarrow \begin{pmatrix} 1 & 5 & 3 & 7 & | & 2 \\ 0 & 1 & 1 & 2 & | & 1 \\ 0 & 0 & 0 & 0 & | & 5 \end{pmatrix}$

$\Rightarrow \mathbf{rg}(A) = 2$, $\mathbf{rg}(A|b) = 3$, d.h. $\mathbf{rg}(A|b) > \mathbf{rg}(A)$, so dass das Gleichungssystem nicht lösbar ist.

Lösung zu Aufgabe 15.9:

a) Der Ränge von A und der erweiterten Matrix $(A|b)$ können folgendermaßen bestimmt werden:

$\begin{pmatrix} 2 & 8 & -6 & 4 & | & 6 \\ -2 & -8 & 10 & -6 & | & 1 \\ 1 & 4 & -6 & 3 & | & -1 \\ 2 & 8 & -2 & 4 & | & 2 \end{pmatrix} \begin{matrix} |:2 \\ \\ \\ \end{matrix}$

$\longrightarrow \begin{pmatrix} 1 & 4 & -3 & 2 & | & 3 \\ 0 & 0 & -4 & -2 & | & 7 \\ 0 & 0 & -3 & 1 & | & -4 \\ 0 & 0 & 4 & 0 & | & -4 \end{pmatrix}$

$\longrightarrow \begin{pmatrix} 1 & 0 & 0 & 0 & | & 0 \\ 0 & 0 & 0 & -2 & | & 3 \\ 0 & 0 & 0 & 1 & | & -7 \\ 0 & 0 & 1 & 0 & | & -1 \end{pmatrix}$

$$\longrightarrow \begin{pmatrix} 1 & 0 & 0 & 0 & | & 0 \\ 0 & 0 & 0 & 0 & | & -11 \\ 0 & 0 & 0 & 1 & | & -7 \\ 0 & 0 & 1 & 0 & | & -1 \end{pmatrix} \begin{matrix} \\ |:(-11) \\ \\ \end{matrix}$$

$$\longrightarrow \begin{pmatrix} 1 & 0 & 0 & 0 & | & 0 \\ 0 & 0 & 0 & 0 & | & 1 \\ 0 & 0 & 0 & 1 & | & 0 \\ 0 & 0 & 1 & 0 & | & 0 \end{pmatrix} \longrightarrow \begin{pmatrix} 1 & 0 & 0 & 0 & | & 0 \\ 0 & 0 & 1 & 0 & | & 0 \\ 0 & 0 & 0 & 1 & | & 0 \\ 0 & 0 & 0 & 0 & | & 1 \end{pmatrix}$$

$\Longrightarrow$ **rg**$(A) = 3$, **rg**$(A|b) = 4$, d. h. **rg**$(A|b) >$ **rg**(A), so dass das Gleichungssystem nicht lösbar ist.

Lösung mit Zeilenoperationen:

$$A \longrightarrow \begin{pmatrix} 1 & 4 & -3 & 2 & | & 3 \\ 0 & 0 & -4 & -2 & | & 7 \\ 0 & 0 & -3 & 1 & | & -4 \\ 0 & 0 & 4 & 0 & | & -4 \end{pmatrix} \begin{matrix} \\ \\ \\ |:4 \end{matrix}$$

$$\longrightarrow \begin{pmatrix} 1 & 4 & -3 & 2 & | & 3 \\ 0 & 0 & 0 & -2 & | & 3 \\ 0 & 0 & 0 & 1 & | & -7 \\ 0 & 0 & 1 & 0 & | & -1 \end{pmatrix}$$

$$\longrightarrow \begin{pmatrix} 1 & 4 & -3 & 2 & | & 3 \\ 0 & 0 & 1 & 0 & | & -1 \\ 0 & 0 & 0 & 1 & | & -7 \\ 0 & 0 & 0 & 0 & | & -11 \end{pmatrix}$$

Die letzte Matrix enthält drei linear unabhängige Zeilen, d. h. **rg**$(A) = 3$, während die letzte erweiterte Matrix deren vier enthält: **rg**$(A|b) = 4$. Damit ist das Gleichungssystem nicht lösbar.

b) $\begin{pmatrix} 1 & 4 & 6 & | & 1{,}2 \\ 1 & 5 & 5 & | & 2{,}2 \end{pmatrix} \longrightarrow \begin{pmatrix} 1 & 4 & 6 & | & 1{,}2 \\ 0 & 1 & -1 & | & 1 \end{pmatrix}$

$$\longrightarrow \begin{pmatrix} 1 & 0 & 10 & | & -2{,}8 \\ 0 & 1 & -1 & | & 1 \end{pmatrix} \longrightarrow \begin{pmatrix} 1 & 0 & 0 & | & -2{,}8 \\ 0 & 1 & 0 & | & 1 \end{pmatrix}$$

$\Longrightarrow \mathbf{rg}(A) = 2 = \mathbf{rg}(A|b)$, d.h. das Gleichungssystem ist lösbar. Werden nur Zeilenoperationen verwendet, ist dieses Resultat schon nach dem ersten Umformungsschritt ablesbar.

Lösung zu Aufgabe 15.10:

a) $Ax = b$ ist lösbar, falls $\mathbf{rg}(A) = \mathbf{rg}(A|b)$, wobei $A = \begin{pmatrix} 3 & 1 & 0 \\ 1 & 1 & 1 \\ 4 & 2 & 1 \end{pmatrix}$, $b = \begin{pmatrix} 1 \\ 2 \\ 3 \end{pmatrix}$.

$$\begin{pmatrix} 3 & 1 & 0 & | & 1 \\ 1 & 1 & 1 & | & 2 \\ 4 & 2 & 1 & | & 3 \end{pmatrix} \longrightarrow \begin{pmatrix} 4 & 2 & 1 & | & 3 \\ 1 & 1 & 1 & | & 2 \\ 4 & 2 & 1 & | & 3 \end{pmatrix}$$

$$\longrightarrow \begin{pmatrix} 4 & 2 & 1 & | & 3 \\ 1 & 1 & 1 & | & 2 \\ 0 & 0 & 0 & | & 0 \end{pmatrix} \longrightarrow \begin{pmatrix} 3 & 1 & 1 & | & 3 \\ 0 & 0 & 1 & | & 2 \\ 0 & 0 & 0 & | & 0 \end{pmatrix}$$

$$\longrightarrow \begin{pmatrix} 0 & 1 & 0 & | & 3 \\ 0 & 0 & 1 & | & 2 \\ 0 & 0 & 0 & | & 0 \end{pmatrix}$$

Daher gilt $\mathbf{rg}(A) = \mathbf{rg}(A|b) = 2$, d.h. das Gleichungssystem ist lösbar.

Lösung mit Zeilenoperationen:

$$A \longrightarrow \begin{pmatrix} 4 & 2 & 1 & | & 3 \\ 1 & 1 & 1 & | & 2 \\ 0 & 0 & 0 & | & 0 \end{pmatrix} \longrightarrow \begin{pmatrix} 1 & 1 & 1 & | & 2 \\ 0 & -2 & -3 & | & -5 \\ 0 & 0 & 0 & | & 0 \end{pmatrix}$$

Damit folgt $\mathbf{rg}(A) = \mathbf{rg}(A|b)$.

b) $\mathbf{rg}\,(A)$ und $\mathbf{rg}\,(A|b)$ sind zu bestimmen.

$$\begin{pmatrix} 1 & 4 & -3 & 2 & | & 4 \\ -1 & -4 & 5 & -3 & | & 2 \\ 2 & 8 & -12 & 7 & | & -10 \\ 1 & 4 & -1 & 2 & | & 14 \end{pmatrix}$$

$$\longrightarrow \begin{pmatrix} 1 & 4 & -3 & 2 & | & 4 \\ 0 & 0 & 2 & -1 & | & 6 \\ 0 & 0 & -6 & 3 & | & -18 \\ 0 & 0 & 2 & 0 & | & 10 \end{pmatrix}$$

$$\longrightarrow \begin{pmatrix} 1 & 4 & -3 & 2 & | & 4 \\ 0 & 0 & 0 & -1 & | & -4 \\ 0 & 0 & 0 & 0 & | & 0 \\ 0 & 0 & 1 & 0 & | & 5 \end{pmatrix} \longrightarrow \begin{pmatrix} 1 & 0 & 0 & 0 & | & 4 \\ 0 & 0 & 0 & 1 & | & 4 \\ 0 & 0 & 0 & 0 & | & 0 \\ 0 & 0 & 1 & 0 & | & 5 \end{pmatrix}$$

Daher gilt $\mathbf{rg}\,(A) = 3 = \mathbf{rg}\,(A|b)$, d.h. das Gleichungssystem $Ax = b$ ist lösbar, aber nicht eindeutig lösbar. Die allgemeine Lösung hängt von einem beliebigen Parameter ab.

Die Lösung unter ausschließlicher Verwendung von Zeilenoperationen ergibt:

$$A \longrightarrow \begin{pmatrix} 1 & 4 & -3 & 2 & | & 4 \\ 0 & 0 & 0 & -1 & | & -4 \\ 0 & 0 & 0 & 0 & | & 0 \\ 0 & 0 & 1 & 0 & | & 5 \end{pmatrix}$$

$$\longrightarrow \begin{pmatrix} 1 & 4 & -3 & 2 & | & 4 \\ 0 & 0 & 1 & 0 & | & 5 \\ 0 & 0 & 0 & 1 & | & 4 \\ 0 & 0 & 0 & 0 & | & 0 \end{pmatrix} \longrightarrow \begin{pmatrix} 1 & 4 & 0 & 0 & | & 11 \\ 0 & 0 & 1 & 0 & | & 5 \\ 0 & 0 & 0 & 1 & | & 4 \\ 0 & 0 & 0 & 0 & | & 0 \end{pmatrix}$$

Die Lösungsmenge ist $\mathcal{L} = \{(11 - 4t, t, 5, 4)' \,|\, t \in \mathbb{R}\}$.

c) $\begin{pmatrix} 1 & 1 & 1 & 5 & | & 2 \\ 2 & 1 & 2 & 5 & | & 4 \\ 0 & 3 & 2 & 1 & | & 0 \\ 2 & 1 & -1 & 0 & | & 4 \end{pmatrix}$

$\longrightarrow \begin{pmatrix} 1 & 1 & 1 & 5 & | & 2 \\ 0 & -1 & 0 & -5 & | & 0 \\ 0 & 3 & 2 & 1 & | & 0 \\ 0 & -1 & -3 & -10 & | & 0 \end{pmatrix}$

$\longrightarrow \begin{pmatrix} 1 & 0 & 1 & 0 & | & 2 \\ 0 & 1 & 0 & 5 & | & 0 \\ 0 & 0 & 2 & -14 & | & 0 \\ 0 & 0 & -3 & -5 & | & 0 \end{pmatrix}$

$\longrightarrow \begin{pmatrix} 1 & 0 & 0 & 7 & | & 2 \\ 0 & 1 & 0 & 5 & | & 0 \\ 0 & 0 & 1 & -7 & | & 0 \\ 0 & 0 & 0 & -26 & | & 0 \end{pmatrix}$

$\longrightarrow \begin{pmatrix} 1 & 0 & 0 & 0 & | & 2 \\ 0 & 1 & 0 & 0 & | & 0 \\ 0 & 0 & 1 & 0 & | & 0 \\ 0 & 0 & 0 & 1 & | & 0 \end{pmatrix}$

Das Gleichungssystem ist daher eindeutig lösbar mit $x_1 = 2$, $x_2 = 0$, $x_3 = 0$, $x_4 = 0$.

d) Da die Koeffizientenmatrix mit der aus Teil b) übereinstimmt und für b gilt: $b = \begin{pmatrix} 2 \\ 1 \\ -5 \\ 7 \end{pmatrix} = \frac{1}{2} \begin{pmatrix} 4 \\ 2 \\ -10 \\ 14 \end{pmatrix}$ (vgl. ebenfalls Teil b)), ist das Gleichungssystem lösbar. Die Lösung ist nicht eindeutig.

Lösung zu Aufgabe 15.11:

a)
$$\begin{pmatrix} 1 & 1 & 0 & -1 & | & 3 \\ 0 & 1 & -1 & -2 & | & -1 \\ 0 & 0 & 1 & 1 & | & 3 \\ 0 & 1 & 1 & 0 & | & 9 \end{pmatrix}$$

$$\longrightarrow \begin{pmatrix} 1 & 0 & 1 & 1 & | & 4 \\ 0 & 1 & -1 & -2 & | & -1 \\ 0 & 0 & 1 & 1 & | & 3 \\ 0 & 1 & 0 & -1 & | & 6 \end{pmatrix}$$

$$\longrightarrow \begin{pmatrix} 1 & 0 & 0 & 0 & | & 1 \\ 0 & 1 & 0 & -1 & | & 2 \\ 0 & 0 & 1 & 1 & | & 3 \\ 0 & 0 & 1 & 1 & | & 7 \end{pmatrix} \longrightarrow \begin{pmatrix} 1 & 0 & 0 & 0 & | & 1 \\ 0 & 1 & 0 & -1 & | & 2 \\ 0 & 0 & 1 & 1 & | & 3 \\ 0 & 0 & 0 & 0 & | & 4 \end{pmatrix}$$

Wegen $\mathbf{rg}(A) = 3 < 4 = \mathbf{rg}(A|b)$ ist das Gleichungssystem nicht lösbar.

b)
$$\begin{pmatrix} 1 & -1 & -1 & | & -6 \\ 1 & 1 & 1 & | & 7 \\ 3 & 2 & 3 & | & 17 \end{pmatrix} \longrightarrow \begin{pmatrix} 2 & 0 & 0 & | & 1 \\ 1 & 1 & 1 & | & 7 \\ 0 & -1 & 0 & | & -4 \end{pmatrix}$$

$$\longrightarrow \begin{pmatrix} 1 & 0 & 0 & | & \frac{1}{2} \\ 1 & 0 & 1 & | & 3 \\ 0 & 1 & 0 & | & 4 \end{pmatrix} \longrightarrow \begin{pmatrix} 1 & 0 & 0 & | & \frac{1}{2} \\ 0 & 1 & 0 & | & 4 \\ 0 & 0 & 1 & | & \frac{5}{2} \end{pmatrix}$$

Daher ist das Gleichungssystem eindeutig lösbar mit $x_1 = \frac{1}{2}$, $x_2 = 4$, $x_3 = \frac{5}{2}$.

c)
$$\begin{pmatrix} -1 & -1 & -10 & 5 & | & -4 \\ 2 & 1 & 20 & -5 & | & 3 \end{pmatrix} \longrightarrow \begin{pmatrix} -1 & -1 & -10 & 5 & | & -4 \\ 0 & -1 & 0 & 5 & | & -5 \end{pmatrix}$$

$$\longrightarrow \begin{pmatrix} -1 & 0 & -10 & 0 & | & 1 \\ 0 & -1 & 0 & 5 & | & -5 \end{pmatrix} \longrightarrow \begin{pmatrix} 1 & 0 & 10 & 0 & | & -1 \\ 0 & 1 & 0 & -5 & | & 5 \end{pmatrix}$$

Wegen $\mathbf{rg}(A) = \mathbf{rg}(A|b)$ ist das Gleichungssystem lösbar. Es ist nicht eindeutig lösbar, da z.B.
$$(-1, 5, 0, 0)', \quad (-11, 10, 1, 1)'$$
zwei verschiedene Lösungen sind.

16 Determinante einer Matrix

Literaturhinweis: KCO, Kapitel 11, S. 366-372

Hinweis: Als Notationen für die Determinante einer Matrix A werden $\det A$ bzw. $|A|$ verwendet.

Aufgaben

Aufgabe 16.1:

Bestimmen Sie folgende Determinanten:

$$\begin{vmatrix} 7 & 6 & 4 \\ 3 & -2 & 1 \\ 0 & 4 & 0 \end{vmatrix}, \quad \begin{vmatrix} 2 & -3 & 3 \\ -1 & 2 & 0 \\ 1 & 4 & 1 \end{vmatrix}, \quad \begin{vmatrix} 4 & 12 & 1 \\ -2 & -6 & -7 \\ 5 & 15 & 3 \end{vmatrix},$$

$$\begin{vmatrix} 14 & 21 & 70 \\ 8 & 12 & 10 \\ 20 & 15 & 25 \end{vmatrix}, \quad \begin{vmatrix} 30 & 0 & 2 \\ 36 & 15 & 0 \\ 24 & 7 & 3 \end{vmatrix}, \quad \begin{vmatrix} 0 & 1 & 1 \\ 1 & 0 & 1 \\ 1 & 1 & 0 \end{vmatrix}.$$

Aufgabe 16.2:

Berechnen Sie jeweils die Determinante mit Hilfe der Regel von Sarrus:

a) $\begin{vmatrix} 1 & 2 & 3 \\ -1 & 0 & 4 \\ 2 & 1 & -1 \end{vmatrix}$ b) $\begin{vmatrix} -4 & -3 & -3 \\ 1 & 0 & 1 \\ 4 & 4 & 3 \end{vmatrix}$ c) $\begin{vmatrix} 5 & 1 & 4 \\ 7 & 0 & 4 \\ 3 & 1 & 0 \end{vmatrix}$ d) $\begin{vmatrix} 4 & 20 & 8 \\ 1 & 10 & 0 \\ 0 & 5 & 2 \end{vmatrix}$

Aufgabe 16.3:

Bestimmen Sie folgende Determinanten durch Anwendung des Entwicklungssatzes und der Sarrusschen Regel:

$$\begin{vmatrix} 4 & 0 & 0 & -2 \\ 1 & 1 & 1 & 0 \\ 1 & 4 & 0 & 3 \\ 2 & 2 & 7 & -4 \end{vmatrix}, \quad \begin{vmatrix} 1 & 2 & -7 & -6 \\ 3 & 4 & 2 & 1 \\ -2 & 4 & 5 & 19 \\ 0 & 1 & 1 & 3 \end{vmatrix}.$$

Aufgabe 16.4:

Berechnen Sie:

a) $\begin{vmatrix} 1 & 0 & -1 & 2 \\ 2 & 3 & 2 & -2 \\ 2 & 4 & 2 & 1 \\ 3 & 1 & 5 & 3 \end{vmatrix}$
b) $\begin{vmatrix} 1 & 1 & 2 & 6 \\ 1 & 2 & 1 & 3 \\ 4 & 1 & 4 & 9 \\ 2 & 4 & 4 & 7 \end{vmatrix}$

c) $\begin{vmatrix} 1 & 0 & 0 & 2 \\ 1 & 1 & 0 & 0 \\ 3 & 2 & 3 & 1 \\ 0 & 0 & 1 & 0 \end{vmatrix}$
d) $\begin{vmatrix} 1 & -2 & 3 & -4 \\ 2 & -1 & 4 & -3 \\ 2 & 3 & -4 & -5 \\ 3 & -4 & 5 & 6 \end{vmatrix}$

Aufgabe 16.5:

a) Seien $a, b, c, d, e, f, g, h \in \mathbb{R}$. Zeigen Sie:

$$\det \begin{pmatrix} a & b & 0 & 0 \\ c & d & 0 & 0 \\ 0 & 0 & e & f \\ 0 & 0 & g & h \end{pmatrix} = \det \begin{pmatrix} a & b \\ c & d \end{pmatrix} \cdot \det \begin{pmatrix} e & f \\ g & h \end{pmatrix}.$$

b) Berechnen Sie: $\begin{vmatrix} 4 & -2 & 0 & 0 \\ 1 & 3 & 0 & 0 \\ 0 & 0 & 3 & -5 \\ 0 & 0 & 8 & -4 \end{vmatrix}$

Aufgabe 16.6:

Sei $A = \begin{pmatrix} a & b \\ c & d \end{pmatrix}$ mit $a, b, c, d \in \mathbb{R}$ und $\det A \neq 0$. Zeigen Sie:

a) $\det(A^{-1}) = (\det A)^{-1}$
b) $A^{-1} = \frac{1}{\det A} \begin{pmatrix} d & -b \\ -c & a \end{pmatrix}$

Aufgabe 16.7:

Zeigen Sie die Gültigkeit der folgenden Beziehung:

$$\det \begin{pmatrix} a & b + b' \\ c & d + d' \end{pmatrix} = \det \begin{pmatrix} a & b \\ c & d \end{pmatrix} + \det \begin{pmatrix} a & b' \\ c & d' \end{pmatrix}, \qquad a, b, b', c, d, d' \in \mathbb{R}.$$

DETERMINANTE EINER MATRIX 275

Aufgabe 16.8:

Seien $A \in \mathcal{M}_{n,n}$ eine quadratische Matrix und I_n die Einheitsmatrix. Dann heißt die Funktion $f : \mathbb{R} \to \mathbb{R}$ definiert durch

$$f(z) = \det(A - z \cdot I_n), \quad z \in \mathbb{R},$$

charakteristisches Polynom von A.

Berechnen Sie jeweils das charakteristische Polynom der folgenden Matrizen:

$$\begin{pmatrix} 2 & 0 \\ 0 & -2 \end{pmatrix}, \quad \begin{pmatrix} 1 & -2 \\ -3 & 2 \end{pmatrix}, \quad \begin{pmatrix} 0 & 5 \\ 2 & 3 \end{pmatrix}, \quad \begin{pmatrix} 4 & 3 \\ 3 & -4 \end{pmatrix}, \quad \begin{pmatrix} -1 & 1 \\ 0 & -2 \end{pmatrix}.$$

Aufgabe 16.9:

Die Nullstellen des charakteristischen Polynoms (s. Aufgabe 16.8) einer Matrix $A \in \mathcal{M}_{n,n}$ heißen **Eigenwerte** der Matrix A. Ist λ_0 ein Eigenwert der Matrix A, so heißen die Lösungen $x \in \mathbb{R}^n$, $x \neq \mathbf{0}$, des linearen Gleichungssystems

$$(A - \lambda_0 I_n)x = \mathbf{0}$$

Eigenvektoren von A zum Eigenwert λ_0.

Berechnen Sie für die Matrizen aus Aufgabe 16.8 die Eigenwerte und die jeweils zugehörigen Eigenvektoren.

Aufgabe 16.10:

Berechnen Sie für die Matrix

$$A = \begin{pmatrix} -1 & 1 & 1 \\ 0 & -2 & 0 \\ -1 & 0 & 1 \end{pmatrix}$$

alle Eigenwerte und die zugehörigen Eigenvektoren.

Aufgabe 16.11:

Sei $A \in \mathcal{M}_{n,n}$ eine Matrix mit Eigenwert λ_0 und zugehörigem Eigenvektor x_0.

Zeigen Sie: $Ax_0 = \lambda_0 x_0$.

Lösungen

Bitte beachten Sie: Zur Beschreibung der Umformungsschritte für Matrizen werden die in Kapitel 13 erläuterten Notationen verwendet.

Lösung zu Aufgabe 16.1:

- $\begin{vmatrix} 7 & 6 & 4 \\ 3 & -2 & 1 \\ 0 & 4 & 0 \end{vmatrix} = 2 \begin{vmatrix} 7 & 3 & 4 \\ 3 & -1 & 1 \\ 0 & 2 & 0 \end{vmatrix}$

$= 2 \cdot 2 \begin{vmatrix} 7 & 3 & 4 \\ 3 & -1 & 1 \\ 0 & 1 & 0 \end{vmatrix} = 4 \begin{vmatrix} 7 & 0 & 4 \\ 3 & 0 & 1 \\ 0 & 1 & 0 \end{vmatrix}$

$= 4 \begin{vmatrix} -5 & 0 & 0 \\ 3 & 0 & 1 \\ 0 & 1 & 0 \end{vmatrix} = -20 \begin{vmatrix} 1 & 0 & 0 \\ 0 & 0 & 1 \\ 0 & 1 & 0 \end{vmatrix} = 20$

- $\begin{vmatrix} 2 & -3 & 3 \\ -1 & 2 & 0 \\ 1 & 4 & 1 \end{vmatrix} = \begin{vmatrix} 0 & 1 & 3 \\ -1 & 2 & 0 \\ 0 & 6 & 1 \end{vmatrix}$

$= \begin{vmatrix} 0 & 1 & 0 \\ -1 & 0 & 0 \\ 0 & 6 & -17 \end{vmatrix} = \begin{vmatrix} 0 & 1 & 0 \\ -1 & 0 & 0 \\ 0 & 0 & -17 \end{vmatrix} = -17.$

- $\begin{vmatrix} 4 & 12 & 1 \\ -2 & -6 & -7 \\ 5 & 15 & 3 \end{vmatrix} = \begin{vmatrix} 4 & 0 & 1 \\ -2 & 0 & -7 \\ 5 & 0 & 3 \end{vmatrix} = 0$

Determinante einer Matrix

- $\begin{vmatrix} 14 & 21 & 70 \\ 8 & 12 & 10 \\ 20 & 15 & 25 \end{vmatrix} \begin{matrix} |{:}7 \\ |{:}2 \\ |{:}5 \end{matrix} = 7 \cdot 2 \cdot 5 \begin{vmatrix} 2 & 3 & 10 \\ 4 & 6 & 5 \\ 4 & 3 & 5 \end{vmatrix} \begin{matrix} |{:}2 & |{:}3 & |{:}5 \end{matrix} = 70 \cdot 2 \cdot 3 \cdot 5 \begin{vmatrix} 1 & 1 & 2 \\ 2 & 2 & 1 \\ 2 & 1 & 1 \end{vmatrix}$

$= 2\,100 \begin{vmatrix} 0 & 1 & 2 \\ 0 & 2 & 1 \\ 1 & 1 & 1 \end{vmatrix} = 2\,100 \begin{vmatrix} 0 & 1 & 2 \\ 0 & 2 & 1 \\ 1 & 0 & 0 \end{vmatrix} = 2\,100 \begin{vmatrix} 0 & 1 & 0 \\ 0 & 2 & -3 \\ 1 & 0 & 0 \end{vmatrix}$

$= 2\,100 \cdot (-3) \begin{vmatrix} 0 & 1 & 0 \\ 0 & 0 & 1 \\ 1 & 0 & 0 \end{vmatrix} = -6\,300$

- $\begin{vmatrix} 30 & 0 & 2 \\ 36 & 15 & 0 \\ 24 & 7 & 3 \end{vmatrix} \begin{matrix} |{:}6 \end{matrix} = 6 \begin{vmatrix} 5 & 0 & 2 \\ 6 & 15 & 0 \\ 4 & 7 & 3 \end{vmatrix} |{:}3 = 6 \cdot 3 \begin{vmatrix} 5 & 0 & 2 \\ 2 & 5 & 0 \\ 4 & 7 & 3 \end{vmatrix}$

$= 18 \begin{vmatrix} 5 & 0 & 2 \\ 2 & 5 & 0 \\ 0 & -3 & 3 \end{vmatrix} |{:}3 = 18 \cdot 3 \begin{vmatrix} 5 & 2 & 0 \\ 2 & 5 & 0 \\ 0 & 0 & 1 \end{vmatrix}$

$= 54 \begin{vmatrix} 1 & 2 & 0 \\ -8 & 5 & 0 \\ 0 & 0 & 1 \end{vmatrix} = 54 \begin{vmatrix} 1 & 2 & 0 \\ 0 & 21 & 0 \\ 0 & 0 & 1 \end{vmatrix} |{:}21$

$= 54 \cdot 21 \begin{vmatrix} 1 & 0 & 0 \\ 0 & 1 & 0 \\ 0 & 0 & 1 \end{vmatrix} = 1\,134$

- $\begin{vmatrix} 0 & 1 & 1 \\ 1 & 0 & 1 \\ 1 & 1 & 0 \end{vmatrix} \xrightarrow{\cdot(-1)} = \begin{vmatrix} 0 & 1 & 1 \\ 1 & -1 & 0 \\ 1 & 1 & 0 \end{vmatrix} \xrightarrow{+1)} = \begin{vmatrix} 0 & 0 & 1 \\ 1 & -1 & 0 \\ 2 & 0 & 0 \end{vmatrix}_{|:2} \xrightarrow{\cdot(-1)}$

$= 2 \begin{vmatrix} 0 & 0 & 1 \\ 0 & -1 & 0 \\ 1 & 0 & 0 \end{vmatrix} \xrightarrow{|\cdot(-1)} = 2 \begin{vmatrix} 1 & 0 & 0 \\ 0 & 1 & 0 \\ 0 & 0 & 1 \end{vmatrix} = 2$

Lösung zu Aufgabe 16.2:

Die Anwendung der **Regel von Sarrus** zur Berechnung der Determinante einer Matrix

$$\begin{pmatrix} a_{11} & a_{12} & a_{13} \\ a_{21} & a_{22} & a_{23} \\ a_{31} & a_{32} & a_{33} \end{pmatrix}$$

wird durch folgendes Schema verdeutlicht. Neben die Spalten der Matrix A werden hilfsweise nochmals die ersten beiden Spalten von A geschrieben:

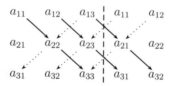

Dann bildet man – links oben beginnend – die Produkte der Zahlen entlang der drei mit einer durchgezeichneten Linie markierten Diagonalen und summiert diese auf:

$$a_{11}a_{22}a_{33} + a_{12}a_{23}a_{31} + a_{13}a_{21}a_{32}.$$

Anschließend werden die Produkte der Zahlen entlang der gepunktet gezeichneten drei Diagonalen, die jeweils von rechts oben nach links unten führen, gebildet und aufsummiert:

$$a_{13}a_{22}a_{31} + a_{11}a_{23}a_{32} + a_{12}a_{21}a_{33}.$$

Die Determinante von A ist dann die Differenz der so erhaltenen Werte, also:

$$\det A = a_{11}a_{22}a_{33} + a_{12}a_{23}a_{31} + a_{13}a_{21}a_{32} - a_{13}a_{22}a_{31} - a_{11}a_{23}a_{32} - a_{12}a_{21}a_{33}.$$

Die Anwendung dieses Verfahrens führt zu folgenden Lösungen:

a) $\begin{vmatrix} 1 & 2 & 3 \\ -1 & 0 & 4 \\ 2 & 1 & -1 \end{vmatrix} = 1 \cdot 0 \cdot (-1) + 2 \cdot 4 \cdot 2 + 3 \cdot (-1) \cdot 1 - 2 \cdot 0 \cdot 3 - 1 \cdot 4 \cdot 1 - (-1) \cdot (-1) \cdot 2 = 7.$

DETERMINANTE EINER MATRIX

b) $\begin{vmatrix} -4 & -3 & -3 \\ 1 & 0 & 1 \\ 4 & 4 & 3 \end{vmatrix} = (-4)\cdot 0\cdot 3 + (-3)\cdot 1\cdot 4 + (-3)\cdot 1\cdot 4$
$\qquad\qquad\qquad\qquad -4\cdot 0\cdot(-3) - 4\cdot 1\cdot(-4) - 3\cdot 1\cdot(-3) = 1.$

c) $\begin{vmatrix} 5 & 1 & 4 \\ 7 & 0 & 4 \\ 3 & 1 & 0 \end{vmatrix} = 5\cdot 0\cdot 0 + 1\cdot 4\cdot 3 + 4\cdot 7\cdot 1 - 3\cdot 0\cdot 4 - 1\cdot 4\cdot 5 - 0\cdot 7\cdot 1 = 20.$

d) $\begin{vmatrix} 4 & 20 & 8 \\ 1 & 10 & 0 \\ 0 & 5 & 2 \end{vmatrix} = 4\cdot 10\cdot 2 + 20\cdot 0\cdot 0 + 8\cdot 1\cdot 5 - 0\cdot 10\cdot 8 - 5\cdot 0\cdot 4 - 2\cdot 1\cdot 20 = 80.$

Lösung zu Aufgabe 16.3:

$\begin{vmatrix} 4 & 0 & 0 & -2 \\ 1 & 1 & 1 & 0 \\ 1 & 4 & 0 & 3 \\ 2 & 2 & 7 & -4 \end{vmatrix} = 4\begin{vmatrix} 1 & 1 & 0 \\ 4 & 0 & 3 \\ 2 & 7 & -4 \end{vmatrix} - (-2)\begin{vmatrix} 1 & 1 & 1 \\ 1 & 4 & 0 \\ 2 & 2 & 7 \end{vmatrix} = 4\cdot 1 + 2\cdot 15 = 34.$

Die Determinanten der (3×3)-Matrizen werden mit der Regel von Sarrus berechnet (s. Aufgabe 16.2):

- $\begin{vmatrix} 1 & 1 & 0 \\ 4 & 0 & 3 \\ 2 & 7 & -4 \end{vmatrix} = 0 + 6 + 0 - 0 - 21 - (-16) = 1,$ $\qquad$ Hilfsschema: $\begin{pmatrix} 1 & 1 & 0 & | & 1 & 1 \\ 4 & 0 & 3 & | & 4 & 0 \\ 2 & 7 & -4 & | & 2 & 7 \end{pmatrix}.$

- $\begin{vmatrix} 1 & 1 & 1 \\ 1 & 4 & 0 \\ 2 & 2 & 7 \end{vmatrix} = 28 + 0 + 2 - 8 - 0 - 7 = 15,$ $\qquad$ Hilfsschema: $\begin{pmatrix} 1 & 1 & 1 & | & 1 & 1 \\ 1 & 4 & 0 & | & 1 & 4 \\ 2 & 2 & 7 & | & 2 & 2 \end{pmatrix}.$

$\begin{vmatrix} 1 & 2 & -7 & -6 \\ 3 & 4 & 2 & 1 \\ -2 & 4 & 5 & 19 \\ 0 & 1 & 1 & 3 \end{vmatrix} = 1\cdot\begin{vmatrix} 4 & 2 & 1 \\ 4 & 5 & 19 \\ 1 & 1 & 3 \end{vmatrix} - 2\begin{vmatrix} 3 & 2 & 1 \\ -2 & 5 & 19 \\ 0 & 1 & 3 \end{vmatrix}$
$\qquad\qquad\qquad\qquad + (-7)\begin{vmatrix} 3 & 4 & 1 \\ -2 & 4 & 19 \\ 0 & 1 & 3 \end{vmatrix} - (-6)\begin{vmatrix} 3 & 4 & 2 \\ -2 & 4 & 5 \\ 0 & 1 & 1 \end{vmatrix}$
$\qquad\qquad\qquad = -3 - 2\cdot(-2) - 7\cdot 1 + 6\cdot 1 = 0.$

Die Regel von Sarrus liefert jeweils:

- $\begin{vmatrix} 4 & 2 & 1 \\ 4 & 5 & 19 \\ 1 & 1 & 3 \end{vmatrix} = 60 + 38 + 4 - 5 - 76 - 24 = -3,$

- $\begin{vmatrix} 3 & 2 & 1 \\ -2 & 5 & 19 \\ 0 & 1 & 3 \end{vmatrix} = 45 + 0 - 2 - 0 - 57 + 12 = -2,$

- $\begin{vmatrix} 3 & 4 & 1 \\ -2 & 4 & 19 \\ 0 & 1 & 3 \end{vmatrix} = 36 + 0 - 2 - 0 - 57 + 24 = 1,$

- $\begin{vmatrix} 3 & 4 & 2 \\ -2 & 4 & 5 \\ 0 & 1 & 1 \end{vmatrix} = 12 + 0 - 4 - 0 - 15 + 8 = 1.$

Lösung zu Aufgabe 16.4:

a) $\begin{vmatrix} 1 & 0 & -1 & 2 \\ 2 & 3 & 2 & -2 \\ 2 & 4 & 2 & 1 \\ 3 & 1 & 5 & 3 \end{vmatrix} = \begin{vmatrix} 2 & 0 & -1 & 2 \\ 0 & 3 & 2 & -2 \\ 0 & 4 & 2 & 1 \\ -2 & 1 & 5 & 3 \end{vmatrix}$

$= \begin{vmatrix} 2 & 0 & -1 & 2 \\ 0 & 3 & 2 & -2 \\ 0 & 4 & 2 & 1 \\ 0 & 1 & 4 & 5 \end{vmatrix} = 2 \begin{vmatrix} 3 & 2 & -2 \\ 4 & 2 & 1 \\ 1 & 4 & 5 \end{vmatrix}$

$= 2 \begin{vmatrix} 3 & 2 & -2 \\ 1 & 0 & 3 \\ -5 & 0 & 9 \end{vmatrix} = 2 \cdot (-2) \begin{vmatrix} 1 & 3 \\ -5 & 9 \end{vmatrix} = -4 \cdot (1 \cdot 9 - (-5) \cdot 3) = -96$

b) $\begin{vmatrix} 1 & 1 & 2 & 6 \\ 1 & 2 & 1 & 3 \\ 4 & 1 & 4 & 9 \\ 2 & 4 & 4 & 7 \end{vmatrix} = \begin{vmatrix} 1 & 1 & 2 & 6 \\ 0 & 1 & -1 & -3 \\ 0 & -3 & -4 & -15 \\ 0 & 2 & 0 & -5 \end{vmatrix}$

$= 1 \begin{vmatrix} 1 & -1 & -3 \\ -3 & -4 & -15 \\ 2 & 0 & -5 \end{vmatrix} = \begin{vmatrix} 1 & -1 & -3 \\ -7 & 0 & -3 \\ 2 & 0 & -5 \end{vmatrix} = -(-1) \begin{vmatrix} -7 & -3 \\ 2 & -5 \end{vmatrix} = 35 + 6 = 41$

Determinante einer Matrix

c) $\begin{vmatrix} 1 & 0 & 0 & 2 \\ 1 & 1 & 0 & 0 \\ 3 & 2 & 3 & 1 \\ 0 & 0 & 1 & 0 \end{vmatrix} = - \begin{vmatrix} 1 & 0 & 2 \\ 1 & 1 & 0 \\ 3 & 2 & 1 \end{vmatrix} = - \begin{vmatrix} 1 & 0 & 2 \\ 0 & 1 & 0 \\ 1 & 2 & 1 \end{vmatrix}$

$= - \begin{vmatrix} 1 & 2 \\ 1 & 1 \end{vmatrix} = -(1-2) = 1$

d) $\begin{vmatrix} 1 & -2 & 3 & -4 \\ 2 & -1 & 4 & -3 \\ 2 & 3 & -4 & -5 \\ 3 & -4 & 5 & 6 \end{vmatrix} = \begin{vmatrix} 1 & -2 & 3 & -4 \\ 0 & 3 & -2 & 5 \\ 0 & 4 & -8 & -2 \\ 0 & 2 & -4 & 18 \end{vmatrix}$

$= \begin{vmatrix} 3 & -2 & 5 \\ 4 & -8 & -2 \\ 2 & -4 & 18 \end{vmatrix} = \begin{vmatrix} 3 & 4 & 5 \\ 4 & 0 & -2 \\ 2 & 0 & 18 \end{vmatrix} = (-4) \begin{vmatrix} 4 & -2 \\ 2 & 18 \end{vmatrix} = -4 \cdot (72+4) = -304$

Lösung zu Aufgabe 16.5:

a) $\det \begin{pmatrix} a & b & 0 & 0 \\ c & d & 0 & 0 \\ 0 & 0 & e & f \\ 0 & 0 & g & h \end{pmatrix} = a \cdot \det \begin{pmatrix} d & 0 & 0 \\ 0 & e & f \\ 0 & g & h \end{pmatrix} - c \cdot \det \begin{pmatrix} b & 0 & 0 \\ 0 & e & f \\ 0 & g & h \end{pmatrix}$

$= a \cdot d \cdot \det \begin{pmatrix} e & f \\ g & h \end{pmatrix} - c \cdot b \cdot \det \begin{pmatrix} e & f \\ g & h \end{pmatrix}$

$= (a \cdot d - c \cdot b) \cdot \det \begin{pmatrix} e & f \\ g & h \end{pmatrix}$

$= \det \begin{pmatrix} a & b \\ c & d \end{pmatrix} \cdot \det \begin{pmatrix} e & f \\ g & h \end{pmatrix}$

b) Mit a) folgt: $\begin{vmatrix} 4 & -2 & 0 & 0 \\ 1 & 3 & 0 & 0 \\ 0 & 0 & 3 & -5 \\ 0 & 0 & 8 & -4 \end{vmatrix} = \begin{vmatrix} 4 & -2 \\ 1 & 3 \end{vmatrix} \cdot \begin{vmatrix} 3 & -5 \\ 8 & -4 \end{vmatrix} = 14 \cdot 28 = 392$

Lösung zu Aufgabe 16.6:

Sei $A = \begin{pmatrix} a & b \\ c & d \end{pmatrix}$ mit $\det A \neq 0$. Da $\det A = ad - bc \neq 0$, ist A nach Aufgabe 13.10 invertierbar mit
$$A^{-1} = \frac{1}{ad-bc} \begin{pmatrix} d & -b \\ -c & a \end{pmatrix}.$$

Dies impliziert:

a) $\det(A^{-1}) = \dfrac{1}{(ad-bc)^2}(da - bc) = (\det A)^{-1}$.

(Bemerkung: Diese Beziehung gilt allgemein für Matrizen $A \in \mathcal{M}_{n,n}$.)

b) Wegen $\det A = ad - bc$ ist damit auch b) gezeigt.

Lösung zu Aufgabe 16.7:

$$\det \begin{pmatrix} a & b+b' \\ c & d+d' \end{pmatrix} = a(d+d') - c(b+b') = ad + ad' - cb - cb'$$
$$= (ad - bc) + (ad' - b'c) = \det \begin{pmatrix} a & b \\ c & d \end{pmatrix} + \det \begin{pmatrix} a & b' \\ c & d' \end{pmatrix}$$

Lösung zu Aufgabe 16.8:

Das charakteristische Polynom einer Matrix $A = \begin{pmatrix} a & b \\ c & d \end{pmatrix}$ ist gegeben durch
$$\det(A - z \cdot I_2) = \det\left(\begin{pmatrix} a & b \\ c & d \end{pmatrix} - \begin{pmatrix} z & 0 \\ 0 & z \end{pmatrix}\right) = \det \begin{pmatrix} a-z & b \\ c & d-z \end{pmatrix}.$$

Damit erhält man:

i) $\begin{vmatrix} 2-z & 0 \\ 0 & -2-z \end{vmatrix} = (2-z)(-2-z) = z^2 - 4$

ii) $\begin{vmatrix} 1-z & -2 \\ -3 & 2-z \end{vmatrix} = (1-z)(2-z) - 6 = 2 - 3z + z^2 - 6 = z^2 - 3z - 4$

iii) $\begin{vmatrix} -z & 5 \\ 2 & 3-z \end{vmatrix} = (-z)(3-z) - 10 = z^2 - 3z - 10$

iv) $\begin{vmatrix} 4-z & 3 \\ 3 & -4-z \end{vmatrix} = (4-z)(-4-z) - 9 = z^2 - 16 - 9 = z^2 - 25$

v) $\begin{vmatrix} -1-z & 1 \\ 0 & -2-z \end{vmatrix} = (-1-z)(-2-z) = (z+1)(z+2) = z^2 + 3z + 2$

Lösung zu Aufgabe 16.9:

i) Die Nullstellen des Polynoms $f(z) = (2-z)(-2-z) = z^2 - 4$ sind $z = 2 = \lambda_1$ und $z = -2 = \lambda_2$, so dass also $\lambda_1 = 2$ und $\lambda_2 = -2$ die Eigenwerte von A sind. Die Eigenvektoren erhält man aus (es ist $x = (x_1, x_2)'$):

$\lambda_1 = 2$: $(A - 2 \cdot I_2)x = \begin{pmatrix} 0 & 0 \\ 0 & -4 \end{pmatrix} x = \mathbf{0} \iff x_1 \in \mathbb{R} \wedge x_2 = 0$, d.h. jeder Vektor der Form $a \cdot (1,0)'$ mit $a \neq 0$ ist Eigenvektor zum Eigenwert $\lambda_1 = 2$.

$\lambda_2 = -2$: $(A - (-2) \cdot I_2)x = \begin{pmatrix} 4 & 0 \\ 0 & 0 \end{pmatrix} x = \mathbf{0} \iff x_1 = 0 \wedge x_2 \in \mathbb{R}$, d.h. jeder Vektor der Form $a \cdot (0,1)'$ mit $a \neq 0$ ist Eigenvektor zum Eigenwert $\lambda_2 = -2$.

Es ist zu beachten, dass der Nullvektor nicht als Eigenvektor bezeichnet wird.

ii) Eigenwerte sind $\lambda_1 = -1$ und $\lambda_2 = 4$.

$\lambda_1 = -1$: $(A - (-1) \cdot I_2)x = \begin{pmatrix} 2 & -2 \\ -3 & 3 \end{pmatrix} x = \mathbf{0} \iff x_1 = x_2 \wedge x_2 \in \mathbb{R}$, d.h. jeder Vektor der Form $a \cdot (1,1)'$ mit $a \neq 0$ ist Eigenvektor zum Eigenwert $\lambda_1 = -1$.

$\lambda_2 = 4$: $(A - (-4) \cdot I_2)x = \begin{pmatrix} -3 & -2 \\ -3 & -2 \end{pmatrix} x = \mathbf{0} \iff x_1 = -\frac{2}{3}x_2 \wedge x_2 \in \mathbb{R}$, d.h. jeder Vektor der Form $a \cdot (-\frac{2}{3}, 1)'$ mit $a \neq 0$ ist Eigenvektor zum Eigenwert $\lambda_2 = 4$.

iii) Eigenwerte sind $\lambda_1 = -2$ und $\lambda_2 = 5$.

$\lambda_1 = -2$: $(A - (-2) \cdot I_2)x = \begin{pmatrix} 2 & 5 \\ 2 & 5 \end{pmatrix} x = \mathbf{0} \iff x_1 = -\frac{5}{2}x_2 \wedge x_2 \in \mathbb{R}$, d.h. jeder Vektor der Form $a \cdot (-\frac{5}{2}, 1)'$ mit $a \neq 0$ ist Eigenvektor zum Eigenwert $\lambda_1 = -2$.

$\lambda_2 = 5$: $(A - 5 \cdot I_2)x = \begin{pmatrix} -5 & 5 \\ 2 & -2 \end{pmatrix} x = \mathbf{0} \iff x_1 = x_2 \wedge x_2 \in \mathbb{R}$, d.h. jeder Vektor der Form $a \cdot (1,1)'$ mit $a \neq 0$ ist Eigenvektor zum Eigenwert $\lambda_2 = 5$.

iv) Eigenwerte sind $\lambda_1 = -5$ und $\lambda_2 = 5$.

$\lambda_1 = -5$: $(A - (-5) \cdot I_2)x = \begin{pmatrix} 9 & 3 \\ 3 & 1 \end{pmatrix} x = \mathbf{0} \iff x_1 = -\frac{1}{3}x_2 \wedge x_2 \in \mathbb{R}$, d.h. jeder Vektor der Form $a \cdot (-\frac{1}{3}, 1)'$ mit $a \neq 0$ ist Eigenvektor zum Eigenwert $\lambda_1 = -5$.

$\lambda_2 = 5$: $(A - 5 \cdot I_2)x = \begin{pmatrix} -1 & 3 \\ 3 & -9 \end{pmatrix} x = \mathbf{0} \iff x_1 = 3x_2 \wedge x_2 \in \mathbb{R}$, d.h. jeder Vektor der Form $a \cdot (3,1)'$ mit $a \neq 0$ ist Eigenvektor zum Eigenwert $\lambda_2 = 5$.

v) Eigenwerte sind $\lambda_1 = -1$ und $\lambda_2 = -2$.

$\lambda_1 = -1$: $(A - (-1) \cdot I_2)x = \begin{pmatrix} 0 & 1 \\ 0 & -1 \end{pmatrix} x = \mathbf{0} \iff x_1 \in \mathbb{R} \wedge x_2 = 0$, d.h. jeder Vektor der Form $a \cdot (1,0)'$ mit $a \neq 0$ ist Eigenvektor zum Eigenwert $\lambda_1 = -1$.

$\lambda_2 = -2$: $(A - (-2) \cdot I_2)x = \begin{pmatrix} 1 & 1 \\ 0 & 0 \end{pmatrix} x = \mathbf{0} \iff x_1 = -x_2 \wedge x_2 \in \mathbb{R}$, d.h. jeder Vektor der Form $a \cdot (-1, 1)'$ mit $a \neq 0$ ist Eigenvektor zum Eigenwert $\lambda_2 = -2$.

Lösung zu Aufgabe 16.10:

Das charakteristische Polynom ist gegeben durch

$$f(z) = \det \begin{pmatrix} -1-z & 1 & 1 \\ 0 & -2-z & 0 \\ -1 & 0 & 1-z \end{pmatrix}$$

$$= -0 \cdot \det \begin{pmatrix} 1 & 1 \\ 0 & 1-z \end{pmatrix} + (-2-z) \det \begin{pmatrix} -1-z & 1 \\ -1 & 1-z \end{pmatrix} - 0 \cdot \det \begin{pmatrix} -1-z & 1 \\ -1 & 0 \end{pmatrix}$$

$$= -(2+z)[-(1+z)(1-z)+1]$$
$$= -(z+2)(z^2-1+1)$$
$$= -z^2(z+2)$$

Damit sind $\lambda_1 = 0$ und $\lambda_2 = -2$ die Eigenwerte von A. Die Eigenvektoren berechnen sich folgendermaßen:

$$\lambda_1 = 0: \quad A - \lambda_1 I_3 = A = \begin{pmatrix} -1 & 1 & 1 \\ 0 & -2 & 0 \\ -1 & 0 & 1 \end{pmatrix} \begin{array}{c} \\ |:(-2) \\ \end{array} \longrightarrow \begin{pmatrix} -1 & 0 & 1 \\ 0 & 1 & 0 \\ 0 & 0 & 0 \end{pmatrix}$$

Die Lösungsmenge des linearen Gleichungssystems $(A - \lambda_1 I_3)x = \mathbf{0}$ ist somit gegeben durch die Menge aller Vektoren $y = (x_1, x_2, x_3)'$ mit $x_3 \in \mathbb{R}$, $x_2 = 0$ und $x_1 = x_3$, d. h. jeder Vektor der Form $y = a \cdot (1, 0, 1)'$ mit $a \neq 0$ ist Eigenvektor zum Eigenwert 0.

$$\lambda_2 = -2: \quad A - \lambda_2 I_3 = \begin{pmatrix} 1 & 1 & 1 \\ 0 & 0 & 0 \\ -1 & 0 & 3 \end{pmatrix} \begin{array}{c} \\ +1 \\ \end{array} \longrightarrow \begin{pmatrix} 1 & 1 & 1 \\ 0 & 1 & 4 \\ 0 & 0 & 0 \end{pmatrix}$$

$$\longrightarrow \begin{pmatrix} 1 & 0 & -3 \\ 0 & 1 & 4 \\ 0 & 0 & 0 \end{pmatrix}$$

Die Lösungsmenge des linearen Gleichungssystems $(A - \lambda_2 I_3)x = \mathbf{0}$ ist somit gegeben durch die Menge aller Vektoren $y = (x_1, x_2, x_3)'$ mit $x_3 \in \mathbb{R}$, $x_2 = -4x_3$ und $x_1 = 3x_3$, d. h. jeder Vektor der Form $y = a \cdot (3, -4, 1)'$ mit $a \neq 0$ ist Eigenvektor zum Eigenwert -2.

Lösung zu Aufgabe 16.11:

Da x_0 Eigenvektor zum Eigenwert λ_0 von A ist, löst x_0 das Gleichungssystem $(A - \lambda_0 I_n)x = \mathbf{0}$, d. h. es gilt

$$(A - \lambda_0 I_n)x_0 = \mathbf{0} \iff Ax_0 = \lambda_0 I_n x_0 \iff Ax_0 = \lambda_0 x_0.$$

17 Lineare Optimierung

Literaturhinweis: KCO, Kapitel 10

Aufgaben

Aufgabe 17.1:

In einem Produktionsbetrieb werden aus drei Rohstoffen R_1, R_2 und R_3 die beiden Endprodukte E_1 und E_2 hergestellt. Für 1 kg von Produkt E_1 werden 2 kg von Rohstoff R_1 und 4 kg von Rohstoff R_3 benötigt. In die Produktion von 1kg E_2 gehen 3 kg von R_1, 1 kg von R_2 und 3 kg von R_3 ein. Jedes der Endprodukte liefert einen Deckungsbeitrag von 50 € pro kg. Pro Tag entstehen fixe Kosten von 2 000 €. Am letzten Tag des Produktionszyklus stehen noch Lagerbestände von 360 kg R_1, 100 kg R_2 und 600 kg R_3 zur Verfügung.

Bestimmen Sie graphisch und rechnerisch das optimale Produktionsprogramm für diesen Tag, d. h. die Produktionsmengen der Erzeugnisse E_1 und E_2 mit dem höchsten Deckungsbeitrag.

Aufgabe 17.2:

Die chemischen Erzeugnisse E_1 und E_2 werden in den drei Aufbereitungsanlagen A_1, A_2 und A_3 hergestellt. Die für jede Tonne von E_1 und E_2 benötigten Maschinenstunden, die Maximalkapazitäten der Anlagen sowie die Erlöse und Kosten für die Erzeugnisse in € pro Tonne können der folgenden Tabelle entnommen werden:

Erzeugnis	Maschinenstunden pro t auf Anlage			Erlös	Kosten
	A_1	A_2	A_3	€/t	€/t
E_1	4	1	1	6 000	3 000
E_2	3	2	4	10 000	2 000
Maximalkapazität der Anlage in Stunden	30	10	16		

Wieviele Tonnen der Erzeugnisse E_1 und E_2 sollen zur Gewinnmaximierung hergestellt werden? Lösen Sie das Problem graphisch und mit dem Simplexverfahren.

Aufgabe 17.3:

Gegeben sei das lineare Optimierungsproblem:

$$\begin{aligned}
\text{Maximiere } G(x_1, x_2) = &\ 2x_1 + x_2 - 4 \\
\text{unter den Nebenbedingungen: } & x_1 + x_2 \leq 9 \\
& x_1 \leq 6 \\
& x_1 + 2x_2 \leq 16 \\
& x_1, x_2 \geq 0
\end{aligned}$$

Skizzieren Sie den zulässigen Bereich M, und ermitteln Sie die optimale Lösung (x_1^*, x_2^*) und den zugehörigen Zielfunktionswert $G(x_1^*, x_2^*)$ mit Hilfe des Simplexverfahrens.

Aufgabe 17.4:

Gegeben sei das lineare Optimierungsproblem:

$$\begin{aligned}
\text{Maximiere } f(x_1, x_2) = &\ 5x_1 + 4x_2 + 1 \\
\text{unter den Nebenbedingungen: } & -\tfrac{3}{2}x_1 - x_2 \leq -5 \\
& x_1 - 5x_2 \leq -8 \\
& \tfrac{3}{2}x_1 - 3x_2 \geq -15 \\
& -x_1 - \tfrac{3}{4}x_2 \geq -\tfrac{37}{4}
\end{aligned}$$

a) Zeichnen Sie den zulässigen Bereich M.

b) Berechnen Sie $f(x_1, x_2)$ für sämtliche Eckpunkte (x_1, x_2) von M.

c) Bestimmen Sie das Maximum der Zielfunktion f aus den in b) errechneten Werten.

Aufgabe 17.5:

Student S., der seinem Übergewicht den Kampf angesagt hat, will sich an einem Wochenende maximal acht Stunden Zeit nehmen, um Squash zu spielen bzw. im Fitness-Studio zu trainieren. Er weiß, dass er für eine Stunde Squash 16 € ausgeben muss und in dieser Zeit 1 300 kJ verbraucht, während der Eintritt ins Fitness-Studio pro Stunde 6 € kostet, aber auch nur 800 kJ verbraucht werden. Außerdem muss S. bedenken, dass seine finanzielle Situation nur eine Ausgabe von insgesamt höchstens 80 € erlaubt und dass sein Squash-Partner höchstens vier Stunden zur Verfügung steht.

Wie muss S. seinen Wochenendplan gestalten, um seinen kJ-Verbrauch zu maximieren, d. h. wieviele Stunden muss er jeweils Squash spielen bzw. im Fitness-Studio schwitzen? Lösen Sie das Problem mit dem Simplexverfahren.

LINEARE OPTIMIERUNG

Aufgabe 17.6:

Ein Lager von 75 m³ Größe soll mit den Gütern A_1, A_2, A_3 und A_4 gefüllt werden. Raumbedarf (in m³), Wert (in €) und Gewicht (in kg) pro Einheit dieser Güter betragen:

	A_1	A_2	A_3	A_4
Raum	0,15	0,048	0,3	0,225
Wert	30	12	120	65
Gewicht	45	21	150	115,5

Wieviele Einheiten jedes Gutes müssen gelagert werden, um den Gesamtwert in diesem Lager zu maximieren, wenn von A_1 mindestens das dreifache der Menge von A_3 im Lager enthalten sein muss und statische Beschränkungen ein Gesamtgewicht von höchstens 30 Tonnen zulassen?

Aufgabe 17.7:

Ein Kunstatelier stellt Vasen und Wandteller her, die den folgenden Arbeitsaufwand erfordern:

	Modellierzeit	Gestaltungszeit
Wandteller	3 Std.	2 Std.
Vase	4 Std.	8 Std.

Ein Wandteller erbringt einen Gewinn von 80 €, während eine Vase zu einem Gewinn von 240 € führt. Bei der Planung ist zu beachten, dass täglich nur 64 Stunden zur Modellierung und 64 Stunden zur Gestaltung zur Verfügung stehen.

Wieviele Vasen und Wandteller müssen täglich produziert werden, um den Tagesgewinn zu maximieren?

Aufgabe 17.8:

Eine Produktionsstätte für die Produkte A und B weist folgende Arbeitsgänge, -zeiten und Gewinnspannen auf:

Produkt	Zeitbedarf für Arbeitsgang 1	Arbeitsgang 2	Gewinn pro Einheit
A	14	6	4
B	4	4	6
verfügbare Kapazität	40	24	

Wieviele Einheiten der Produkte A und B sollen bei gegebenen Maximalkapazitäten in den Arbeitsgängen 1 und 2 zum Zweck der Gewinnmaximierung hergestellt werden? Ermitteln Sie die optimale Lösung dieses Problems mit Hilfe des Simplexverfahrens.

Aufgabe 17.9:

Ermitteln Sie mit dem Simplexverfahren die Lösung des folgenden Problems der linearen Optimierung:

$$\begin{aligned}
\text{Maximiere } f(x_1, x_2) = \quad & 3x_1 + 7x_2 \\
\text{unter den Nebenbedingungen:} \quad & -3x_1 + 4x_2 \leq 17 \\
& x_1 + 3x_2 \leq 16 \\
& 4x_1 + x_2 \leq 30 \\
& x_1, x_2 \geq 0
\end{aligned}$$

Aufgabe 17.10:

Gegeben ist das folgende Problem der linearen Optimierung:

$$\begin{aligned}
\text{Maximiere } f(x_1, x_2) = \quad & 1\,500 x_1 + 1\,000 x_2 \\
\text{unter den Nebenbedingungen:} \quad & x_1 + x_2 \leq 10 \\
& 14 x_1 + 7 x_2 \leq 84 \\
& x_1 \leq 3 \\
& x_1, x_2 \geq 0
\end{aligned}$$

Lösen Sie das Problem mit dem Simplexverfahren.

Aufgabe 17.11:

Lösen Sie das folgende Optimierungsproblem mit dem Simplexverfahren:

$$\begin{aligned}
\text{Maximiere } f(x_1, x_2, x_3) = \quad & x_1 + x_2 + 2x_3 \\
\text{unter den Nebenbedingungen:} \quad & x_1 + 2x_2 - x_3 \leq 5 \\
& 5x_1 - 4x_2 + x_3 \leq 2 \\
& x_1 + 4x_2 + 2x_3 \leq 10 \\
& x_1, x_2, x_3 \geq 0
\end{aligned}$$

Geben Sie die optimale Lösung und die Werte der Schlupfvariablen in der optimalen Lösung an.

Aufgabe 17.12:

Lösen Sie das folgende Optimierungsproblem mit dem Simplexverfahren:

$$\begin{aligned}
\text{Maximiere } f(x_1, x_2, x_3) = &\quad x_1 + 3x_2 + 2x_3 \\
\text{unter den Nebenbedingungen:} &\quad -x_1 + 2x_2 + x_3 \leq 8 \\
&\quad x_1 + x_2 - x_3 \leq 6 \\
&\quad x_1 - x_2 + x_3 \leq 8 \\
&\quad x_1, x_2, x_3 \geq 0
\end{aligned}$$

Berechnen Sie die optimale Lösung.

Aufgabe 17.13:

Ermitteln Sie mit dem Simplexverfahren in Abhängigkeit vom Parameter $a \in \mathbb{R}$ die Lösungen des folgenden Problems der linearen Optimierung:

$$\begin{aligned}
\text{Maximiere } f(x_1, x_2) = &\quad x_1 + ax_2 \\
\text{unter den Nebenbedingungen:} &\quad x_1 + 2x_2 \leq 6 \\
&\quad 2x_1 + x_2 \leq 6 \\
&\quad x_1, x_2 \geq 0
\end{aligned}$$

Lösungen

Lösung zu Aufgabe 17.1:

x_i bezeichne die von Produkt E_i hergestellte Menge ($i = 1, 2$). Die Daten der Aufgabe können in folgender Tabelle zusammengefasst werden:

Rohstoff	Rohstoffeinsatz für 1 kg von		Lagerbestand
	E_1	E_2	
R_1	2	3	360
R_2	0	1	100
R_3	4	3	600
Deckungsbeitrag pro kg	50	50	

Die Gewinnfunktion $G(x_1, x_2) = 50x_1 + 50x_2 - 2\,000$ ist zu maximieren unter den Nebenbedingungen

$$2x_1 + 3x_2 \leq 360 \quad (I)$$

$$x_2 \leq 100 \quad (II)$$

$$4x_1 + 3x_2 \leq 600 \quad (III)$$

$$x_1 \geq 0 \quad (IV)$$

$$x_2 \geq 0 \quad (V)$$

Graphische Lösung: Das optimale Produktionsprogramm ist $x_1^* = 120$, $x_2^* = 40$ mit $G(x_1^*, x_2^*) = 6\,000$.

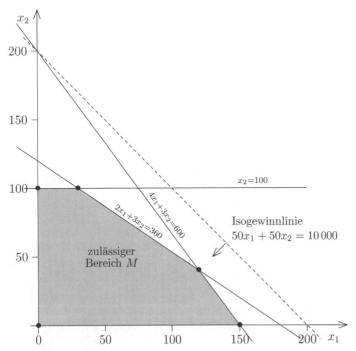

Algebraische Lösung: Zunächst werden alle Ecken des zulässigen Bereichs M als Schnittpunkte der Begrenzungsgeraden bestimmt (s. Graphik). Die Restriktionen $(I) - (V)$ werden als Gleichungen aufgefasst.

$(IV) \wedge (V):\ \ x_1 = 0 \wedge x_2 = 0 \qquad\qquad\qquad\qquad \Longrightarrow (x_1, x_2) = (0, 0)$

$(IV) \wedge (II):\ \ x_1 = 0 \wedge x_2 = 100 \qquad\qquad\qquad\ \ \Longrightarrow (x_1, x_2) = (0, 100)$

$(I) \wedge (II):\ \ 2x_1 + 3x_2 = 360 \wedge x_2 = 100 \qquad\qquad \Longrightarrow (x_1, x_2) = (30, 100)$

$(I) \wedge (III):\ \ 2x_1 + 3x_2 = 360 \wedge 4x_1 + 3x_2 = 600 \Longrightarrow (x_1, x_2) = (120, 40)$

$(V) \wedge (III):\ \ x_2 = 0 \wedge 4x_1 + 3x_2 = 600 \qquad\qquad \Longrightarrow (x_1, x_2) = (150, 0)$

Das Einsetzen dieser Punkte in das Restriktionensystem zeigt, dass jeweils alle Nebenbedingungen erfüllt sind. Also sind diese fünf Punkte Ecken des zulässigen Bereichs M. Die übrigen Schnittpunkte der zu den Restriktionen gehörigen Geraden sind keine Eckpunkte des zulässigen Bereichs M, was wiederum durch Einsetzen in das Restriktionensystem geprüft wird.

Beispiel: $(II) \wedge (III)$: $x_2 = 100 \wedge 4x_1 + 3x_2 = 600 \Longrightarrow (x_1, x_2) = (75, 100)$.

Dieser Punkt erfüllt jedoch nicht Restriktion (I) $(2x_1 + 3x_2 = 450 \leq 360$ (f)) und ist damit kein Punkt des zulässigen Bereichs M.

Nachdem für alle möglichen Schnittpunkte geprüft wurde, ob das System der Nebenbedingungen erfüllt ist, erweisen sich die obigen fünf Punkte als die einzigen Ecken von M.

Da das Optimum in einem der Eckpunkte von M liegt, genügt es, die jeweiligen Zielfunktionswerte durch Einsetzen der Ecken in die Gewinnfunktion miteinander zu vergleichen:

$$G(0,0) = -2\,000, \quad G(0,100) = 3\,000, \quad G(30,100) = 4\,500,$$
$$G(120,40) = 6\,000, \quad G(150,0) = 5\,500,$$

d. h. die Optimallösung ist $(x_1^*, x_2^*) = (120, 40)$ mit dem Zielfunktionswert $6\,000$.

Lösung mit dem Simplexverfahren:

Maximiere $f(x_1, x_2) = 50x_1 + 50x_2$ unter den Nebenbedingungen:

$$\begin{aligned} 2x_1 + 3x_2 + x_3 &= 360 \\ x_2 + x_4 &= 100 \\ 4x_1 + 3x_2 + x_5 &= 600 \\ x_1, x_2, x_3, x_4, x_5 &\geq 0 \end{aligned}$$

(x_3, x_4, x_5 sind sogenannte „Schlupfvariablen").

$x_{B_i} \diagdown x_{N_j}$	x_1	x_2	b_i^*	ϑ_i
x_3	2	3	360	180
x_4	0	1	100	–
x_5	4	3	600	150
Δz_j	50	50	0	

$\longrightarrow$

$x_{B_i} \diagdown x_{N_j}$	x_5	x_2	b_i^*	ϑ_i
x_3	$-\frac{1}{2}$	$\frac{3}{2}$	60	40
x_4	0	1	100	100
x_1	$\frac{1}{4}$	$\frac{3}{4}$	150	200
Δz_j	$-\frac{25}{2}$	$\frac{25}{2}$	$-7\,500$	

$\longrightarrow$

$x_{B_i} \diagdown x_{N_j}$	x_5	x_3	b_i^*
x_2			40
x_4			
x_1			120
Δz_j	$-\frac{25}{3}$	$-\frac{25}{3}$	$-8\,000$

Das Optimaltableau ist erreicht, da nur negative Zahlen in der letzten Zeile (Δz_j-Zeile) enthalten sind. Die Optimallösung ist daher gegeben durch $(x_1^*, x_2^*) = (120, 40)$ mit Zielfunktionswert $G(120, 40) = 8\,000 - 2\,000 = 6\,000$.

Lösung zu Aufgabe 17.2:

Bezeichne x_i die von Erzeugnis E_i, $i = 1, 2$, hergestellte Menge (in Tonnen).

Gewinnfunktion: $G(x_1, x_2) = (6\,000 - 3\,000)x_1 + (10\,000 - 2\,000)x_2 = 3\,000x_1 + 8\,000x_2$.

Nebenbedingungen:
$$\begin{aligned} 4x_1 + 3x_2 &\leq 30 \\ x_1 + 2x_2 &\leq 10 \\ x_1 + 4x_2 &\leq 16 \\ x_1, x_2 &\geq 0 \end{aligned}$$

LINEARE OPTIMIERUNG

Graphische Lösung: Optimales Produktionsprogramm: $x_1^* = 4$, $x_2^* = 3$ mit Zielfunktionswert $G(4, 3) = 36\,000$.

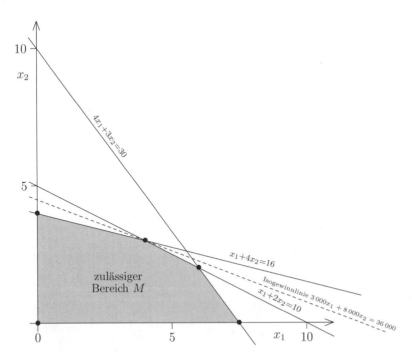

Simplexverfahren:

$x_{B_i} \diagdown x_{N_j}$	x_1	x_2	b_i^*	ϑ_i
x_3	4	3	30	10
x_4	1	2	10	5
x_5	1	4	16	4
Δz_j	3 000	8 000	0	

$\longrightarrow$

$x_{B_i} \diagdown x_{N_j}$	x_1	x_5	b_i^*	ϑ_i
x_3	$\frac{13}{4}$	$-\frac{3}{4}$	18	$\frac{72}{13}$
x_4	$\frac{1}{2}$	$-\frac{1}{2}$	2	4
x_2	$\frac{1}{4}$	$\frac{1}{4}$	4	16
Δz_j	1 000	$-2\,000$	$-32\,000$	

$\longrightarrow$

$x_{B_i} \diagdown x_{N_j}$	x_4	x_5	b_i^*
x_3			
x_1			4
x_2			3
Δz_j	$-2\,000$	$-1\,000$	$-36\,000$

Optimallösung: $(x_1^*, x_2^*) = (4, 3)$ mit $G(x_1^*, x_2^*) = 36\,000$.

Lösung zu Aufgabe 17.3:

Maximiere $G(x_1, x_2) = 2x_1 + x_2 - 4$ unter den Nebenbedingungen:

$$\begin{aligned} x_1 + x_2 &\leq 9 & (I) \\ x_1 &\leq 6 & (II) \\ x_1 + 2x_2 &\leq 16 & (III) \\ x_1 &\geq 0 & (IV) \\ x_2 &\geq 0 & (V) \end{aligned}$$

Graphische Lösung:

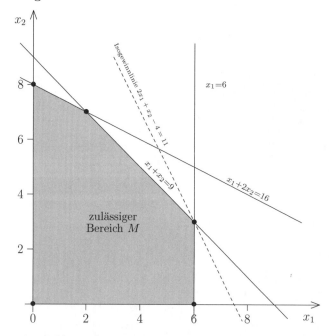

Zur Bestimmung der Ecken von M werden die Ungleichungen der Nebenbedingungen als Gleichungen aufgefasst. Eine Auswertung der Zielfunktion an den Eckpunkten des zulässigen Bereichs ergibt:

$$\begin{aligned} (IV) \wedge (V): \quad & (x_1, x_2) = (0,0) & G(0,0) &= -4 \\ (III) \wedge (IV): \quad & (x_1, x_2) = (0,8) & G(0,8) &= 4 \\ (I) \wedge (III): \quad & (x_1, x_2) = (2,7) & G(2,7) &= 7 \\ (I) \wedge (II): \quad & (x_1, x_2) = (6,3) & G(6,3) &= 11 \\ (II) \wedge (V): \quad & (x_1, x_2) = (6,0) & G(6,0) &= 8 \end{aligned}$$

Die optimale Lösung ist somit $(x_1^*, x_2^*) = (6,3)$.

Lineare Optimierung

Lösung mit dem Simplexverfahren:

x_{B_i} \ x_{N_j}	x_1	x_2	b_i^*	ϑ_i
x_3	1	1	9	9
x_4	1	0	6	6
x_5	1	2	16	16
Δz_j	2	1	4	

$\longrightarrow$

x_{B_i} \ x_{N_j}	x_4	x_2	b_i^*	ϑ_i
x_3	-1	1	3	3
x_1	1	0	6	—
x_5	-1	2	10	5
Δz_j	-2	1	-8	

$\longrightarrow$

x_{B_i} \ x_{N_j}	x_4	x_3	b_i^*
x_2			3
x_1			6
x_5			
Δz_j	-1	-1	-11

Optimallösung: $(x_1^*, x_2^*) = (6, 3)$ mit $G(x_1^*, x_2^*) = 11$.

Lösung zu Aufgabe 17.4:

a) **Graphische Lösung:**

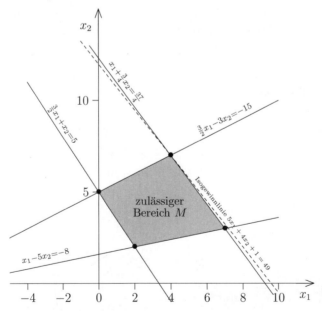

b) Die Geraden g_1, g_2, g_3, g_4, die M begrenzen, sind gegeben durch die Gleichungen:

$$g_1: \tfrac{3}{2}x_1 + x_2 = 5 \qquad\qquad g_2: x_1 - 5x_2 = -8$$

$$g_3: \tfrac{3}{2}x_1 - 3x_2 = -15 \qquad g_4: x_1 + \tfrac{3}{4}x_2 = \tfrac{37}{4}$$

bzw. durch die Achsenabschnittsformen

$$g_1: \frac{x_1}{10/3} + \frac{x_2}{5} = 1 \qquad g_2: \frac{x_1}{-8} + \frac{x_2}{8/5} = 1$$

$$g_3: \frac{x_1}{-10} + \frac{x_2}{5} = 1 \qquad g_4: \frac{x_1}{37/4} + \frac{x_2}{37/3} = 1$$

Die Berechnung der interessierenden Schnittpunkte ergibt folgendes Resultat. Exemplarisch wird der Schnittpunkt von g_1 und g_2 berechnet.

- Aus $g_1: x_1 = \tfrac{10}{3} - \tfrac{2}{3}x_2$ und $g_2: x_1 = 5x_2 - 8$ folgt durch Gleichsetzen:

$$\tfrac{10}{3} - \tfrac{2}{3}x_2 = 5x_2 - 8 \iff \tfrac{34}{3} = \tfrac{17}{3}x_2 \iff x_2 = 2,$$

  so dass $x_1 = 2$ folgt. Daher ist der Schnittpunkt von g_1 und g_2 gegeben durch $(x_1, x_2) = (2, 2)$.

- Analog erhält man die Schnittpunkte:

$$g_1, g_3: (0,5), \quad g_3, g_4: (4,7), \quad g_2, g_4: (7,3).$$

In diesem einfachen Beispiel ist es auch möglich, die Schnittpunkte direkt in der Zeichnung abzulesen.

Einsetzen der Eckpunkte in die Zielfunktion ergibt die Werte:

$$f(2,2) = 19, \quad f(0,5) = 21, \quad f(4,7) = 49, \quad f(7,3) = 48.$$

c) Das Maximum der Zielfunktionswerte ist somit 49 (Vergleich der in b) errechneten Werte). Es wird angenommen bei $(x_1^*, x_2^*) = (4, 7)$.

Lösung zu Aufgabe 17.5:

Das lineare Optimierungsproblem lautet:

Maximiere $f(x_1, x_2) = 1\,300 x_1 + 800 x_2$ unter den Nebenbedingungen:

$$\begin{aligned} x_1 + x_2 &\leq 8 \\ 16x_1 + 6x_2 &\leq 80 \\ x_1 &\leq 4 \\ x_1, x_2 &\geq 0 \end{aligned}$$

Das Simplexverfahren liefert:

x_{B_i} \ x_{N_j}	x_1	x_2	b_i^*	ϑ_i
x_3	1	1	8	8
x_4	16	6	80	$\tfrac{40}{3}$
x_5	1	0	4	—
Δz_j	1 300	800	0	

$\longrightarrow$

x_{B_i} \ x_{N_j}	x_1	x_3	b_i^*	ϑ_i
x_2	1	1	8	8
x_4	10	-6	32	$\tfrac{16}{5}$
x_5	1	0	4	4
Δz_j	500	-800	-6 400	

LINEARE OPTIMIERUNG

x_{B_i} \ x_{N_j}	x_4	x_3	b_i^*
x_2			$\frac{24}{5}$
x_1			$\frac{16}{5}$
x_5			
Δz_j	-50	-500	$-8\,000$

$\longrightarrow$

Da die letzte Zeile nur negative Zahlen enthält, ist das Optimaltableau erreicht mit $(x_1^*, x_2^*) = (\frac{16}{5}, \frac{24}{5}) = (3,2\,;4,8)$. Der maximale kJ-Verbrauch beträgt $f(x_1^*, x_2^*) = 8\,000$.

Alternative Lösung (erstes Tableau mit erster Spalte als Pivotspalte):

x_{B_i} \ x_{N_j}	x_1	x_2	b_i^*	ϑ_i
x_3	1	1	8	8
x_4	16	6	80	5
x_5	1	0	4	4
Δz_j	1\,300	800	0	

$\longrightarrow$

x_{B_i} \ x_{N_j}	x_5	x_2	b_i^*	ϑ_i
x_3	-1	1	4	4
x_4	-16	6	16	$\frac{8}{3}$
x_1	1	0	4	$-$
Δz_j	$-1\,300$	800	$-5\,200$	

$\longrightarrow$

x_{B_i} \ x_{N_j}	x_5	x_4	b_i^*	ϑ_i
x_3	$\frac{5}{3}$	$-\frac{1}{6}$	$\frac{4}{3}$	$\frac{4}{5}$
x_2	$-\frac{8}{3}$	$\frac{1}{6}$	$\frac{8}{3}$	$-$
x_1	1	0	4	4
Δz_j	$\frac{2\,500}{3}$	$-\frac{400}{3}$	$-\frac{22\,000}{3}$	

$\longrightarrow$

x_{B_i} \ x_{N_j}	x_3	x_4	b_i^*
x_5			
x_2			$\frac{24}{5}$
x_1			$\frac{16}{5}$
Δz_j	-500	-50	$-8\,000$

Lösung zu Aufgabe 17.6:

x_i bezeichnen die von A_i gelagerten Mengen ($i = 1, 2, 3, 4$). Der Gesamtwert des Lagers beträgt somit

$$W(x_1, x_2, x_3, x_4) = 30x_1 + 12x_2 + 120x_3 + 65x_4 \quad [\text{\euro}],$$

wobei die Nebenbedingungen

$$\begin{aligned} 150x_1 + 48x_2 + 300x_3 + 225x_4 &\leq 75\,000 \\ 45x_1 + 21x_2 + 150x_3 + 115{,}5x_4 &\leq 30\,000 \\ -x_1 + 3x_3 &\leq 0 \\ x_1, x_2, x_3, x_4 &\geq 0 \end{aligned}$$

zu beachten sind.

Damit erhält man das Starttableau (die ersten beiden Ungleichungen werden jeweils noch durch Drei dividiert):

x_{B_i} \ x_{N_j}	x_1	x_2	x_3	x_4	b_i^*	ϑ_i
x_5	50	16	100	75	25 000	500
x_6	15	7	50	38,5	10 000	$\frac{2000}{3}$
x_7	−1	0	3	0	0	−
Δz_j	30	12	120	65	0	

$\longrightarrow$

x_{B_i} \ x_{N_j}	x_5	x_2	x_3	x_4	b_i^*	ϑ_i
x_1	0,02	0,32	2	1,5	500	250
x_6	−0,3	2,2	20	16	2 500	125
x_7	0,02	0,32	5	1,5	500	100
Δz_j	−0,6	2,4	60	20	−15 000	

$\longrightarrow$

x_{B_i} \ x_{N_j}	x_5	x_2	x_7	x_4	b_i^*	ϑ_i
x_1	0,012	0,192	−0,4	0,9	300	$\frac{1000}{3}$
x_6	−0,38	0,92	−4	10	500	50
x_3	0,004	0,064	0,2	0,3	100	$\frac{1000}{3}$
Δz_j	−0,84	−1,44	−12	2	−21 000	

$\longrightarrow$

x_{B_i} \ x_{N_j}	x_5	x_2	x_7	x_6	b_i^*
x_1					255
x_4					50
x_3					85
Δz_j	−0,764	−1,624	−11,2	−0,2	−21 100

Aus diesem Tableau erhält man die Maximalstelle $(x_1^*, x_2^*, x_3^*, x_4^*) = (255, 0, 85, 50)$ mit zugehörigem Maximalwert $W(x_1^*, x_2^*, x_3^*, x_4^*) = 21\,100$.

Lösung zu Aufgabe 17.7:

Maximiere $f(x_1, x_2) = 80x_1 + 240x_2$ unter den Nebenbedingungen:

$$2x_1 + 8x_2 \leq 64$$
$$3x_1 + 4x_2 \leq 64$$
$$x_1, x_2 \geq 0$$

LINEARE OPTIMIERUNG

Das Simplexverfahren liefert:

x_{B_i} \ x_{N_j}	x_1	x_2	b_i^*	ϑ_i
x_3	2	8	64	8
x_4	3	4	64	16
Δz_j	80	240	0	

$\longrightarrow$

x_{B_i} \ x_{N_j}	x_1	x_3	b_i^*	ϑ_i
x_2	$\frac{1}{4}$	$\frac{1}{8}$	8	32
x_4	2	$-\frac{1}{2}$	32	16
Δz_j	20	-30	$-1\,920$	

$\longrightarrow$

x_{B_i} \ x_{N_j}	x_4	x_3	b_i^*
x_2			4
x_1			16
Δz_j	-10	-25	$-2\,240$

Daher ist $(x_1^*, x_2^*) = (16, 4)$ die optimale Lösung mit $f(x_1^*, x_2^*) = 2\,240$.

Lösung zu Aufgabe 17.8:

Seien x_1, x_2 die Mengen der von A bzw. B produzierten Einheiten. Die Optimierungsaufgabe lautet:

Maximiere $G(x_1, x_2) = 4x_1 + 6x_2$ unter den Nebenbedingungen:

$$14x_1 + 4x_2 \leq 40$$
$$6x_1 + 4x_2 \leq 24$$
$$x_1, x_2 \geq 0$$

Das Simplexverfahren liefert:

x_{B_i} \ x_{N_j}	x_1	x_2	b_i^*	ϑ_i
x_3	14	4	40	10
x_4	6	4	24	6
Δz_j	4	6	0	

$\longrightarrow$

x_{B_i} \ x_{N_j}	x_1	x_4	b_i^*
x_3			16
x_2			6
Δz_j	-5	$-\frac{3}{2}$	-36

Da die letzte Zeile nur negative Einträge hat, ist das Optimaltableau erreicht, d. h. $(x_1^*, x_2^*) = (0, 6)$ ist die Optimallösung mit $G(x_1^*, x_2^*) = 36$.

Lösung zu Aufgabe 17.9:

Die Einführung von Schlupfvariablen führt zu den Nebenbedingungen

$$-3x_1 + 4x_2 + x_3 = 17$$
$$x_1 + 3x_2 \phantom{{}+x_3} + x_4 = 16$$
$$4x_1 + x_2 \phantom{{}+x_3 + x_4} + x_5 = 30$$
$$x_1, x_2, x_3, x_4, x_5 \geq 0$$

Das Starttableau lautet:

x_{B_i} \ x_{N_j}	x_1	x_2	b_i^*	ϑ_i
x_3	-3	4	17	$-$
x_4	1	3	16	16
x_5	4	1	30	$\frac{15}{2}$
Δz_j	3	7	0	

$\longrightarrow$

x_{B_i} \ x_{N_j}	x_5	x_2	b_i^*	ϑ_i
x_3	$\frac{3}{4}$	$\frac{19}{4}$	$\frac{79}{2}$	$\frac{158}{19}$
x_4	$-\frac{1}{4}$	$\frac{11}{4}$	$\frac{17}{2}$	$\frac{34}{11}$
x_1	$\frac{1}{4}$	$\frac{1}{4}$	$\frac{15}{2}$	30
Δz_j	$-\frac{3}{4}$	$\frac{25}{4}$	$-\frac{45}{2}$	

$\longrightarrow$

x_{B_i} \ x_{N_j}	x_5	x_4	b_i^*
x_3			
x_2			$\frac{34}{11}$
x_1			$\frac{74}{11}$
Δz_j	$-\frac{2}{11}$	$-\frac{25}{11}$	$-\frac{460}{11}$

Damit ist die Optimallösung gegeben durch: $(x_1^*, x_2^*) = (\frac{74}{11}, \frac{34}{11}) \approx (6{,}73 \,;\, 3{,}09)$ mit $f(x_1^*, x_2^*) = \frac{460}{11} \approx 41{,}82$.

Lösung zu Aufgabe 17.10:

Durch die Einführung von Schlupfvariablen wird das System der Restriktionen zu

$$\begin{aligned} x_1 + x_2 + x_3 &= 10 \\ 14x_1 + 7x_2 + x_4 &= 84 \\ x_1 + x_5 &= 3 \\ x_1, x_2, x_3, x_4, x_5 &\geq 0 \end{aligned}$$

Das Simplexverfahren liefert:

x_{B_i} \ x_{N_j}	x_1	x_2	b_i^*	ϑ_i
x_3	1	1	10	10
x_4	14	7	84	12
x_5	1	0	3	$-$
Δz_j	$1\,500$	$1\,000$	0	

$\longrightarrow$

x_{B_i} \ x_{N_j}	x_1	x_3	b_i^*	ϑ_i
x_2	1	1	10	10
x_4	7	-7	14	2
x_5	1	0	3	3
$1\Delta z_j$	500	$-1\,000$	$-10\,000$	

$\longrightarrow$

x_{B_i} \ x_{N_j}	x_4	x_3	b_i^*
x_2			8
x_1			2
x_5			
Δz_j	$-\frac{500}{7}$	-500	$-11\,000$

Also ist $(x_1^*, x_2^*) = (2, 8)$ die optimale Lösung mit $f(x_1^*, x_2^*) = 11\,000$.

LINEARE OPTIMIERUNG

Lösung zu Aufgabe 17.11:

Die Lösung der Optimierungsaufgabe mit dem Simplexverfahren führt zu folgenden Tableaus:

x_{B_i} \ x_{N_j}	x_1	x_2	x_3	b_i^*	ϑ_i
x_4	1	2	-1	5	$-$
x_5	5	-4	1	2	2
x_6	1	4	2	10	5
Δz_j	1	1	2	0	

$\longrightarrow$

x_{B_i} \ x_{N_j}	x_1	x_2	x_5	b_i^*	ϑ_i
x_4	6	-2	1	7	$-$
x_3	5	-4	1	2	$-$
x_6	-9	12	-2	6	$\frac{1}{2}$
Δz_j	-9	9	-2	-4	

$\longrightarrow$

x_{B_i} \ x_{N_j}	x_1	x_6	x_5	b_i^*
x_4				8
x_3				4
x_2				$\frac{1}{2}$
Δz_j	$-\frac{9}{4}$	$-\frac{3}{4}$	$-\frac{1}{2}$	$-\frac{17}{2}$

Die Optimallösung ist somit $x_1^* = 0$, $x_2^* = \frac{1}{2}$, $x_3^* = 4$ mit Zielfunktionswert $g(x_1^*, x_2^*, x_3^*) = 8{,}5$. Die Schlupfvariablen haben in der optimalen Lösung die Werte $x_4 = 8$, $x_5 = x_6 = 0$.

Lösung zu Aufgabe 17.12:

Lösung mit dem Simplexverfahren:

x_{B_i} \ x_{N_j}	x_1	x_2	x_3	b_i^*	ϑ_i
x_4	-1	2	1	8	4
x_5	1	1	-1	6	6
x_6	1	-1	1	8	$-$
Δz_j	1	3	2	0	

$\longrightarrow$

x_{B_i} \ x_{N_j}	x_1	x_4	x_3	b_i^*	ϑ_i
x_2	$-\frac{1}{2}$	$\frac{1}{2}$	$\frac{1}{2}$	4	$-$
x_5	$\frac{3}{2}$	$-\frac{1}{2}$	$-\frac{3}{2}$	2	$\frac{4}{3}$
x_6	$\frac{1}{2}$	$\frac{1}{2}$	$\frac{3}{2}$	12	24
Δz_j	$\frac{5}{2}$	$-\frac{3}{2}$	$\frac{1}{2}$	-12	

$\longrightarrow$

x_{B_i} \ x_{N_j}	x_5	x_4	x_3	b_i^*	ϑ_i
x_2	$\frac{1}{3}$	$\frac{1}{3}$	0	$\frac{14}{3}$	$-$
x_1	$\frac{2}{3}$	$-\frac{1}{3}$	-1	$\frac{4}{3}$	$-$
x_6	$-\frac{1}{3}$	$\frac{2}{3}$	2	$\frac{34}{3}$	$\frac{17}{3}$
Δz_j	$-\frac{5}{3}$	$-\frac{2}{3}$	3	$-\frac{46}{3}$	

$\longrightarrow$

x_{B_i} \ x_{N_j}	x_5	x_4	x_6	b_i^*
x_2				$\frac{14}{3}$
x_1				7
x_3				$\frac{17}{3}$
Δz_j	$-\frac{7}{6}$	$-\frac{5}{3}$	$-\frac{3}{2}$	$-\frac{97}{3}$

Die Optimallösung ist somit $x_1^* = 7$, $x_2^* = \frac{14}{3}$, $x_3^* = \frac{17}{3}$ mit Zielfunktionswert $g(x_1^*, x_2^*, x_3^*) = \frac{97}{3}$.

Lösung zu Aufgabe 17.13:

Sei $a \in \mathbb{R}$ eine reelle Zahl. Dann wird vom Starttableau ausgehend zunächst x_1 in die Basis aufgenommen:

x_{B_i} \ x_{N_j}	x_1	x_2	b_i^*	ϑ_i
x_3	1	2	6	6
x_4	2	1	6	3
Δz_j	1	a	0	

$\longrightarrow$

x_{B_i} \ x_{N_j}	x_4	x_2	b_i^*
x_3	$-\frac{1}{2}$	$\frac{3}{2}$	3
x_1	$\frac{1}{2}$	$\frac{1}{2}$	3
Δz_j	$-\frac{1}{2}$	$a - \frac{1}{2}$	-3

Dieses Tableau ist das Optimaltableau, falls $a - \frac{1}{2} \leq 0 \iff a \leq \frac{1}{2}$. Die Optimallösung lautet in diesem Fall $x_1^* = 3$, $x_2^* = 0$ mit Zielfunktionswert $g(x_1^*, x_2^*) = 3$.

Sei nun $a > \frac{1}{2}$. Dann wird x_2 in die Basis aufgenommen:

x_{B_i} \ x_{N_j}	x_4	x_2	b_i^*	ϑ_i
x_3	$-\frac{1}{2}$	$\frac{3}{2}$	3	2
x_1	$\frac{1}{2}$	$\frac{1}{2}$	3	6
Δz_j	$-\frac{1}{2}$	$a - \frac{1}{2}$	-3	

$\longrightarrow$

x_{B_i} \ x_{N_j}	x_4	x_3	b_i^*
x_2	$-\frac{1}{3}$	$\frac{2}{3}$	2
x_1	$\frac{2}{3}$	$-\frac{1}{3}$	2
Δz_j	$\frac{1}{3}a - \frac{2}{3}$	$\frac{1}{3} - \frac{2}{3}a$	$-2 - 2a$

Die Lösung ist optimal, falls $\frac{1}{3}a - \frac{2}{3} \leq 0 \wedge \frac{1}{3} - \frac{2}{3}a \leq 0 \iff a \leq 2 \wedge a \geq \frac{1}{2}$. Daher ist für $a \in [\frac{1}{2}, 2]$ die Lösung $x_1^* = 2$, $x_2^* = 2$ mit $g(x_1^*, x_2^*) = 2 + 2a$ optimal.

Sei nun $a > 2$. Im nächsten Basisaustauschschritt wird die Schlupfvariable x_4 in die Basis aufgenommen, da der Δz_j-Wert $\frac{1}{3}a - \frac{2}{3}$ für $a > 2$ positiv ist. x_1 wird aus der Basis entfernt.

x_{B_i} \ x_{N_j}	x_4	x_3	b_i^*	ϑ_i
x_2	$-\frac{1}{3}$	$\frac{2}{3}$	2	—
x_1	$\frac{2}{3}$	$-\frac{1}{3}$	2	3
Δz_j	$\frac{1}{3}a - \frac{2}{3}$	$\frac{1}{3} - \frac{2}{3}a$	$-2 - 2a$	

$\longrightarrow$

x_{B_i} \ x_{N_j}	x_1	x_3	b_i^*	ϑ_i
x_2			3	
x_4			3	
Δz_j	$1 - \frac{1}{2}a$	$-\frac{1}{2}a$	$-3a$	

Für $a > 2$ sind alle Δz_j-Werte negativ, d. h. die Optimallösung ist gefunden: $x_1^* = 0$, $x_2^* = 3$ mit $g(x_1^*, x_2^*) = 3a$. Die Resultate sind in folgender Tabelle zusammengefasst:

	x_1^*	x_2^*	$g(x_1^*, x_2^*)$
$a \leq \frac{1}{2}$	3	0	3
$a \in [\frac{1}{2}, 2]$	2	2	$2 + 2a$
$a \geq 2$	0	3	$3a$

Für $a = \frac{1}{2}$ bzw. $a = 2$ gibt es unendlich viele Lösungen. Dann sind

$$\begin{pmatrix} x_{1,\lambda}^* \\ x_{2,\lambda}^* \end{pmatrix} = \lambda \begin{pmatrix} 3 \\ 0 \end{pmatrix} + (1 - \lambda) \begin{pmatrix} 2 \\ 2 \end{pmatrix} \quad \text{bzw.} \quad \begin{pmatrix} x_{1,\lambda}^* \\ x_{2,\lambda}^* \end{pmatrix} = \lambda \begin{pmatrix} 2 \\ 2 \end{pmatrix} + (1 - \lambda) \begin{pmatrix} 0 \\ 3 \end{pmatrix} \quad \text{mit } \lambda \in [0, 1]$$

Lösungen des Optimierungsproblems.

18 Analytische Geometrie

Aufgaben

Aufgabe 18.1:

a) O sei der Mittelpunkt des Parallelogramms $ABCD$ (Schnittpunkt der Diagonalen) mit der Halbdiagonalen $\overrightarrow{OA} = a$ und $\overrightarrow{OB} = b$. Drücken Sie die folgenden Vektoren durch a, b aus:

(1) $\overrightarrow{CA}, \overrightarrow{AC}, \overrightarrow{BD}$ (2) $\overrightarrow{AD} + \overrightarrow{DB}, \overrightarrow{AB} + \overrightarrow{BO}$ (3) $\overrightarrow{AC} - \overrightarrow{CB}, \overrightarrow{DC} - \overrightarrow{CA}$.

b) Von einem Punkt O verlaufen die Vektoren a, b, c zu den Ecken A, B, C eines Dreiecks. Stellen Sie damit die Vektoren von O zu den Mitten M_1, M_2, M_3 der drei Dreiecksseiten dar.

Aufgabe 18.2:

a) Zeigen Sie, dass die drei Punkte $A = (10, -4)$, $B = (4, 0)$ und $C = (-5, 6)$ auf einer Geraden liegen.

b) Das ebene Viereck $ABCD$ ist gegeben durch die Punkte
$$A = (0, 0), \; B = (7, -1), \; C = (6, 2), \; D = (2, 4).$$
In welchen Punkten P, Q schneiden sich die Paare von Trägergeraden der Gegenseiten? (Die Trägergeraden des Rechtecks sind die vier Geraden, auf denen die Eckpunkte A und B, B und C, C und D bzw. D und A liegen.)

Aufgabe 18.3:

Geben Sie eine Zwei-Punkte-Gleichung und die Achsenabschnittsgleichung der durch die Punkte $(3, 8)$ und $(-6, 2)$ verlaufenden Geraden an.

Aufgabe 18.4:

Gegeben ist die Gleichung $(\sqrt{y} - \sqrt{x})(\sqrt{y} + \sqrt{x}) = \dfrac{5 - 3x}{2}$, $y, x \geq 0$.

a) Zeigen Sie, dass durch diese Gleichung eine Halbgerade gegeben ist.

b) Geben Sie zwei verschiedene Zwei-Punkte-Gleichungen und die Achsenabschnittsgleichung dieser Geraden an.

c) Welche Steigung hat die Gerade?

d) Welche Steigung hat die Gerade durch die Punkte $(-5, 0)$ und $(0, -\frac{5}{2})$?

Aufgabe 18.5:

a) Stellen Sie die beiden Rechtecke
$$R_1 = \{(x, y) \in \mathbb{R}^2 \mid 0 \leq x \leq 1, \, 0 \leq y \leq 2\} \quad \text{und}$$
$$R_2 = \{(x, y) \in \mathbb{R}^2 \mid 0 \leq x \leq 2, \, -1 \leq y \leq 0\}$$
in der x, y–Ebene graphisch dar.

b) Geben Sie die Achsenabschnittsgleichungen derjenigen beiden Geraden an, die Fortsetzungen von Diagonalen durch R_1 und R_2 sind und den echt positiven Teil der x–Achse schneiden.

c) Berechnen Sie den Schnittpunkt der beiden Geraden aus b) sowie die Steigung der durch diesen Schnittpunkt und den Punkt $(0, 0)$ gelegten Geraden.

Aufgabe 18.6:

Durch das Ungleichungssystem $-2 \leq x - y \leq 2$, $3 \leq x + y \leq 5$ ist in der x, y–Ebene ein Rechteck bestimmt.

a) Zeichnen Sie dieses Rechteck.

b) Betrachten Sie die Diagonale (und deren Fortsetzung) durch dieses Rechteck, die durch den am weitesten links gelegenen Eckpunkt verläuft. Geben Sie die Achsenabschnittsform der zugehörigen Geraden an.

Anleitung: Das obige System von zwei „Doppelungleichungen" lässt sich schreiben als ein System von vier einzelnen Ungleichungen
$$-2 \leq x - y, \quad x - y \leq 2, \quad 3 \leq x + y, \quad x + y \leq 5.$$

Aufgabe 18.7:

Berechnen Sie den Schnittpunkt der beiden durch

(1) $\quad 2x - y - 4 = 0 \quad$ und $\quad$ (2) $\quad \begin{pmatrix} x \\ y \end{pmatrix} = \begin{pmatrix} -3 \\ 6 \end{pmatrix} + \lambda \begin{pmatrix} 3 \\ -2 \end{pmatrix}$

gegebenen Geraden, indem Sie

a) λ in (2) eliminieren, b) (2) auf Achsenabschnittsform bringen,
c) (2) in (1) einsetzen, d) (1) in Parameterdarstellung ausdrücken.

Aufgabe 18.8:

Geben Sie die Gleichungen der Ebenen im $\mathbb{R}^3$ an, die jeweils durch folgende drei Punkte verlaufen:

a) $(2,0,0)$, $(0,5,0)$, $(0,0,9)$ b) $(0,1,0)$, $(2,0,3)$, $(0,-1,8)$,
c) $(1,0,0)$, $(0,2,1)$, $(-1,6,0)$ d) $(0,\alpha,0)$, $(0,0,\beta)$, $(\gamma,0,0)$, $\alpha, \beta, \gamma \in \mathbb{R}\setminus\{0\}$.

Aufgabe 18.9:

a) Gehört der Punkt $D = (6,2,8)$ der Ebene an, die durch die drei Punkte $A = (6,9,4)$, $B = (0,5,2)$, $C = (0,0,4)$ gegeben ist?

b) Stellen Sie die durch die Gleichung $2x - y + 5z - 10 = 0$ gegebene Ebene in Parameterform dar.

Aufgabe 18.10:

Bestimmen Sie den Schnittpunkt P der Geraden

$$g : \begin{pmatrix} x \\ y \\ z \end{pmatrix} = \begin{pmatrix} 4 \\ 4 \\ 0 \end{pmatrix} + \sigma \begin{pmatrix} -3 \\ -2 \\ 5 \end{pmatrix}$$

mit der durch die Punkte $A = (2,0,3)$ und $B = (1,2,5)$ verlaufenden Geraden h. Ermitteln Sie dann eine Parameterform der Ebene, die beide Geraden enthält.

Aufgabe 18.11:

Gegeben seien die Ebene

$$\begin{pmatrix} x \\ y \\ z \end{pmatrix} = \begin{pmatrix} 0 \\ 1 \\ 2 \end{pmatrix} + \lambda \begin{pmatrix} 0 \\ 2 \\ 3 \end{pmatrix} + \mu \begin{pmatrix} 1 \\ 0 \\ -1 \end{pmatrix}, \qquad \lambda, \mu \in \mathbb{R},$$

und zwei Punkte des $\mathbb{R}^3$: $A = (3, 6, 6)$ und $B = (-1, 0, 2)$.

a) Geben Sie eine Parameterdarstellung der durch die Punkte A und B verlaufenden Geraden an.

b) In welchem Punkt P durchstößt die durch A, B festgelegte Gerade die Ebene?

Aufgabe 18.12:

a) In welchem Punkt P durchstößt die Gerade mit

$$\begin{pmatrix} x \\ y \\ z \end{pmatrix} = \begin{pmatrix} 1 \\ 0 \\ 0 \end{pmatrix} + \lambda \begin{pmatrix} 3 \\ 1 \\ 2 \end{pmatrix}$$

die durch die Gleichung $x + y + z = 7$ gegebene Ebene?

b) Welchen Punkt P hat die Ebene

$$\begin{pmatrix} x \\ y \\ z \end{pmatrix} = \begin{pmatrix} 5 \\ 0 \\ 5 \end{pmatrix} + \sigma \begin{pmatrix} -3 \\ 2 \\ 6 \end{pmatrix} + \tau \begin{pmatrix} 1 \\ 4 \\ 0 \end{pmatrix}$$

gemeinsam mit der Geraden

$$\begin{pmatrix} x \\ y \\ z \end{pmatrix} = \begin{pmatrix} 5 \\ -5 \\ 5 \end{pmatrix} + \lambda \begin{pmatrix} 1 \\ 1 \\ 0 \end{pmatrix} \ ?$$

Lösungen

Lösung zu Aufgabe 18.1:

a)

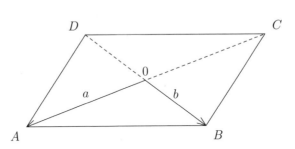

(1) $\overrightarrow{CA} = 2a$, $\overrightarrow{AC} = -2a$, $\overrightarrow{BD} = -2b$

(2) $\overrightarrow{AD} + \overrightarrow{DB} = -(b+a) + 2b = b - a$, $\overrightarrow{AB} + \overrightarrow{BO} = b - a + (-b) = -a$

(3) $\overrightarrow{AC} - \overrightarrow{CB} = -2a - (a+b) = -3a - b$, $\overrightarrow{DC} - \overrightarrow{CA} = b - a - 2a = b - 3a$

b)

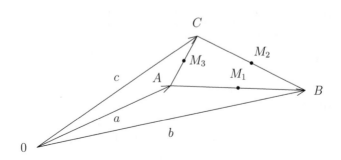

$$\overrightarrow{OM_1} = a + \frac{1}{2}\overrightarrow{AB} = a + \frac{1}{2}(b - a) = \frac{1}{2}(a + b),$$

$$\overrightarrow{OM_2} = b + \frac{1}{2}\overrightarrow{BC} = b + \frac{1}{2}(c - b) = \frac{1}{2}(b + c),$$

$$\overrightarrow{OM_3} = a + \frac{1}{2}\overrightarrow{AC} = a + \frac{1}{2}(c - a) = \frac{1}{2}(a + c).$$

Lösung zu Aufgabe 18.2:

a) $A = (10, -4)$, $B = (4, 0)$, $C = (-5, 6)$

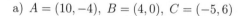

Die Gerade durch A, B lautet in Parameterdarstellung:

$$\begin{pmatrix} x \\ y \end{pmatrix} = \begin{pmatrix} 10 \\ -4 \end{pmatrix} + \lambda \left[\begin{pmatrix} 4 \\ 0 \end{pmatrix} - \begin{pmatrix} 10 \\ -4 \end{pmatrix} \right] = \begin{pmatrix} 10 \\ -4 \end{pmatrix} + \lambda \begin{pmatrix} -6 \\ 4 \end{pmatrix}, \quad \lambda \in \mathbb{R}.$$

Die Überprüfung, ob C auf dieser Geraden liegt, ergibt:

$$\begin{pmatrix} -5 \\ 6 \end{pmatrix} = \begin{pmatrix} 10 \\ -4 \end{pmatrix} + \lambda \begin{pmatrix} -6 \\ 4 \end{pmatrix}$$

$$\iff \begin{cases} -5 = 10 - 6\lambda \\ 6 = -4 + 4\lambda \end{cases} \iff \begin{cases} \lambda = \dfrac{15}{6} \ \left(= \dfrac{5}{2} \right) \\ \lambda = \dfrac{10}{4} \ \left(= \dfrac{5}{2} \right) \end{cases},$$

d. h. es gibt (genau) eine Lösung in der Variablen λ. Also liegen die Punkte A, B und C auf einer Geraden.

b) Viereck mit $A = (0,0)$, $B = (7,-1)$, $C = (6,2)$, $D = (2,4)$:

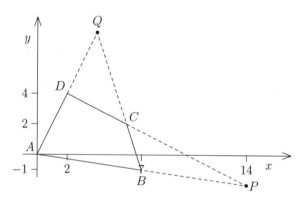

ANALYTISCHE GEOMETRIE

zu P: Gerade durch A, B:
$$\binom{x}{y} = \binom{0}{0} + \lambda \binom{7-0}{-1-0} = \lambda \binom{7}{-1}, \quad \lambda \in \mathbb{R}$$

Gerade durch D, C:
$$\binom{x}{y} = \binom{2}{4} + \mu \binom{6-2}{2-4} = \binom{2}{4} + \mu \binom{4}{-2}, \quad \mu \in \mathbb{R};$$

Schnitt: $\lambda \binom{7}{-1} = \binom{2}{4} + \mu \binom{4}{-2} \iff 7\lambda = 2 + 4\mu \wedge -\lambda = 4 - 2\mu$

$\iff 7(2\mu - 4) = 2 + 4\mu \wedge \lambda = 2\mu - 4 \iff 10\mu = 30 \wedge \lambda = 2\mu - 4$
$\iff \mu = 3 \wedge \lambda = 2$

$\implies P = (\lambda \cdot 7, \lambda \cdot (-1)) = (14, -2)$
(oder $P = (2, 4) + \mu(4, -2) = (14, -2)$)

zu Q: Gerade durch A, D:
$$\binom{x}{y} = \binom{0}{0} + \lambda \binom{2-0}{4-0} = \lambda \binom{2}{4}, \quad \lambda \in \mathbb{R}$$

Gerade durch B, C:
$$\binom{x}{y} = \binom{7}{-1} + \mu \binom{6-7}{2-(-1)} = \binom{7}{-1} + \mu \binom{-1}{3}, \quad \mu \in \mathbb{R};$$

Schnitt: $\lambda \binom{2}{4} = \binom{7}{-1} + \mu \binom{-1}{3}$

$\iff 2\lambda = 7 - \mu \wedge 4\lambda = -1 + 3\mu$
$\iff 2\lambda = 7 - \mu \wedge 2(7 - \mu) = -1 + 3\mu$
$\iff \lambda = \dfrac{7 - \mu}{2} \wedge 5\mu = 15$
$\iff \lambda = 2 \wedge \mu = 3$

$\implies Q = (2\lambda, 4\lambda) = (4, 8)$

Lösung zu Aufgabe 18.3:

Die allgemeine Form der Zwei Punkte-Gleichung lautet: $\dfrac{y - y_1}{x - x_1} = \dfrac{y_2 - y_1}{x_2 - x_1}$.

Einsetzen von $y_1 = 8$, $y_2 = 2$, $x_1 = 3$, $x_2 = -6$ liefert: $\dfrac{y - 8}{x - 3} = \dfrac{-6}{-9} = \dfrac{2}{3}$.

Die allgemeine Normalform lautet: $y = \dfrac{y_2 - y_1}{x_2 - x_1} x + y_1 - x_1 \dfrac{y_2 - y_1}{x_2 - x_1}$.

Einsetzen liefert: $y = \frac{2}{3}x + 8 - 3 \cdot \frac{2}{3} \iff y = \frac{2}{3}x + 6$.

Achsenabschnittsgleichung:

Setzt man in der Normalform $x = 0$, so erhält man $y = 6$, d. h. $(0,6)$ liegt auf der Geraden. Setzt man $y = 0$, so ist $x = -9$, d. h. $(-9,0)$ liegt auf der Geraden. Damit entsteht die Gleichung: $-\frac{x}{9} + \frac{y}{6} = 1$.

Lösung zu Aufgabe 18.4:

a) $(\sqrt{y} - \sqrt{x})(\sqrt{y} + \sqrt{x}) = \frac{5 - 3x}{2} \iff 2(y - x) = 5 - 3x \iff 2y + x = 5$
$\iff y = -\frac{1}{2} \cdot x + \frac{5}{2}$ $(*)$. Letzteres ist die Normalform einer Geradengleichung.

b) Zwei Punkte auf der Geraden sind z.B. $(x_1, y_1) = (5, 0)$ und $(x_2, y_2) = (0, \frac{5}{2})$. Daher ist eine Zwei-Punkte-Gleichung gegeben durch:

$$\frac{y - y_1}{x - x_1} = \frac{y_2 - y_1}{x_2 - x_1} \iff \frac{y - 0}{x - 5} = \frac{\frac{5}{2} - 0}{0 - 5} \iff \frac{y}{x - 5} = -\frac{1}{2}.$$

Ein weiterer Punkt auf der Geraden ist $(3, 1)$. Also ist eine andere Zwei-Punkte-Gleichung, nämlich die durch die Punkte $(3, 1)$ und $(5, 0)$, gegeben durch:

$$\frac{y - 1}{x - 3} = \frac{-1}{5 - 3} \iff \frac{y - 1}{x - 3} = -\frac{1}{2}$$

Achsenabschnittsgleichung (z.B. aus $(*)$ durch Division mit $\frac{5}{2}$):

$$\frac{2y}{5} + \frac{x}{5} = 1 \iff \frac{y}{\frac{5}{2}} + \frac{x}{5} = 1$$

($\frac{5}{2}$ und 5 sind die Achsenabschnitte).

c) Ist eine Geradengleichung in der Normalform, also durch $y = mx + b$, gegeben, so ist m die Steigung der Geraden. Hier gilt also $m = -\frac{1}{2}$ (siehe Teil a)).

d) Die Gerade durch $(-5, 0)$ und $(0, -\frac{5}{2})$ verläuft parallel zur obigen Geraden. Parallele Geraden haben dieselbe Steigung.

Analytische Geometrie

Lösung zu Aufgabe 18.5:

a)
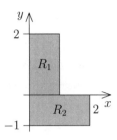

b) Die gesuchten Diagonalen sind: $\frac{x}{1} + \frac{y}{2} = 1$ (durch R_1) und $\frac{x}{2} + \frac{y}{-1} = 1$ (durch R_2).

c) $x + \frac{y}{2} = 1 \Longleftrightarrow y = 2 - 2x$; $\quad \frac{x}{2} - \frac{y}{1} = 1 \Longleftrightarrow y = \frac{x}{2} - 1$

Schnittpunktbestimmung: Mit $2 - 2x = \frac{x}{2} - 1 \Longleftrightarrow x = \frac{6}{5}$ ist $y = -\frac{2}{5}$; also ist $\left(\frac{6}{5}, -\frac{2}{5}\right)$ der Schnittpunkt der Geraden. Die gesuchte Steigung ist somit $\frac{-\frac{2}{5} - 0}{\frac{6}{5} - 0} = -\frac{1}{3}$.

Lösung zu Aufgabe 18.6:

a) Jede der vier Ungleichungen bestimmt eine Halbebene im $\mathbb{R}^2$. Die entsprechenden Geraden seien mit g_1, g_2, g_3 und g_4 bezeichnet:

$$g_1 : x - y = -2, \quad g_2 : x - y = 2, \quad g_3 : x + y = 3, \quad g_4 : x + y = 5.$$

Der Schnitt der vier Halbebenen ist das in der folgenden Graphik gekennzeichnete Rechteck:

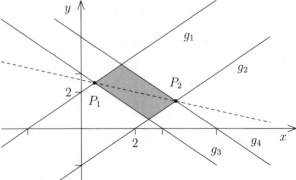

b) Bestimmung der Diagonalen durch die Punkte $P_1 = (x_1, y_1)$ und $P_2 = (x_2, y_2)$:

P_1 ist der Schnittpunkt der Geraden $g_1 : y = x + 2$ und $g_3 : y = 3 - x$:

$$x + 2 = 3 - x \iff 2x = 1 \iff x = \frac{1}{2};$$

Einsetzen in g_1 ergibt: $y = \frac{1}{2} + 2 = \frac{5}{2} \implies P_1 = (x_1, y_1) = (\frac{1}{2}, \frac{5}{2})$.

P_2 ist der Schnittpunkt von g_2 und g_4: $P_2 = (x_2, y_2) = (\frac{7}{2}, \frac{3}{2})$.

Eine Zwei-Punkte-Form ist also gegeben durch:

$$\frac{y - y_1}{x - x_1} = \frac{y_2 - y_1}{x_2 - x_1} \iff \frac{y - \frac{5}{2}}{x - \frac{1}{2}} = -\frac{1}{3}.$$

Umformung in Achsenabschnittsform:

$$\frac{2y - 5}{2x - 1} = -\frac{1}{3} \iff 2y - 5 = -\frac{2}{3}x + \frac{1}{3} \iff \frac{2}{3}x + 2y = \frac{16}{3}$$

$$\iff \frac{3}{16}\left(\frac{2}{3}x + 2y\right) = 1 \iff \frac{x}{\frac{16}{2}} + \frac{y}{\frac{16}{6}} = 1$$

$$\iff \frac{x}{8} + \frac{y}{\frac{8}{3}} = 1$$

Lösung zu Aufgabe 18.7:

(1) $2x - y - 4 = 0$ (2) $\begin{pmatrix} x \\ y \end{pmatrix} = \begin{pmatrix} -3 \\ 6 \end{pmatrix} + \lambda \begin{pmatrix} 3 \\ -2 \end{pmatrix}$

a) (2) $\iff x = -3 + 3\lambda \land y = 6 - 2\lambda \iff \lambda = \frac{x}{3} + 1 \land y = 6 - 2\left(\frac{x}{3} + 1\right)$.

Also: $y = -\frac{2}{3}x + 4$.

Schnittpunkt: $2x - y - 4 = 0 \land y = -\frac{2}{3}x + 4 \iff x = 3 \land y = 2$.

b) $\begin{pmatrix} x \\ y \end{pmatrix} = \begin{pmatrix} -3 \\ 6 \end{pmatrix} + \lambda \begin{pmatrix} 3 \\ -2 \end{pmatrix} \iff x = -3 + 3\lambda \land y = 6 - 2\lambda$.

Wegen $x = 0 \implies \lambda = 1 \implies y = 4$ und $y = 0 \implies \lambda = 3 \implies x = 6$, ist die Achsenabschnittsform gegeben durch: $\frac{x}{6} + \frac{y}{4} = 1$.

Schnittpunkt: $2x - y - 4 = 0 \land \frac{x}{6} + \frac{y}{4} = 1$ bzw.

$$\begin{array}{r|l}
 & 2x - y - 4 = 0 \\
 & \frac{2}{3}x + y - 4 = 0 \\
\hline
+ & \frac{8}{3}x = 8
\end{array} \implies x = 3 \text{ und damit } y = 2$$

ANALYTISCHE GEOMETRIE

c) Einsetzen von (2) in (1):

(2): $x = -3 + 3\lambda \wedge y = 6 - 2\lambda$. Gleichung (1) wird damit zu:

$$2(-3 + 3\lambda) - (6 - 2\lambda) - 4 = 0 \iff 8\lambda = 16 \iff \lambda = 2$$

Schnittpunkt: $\begin{pmatrix} x \\ y \end{pmatrix} = \begin{pmatrix} -3 \\ 6 \end{pmatrix} + 2 \begin{pmatrix} 3 \\ -2 \end{pmatrix} = \begin{pmatrix} 3 \\ 2 \end{pmatrix}$

d) (1): $2x - y - 4 = 0$. Benötigt werden zwei Punkte der Geraden:

Mit $x = 0 \implies y = -4$ und $y = 0 \implies x = 2$ sind $A = (0, -4)$ und $B = (2, 0)$ zwei Punkte der durch (1) gegebenen Geraden.

$$\begin{pmatrix} x \\ y \end{pmatrix} = \begin{pmatrix} 0 \\ -4 \end{pmatrix} + \mu \begin{pmatrix} 2 - 0 \\ 0 - (-4) \end{pmatrix} = \begin{pmatrix} 0 \\ -4 \end{pmatrix} + \mu \begin{pmatrix} 2 \\ 4 \end{pmatrix}, \; \mu \in \mathbb{R}.$$

Schnittpunkt mit (2):

$$\begin{pmatrix} 0 \\ -4 \end{pmatrix} + \mu \begin{pmatrix} 2 \\ 4 \end{pmatrix} = \begin{pmatrix} -3 \\ 6 \end{pmatrix} + \lambda \begin{pmatrix} 3 \\ -2 \end{pmatrix} \iff 2\mu = -3 + 3\lambda \wedge -4 + 4\mu = 6 - 2\lambda$$

bzw.

$$\begin{array}{r|rcl}
 & 2\mu + \lambda & = & 5 \\
 & 2\mu - 3\lambda & = & -3 \\
\hline
- & 4\lambda & = & 8 \implies \lambda = 2
\end{array}$$

Schnittpunkt: $\begin{pmatrix} x \\ y \end{pmatrix} = \begin{pmatrix} -3 \\ 6 \end{pmatrix} + 2 \begin{pmatrix} 3 \\ -2 \end{pmatrix} = \begin{pmatrix} 3 \\ 2 \end{pmatrix}$.

Lösung zu Aufgabe 18.8:

a) Ebenengleichung in ihrer Achsenabschnittsform: $\dfrac{x}{2} + \dfrac{y}{5} + \dfrac{z}{9} = 1$

b) Allgemeine Form einer Ebenengleichung: $ax + by + cz = d$;

Einsetzen der drei (in der Form (x, y, z)) vorliegenden Punkte liefert:
$\begin{cases} b & = & d \quad (1) \\ 2a + 3c & = & d \quad (2) \\ -b + 8c & = & d \quad (3) \end{cases}$

Einsetzen von (1) in (3):
$\begin{cases} b & = & d \quad (1) \\ 2a + 3c & = & d \quad (2) \\ c & = & \frac{1}{4}d \quad (3) \end{cases}$

Einsetzen von (3) in (2):
$$\begin{cases} b = d & (1) \\ a = \tfrac{1}{8}d & (2) \\ c = \tfrac{1}{4}d & (3) \end{cases}$$

Wählt man z.B. $d = 1$ (auch jede andere Wahl von $d \neq 0$ wäre möglich), so ergibt sich $d = 1, a = \tfrac{1}{8}, b = 1, c = \tfrac{1}{4}$.

Die Lösung lautet also: $\dfrac{x}{8} + \dfrac{y}{1} + \dfrac{z}{4} = 1$.

c) Allgemeine Form einer Ebenengleichung: $ax + by + cz = d$;

Einsetzen der Punkte ergibt das Gleichungssystem:

$$\begin{cases} a = d & (1) \\ 2b + c = d & (2) \\ -a + 6b = d & (3) \end{cases} \quad \text{bzw.} \quad \begin{cases} a = d & (1') \\ 2b + c = a & (2') \\ 3b = a & (3') \end{cases}$$

Subtraktion von (2') und (3') ergibt $2b - 3b + c = 0$ und damit $b = c$. Aus der Wahl von $c = 1$ folgt also $b = 1$ und somit $a = 3$ (eingesetzt in (3')). Aus (1) folgt $d = 3$. Die Lösung ist also: $3x + y + z = 3$.

d) Die Achsenabschnittsgleichung ist sofort ablesbar: $\dfrac{x}{\gamma} + \dfrac{y}{\alpha} + \dfrac{z}{\beta} = 1$.

Lösung zu Aufgabe 18.9:

a)

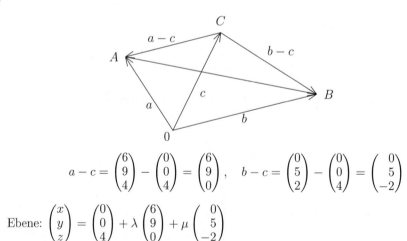

Überprüfung, ob D ein Punkt der Ebene ist:

$$\begin{pmatrix} 6 \\ 2 \\ 8 \end{pmatrix} = \begin{pmatrix} 0 \\ 0 \\ 4 \end{pmatrix} + \lambda \begin{pmatrix} 6 \\ 9 \\ 0 \end{pmatrix} + \mu \begin{pmatrix} 0 \\ 5 \\ -2 \end{pmatrix}$$

$$\iff \begin{cases} 6\lambda = 6 \\ 9\lambda + 5\mu = 2 \\ -2\mu = 4 \end{cases} \iff \begin{cases} \lambda = 1 \\ 9\lambda + 5\mu = 2 \\ \mu = -2 \end{cases}$$

$$\iff \begin{cases} \lambda = 1 \\ 5\mu = -7 \quad \text{(Widerspruch!)} \\ \mu = -2 \end{cases}$$

Das Gleichungssystem besitzt keine Lösung, d. h. D liegt nicht in der durch die Punkte A, B und C aufgespannten Ebene.

b) Ebene: $2x - y + 5z - 10 = 0$. Drei Punkte der Ebene sind: $(0,0,2), (0,-10,0), (5,0,0)$.

Ebene: $\begin{pmatrix} x \\ y \\ z \end{pmatrix} = \begin{pmatrix} 0 \\ 0 \\ 2 \end{pmatrix} + \lambda \left(\begin{pmatrix} 0 \\ -10 \\ 0 \end{pmatrix} - \begin{pmatrix} 0 \\ 0 \\ 2 \end{pmatrix} \right) + \mu \left(\begin{pmatrix} 5 \\ 0 \\ 0 \end{pmatrix} - \begin{pmatrix} 0 \\ 0 \\ 2 \end{pmatrix} \right)$

$= \begin{pmatrix} 0 \\ 0 \\ 2 \end{pmatrix} + \lambda \begin{pmatrix} 0 \\ -10 \\ -2 \end{pmatrix} + \mu \begin{pmatrix} 5 \\ 0 \\ -2 \end{pmatrix}$

Lösung zu Aufgabe 18.10:

Gerade $g : \begin{pmatrix} x \\ y \\ z \end{pmatrix} = \begin{pmatrix} 4 \\ 4 \\ 0 \end{pmatrix} + \sigma \begin{pmatrix} -3 \\ -2 \\ 5 \end{pmatrix}$, $\sigma \in \mathbb{R}$;

Die Gerade durch $A = (2, 0, 3)$ und $B = (1, 2, 5)$ ist gegeben durch

$$h : \begin{pmatrix} x \\ y \\ z \end{pmatrix} = \begin{pmatrix} 2 \\ 0 \\ 3 \end{pmatrix} + \tau \begin{pmatrix} -1 \\ 2 \\ 2 \end{pmatrix}, \tau \in \mathbb{R}.$$

Schnittpunkt: $\begin{pmatrix} 4 \\ 4 \\ 0 \end{pmatrix} + \sigma \begin{pmatrix} -3 \\ -2 \\ 5 \end{pmatrix} = \begin{pmatrix} 2 \\ 0 \\ 3 \end{pmatrix} + \tau \begin{pmatrix} -1 \\ 2 \\ 2 \end{pmatrix}$

$$\iff \begin{cases} 3\sigma - \tau = 2 \\ 2\sigma + 2\tau = 4 \\ 5\sigma - 2\tau = 3 \end{cases} \iff \begin{cases} 3\sigma - 2 = \tau \\ \sigma + 3\sigma - 2 = 2 \\ 5\sigma - 2\tau = 3 \end{cases} \iff \begin{cases} \tau = 1 \\ \sigma = 1 \\ 5 - 2 = 3 \end{cases},$$

d. h. das Gleichungssystem ist lösbar, und der Schnittpunkt der Geraden ist $P = (1, 2, 5)$.
Die Ebene, die beide Geraden enthält, ist bestimmt durch

$$\begin{pmatrix} x \\ y \\ z \end{pmatrix} = \begin{pmatrix} 1 \\ 2 \\ 5 \end{pmatrix} + \lambda \begin{pmatrix} -3 \\ -2 \\ 5 \end{pmatrix} + \mu \begin{pmatrix} -1 \\ 2 \\ 2 \end{pmatrix}, \ \lambda, \mu \in \mathbb{R}.$$

Lösung zu Aufgabe 18.11:

Ebene: $\begin{pmatrix} x \\ y \\ z \end{pmatrix} = \begin{pmatrix} 0 \\ 1 \\ 2 \end{pmatrix} + \lambda \begin{pmatrix} 0 \\ 2 \\ 3 \end{pmatrix} - \mu \begin{pmatrix} 1 \\ 0 \\ -1 \end{pmatrix}, \ \lambda, \mu \in \mathbb{R}$

Punkte des $\mathbb{R}^3$: $A = (3, 6, 6)$, $B = (-1, 0, 2)$

a) Parameterdarstellung der Gerade durch A, B:

$$\begin{pmatrix} x \\ y \\ z \end{pmatrix} = \begin{pmatrix} -1 \\ 0 \\ 2 \end{pmatrix} + \sigma \left(\begin{pmatrix} 3 \\ 6 \\ 6 \end{pmatrix} - \begin{pmatrix} -1 \\ 0 \\ 2 \end{pmatrix} \right) = \begin{pmatrix} -1 \\ 0 \\ 2 \end{pmatrix} + \sigma \begin{pmatrix} 4 \\ 6 \\ 4 \end{pmatrix}, \ \sigma \in \mathbb{R}.$$

b) Schnittpunkt P von Gerade und Ebene:

$$\begin{pmatrix} 0 \\ 1 \\ 2 \end{pmatrix} + \lambda \begin{pmatrix} 0 \\ 2 \\ 3 \end{pmatrix} + \mu \begin{pmatrix} 1 \\ 0 \\ -1 \end{pmatrix} = \begin{pmatrix} -1 \\ 0 \\ 2 \end{pmatrix} + \sigma \begin{pmatrix} 4 \\ 6 \\ 4 \end{pmatrix} \iff \begin{cases} \mu = -1 + 4\sigma \\ 2\lambda = -1 + 6\sigma \\ 4\sigma = 3\lambda - \mu \end{cases}$$

Einsetzen von μ und λ in die dritte Gleichung liefert:

$$-\frac{3}{2} + 9\sigma - (-1 + 4\sigma) = 4\sigma \iff \sigma = \frac{1}{2},$$

d. h. $P = (-1 + \frac{1}{2} \cdot 4, \ 0 + \frac{1}{2} \cdot 6, \ 2 + \frac{1}{2} \cdot 4) = (1, 3, 4)$.

Lösung zu Aufgabe 18.12:

a) Gerade: $\begin{pmatrix} x \\ y \\ z \end{pmatrix} = \begin{pmatrix} 1 \\ 0 \\ 0 \end{pmatrix} + \lambda \begin{pmatrix} 3 \\ 1 \\ 2 \end{pmatrix}$; Ebene: $x + y + z = 7$.

Die Gleichungen $x = 3\lambda + 1$, $y = \lambda$, $z = 2\lambda$ aus der Darstellung der Geraden werden in die Darstellung der Ebene eingesetzt:

$$3\lambda + 1 + \lambda + 2\lambda = 7 \iff 6\lambda = 6 \iff \lambda = 1.$$

Also ist der Punkt P bestimmt durch:

$$\begin{pmatrix} x \\ y \\ z \end{pmatrix} = \begin{pmatrix} 1 \\ 0 \\ 0 \end{pmatrix} + 1 \cdot \begin{pmatrix} 3 \\ 1 \\ 2 \end{pmatrix} = \begin{pmatrix} 4 \\ 1 \\ 2 \end{pmatrix}, \quad \text{d. h. } P = (4, 1, 2).$$

b) Gerade: $\begin{pmatrix} x \\ y \\ z \end{pmatrix} = \begin{pmatrix} 5 \\ -5 \\ 5 \end{pmatrix} + \lambda \begin{pmatrix} 1 \\ 1 \\ 0 \end{pmatrix}$;

Ebene: $\begin{pmatrix} x \\ y \\ z \end{pmatrix} = \begin{pmatrix} 5 \\ 0 \\ 5 \end{pmatrix} + \sigma \begin{pmatrix} -3 \\ 2 \\ 6 \end{pmatrix} + \tau \begin{pmatrix} 1 \\ 4 \\ 0 \end{pmatrix}$

Gleichsetzen ergibt komponentenweise:

$$\begin{cases} 5 + \lambda = 5 - 3\sigma + \tau \\ -5 + \lambda = 2\sigma + 4\tau \\ 5 = 5 + 6\sigma \end{cases} \iff \begin{cases} \lambda = -3\sigma + \tau \\ \lambda = 2\sigma + 4\tau + 5 \\ \sigma = 0 \end{cases}$$

$$\iff \begin{cases} \lambda = \tau \\ \lambda = 4\tau + 5 \\ \sigma = 0 \end{cases} \iff \begin{cases} \tau = -\frac{5}{3} \\ \lambda = -\frac{5}{3} \\ \sigma = 0 \end{cases},$$

d. h. der gemeinsame Punkt P ist gegeben durch

$$\begin{pmatrix} x \\ y \\ z \end{pmatrix} = \begin{pmatrix} 5 \\ -5 \\ 5 \end{pmatrix} + \left(-\frac{5}{3}\right) \begin{pmatrix} 1 \\ 1 \\ 0 \end{pmatrix} = \begin{pmatrix} \frac{10}{3} \\ -\frac{20}{3} \\ 5 \end{pmatrix}, \quad \text{d. h. } P = \left(\frac{10}{3}, -\frac{20}{3}, 5\right).$$

Literatur zur Wirtschaftsmathematik

Nachfolgend finden Sie zu Ihrer Information eine Literaturliste mit neueren deutschsprachigen Lehrbüchern zur Wirtschaftsmathematik, die jedoch keinen Anspruch auf Vollständigkeit erhebt.

Arrenberg, J., Kiy, M., Knobloch, R., Lange, W. (2000) Vorkurs in Mathematik. Oldenbourg, München.

Bader, H., Fröhlich, S. (1988) Einführung in die Mathematik für Volks- und Betriebswirte. Oldenbourg, München, 9. Auflage.

Bloech, J. (2000) Mathematik-Trainer für Wirtschaftsstudenten. Hainholz, Göttingen, 4. Auflage.

Bosch, K. (1999) Mathematik für Wirtschaftswissenschaftler. Oldenbourg, München, 12. Auflage.

Bosch, K. (2000) Brückenkurs Mathematik. Oldenbourg, München, 9. Auflage.

Bosch, K., Jensen, U. (1994) Großes Lehrbuch der Mathematik für Ökonomen. Oldenbourg, München.

Bradtke, T. (1996) Mathematische Grundlagen für Ökonomen. Oldenbourg, München.

Breitung, K.W., Filip, P., Hass, O. (2001) Einführung in die Mathematik für Ökonomen. Oldenbourg, München, 3. Auflage.

Bücker, R. (1999) Mathematik für Wirtschaftswissenschaftler. Oldenbourg, München, 5. Auflage.

Büning, H., Naeve, P., Trenkler, G., Waldmann, K.H. (2000) Mathematik für Ökonomen im Hauptstudium. Oldenbourg, München.

Clausen, M., Kerber, A. (1991) Mathematische Grundlagen für Wirtschaftswissenschaftler. Spektrum Akademischer Verlag, Heidelberg.

Dobbener, R. (1998) Analysis, Studienbuch für Ökonomen. Oldenbourg, München, 2. Auflage.

Dobbener, R. (1998) Lineare Algebra, Studienbuch für Ökonomen. Oldenbourg, München, 3. Auflage.

Dörsam, P. (2000) Mathematik - anschaulich dargestellt - für Studierende der Wirtschaftswissenschaften. pd-verlag, Heidenau, 9. Auflage.

Dück, W., Körth, H., Runge, W., Wunderlich, L. (1989) Mathematik für Ökonomen. Bd. I. Harry Deutsch, Thun, 3. Auflage.

Gal, T., Kruse, H. J., Piehler, G., Vogeler, B., Wolf, H. (1991). Mathematik für Wirtschaftswissenschaftler 1 und 2. Analysis, Springer, Berlin, 3. Auflage.

Goerigk, F. (2000) Mathe BWL-tigen. Verständliche Wirtschaftsmathematik I. Hainholz, Göttingen, 2. Auflage.

Goerigk, F. (1999) Mathe BWL-tigen. Verständliche Wirtschaftsmathematik II. Hainholz, Göttingen, 2. Auflage.

Hackl, P., Katzenbeisser, W. (2000) Mathematik für Sozial- und Wirtschaftswissenschaften. Oldenbourg, München, 9. Auflage.

Härtter, E. (1996) Aufgaben und Beispiele zum Mathematik - Grundkurs für Wirtschaftswissenschaftler. Vandenhoeck & Ruprecht, Göttingen.

Hamerle, A., Kemény, P. (1994) Einführung in die Mathematik für Wirtschafts- und Sozialwissenschaftler. Oldenbourg, München, 3. Auflage.

Hauptmann, H. (1995) Mathematik für Betriebs- und Volkswirte. Oldenbourg, München, 3. Auflage.

Helms, F.P. (1992) Wirtschaftsmathematik. Betriebswirtschaftlicher Verlag, Wiesbaden.

Heinrich, G. (1994) Grundlagen der Mathematik, der Statistik und des Operations Research für Wirtschaftswissenschaftler. Oldenbourg, München.

Heinrich, G., Severin, T. (1997) Training Mathematik, Band 1 Grundlagen. Oldenbourg, München.

Heinrich, G., Severin, T. (1997) Training Mathematik, Band 2 Analysis. Oldenbourg, München.

Heinrich, G., Severin, T. (2000) Training Mathematik, Band 3 Lineare Algebra und Analytische Geometrie. Oldenbourg, München, 2. Auflage.

Hettich, G., Jüttler, H., Luderer, B. (1999) Mathematik für Wirtschaftswissenschaftler und Finanzmathematik. Oldenbourg, München, 6. Auflage.

Hoffmann, S. (1991) Mathematische Grundlagen für Betriebswirte. Neue Wirtschaftsbriefe, Herne, 3. Auflage.

Hoffmann, S. (1989) Mathematik für Volks- und Betriebswirte. Gabler, Wiesbaden, 4. Auflage.

Holland, H., Holland, D. (1991) Mathematik im Betrieb. Betriebswirtschaftlicher Verlag, Wiesbaden.

Holland, H., Holland, D. (1999) Intensivtraining Wirtschaftsmathematik. Gabler, Wiesbaden.

Horst, R. (1989) Mathematik für Ökonomen Lineare Algebra mit linearer Planungsrechnung. Oldenbourg, München, 2. Auflage.

Huang, D.S., Schulz, W. (1998) Einführung in die Mathematik für Wirtschaftswissenschaftler. Oldenbourg, München, 8. Auflage.

Hülsmann, J., Gamerith, W., Leopold-Wildburger, U., Steindl, W. (1999) Einführung in die Wirtschaftsmathematik. Springer, Berlin, 2. Auflage.

Jaeger, A., Wäscher, G. (1997) Mathematische Propädeutik für Wirtschaftswissenschaftler, Lineare Algebra und Lineare Optimierung. Oldenbourg, München.

Jensen, U. (2001) Mathematik für Wirtschaftswissenschaftler. Oldenbourg, München, 2. Auflage.

Kaerlein, G., Ringwald, K. (1987) Einführung in die Mathematik für Ökonomen. Springer, Berlin.

Kamps, U., Cramer, E., Oltmanns, H. (2001) Wirtschaftsmathematik, Einführendes Lehr- und Arbeitsbuch. Oldenbourg, München.

Kallischnigg, G., Kockelkorn, U., Dinge, A. (2001) Mathematik für Volks- und Betriebswirte. Oldenbourg, München.

Karmann, A. (2000) Mathematik für Wirtschaftswissenschaftler. Oldenbourg, München, 4. Auflage.

Kemnitz, A. (2000) Mathematik zum Studienbeginn. Vieweg, Braunschweig, 3. Auflage.

Kneis, G. (2000) Mathematik für Wirtschaftswissenschaftler. Oldenbourg, München.

Körth, H., Dück, W., Kluge, P.D., Zeidler, G., Konze, E., Hartl, F, Heidrich, W., Gärtner, K.-H. (1992) Wirtschaftsmathematik Bd. 1. Verlag Die Wirtschaft, Berlin.

Körth, H., Dück, W., Kluge, P.D., Runge, W., Ungvári, L., Tiedt, R.-P. (1993) Wirtschaftsmathematik Bd. 2. Verlag Die Wirtschaft, Berlin.

Langenbahn, C.M. (1997) Mathematik im Grundstudium. Oldenbourg, München.

Luderer, B., Nollau, V., Vetters, K. (1999) Mathematische Formeln für Wirtschaftswissenschaftler. Teubner, Stuttgart, 2. Auflage.

Luderer, B., Würker, U. (1997) Einstieg in die Wirtschaftsmathematik. Teubner, Stuttgart, 2. Auflage.

Luh, W., Stadtmüller, K. (2001) Mathematik für Wirtschaftswissenschaftler. Oldenbourg, München, 6. Auflage.

Marinell, G. (2001) Mathematik für Sozial- und Wirtschaftswissenschaftler. Oldenbourg, München, 7. Auflage.

Mehler-Bicher, A. (1999) Mathematik für Wirtschaftswissenschaftler. Oldenbourg, München.

Nollau, V. (1999) Mathematik für Wirtschaftswissenschaftler. Teubner, Stuttgart, 3. Auflage.

Oberhofer, W. (1993) Lineare Algebra für Wirtschaftswissenschaftler. Oldenbourg, München, 4. Auflage.

Ohse, D. (1998) Mathematik für Wirtschaftswissenschaftler. Bd. 1 Analysis. Vahlen, München, 4. Auflage.

Ohse, D. (2000) Mathematik für Wirtschaftswissenschaftler. Bd. 2 Lineare Wirtschaftsalgebra. Vahlen, München, 4. Auflage.

Ohse, D. (1992) Elementare Algebra und Funktionen. Ein Brückenkurs zum Hochschulstudium. Vahlen, München.

Opitz, O. (1999) Mathematik, Lehrbuch für Ökonomen. Oldenbourg, München, 7. Auflage.

Pfeifer, A., Schuchmann, M. (1998) Kompaktkurs Mathematik. Oldenbourg, München.

Pfuff, F. (2000) Mathematik für Wirtschaftswissenschaftler. Bd. 1 Grundzüge der Analysis. Funktionen einer Variablen. Vieweg, Braunschweig, 3. Auflage.

Pfuff, F. (1999) Mathematik für Wirtschaftswissenschaftler. Bd. 2 Lineare Algebra. Funktionen mehrerer Variablen. Vieweg, Braunschweig, 2. Auflage.

Piehler, G., Sippel, D., Pfeiffer, U. (1996) Mathematik zum Studieneinstieg, Grundwissen der Analysis für Wirtschaftswissenschaftler, Ingenieure, Naturwissenschaftler und Informatiker. Springer Berlin, 3. Auflage.

Precht, M., Voit, K., Kraft, R. (1994) Mathematik für Nichtmathematiker Bd.1 und 2. Oldenbourg, München, 5. Auflage.

Preuß, W., Wenisch, G. (1998) Lehr- und Übungsbuch Mathematik in Wirtschaft und Finanzwesen. Fachbuchverlag Leipzig.

Purkert, W. (2001) Brückenkurs Mathematik für Wirtschaftswissenschaftler. Teubner, Leipzig, 4. Auflage.

Literatur

Rödder, W., Piehler, G., Kruse, H.J., Zörnig, P. (1996) Wirtschaftsmathematik für Studium und Praxis 2. Analysis I. Springer, Berlin.

Rommelfanger, H. (1999) Mathematik für Wirtschaftswissenschaftler. Bd. I. Spektrum Akademischer Verlag, Heidelberg, 4. Auflage.

Rommelfanger, H. (1997) Mathematik für Wirtschaftswissenschaftler. Bd. II. Spektrum Akademischer Verlag, Heidelberg, 4. Auflage.

Sanns, W., Schuchmann, M. (1999) Mathematik für Wirtschaftswissenschaftler und Ingenieure mit Mathematica. Oldenbourg, München.

Scharlau, W. (1995) Schulwissen Mathematik: Ein Überblick. Vieweg, Wiesbaden, 2. Auflage.

Schäfer, W., Georgi, K., Trippler, G. (1999) Mathematik-Vorkurs. Teubner, Stuttgart, 4. Auflage.

Schindler, K. (2000) Mathematik für Ökonomen. Deutscher Universitätsverlag, Wiesbaden, 3. Auflage.

Schmidt, K.D. (2000) Mathematik, Grundlagen für Wirtschaftswissenschaftler. Springer, Berlin, 2. Auflage.

Schüffler,K. (1991) Mathematik in der Wirtschaftswissenschaft. Hanser, München.

Schwarze, J. (1993) Mathematik für Wirtschaftswissenschaftler. Elementare Grundlagen für Studienanfänger. Neue Wirtschafts-Briefe, Herne, 6. Auflage.

Schwarze, J. (2000) Mathematik für Wirtschaftswissenschaftler. Bd. 1 Grundlagen. Neue Wirtschafts-Briefe, Herne, 11. Auflage.

Schwarze, J. (2000) Mathematik für Wirtschaftswissenschaftler. Bd. 2 Differential- und Integralrechnung. Neue Wirtschafts-Briefe, Herne, 11. Auflage.

Schwarze, J. (2000) Mathematik für Wirtschaftswissenschaftler. Bd. 3 Lineare Algebra, Lineare Optimierung und Graphentheorie. Neue Wirtschafts-Briefe, Herne, 11. Auflage.

Stöwe, H., Härtter, E. (1990) Lehrbuch der Mathematik für Volks- und Betriebswirte. Vandenhoeck & Ruprecht, Göttingen, 3. Auflage.

Strasser, H. (1997) Mathematik für Wirtschaft und Management. Management Book Service, Wien.

Tietze, J. (2000) Einführung in die angewandte Wirtschaftsmathematik. Vieweg, Wiesbaden, 9. Auflage.

Unsin, E. (1993) Wirtschaftsmathematik, Mathematische Verfahren im betrieblichen Alltag. expert, Renningen, 5. Auflage.

Vogt, H. (1988) Einführung in die Wirtschaftsmathematik. Physica, Heidelberg, 6. Auflage.

Vogt, K.-D. (1990) Mathematik-Repetitorium für das Grundstudium Wirtschaftswissenschaft. Schöningh, Paderborn.

Volkmann, L. (1989) Grundlagen der Wirtschaftsmathematik. Springer, Wien.

Zehfuß, H. (1987) Wirtschaftsmathematik. Oldenbourg, München, 2. Auflage.